国际时装系列丛书

登丽美时装造型设计与工艺

（新版）

①

基　础

（上）

日本登丽美服装学院　编著

祝煜明　黄国芬　袁　飞　张怀珠　译　　袁观洛　校审

東華大學出版社
上　海

图书在版编目 (CIP) 数据

登丽美时装造型设计与工艺 . 1, 基础 . 上 / 日本登丽美服装学院编著 ; 祝煜明 , 黄国芬 , 张怀珠译 ; 袁观洛校 . -- 上海 : 东华大学出版社 , 2015.1

ISBN 978-7-5669-0676-2

Ⅰ. ①登… Ⅱ. ①日… ②祝… ③黄… ④张… ⑤袁… Ⅲ. ①服装缝制 Ⅳ. ① TS941

中国版本图书馆 CIP 数据核字 (2014) 第 284795 号

责任编辑： 竺海娟
封面设计： 潘志远

登丽美时装造型设计与工艺① 基础（上）
日本登丽美服装学院编著
东华大学出版社出版
（上海延安西路 1882 号，邮政编码：200051）
新华书店上海发行所发行 苏州望电印刷有限公司印刷
2015 年 1 月第 1 版 2020 年 5 月第 4 次印刷
开本：889 mm × 1194 mm 1/16 印张：11 字数：380 千字
ISBN 978-7-5669-0676-2
定价：68.00 元

序

日本登丽美时装造型设计与工艺是引进日本登丽美服装学院的专业教材。共分 8 册，分别为：①基础（上）；②基础（下）；③裙子・裤子；④ 女衬衣・连衣裙；⑤套装；⑥上衣・背心；⑦ 大衣；⑧婴幼儿装・童装。这套丛书内容详尽，可操作性强，读者从中可以学到日本各种服装款式造型设计及精致的制作工艺。本套丛书从最简单的服装工具讲起，深入浅出地讲解了不同的面料、不同的造型设计其剪裁方法与各种缝制工艺，从局部到整体一步一步详解了局部制作及基础缝制，对初学者有极大的帮助，是一套值得保留的工具书。

本书为“基础（上）”篇，图文并茂地详细叙述了服装制作的基本工具，及口袋、领缝制工艺等。

对服装界专业人员及服装爱好者来说，本书可作为服装设计、服装工艺制作时的参考用书，也可作为不同层次服装教学的专业教材。

登丽美时装造型设计与工艺 ①～⑧ 内容简介

《登丽美时装造型设计与工艺 ①　基础（上）》

学习服装制作与技术的入门篇、基础篇，从服装用具讲起，详解了领子的款式、纸样及缝制工艺。

《登丽美时装造型设计与工艺 ②　基础（下）》

学习服装制作与技术的入门篇，详解了门襟、袖等的款式、纸样及缝制工艺。

《登丽美时装造型设计与工艺 ③　裙子・裤子》

裙子、裤子的各种款式、纸样及缝制工艺。

《登丽美时装造型设计与工艺 ④　女衬衣・连衣裙》

女衬衣、连衣裙的各种款式、纸样及缝制工艺。

《登丽美时装造型设计与工艺 ⑤　套装》

套装的各种款式、纸样及缝制工艺。

《登丽美时装造型设计与工艺 ⑥　上衣・背心》

上衣、背心的各种款式、纸样及缝制工艺。

《登丽美时装造型设计与工艺 ⑦　大衣》

大衣的各种款式、纸样及缝制工艺。

《登丽美时装造型设计与工艺 ⑧　婴幼儿装・童装》

婴幼儿装、童装的各种款式、纸样及缝制工艺。

目 录

基础

口袋

没有里布的衣服口袋制作

有里布衣服的口袋制作

领

基础

用具

测体、制图、裁剪所必须的工具与使用方法

直角尺：测试直角角线，以及画直角线用。

缩尺：制小图时使用。规格有 1/2、1/4、1/5 等。

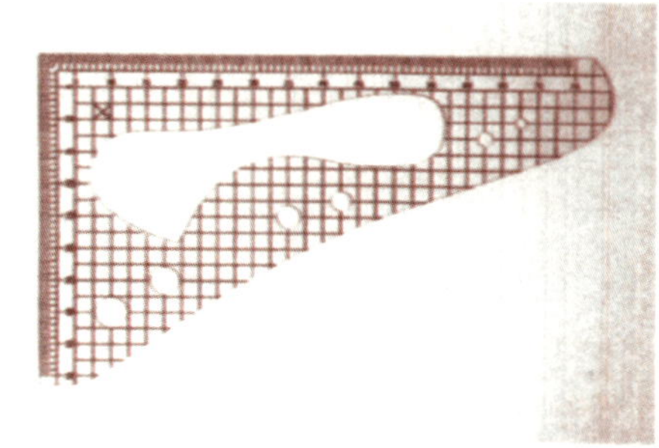

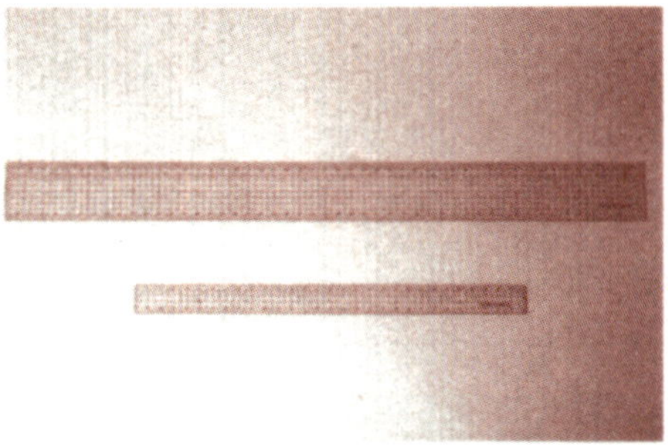

方规尺：画直线用。有 30 cm 与 50 cm。

弧尺：画袖底线、侧缝线、底边线等弧时使用，规格有实样大小以及 1/2 大小。

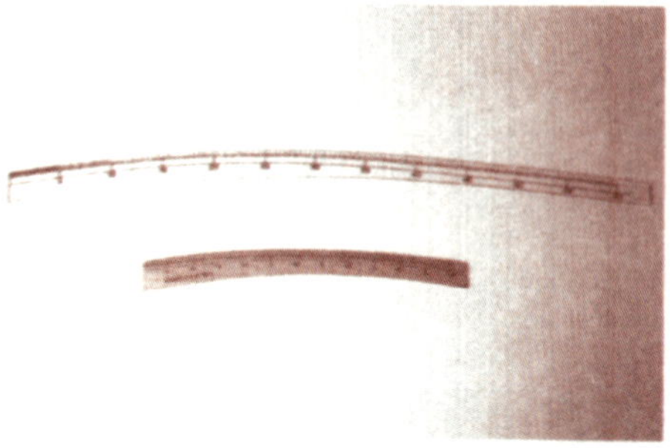

服装曲线尺：画袖窿弧线、领圈弧线、侧缝线等曲线时使用。

软卷尺：测体以及测量弧长度时使用。

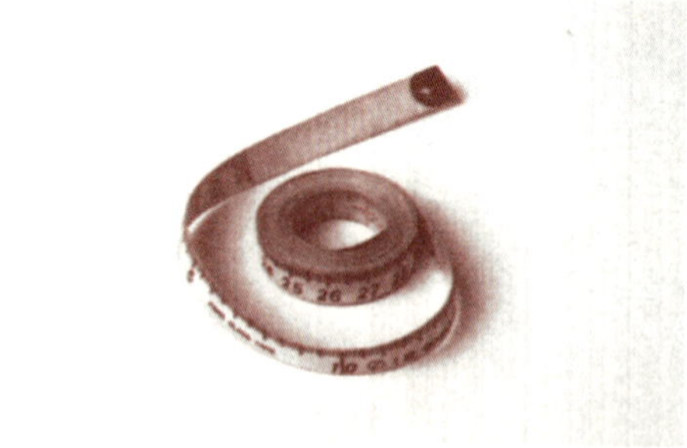

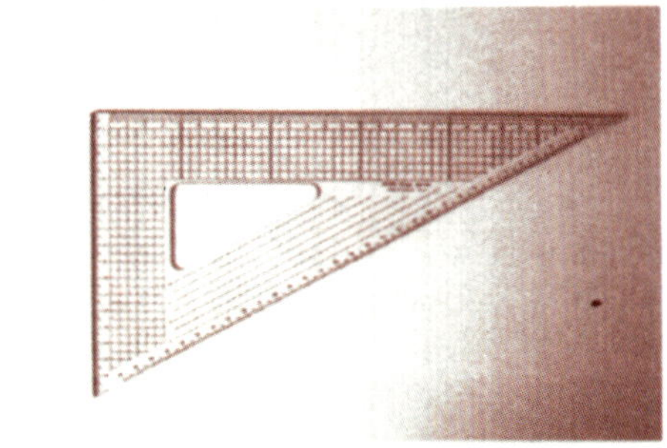

三角尺：画直线时使用。

小剪刀：剪线头用。

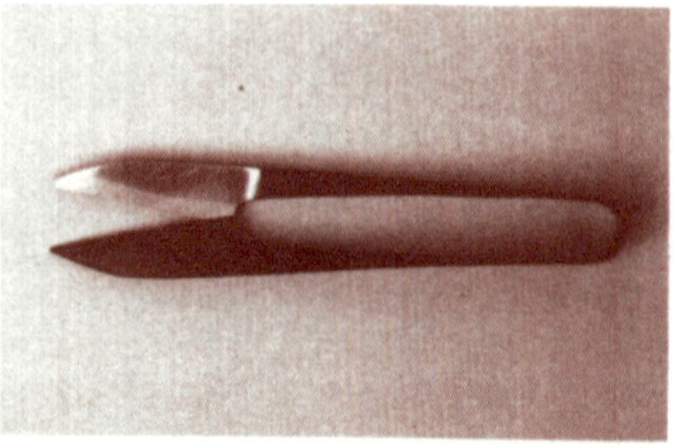

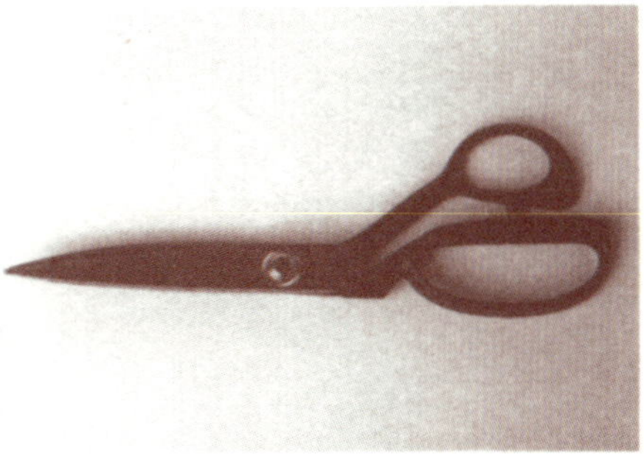

裁衣剪：裁剪布料时使用。有24 cm ~ 26 cm大小的，每人可根据自己握手的舒适度来选择，同时要选择刀口闭合好的剪刀。

锯齿剪：剪缝头边用。用锯齿剪修剪过的缝头成锯齿状，不易毛出。

做记印所必须的工具与使用方法

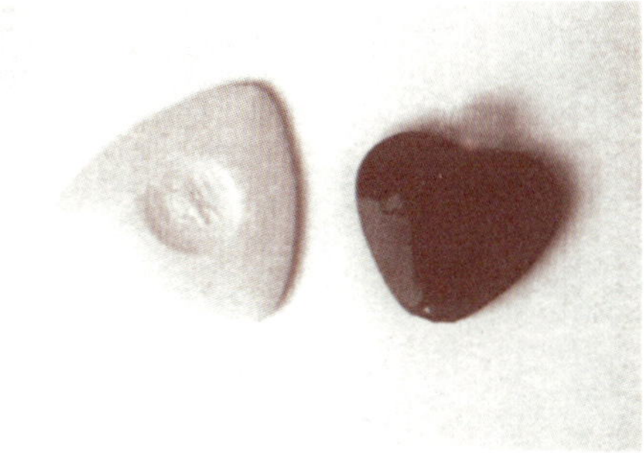

画粉：画粉削薄，在布上画线时用。也有专用的容器，在里面放入粉沫后画线。

画粉笔：形状像铅笔，划细线时用。也有水性的，不管哪一种，遇水就会消失。

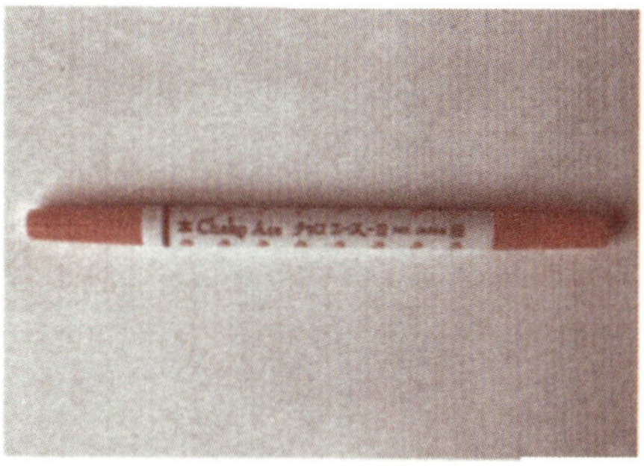

布用复写纸：放在布的中间，用点线器做记印时使用。有双面复写纸与单面复写纸。也有碰到水，记印能消失的复写纸。

文镇：放在布和纸样上，防止移动。

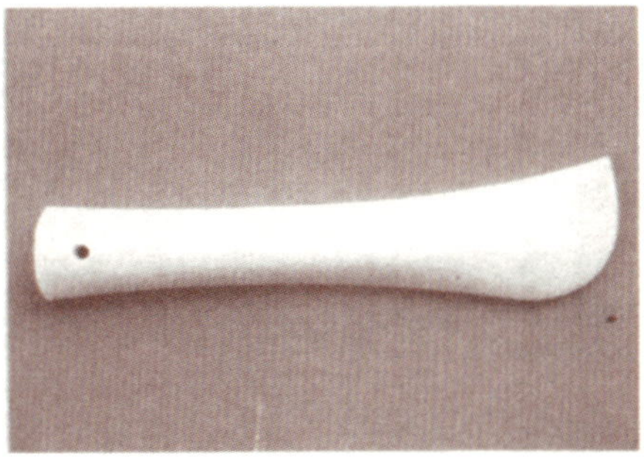

刮刀：在里布及簿料上做记印时使用。这样使用锐器时可以避免伤害面料。

点线器：是用来把纸样复写到布上时使用的。齿有尖的和圆的，可根据不同用途选用。

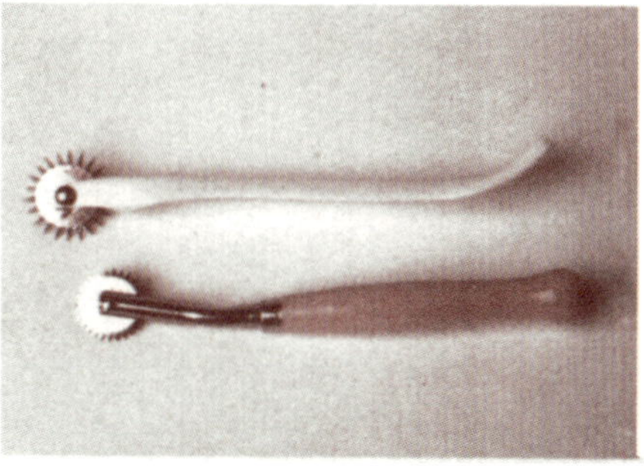

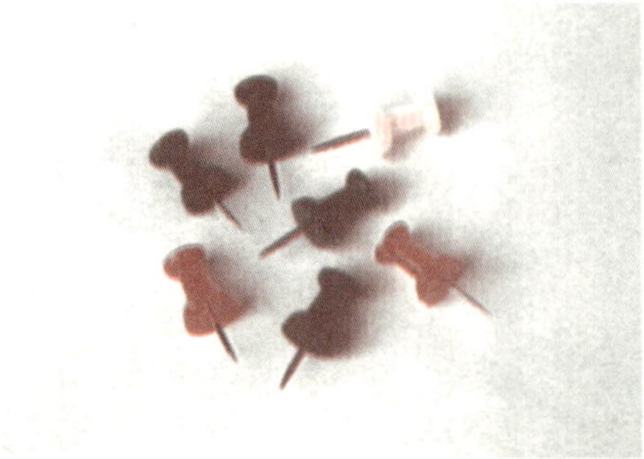

图钉：画纸样时使用。把布与纸样正确的固定，使它不错位，也可以代替文镇使用。

人体模型：也叫人台，在衣服设计制作时使用。

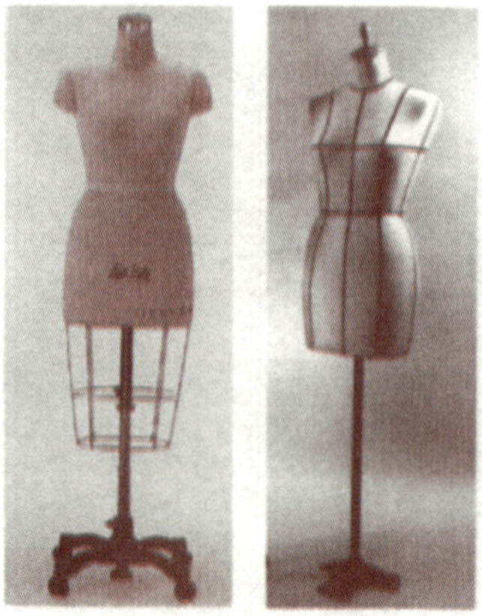

缝纫所必须的工具与使用方法

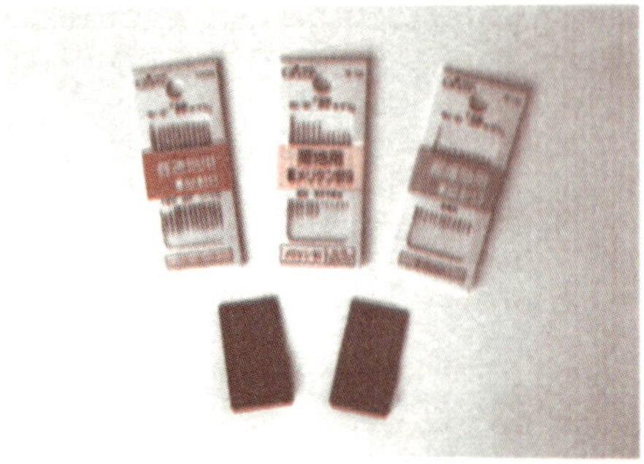

缝衣针：手缝时使用，也叫外国针。有长有短、有粗有细，号数越小，针越粗。

针插：插针用。在底部钉上松紧带后可套在手腕上，假缝时使用非常方便。

机缝针：有普通面料、针织面料、皮革面料等使用的。号数越小，针就越细。

珠针、虫针：面料、记印要对准时使用。有粗针细针，可根据面料来选择。要选针尖尖的，针杆不要太粗的。

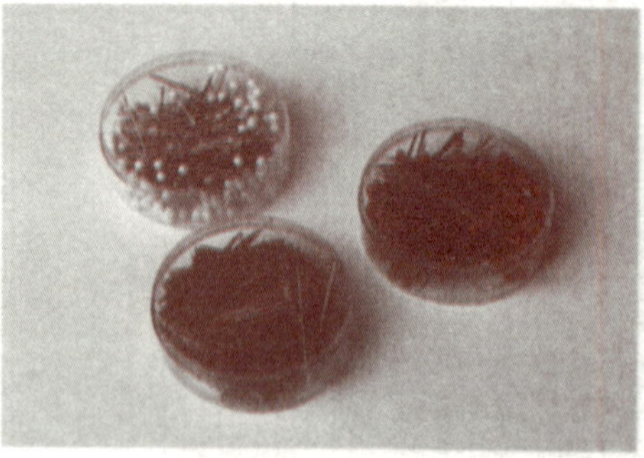

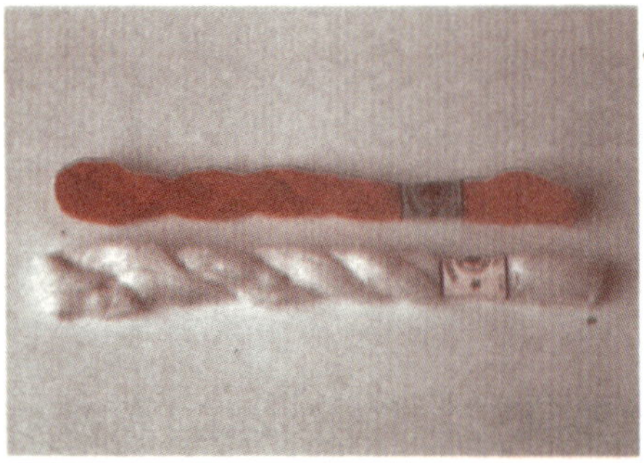

疏缝线：疏缝时及做记印时作用。
本色线：白色棉的疏缝线。
有色线：染色棉的疏缝线。
丝光线：簿料时使用，经过烧毛处理的细棉疏缝线。

丝线：也叫单捻线，簿料及丝绸使用的疏缝线。

机缝线： 有棉线、丝线、化纤线等。粗细（号数）有很多种类。可根据不同的面料来选择。

缉线用线： 缝纫缉线时使用，比普通缝线醒目，强调缉线效果时使用。

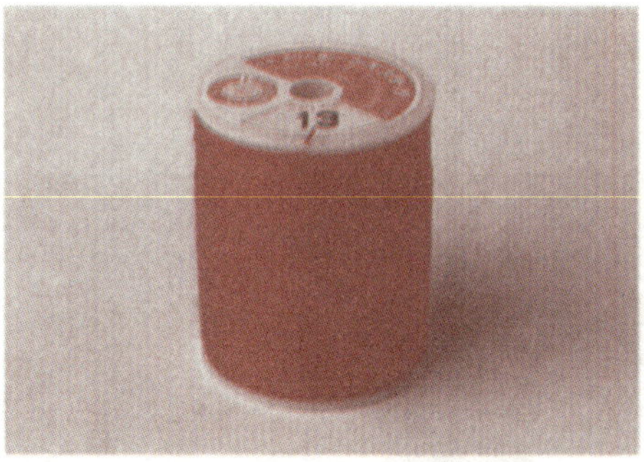

缲缝线： 比普通缝线结实，手缝时使用。

锁眼线： 锁眼及钉钮扣时使用，比缲缝线粗。

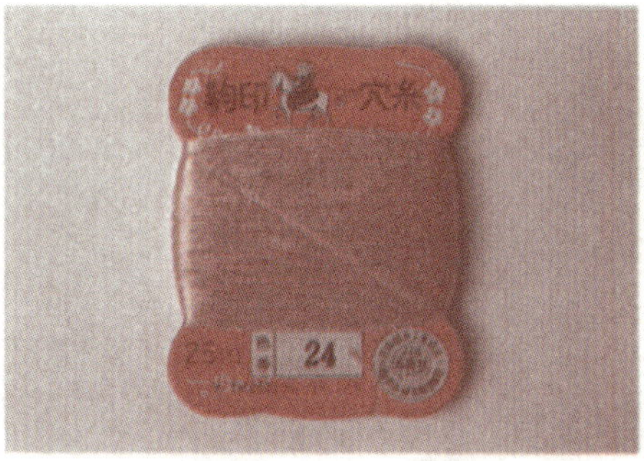

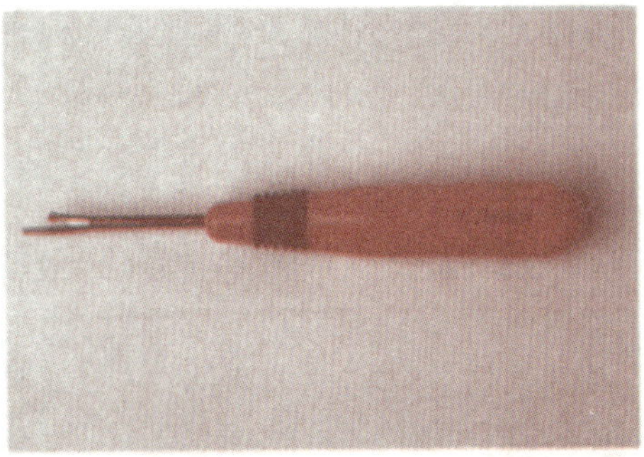

拆线器： 拆线及开钮眼时使用。

冲头： 开小孔时使用。也有开大孔的，可根据用途选择使用。

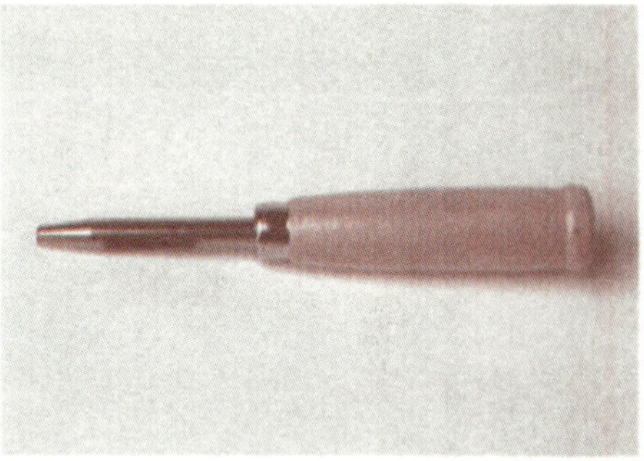

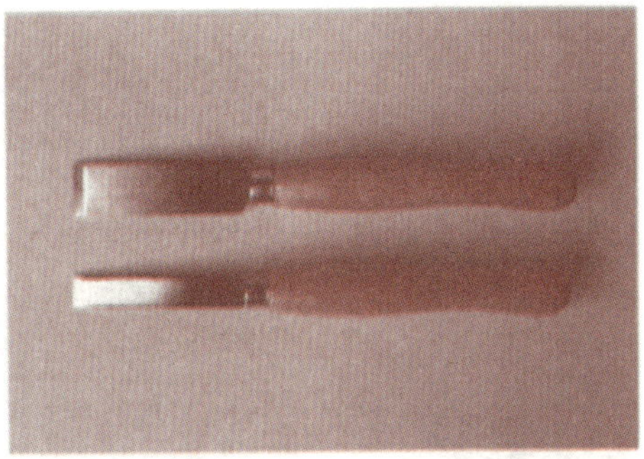

凿子： 开扣眼时使用，有宽有窄可根据用途选择使用。

锥子： 挑领角及衣摆角时使用，也可作缝纫的辅助工具。

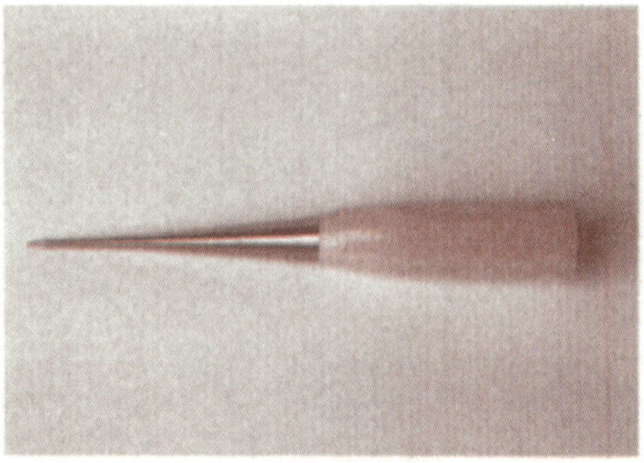

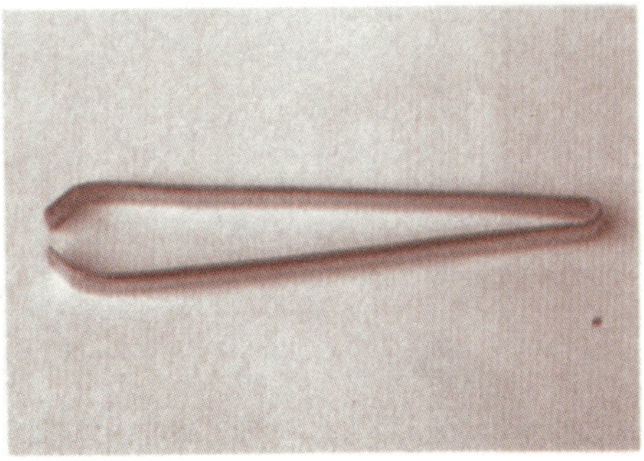

拔线钳： 拔剪断后的疏缝线用。

后整理所必须的工具与使用方法

熨斗： 干烫熨斗只适合干烫，蒸汽熨斗既可干烫，也可使用蒸汽熨烫。要选择前端尖、把手结实的、底厚稍有重量的熨斗。

烫垫布： 熨烫时垫在上面的布，一般都选择棉布。

烫板： 长 60 ~ 80 cm、宽 50 cm 左右使用方便。要自动控制选择稍硬一点的。

烫台： 熨烫时下面会把湿和热抽掉。

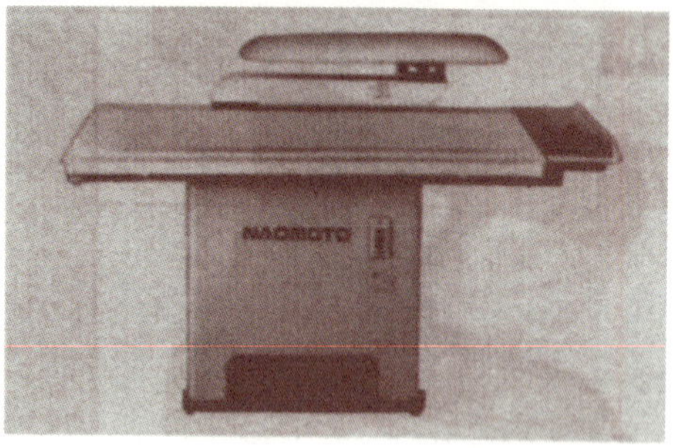

熨烫枕： 打褶、腰部要烫圆、烫立体时当烫台使用。要选择有适当硬度的熨烫枕。

熨烫马： 烫袖山及把袖子的形状烫成立体时使用。

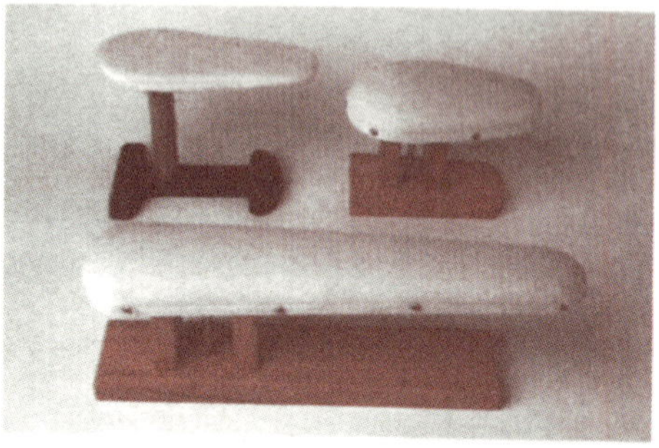

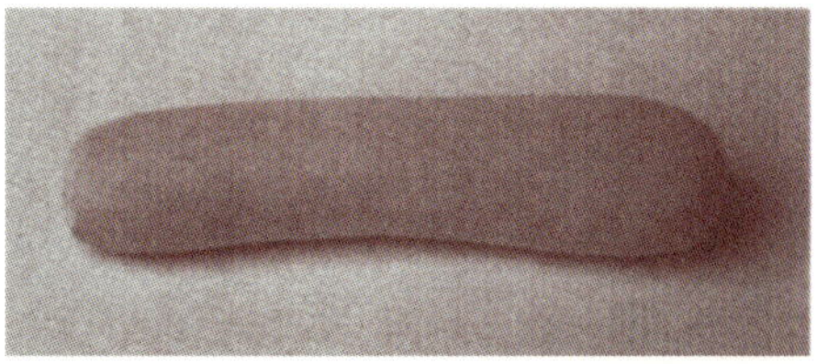

烫袖枕： 整烫袖子形状时惯用的工具。

喷水壶： 要选择喷出的雾细小均匀且没有水滴掉下来的喷水壶。

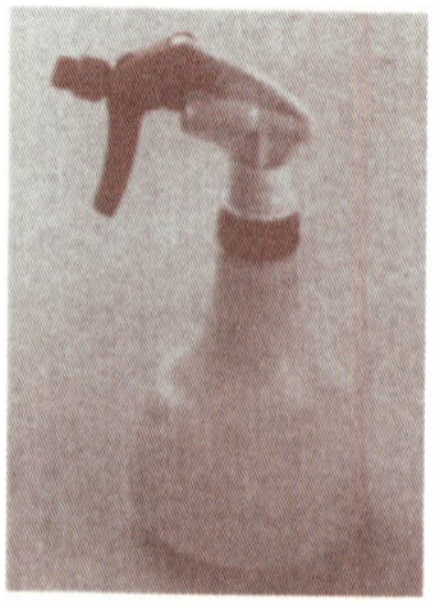

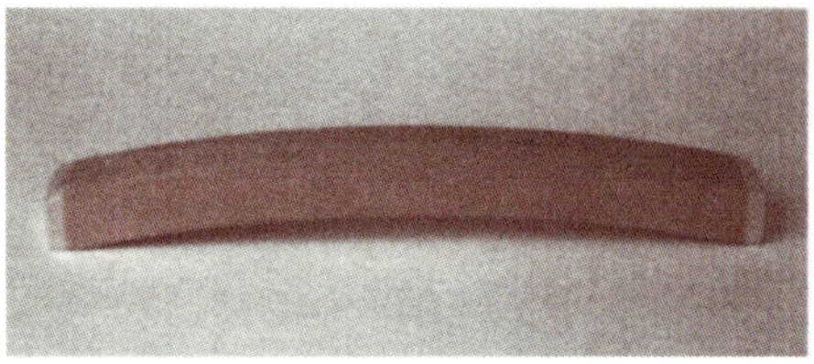

拱形烫木： 分烫袖缝时使用。

水碗、水刷： 烫毛料时，部分地方需要用水熨时使用。

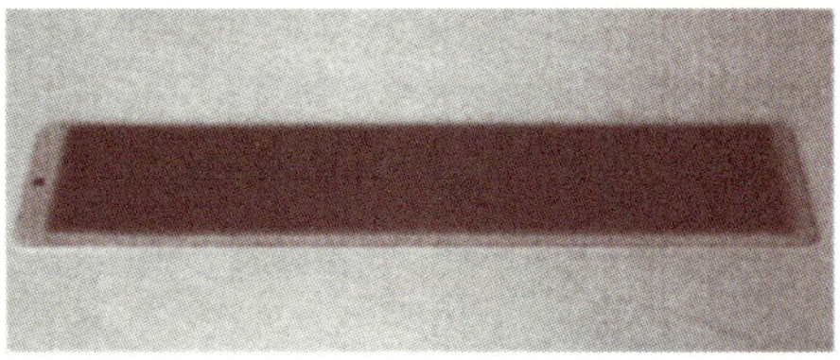

毛绒烫板： 毛绒类服装熨烫时的专用烫板。由于有像细针一样的铁丝，所以毛绒不易被烫倒。

面料的整理

布的丝缕

布边

宽度方向的两端叫布边，有时会写上织物的名称及织造厂商。稍微有点硬，看上去颜色有点深，也用它来识别织物的正反面。

直丝

织布时纵方向的线叫经线，也叫直丝。直丝有不易拉伸的特性（弹性面料除外）。由于有这个特性，裁剪时经常使用直丝并以它为基准。在制图或纸样中都要标上直丝符号。记印都表示直丝的方向。在任何情况丝缕记印都要与布的直丝对准。

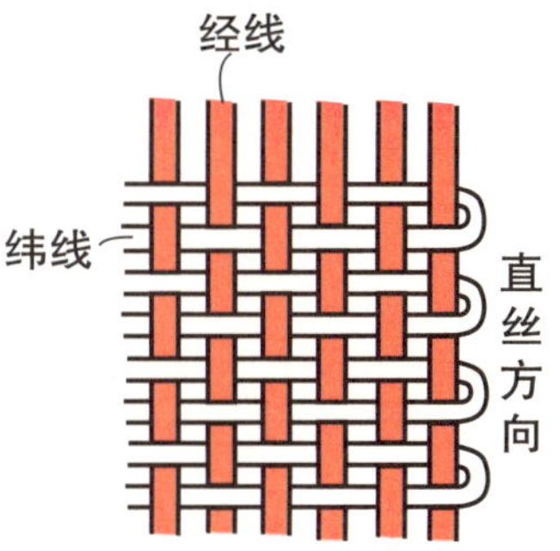

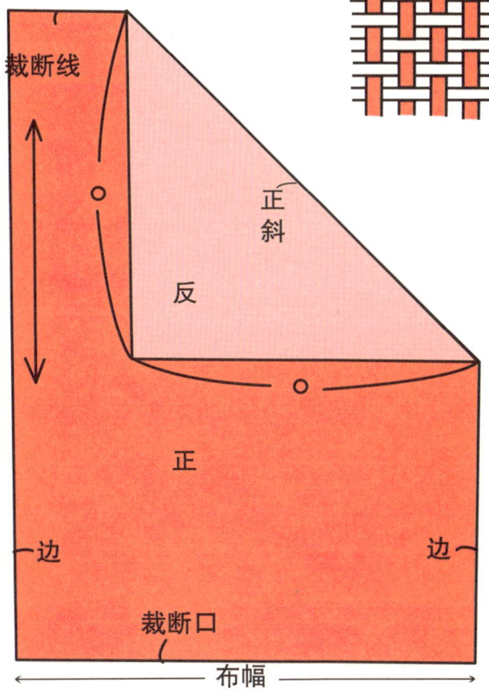

横丝

织布时横方向的线叫纬线，也叫横丝。与直丝相比，横丝比较有伸缩性（弹性面料除外）。

斜丝

斜丝是斜料的总称。与直丝成 45 度角，叫正斜。要注意斜丝容易拉伸。

布幅

一端布边开始到另一端的布边为止，横方向为布幅。也叫门幅。

裁边

裁剪过的面料边缘都称为裁边。

确定布丝的方法

有时候布直丝与横丝没有成正确的直角交叉，那么就要校正处理。

拔出一根纬线，沿纬线裁开。如可撕开的布料，就沿纬线方向撕开。

裁边

裁剪过的布料边缘都称为裁边。

〈抽纬纱的情况〉

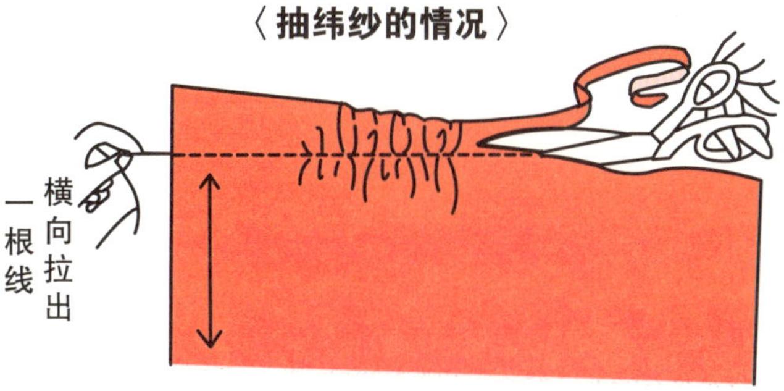

〈撕布的情况〉

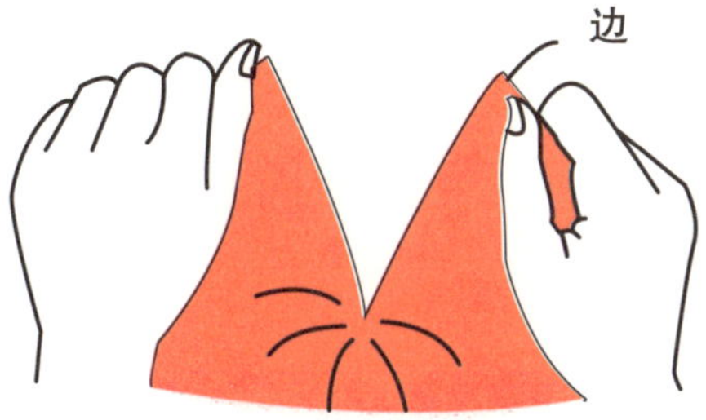

面料整理的方法

面料的整理也叫面料的校正，面料在织造过程中布丝会出现歪斜，收缩。所以在裁剪前面料要进行整理。没有经过整理而做成的衣服，洗涤后衣服尺寸会变小，同时也会改变衣服的形状，因此面料的整理是非常重要的。最近市场上有预先整理好的面料出售，购买时要确认一下。

毛料

1 在反面将面料用水全面喷湿。

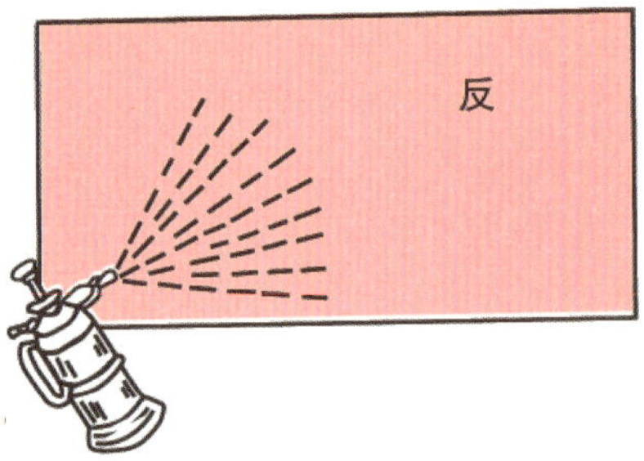

2 正面相对两折，将面料轻轻折好，使湿气溶入，如图一样放入塑料袋中。

3 把面料放平，哪个地方斜了，用三角尺来确认一下就可以了。

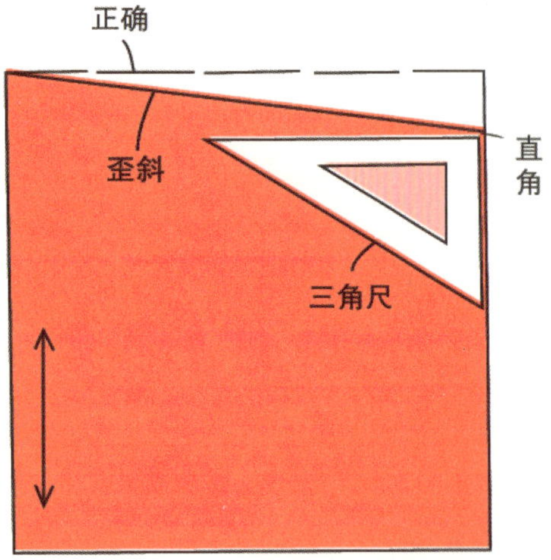

4 拿住布的对角线，将短的一端拉长，慢慢校正，歪斜严重的可用熨斗来校正。

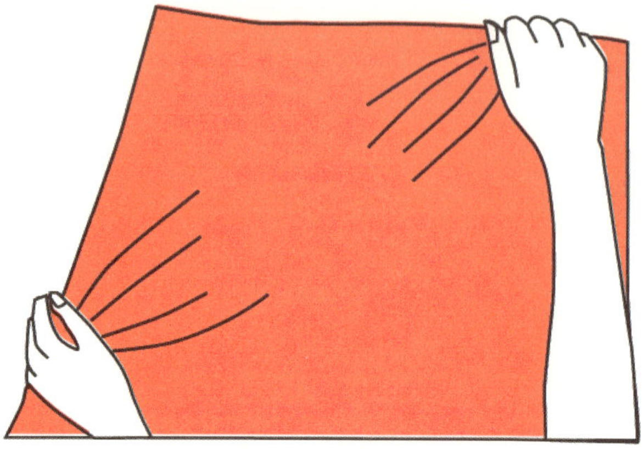

5 布料整理时如出现布边太紧，可在布边剪刀口。

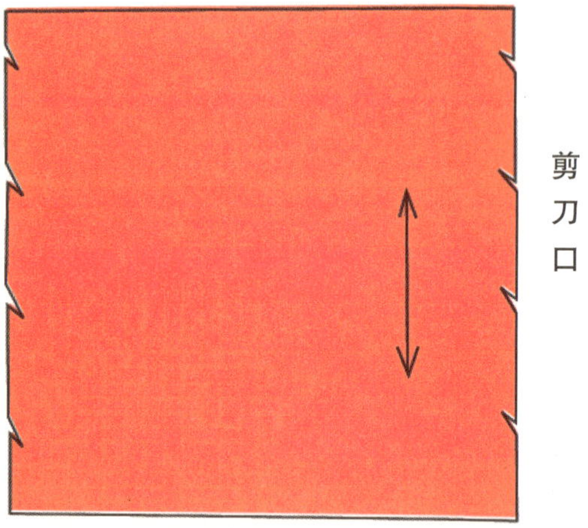

6 在反面用熨斗把折痕烫平，校正的面料布丝要正确。注意熨烫时只能横烫与直烫，不能斜烫。

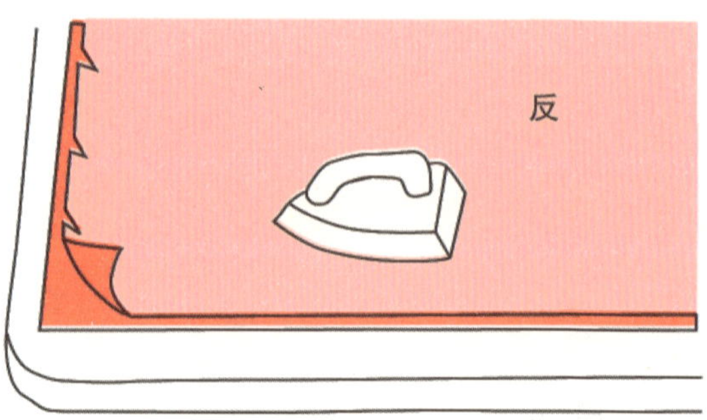

棉、麻

1　出现布边太紧时，可在布边剪刀口。

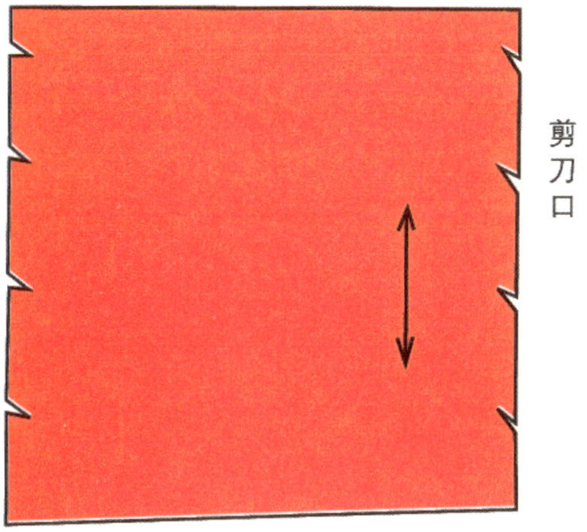

2　没有经过防水处理的面料必须在水中浸泡一个小时，让面料充分吸水。印花面料，首先要拿布边在水里浸泡一下，看看是否退色，确认不退色后再浸泡。

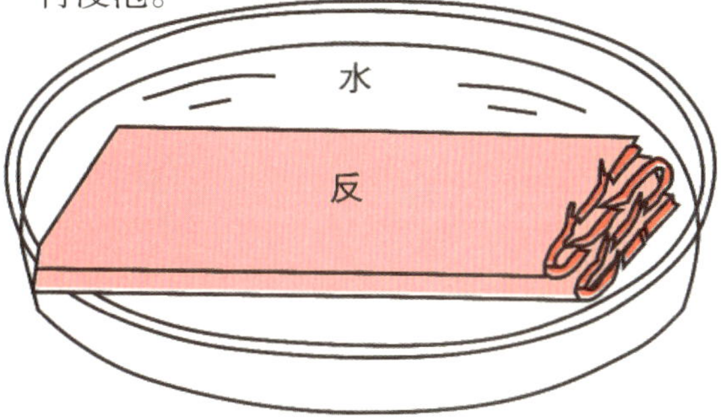

3　正面相对把皱纹拉挺，凉在凉杆上阴干。为了防止留下皱纹，因此不能用洗衣机脱水或用手拧干。

4　整布干到 80% 左右，放平，在反面用熨斗烫平。

5　将布放平在平的地方，歪斜的地方，最好用三角尺来确认。

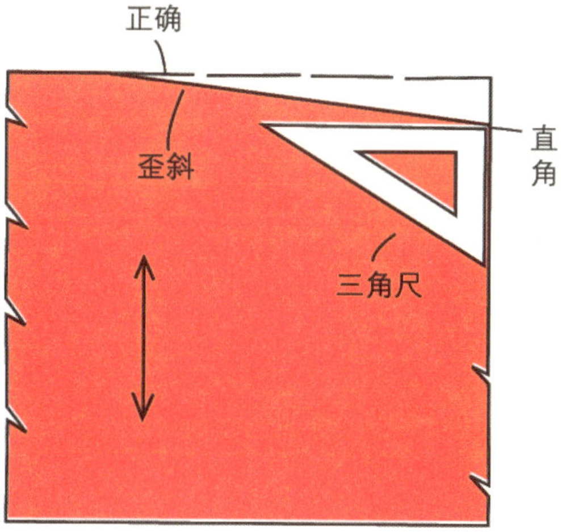

6　拿住布的对角线，把短的一端拉长，慢慢校正，歪斜严重的可用熨斗来校正。

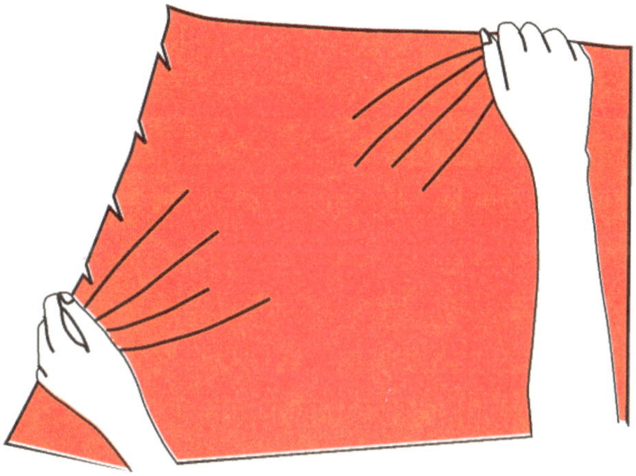

7　在反面用蒸汽熨斗把折痕皱纹烫平，一边校正布丝，一边沿经向和纬向熨烫，但不能斜烫。

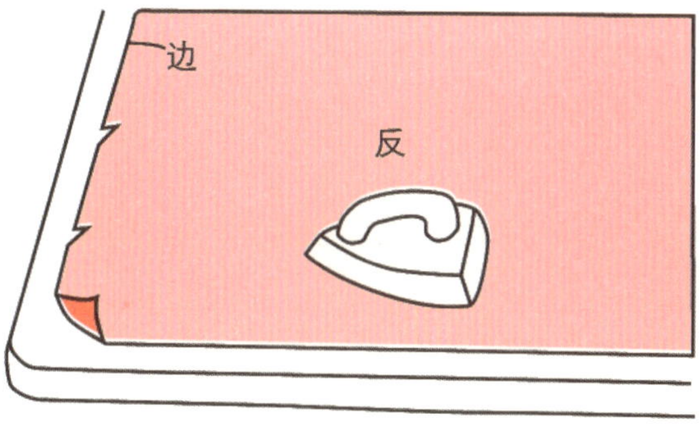

丝绸

丝绸耐热较差，浸水后容易弄脏，因此要在反面熨烫，烫到绉痕平了就行了。

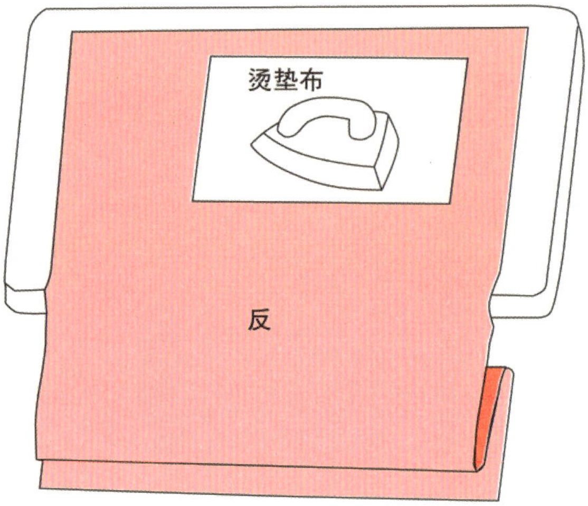

毛绒

毛绒面料（天鹅绒、长丝绒、灯芯绒、海豹绒等）在校正过程中要注意，不要把毛弄平弄乱。在整理时，面料正面相对，使毛相互插入，或使用毛绒烫板熨烫，顺着毛向轻轻熨烫，去除折痕皱纹即可。要注意毛绒面料沾水后毛容易倒伏，而且光泽也会受到影响。

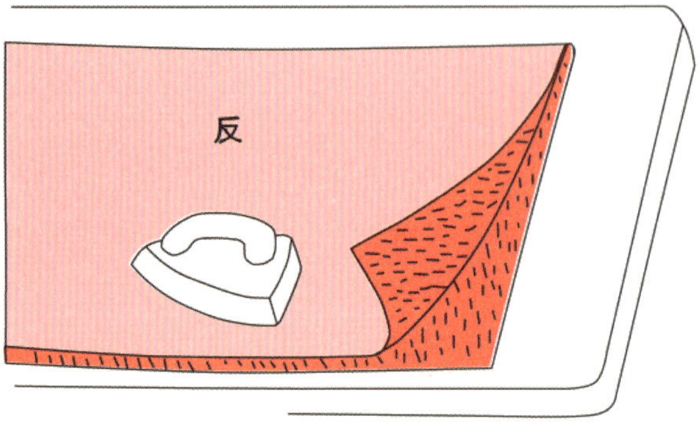

化纤

有很多化纤面料浸水后不缩水，耐热较差，因此要根据面料来调节熨烫温度。熨斗要在反面熨烫。

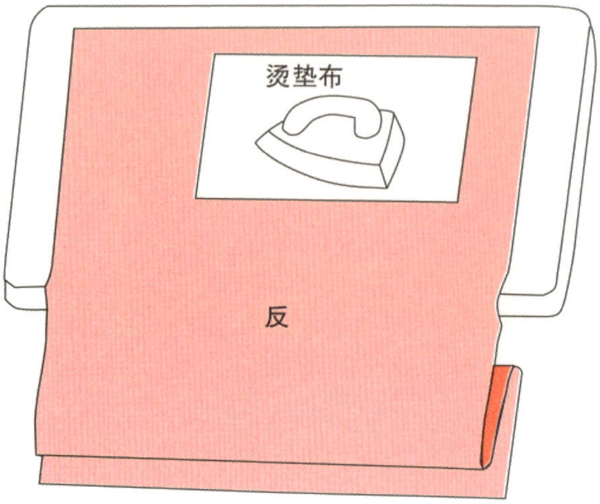

格子布、条子布

歪斜的格子、条子面料如果没有经过正确的校正，裁剪时及制成的衣服都会出现格子、条子歪斜。因此必须事先用熨斗把面料进行熨烫校正。干烫或蒸汽熨烫要根据面料来选择。

不同的纤维所需的熨烫温度

纤维名称		温度 /℃
麻		160 ~ 200
棉		150 ~ 180
毛		140 ~ 160
丝		120 ~ 150
化纤	人造丝	110 ~ 150
	铜氨纤维	
	聚脂纤维	
	醋脂纤维	
	尼龙	110 ~ 130
	维尼龙	
	丙稀晴类纤维	90 ~ 110
	聚氯乙稀	60℃以下或不熨烫
	聚丙氯乙稀	

衬

衬的种类与使用

衬，大的分类可以分成黏合衬与非黏合衬。黏贴在布上的叫黏合衬，其它类型主要有毛衬、麻衬、棉衬、（电光棉锻等）胖哔叽、纱罗、蝉翼纱。大致有下面的几种情况，需要用衬：

1　要制作表面比较夸张的造型。
2　防止穿了以后变型及洗了以后变型。
3　部分地方需要厚的、硬的、加强的。
4　易伸长的面料，部分地方为了不使它伸长。
5　缝纫难的面料，使它易缝。

黏合衬

黏合衬是在基布的反面涂上黏合树脂而成。黏衬时熨斗的温度可根据黏贴的地方和要求来变换。一般在衬上都有表示。

黏合衬的种类是按基布的品种、黏合的类别、树脂的形状来分类。

按基布分类方法

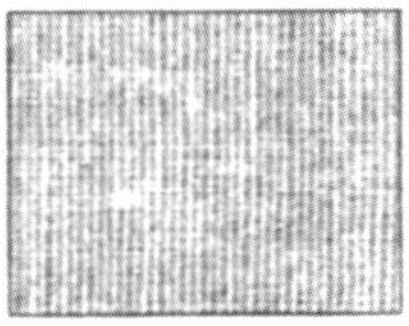

梭织

保湿性能好，能防止面料伸长，与面料贴合性好，斜丝有伸缩性。

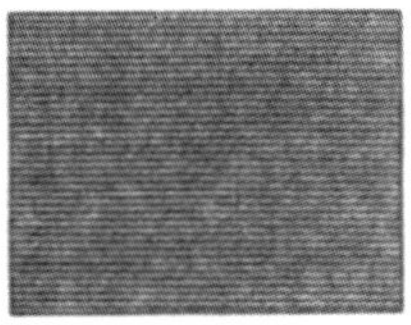

针织

有伸缩性，手感好。经向下垂度好，横向身骨好。

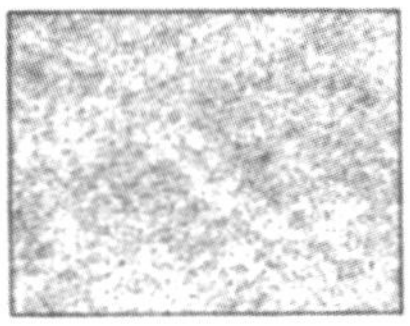

无纺布

轻、不皱，有透气性，保形性好，洗后不缩。

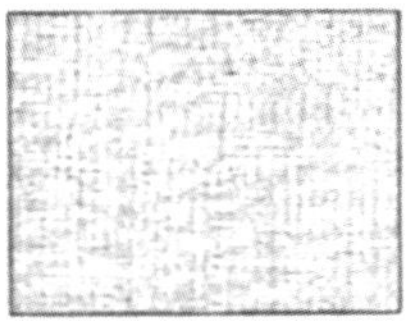

复合布

纵向的尺寸稳定性好，横向有一定的拉伸性，有弹性。

黏合类型

完全黏合

黏合力强，西服造型时被广泛运用。耐干洗。

暂时黏合方式

黏合力弱，由于洗涤后要剥离，所以服装造型时不采用。是属于暂时黏合的一种造型，为了使面料稳定易缝或袋口加强时用。

按黏合的树脂的类型分类

		形　状	特　征
完全黏合	圆点网	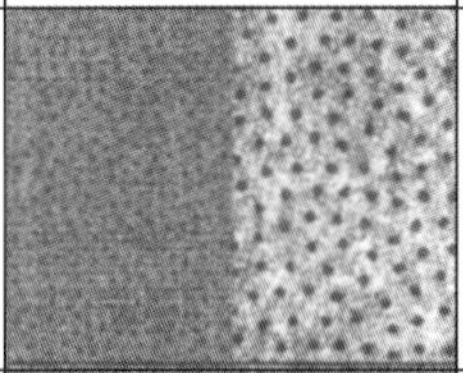	黏合树脂成圆点状，有极强的黏合力，圆点从大到小都有 大颗粒圆点状——用于厚型面料 小颗粒圆点状——用于中厚型面料 极小颗粒圆点状——用于薄型面料
	喷网状		黏合树脂像蛛网状，附着于基布，即使是家庭用熨斗也是很容易黏合的
	蜘蛛网	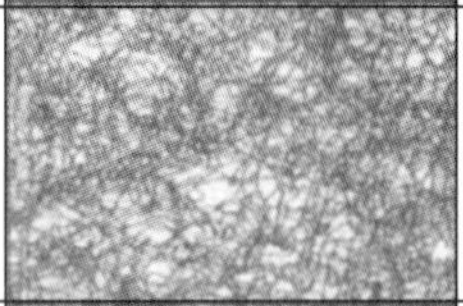	没有基布、黏合树脂像蜘蛛网那样密布，两面都可以黏合，主要用于下摆部分固定及两面用服装缝制时的暂时固定
暂时黏合方式	粉末状	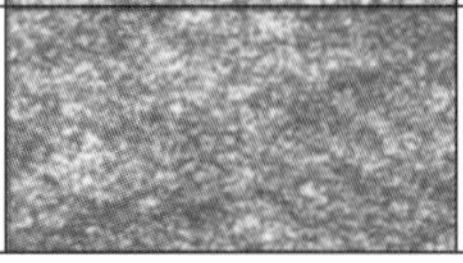	黏合树脂像粉末一样附着于基布。这种形状的黏合力较弱，因此用与缝时固定

黏合衬的选择方法

根据黏合衬的种类、所黏的地方、目的来进行选择。黏合衬是由基布、树脂的形状、类型组合制作的。选择时请注意以下几点：

1　确定是完全黏合衬还是假性黏合衬。
2　基布（梭织、针织、无纺布、复合布）的特征。
3　黏合树脂的形状及特征。
4　完成后是否感觉柔软。

黏合衬的使用方法

衬的整理的方法

无纺布除外，梭织、针织基布的衬，首先要确认基布有没有歪斜，如果歪斜的，如图斜方向拉伸校正。由于基布上附有黏合树脂，因此校正时不能用熨斗熨烫，只能用手校正。边沿太紧可剪刀口。如有折皱的地方，可轻轻的用喷泉雾器喷上一些水雾，再把它整理平正后用。

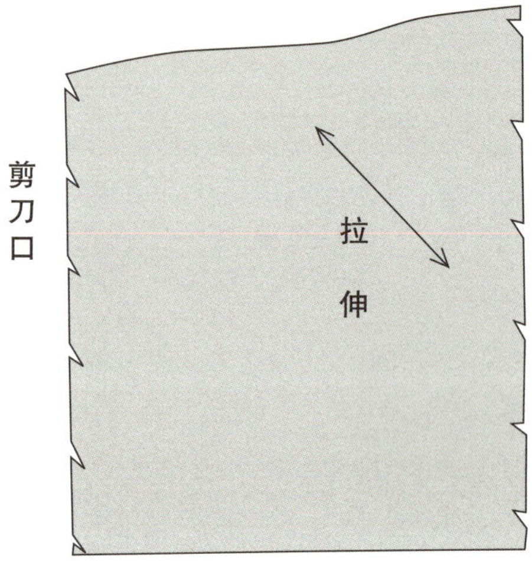

裁剪的方法

衬的丝缕方向原则上与面料的丝缕方向相同，裁剪时把黏有树脂的一面折在内侧。

大面积黏贴的情况下，制图时要把贴衬的位置画出来，做成衬的专用纸样后裁剪。领、克夫等小的部件可以用裁面料的纸样来裁。

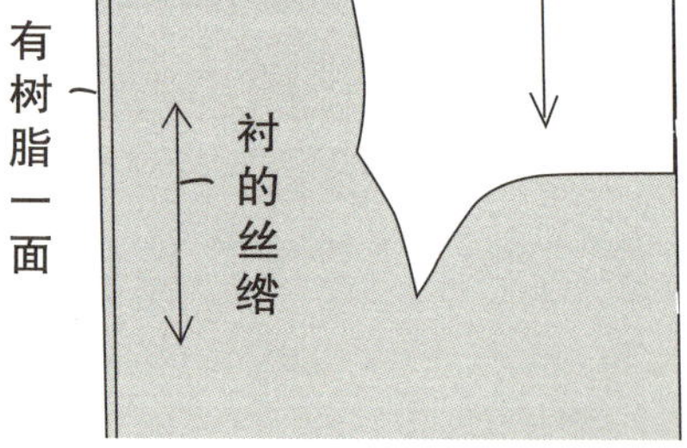

试黏

面料黏合前要进行试黏，以下的几点要加以注意：

1　查看一下黏合衬的弹性、硬度是否适当。

2　正面有否变色、树脂有否污染，风格有没有改变，黏衬的地方与不黏衬的地方有没有差别。

3　黏衬的地方有没有收缩或拉大。

4　面料拉一下衬有否剥离，有没有漏熨的地方。

以上都没有问题了，那么就可以在面料上进行黏烫。

贴黏衬的方法

1　烫台（能受压均匀，较硬的）的上面将面料的反面朝上放置。

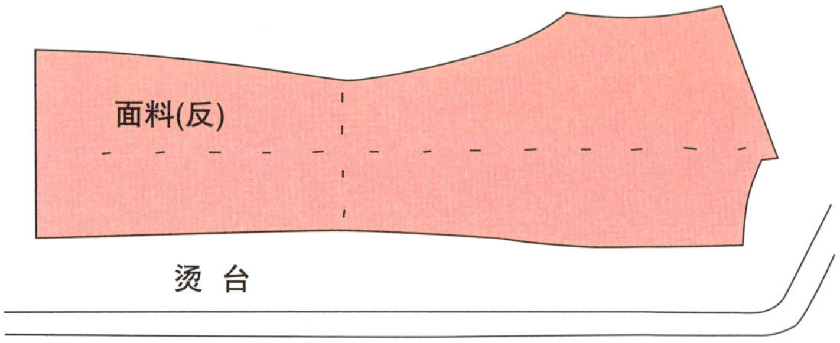

2　在面料的反面正确的放上有树脂一面的黏合衬。

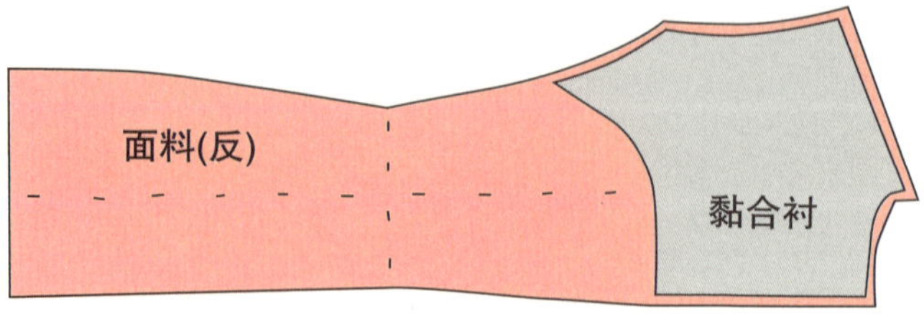

3　在烫垫布上喷水后放在黏合衬上。丝绸、人造丝等不能给于水份的材料可以少一些。

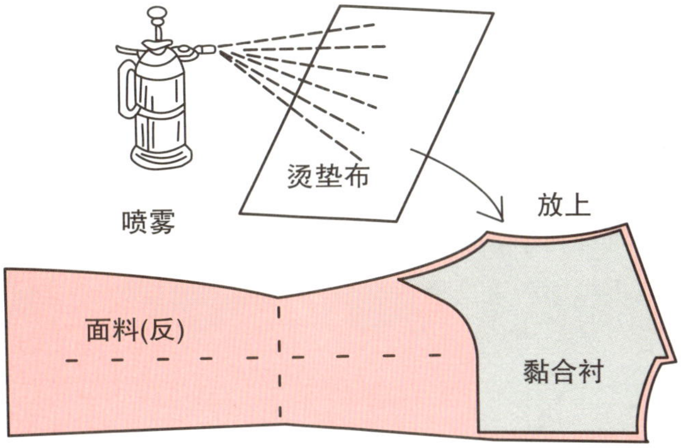

4　熨烫时熨斗不要在上面滑移，要压烫。如果需要蒸汽，可用蒸汽熨斗。每一处需要 10 ~ 15 秒钟。温度一般 140℃左右，温度与时间可以根据面料的情况有所增减。

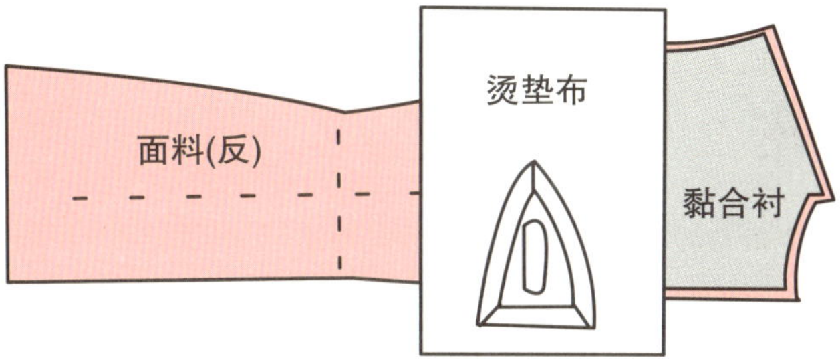

5　黏合时不要漏烫，要全面熨烫。

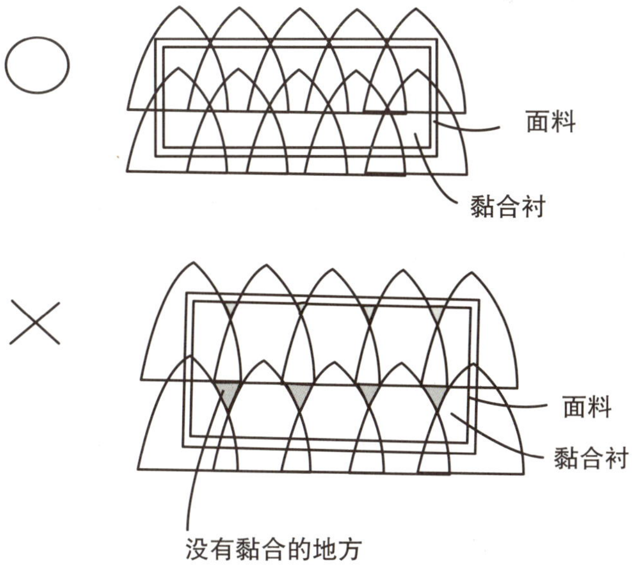

黏合条件

黏合温度（树脂溶解）、压力（树脂的污渍不要渗到面料上）、时间（温度与压力最佳时），这是必要的 3 个条件，不具备这些条件各种问题都会出现。

温度	太高	树脂溶解过头，黏合力下降 树脂的污渍就会渗到面料的正面、衬的基布正面
	太低	树脂没有得到充份的溶解，黏合力下降
压力 时间	太强 太长	面料的风格失去了 衬的基布线在面料正面能显现
	太弱 太短	衬和面料不黏合

面料黏合时必须注意

面料整理好后放置，黏合后有收缩。

衬的丝缕原则上与面料的丝缕相同，同时要注意面料与衬之间不要有线头及裁剪时面料留下的末屑。

在面料上放衬的时候确认不要有松弛，用手摸平后才能进行黏合。

黏合后做记印。如果黏合前做记印，贴上黏合衬后，做记印的线就拿不下来。

做记印的方法

面料裁好后，要根据纸样做记印。做记印的方法很多，要根据纤维的特性、织造的方法选择一种适合的。

棉

棉的梭织物可以使用复写纸与点线器来做记印。使用点线器时不要太用力，以免把面料损坏。要稍微轻一点。

有一类复写纸的记印在水里能够消失。颜色有各种各样，浅颜色的面料要选浅的颜色。薄的面料可用括刀做记印。要注意使用时太用力会损坏面料，留下疵点。

用复写纸的情况

面料的反面相对，纸样放在上面。记印的内侧用针或用文镇固定。面料与面料之间放入复写纸。用点线器在制成线上做记印。

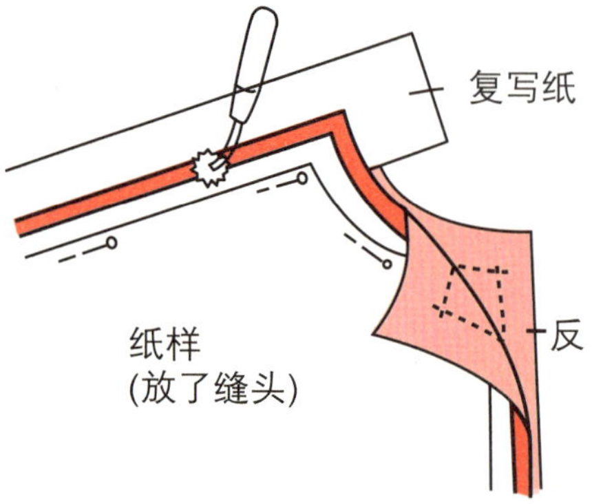

用刮刀的情况

在面料上放上纸样，沿着纸样的边（制成线）做记印。

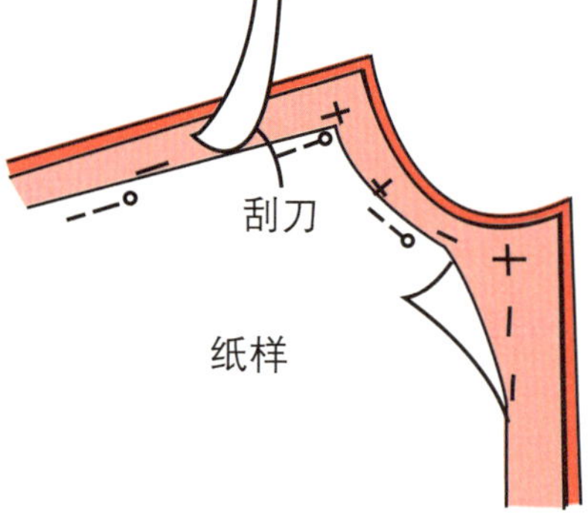

丝绸

面料较薄时使用细的烧毛线、细的丝线、细的缝纫线。要不易拔、不损伤面料。

使用刮刀时，注意不要损伤面料。如果用剪断的线钉做记印，容易掉线。因此要用疏缝做记印。用疏缝做记印时要一片一片的各自做。

用疏缝做记印的情况

薄的面料及毛料都可以用疏缝做记印。面料的上面放上纸样，用针和文镇固定。可用丝线、电力纺丝线，也可以根据面料来选择线。沿着制成线边缝边做记印。

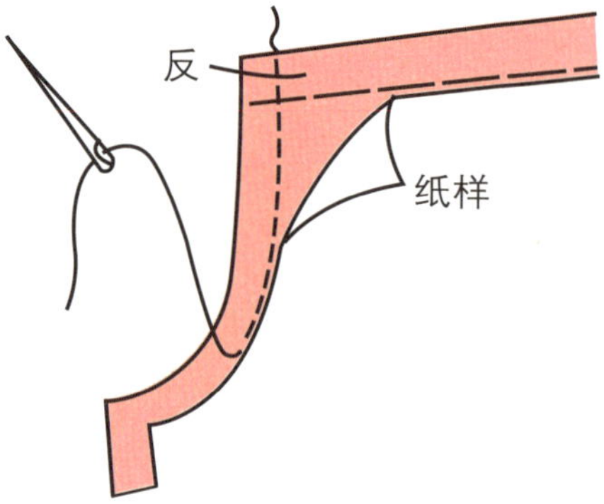

化学纤维

与棉织物类似的化纤面料可以用棉织物做记印的方法做记印（复写纸、刮刀）。仿丝绸风格的面料，用丝绸做记印的方法做记印（疏缝、刮刀）。

里布

用刮刀或复写纸做记印。

衬

衬一般不要做记印，但做中心线、腰围线记印方便一些。

毛

毛料首先使用画粉等，按纸样做好对位记印及轮廓的记印。注意浅色的面料不能选择深色的画粉。取2根本色的棉线，按画粉做的记印缝线钉，面料特别厚的时候，要注意上下的线钉不要错位。也有不使用画粉而直接通过纸样打线钉。

线钉做记印的情况

毛料及厚的面料做记印的方法

1　面料正面相对，在上面放上纸样，首先用画粉把轮廓线及对位记印划好，拿掉纸样，取两根棉线，把面料放平，缝线钉。弧度处针码缝短一点，转角处缝十字针。缝线要有松度。

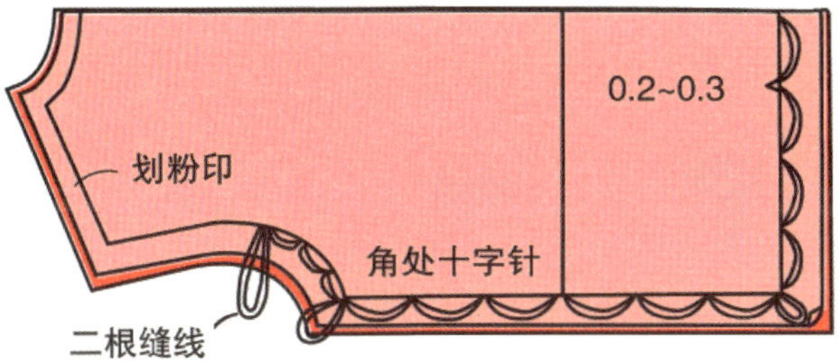

2　缝完后缝线的中间全部剪断。

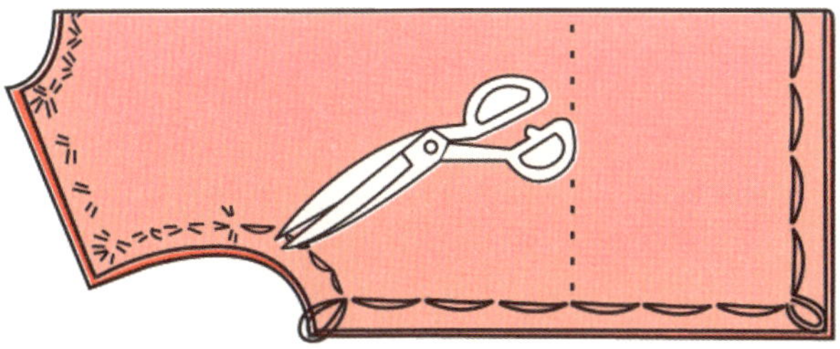

3　把上面一层衣片掀开，2层衣片之间的缝线剪断。注意不要把缝线拔掉。

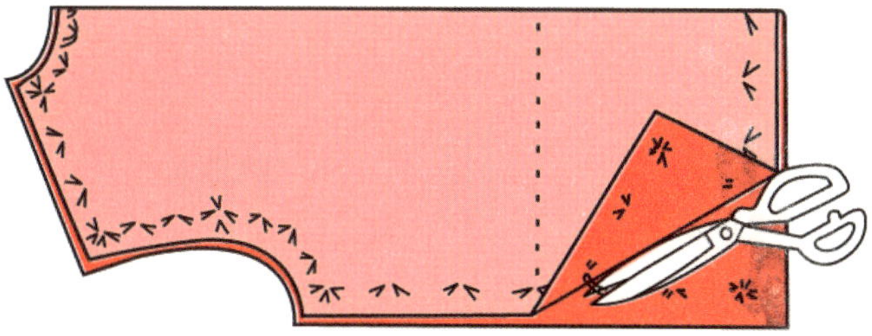

4　上层衣片的线头要修短。修剪时剪刀要如图那样放平，注意不要把面料剪破。

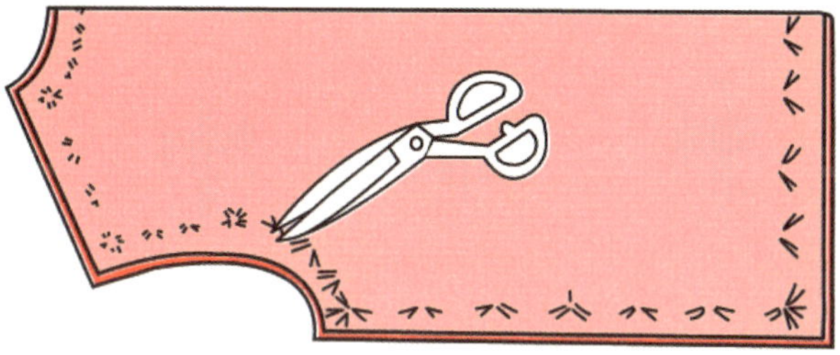

5　用熨斗把缝线烫成颗粒，这样线钉不容易拔掉。

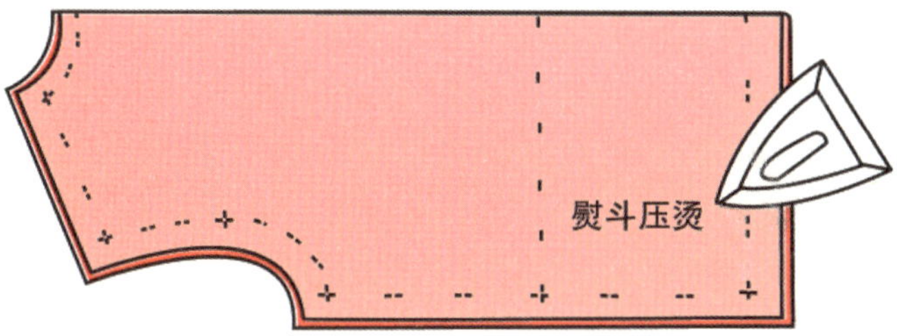

疏缝方法

疏缝方法

一般选用白线，线绸用丝绸疏缝线，或使用细的缝纫线。疏缝要在机缝后容易拔掉，要沿着记印边沿平形的疏缝。

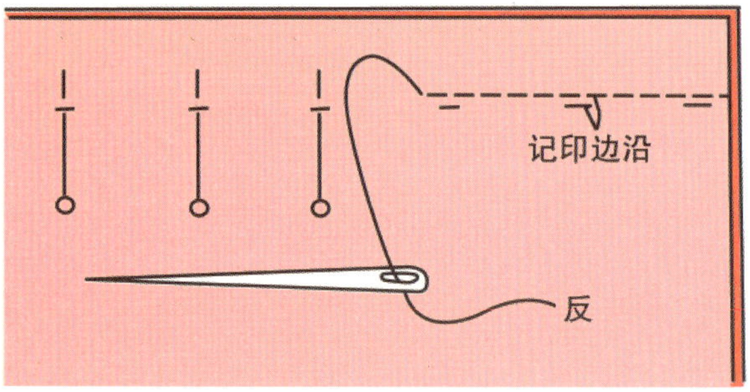

放平疏缝法

把面料放在平的桌子上，一只手压住面料，一只手拿针，一针针均匀的有间隙的缝。做线钉也好，缝纫也好，疏缝就是不让面料错位。

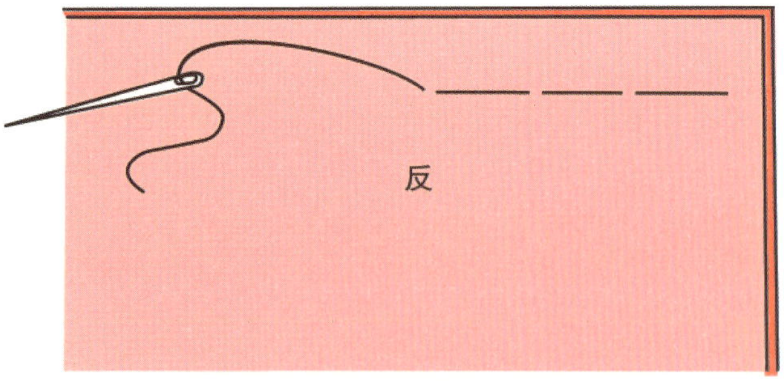

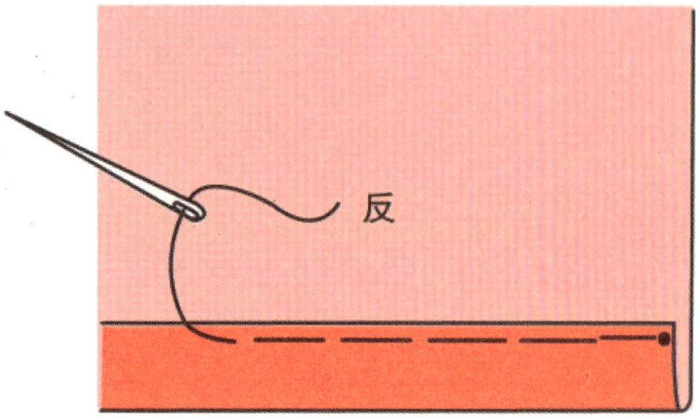

斜的疏缝方法

为了使2片以上的面料不错位，采用斜向疏缝。如图，针头从右往左横向小距离的捞缝，再纵向缝。如要求固定坚实时，钉距可短一些。

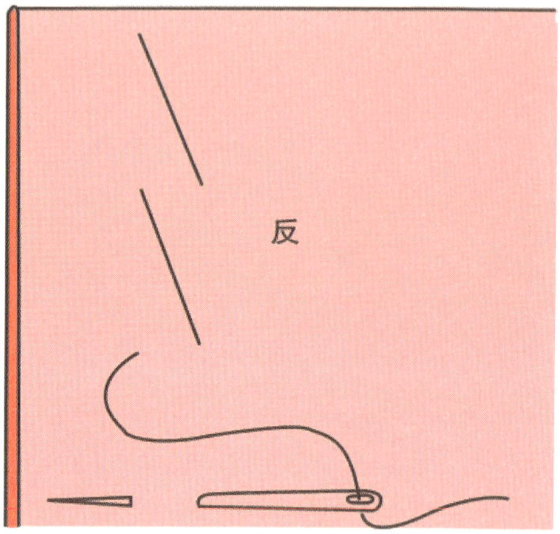

（斜向疏缝的例子）

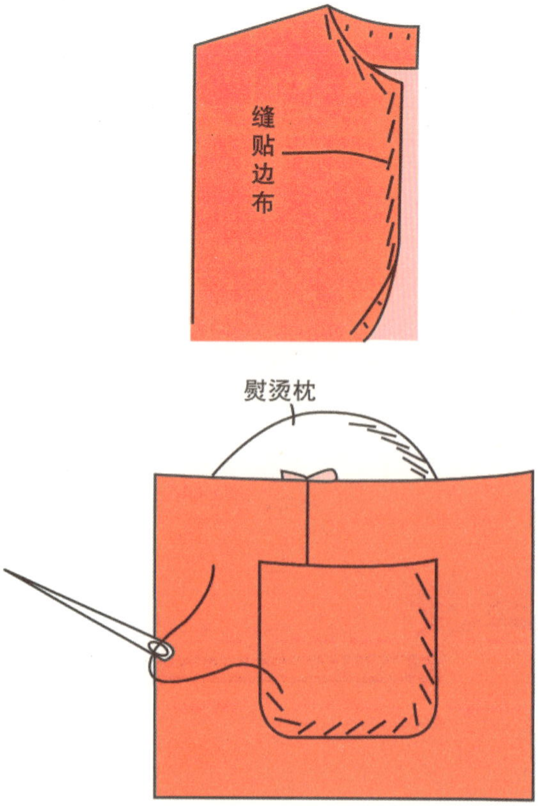

机器缝纫

直线缝纫方法

疏缝后，用手把握好面料开始用机器缝纫。(疏缝线及线钉在机缝后都要拔掉)机缝、手工缝都叫缝纫。

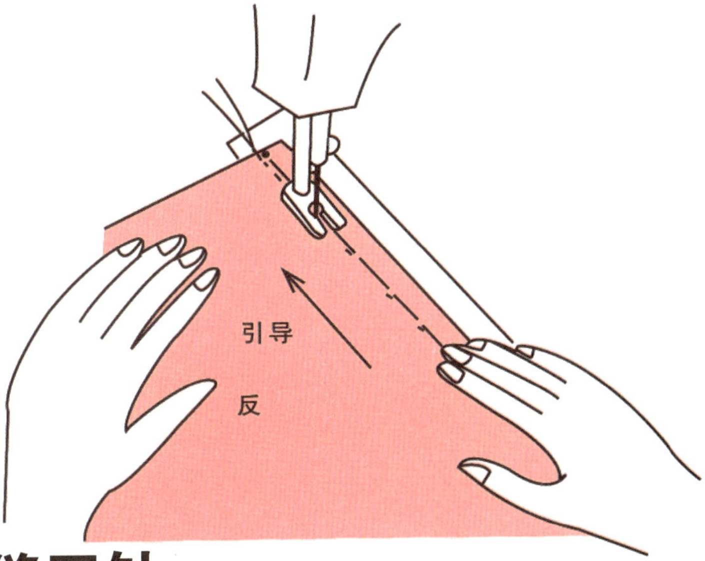

缝回针

为了防止缝线散开，开始与结尾处就在原来缝线的针孔里往回重叠缝，这就叫作回针。回针的长度控制在3～5针，后控制回针杆(某些机器也可能是按钮)回针到起针点以后，再开始进行普通的缝纫。

直线缝

处理不易散开的面料时使用。这种缝纫方法除了处理缝头外，衬卷曲缲缝时也要使用。

面料的边不折，要这样缝。一定沿着面料缝头边沿缝。

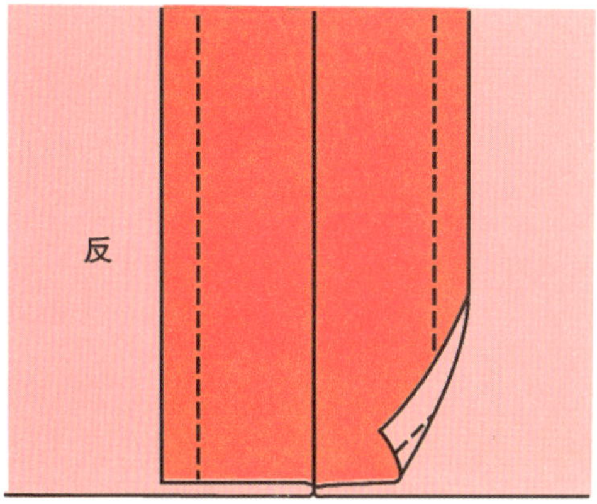

★也有缝完后，沿着缝线的边沿修剪整齐的。

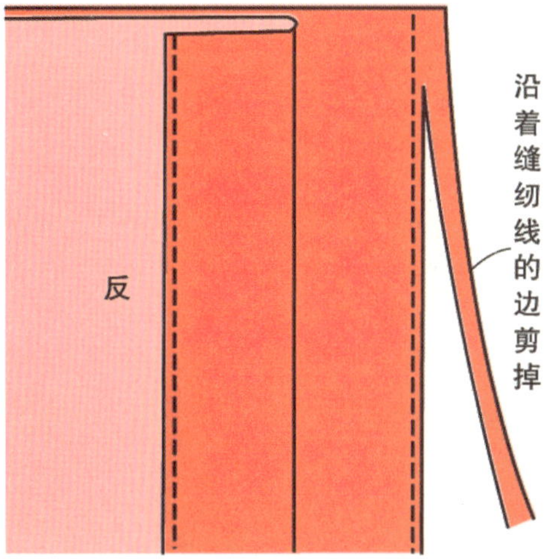

压缉缝

上面一片把缝头折转，距折线处 0.1 ~ 0.2 cm 的地方从正面缝纫叫压缉缝。需要缝头结实时使用。另外，在距折线 0.3 ~ 0.5 cm 的地方缝纫就叫做缉线缝。这是一种改变名字的叫法。

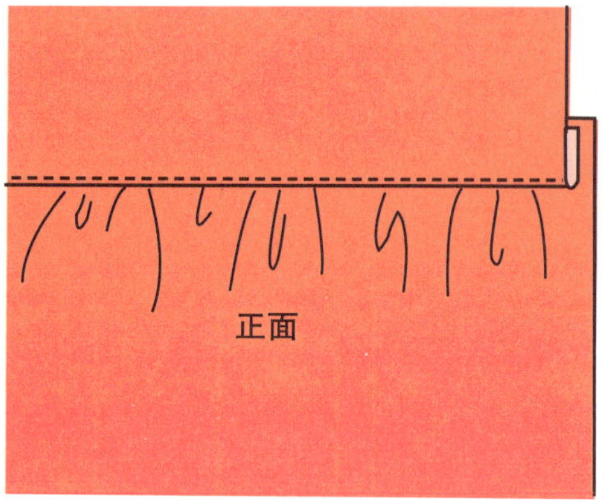

漏落缝

把缝头分开，就在缝线的中间缝。

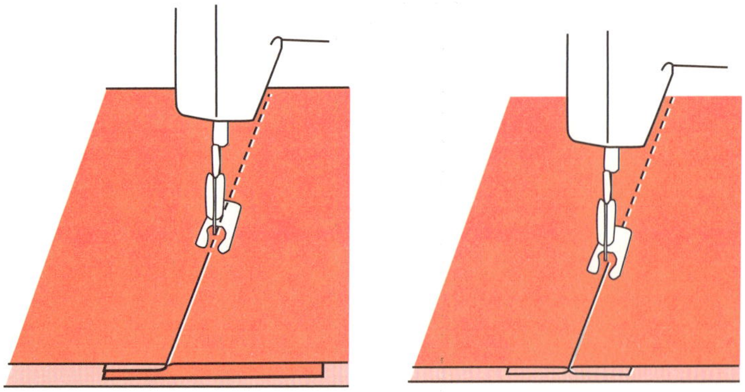

缉线

利用折缝处，起装饰作用时或缝头需要结实时缝。可以用同色的普通缝衣线缝。需要醒目时，可选用专用的缉线用的线来缝。选用专用的缉线用的线时下面的底线不变，还是原来的本色线。缝好后上面的缝线线迹比原来本色缝线的线迹要粗。

缉线的方法

缉线宽度较小时（1 cm 左右）要正确地确定压脚的位置。如图在缉线位置内进 0.2 ~ 0.3 cm 处缝一道疏缝，这是一种确定目标后缝的方法。注意不要缝在疏缝线上。

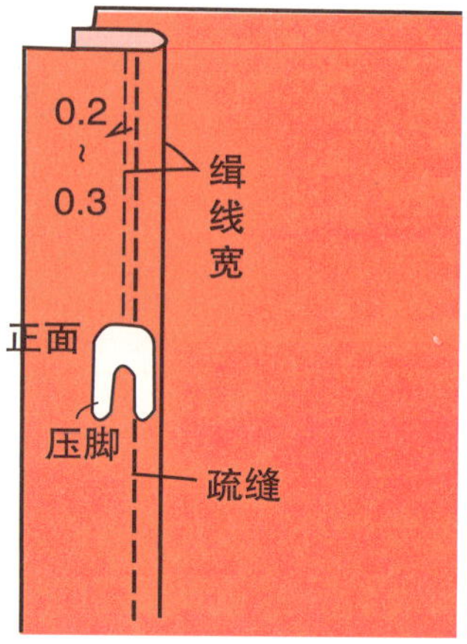

缉线宽度较宽时，可以使用从市场上买来的缉线定规，如图装在缝纫机上，这样缝能正确地确定缉线的宽度，缝纫线能很好地与折线平行。

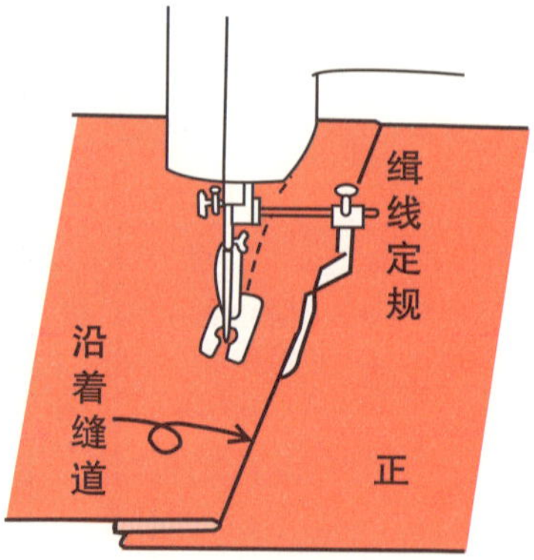

手工缝

戴顶针的方法与使用方法

顶针戴在中指的第一与第二个关节之间。距针尖0.5左右的地方母指与食指轻轻地拿住手针，针孔的地方与顶针成直角。

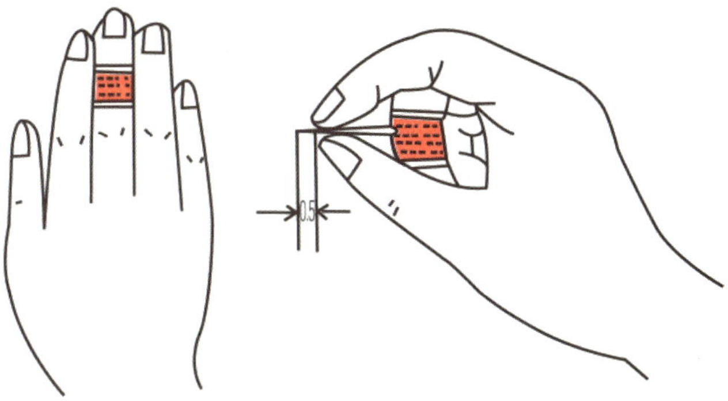

打结的方法

手缝前为了使缝线不拔出，在线的端部打一个结。

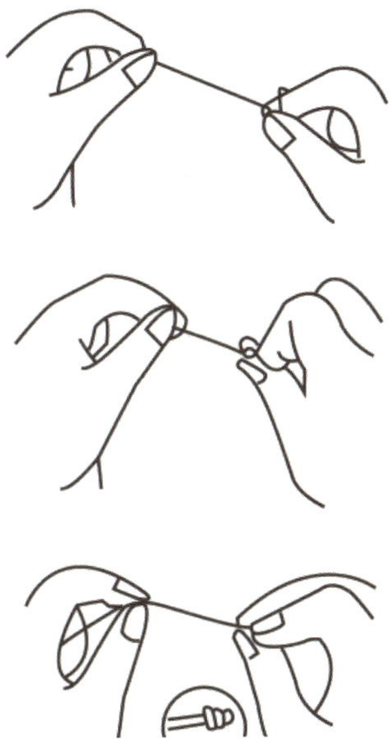

1　线在食指上绕一圈。

2　食指在母指上纳一下，使线端穿过线圈。

3　开始闭合线圈时，用中指按住，另一端的线开始抽拉。这样完成的就叫结。

用结固定的方法

缝完后，线就这样放置会散掉，所以缝线要打结，防止缝线散开。

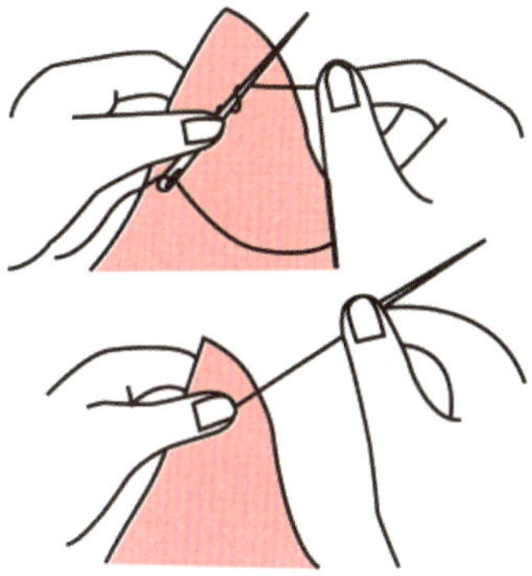

1　缝完后把针放在缝迹上，线在针上绕2～3次。

2　绕圈的地方如图用大母指与食指连面料一起按住，用另一只手把针拔出。

拱缝

1　面料夹放在母指与食指中间，针左右横放。针与面料是用手捏在一起的。

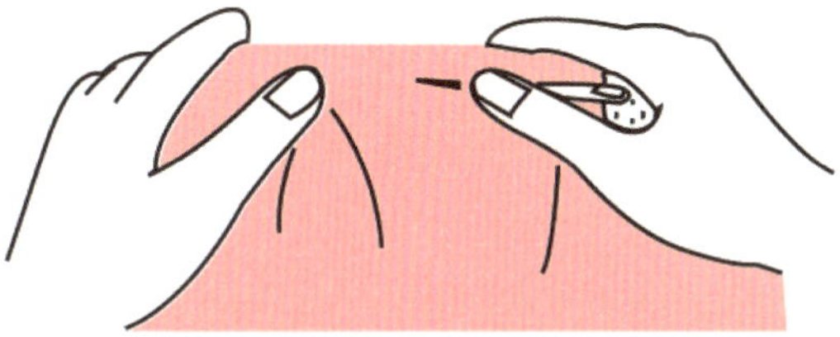

2　手指如图样握住缝衣针，轻轻地压住，仅仅只有针头在动，密密的缝。针码长短，根据需要有各种各样的。

普通缲缝

没有里布的衣服和底边、袖口、贴边布、裁剪后需要折转缝的情况都可以使用。

1　如图一样折转，用疏缝固定。从折线的里侧开始穿出缝针。

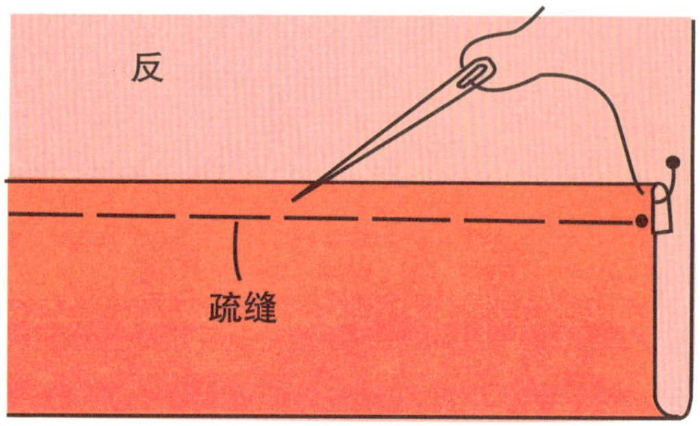

2　针移动的距离是 0.2 ～ 0.3 cm，如图一样缲缝（正面出现针迹很小、感觉只有挑到一根织线）。

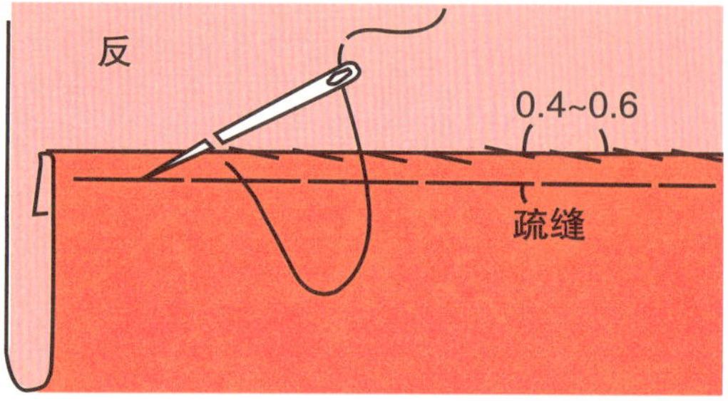

3　正面看到如图一样的线迹（成一条直线）。注意缝线不要抽拉得太紧。

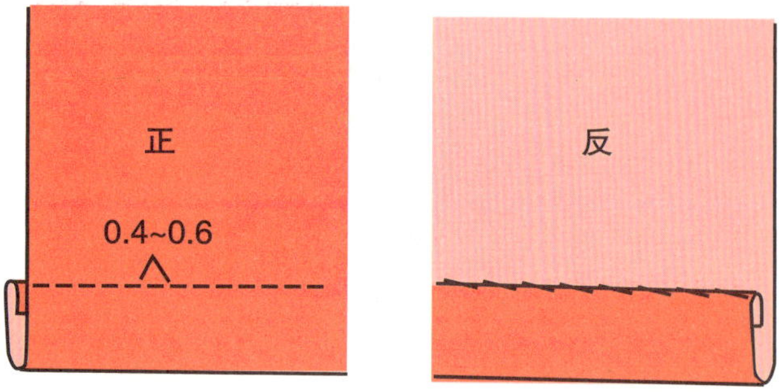

暗缲缝

A 在缝头里面缲缝的方法

先用疏缝固定，缝头的边如图向手的方向折转，等距离的缲缝。

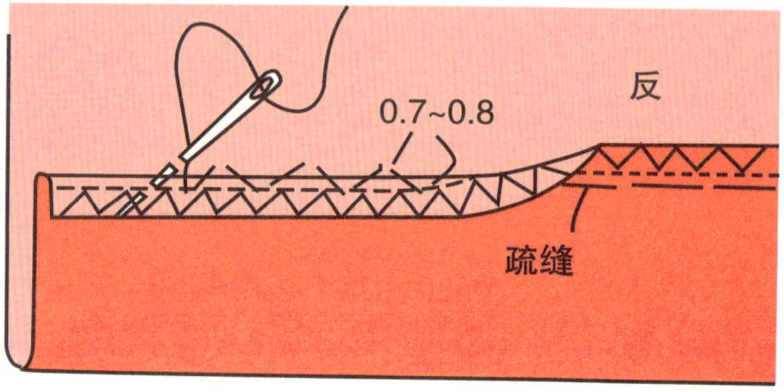

B 装里子的茄克衫等底边的缲缝的方法

衣服面料的底边按净线折转缝合后，里布也按净缝线折转后如图放置疏缝。

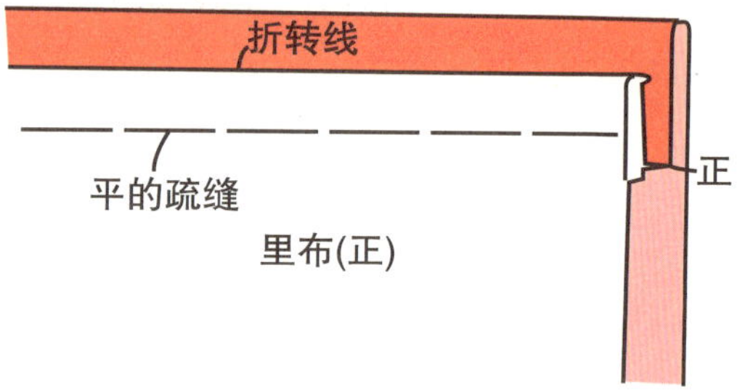

里布的折边如图向手的方向折转，缝头用 A 相同的方法缲缝。

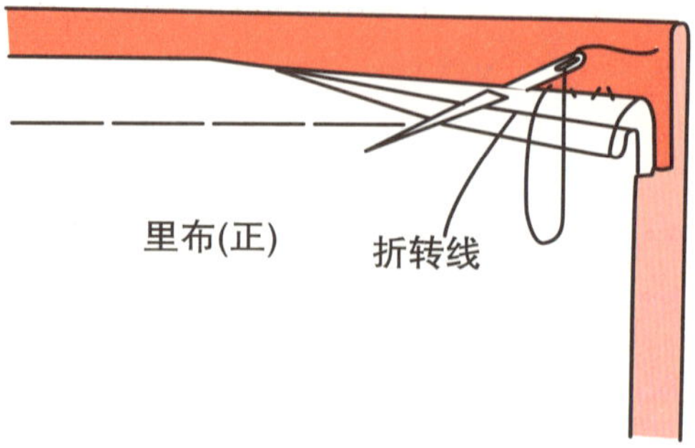

三角针

贴边固定时使用，与普通缲缝相反，它是从左往右，上下交叉在面料上用细针捞缝。

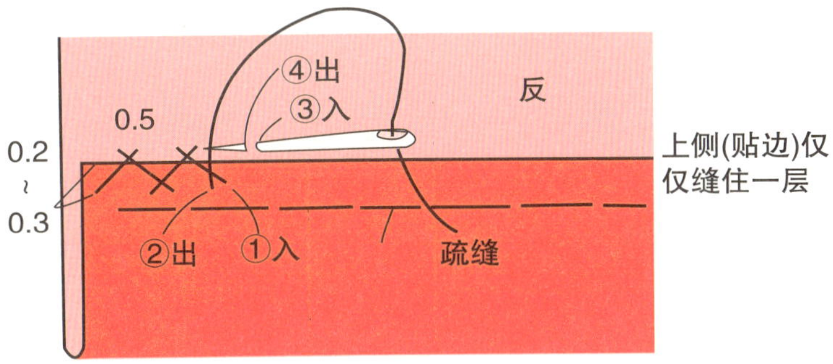

纵缲缝

从折边的里侧出针，然后用小针缝到上面的面料上，线成直角缲缝。

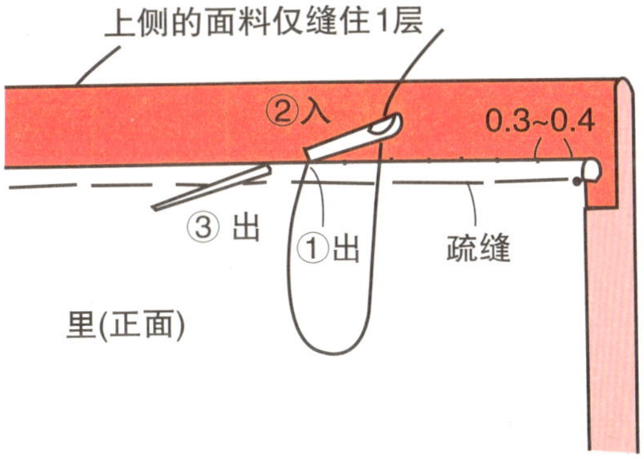

倒勾针

针要如图返回到前面的针迹处再进针，所以叫倒勾针。针迹看上去像缝纫机缝的一样。

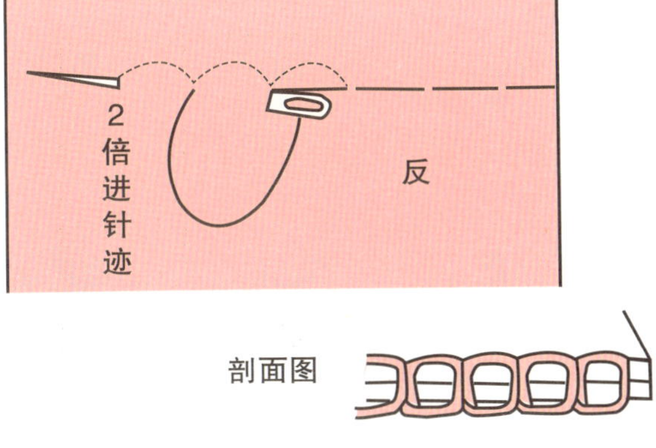

半倒勾针

如图，针要返回到前面的针迹与缝线的1/2处，所以叫半倒勾针。

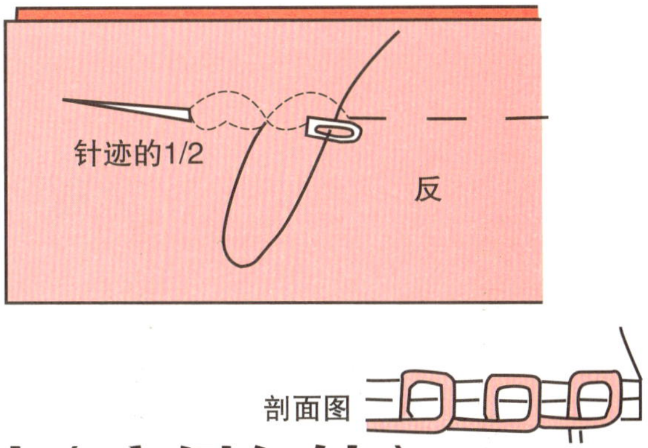

星针（密倒勾针）

能看到的针迹很小，像星星一样一点一点，所以也叫星针。里门襟与衬头固定时一般都使用星针。

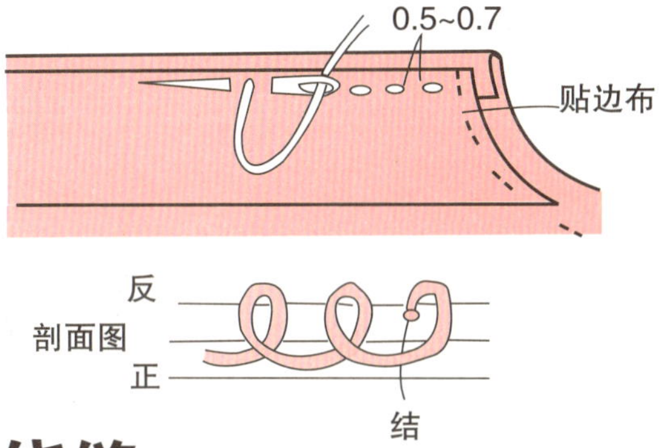

梯形绕缝

折边与折边相对，像机缝线一样，看不到缝线的一种手缝方法。缝迹很细，线过渡时与折边成直角。一针针轻轻的、均匀的缝合。

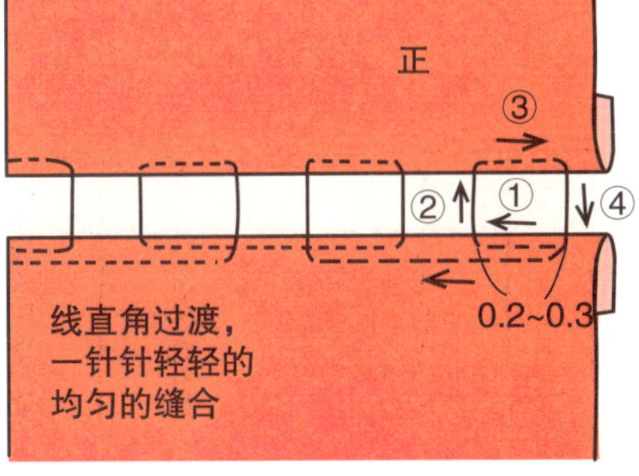

缝头的处理与缝型

锁边

锁边机是缝头处理的专用机器。缝头在锁边机上把毛头切掉以后再锁边。另外还有不带刀的锁边机，缝头用剪刀剪齐后在锁边机上锁边，这样初学者就不用担心锁坏衣缝了。

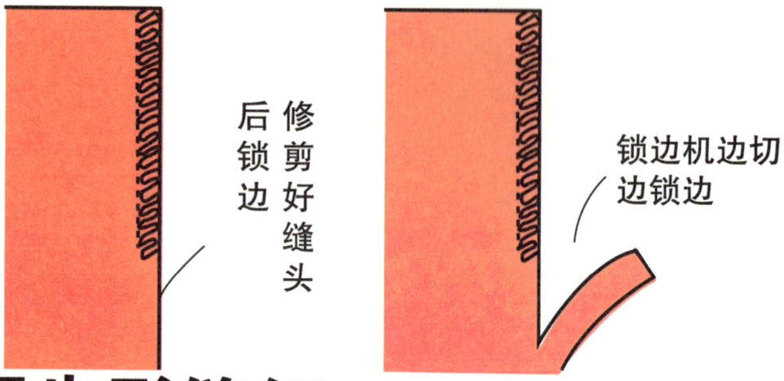

锯齿形缝纫

如图，缝头的边用锯齿形缝纫机缝。如果就这样用锯齿形缝纫机在边沿缝的话，边道容易抽缩。最好缝纫时，缝进一点，缝完后再用剪刀如图把多余的缝头剪掉，这样效果比较好。

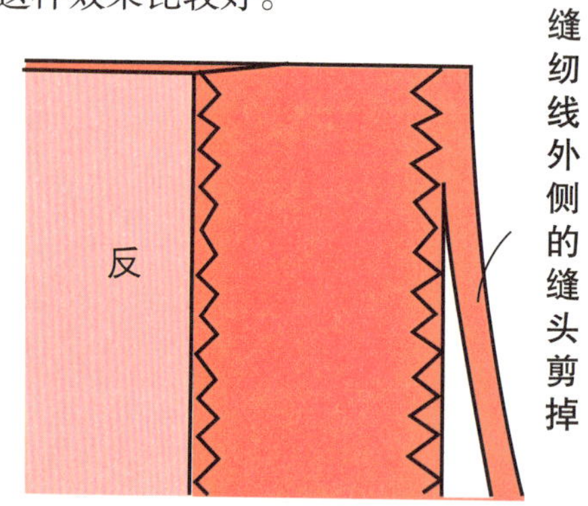

锯齿形边

用锯齿形剪刀剪缝头。适用于不容易散开的面料。如再在缝头上用缝线缝一道，就更不容易散开。

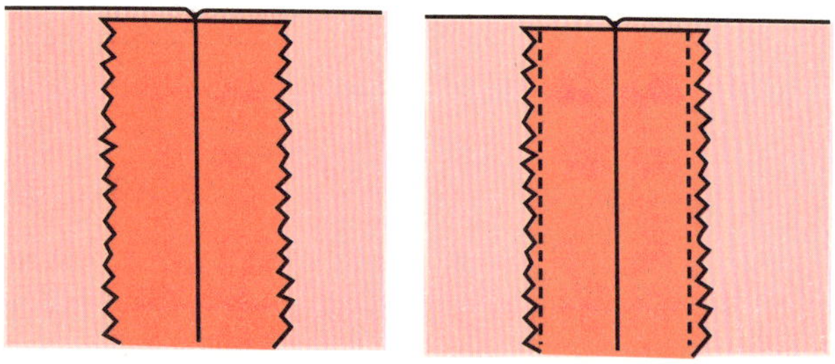

折边缝（沿边缝）

簿料时使用（厚料的缝头太厚，避免使用）。

1　将布边 0.5 cm 左右折转。

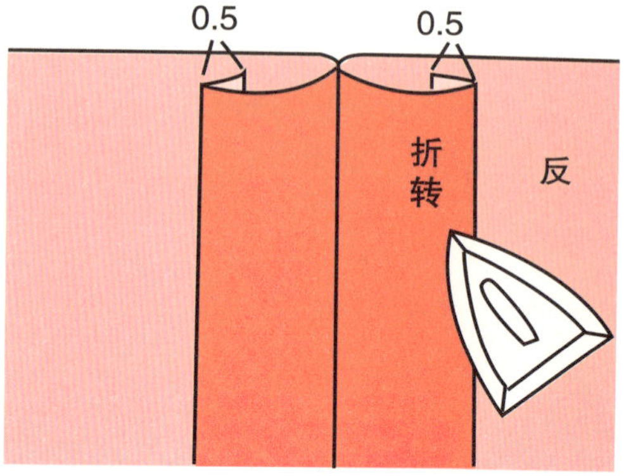

2　一折后再在缝头上缉线。圆弧处容易绷紧，可少折进一些。

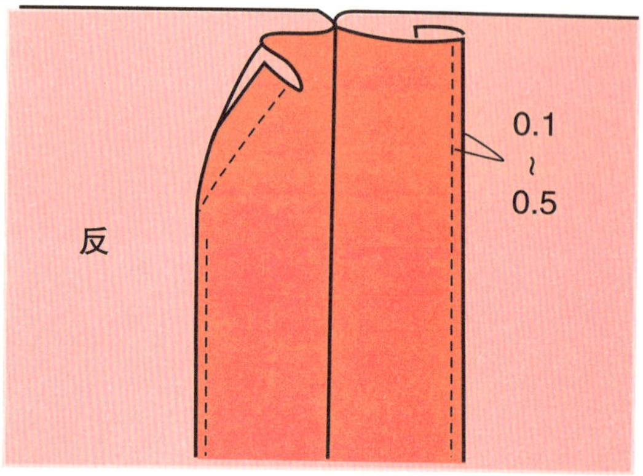

滚包缝

1　裁一条宽 1.3 ~ 1.5 cm 的正斜面布带子，带子用熨斗轻轻地烫一下。然后把带子放在缝头边上，如图缝一道 0.3 cm 宽的缝线。

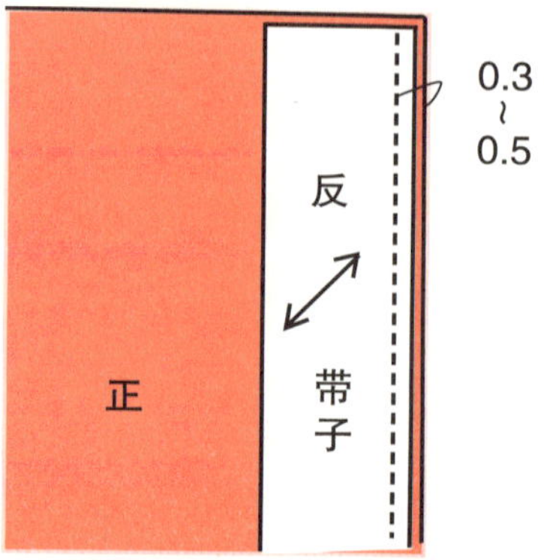

2　带子往里侧折，把缝头的边包住，如图把滚包缝整理成 0.3 cm 宽，沿着滚包缝边缉一道漏落缝。里侧的带子可以就这样放置，也可以折转缝一道线。

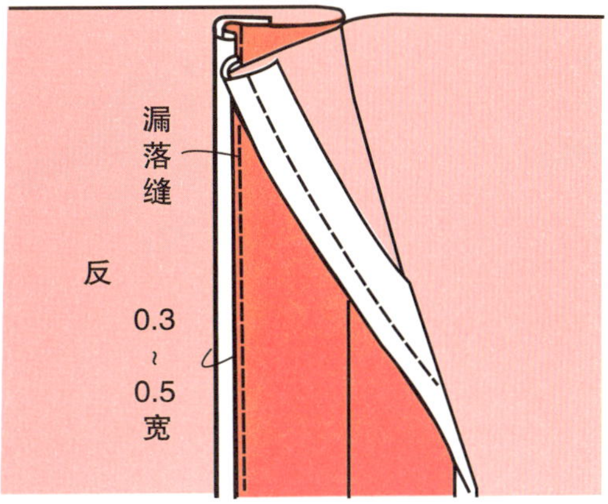

环缝 A

不容易散开的面料 2 片一起用手工环缝。

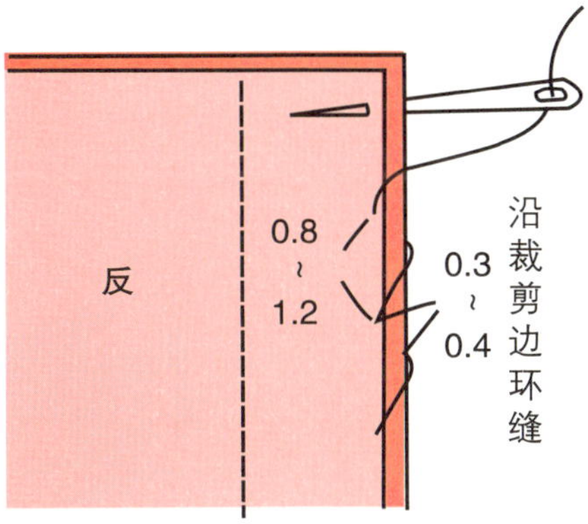

环缝 B

在缝头的边上缝一道直线缝后环缝，这样比 A 更不容易散开。

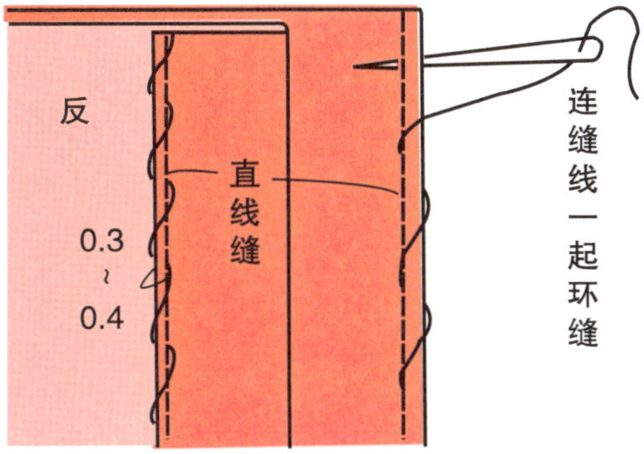

来去缝

比较透明的面料、容易散开的面料或缝头，需要结实时都可选用的一种缝型。

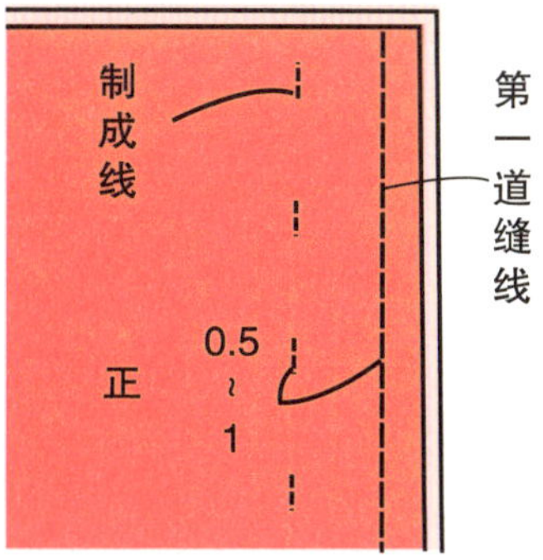

1　面料反面相对，在正面距制成线 0.5 ~ 1 cm处缝一道直线。

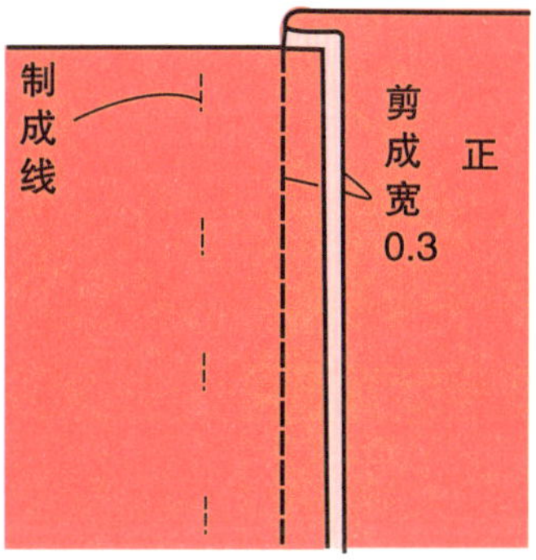

2　缝头留 0.3 cm 宽，其余的剪掉。

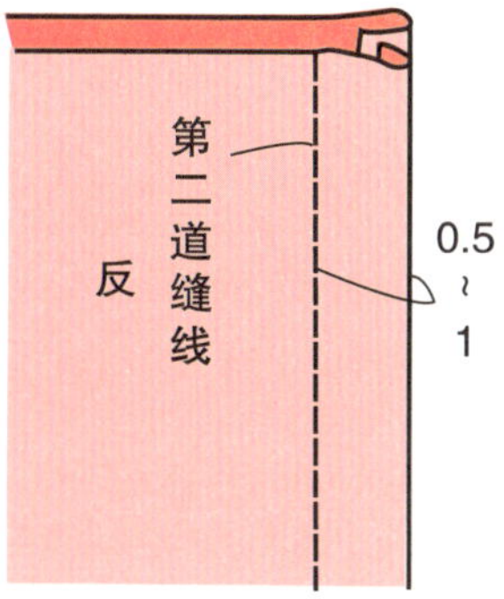

3　用熨斗分烫缝头，正面相对，在制成线位置缝一直线。如果是透明的面料，缝头细一点，一般为 0.5 cm 左右。

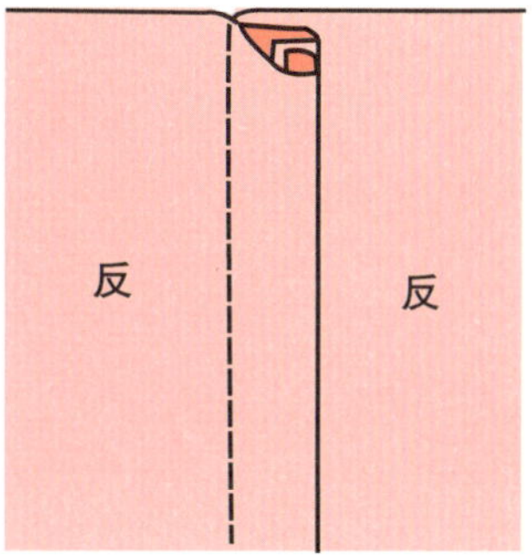

4　如图一样，把缝头烫向一侧。

暗包缝

1　面料正面相对，按制成线缝一直线。如图把缝头剪的差异。薄料时缉线宽为 0.3 ～ 0.4 cm，厚料时辑线线宽为 0.8 ～ 1.2 cm，也可根据服装的种类与设计来决定。

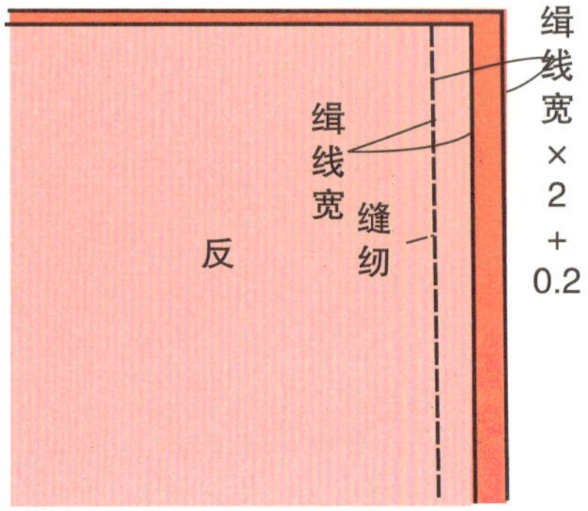

2　用熨斗把缝头多的一方折烫向缝头少的一方。

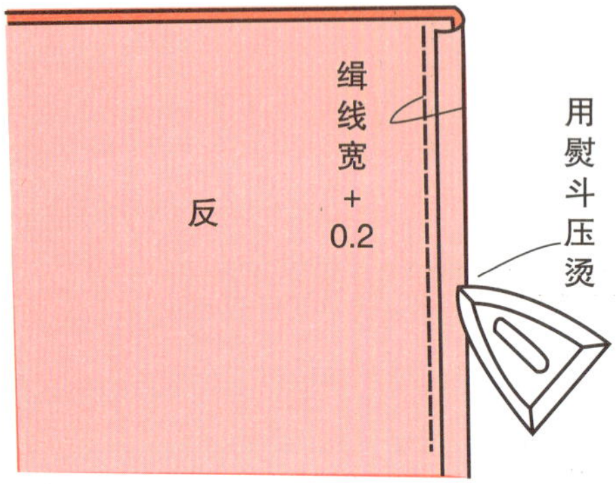

3　面料坐烫平后，缝头的折线边疏缝固定，再从正面沿着疏缝线的边沿缉线。

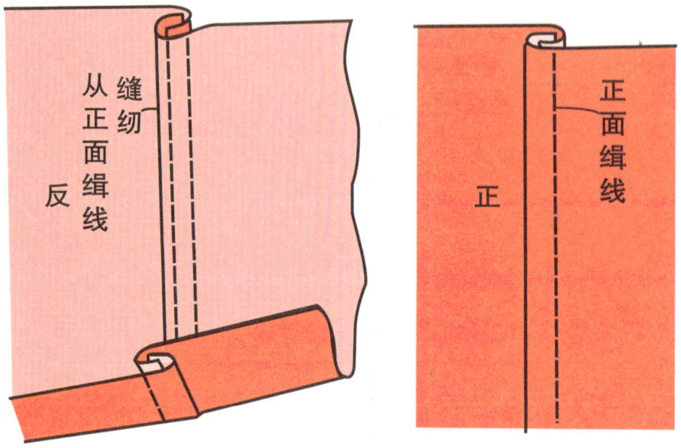

包边缝

1　面料正面相对，按制成线缝一道直线。缝头如图一样剪成有差异的。

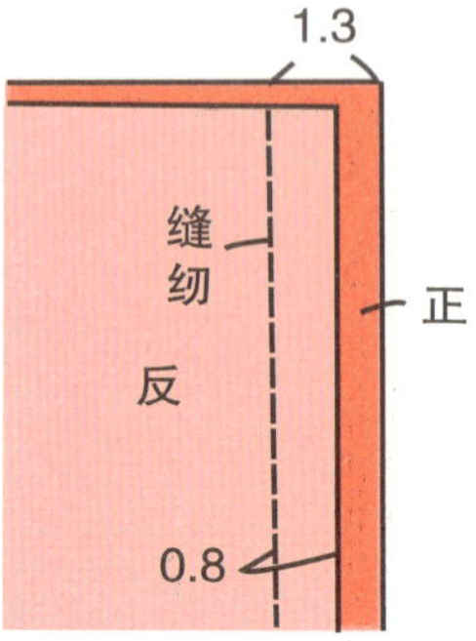

2　如图，折烫缝头，距折边 0.3 处缝一道直线。

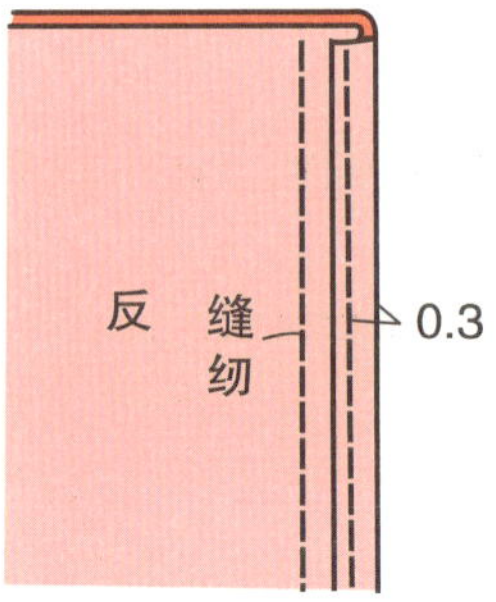

3　如图，用熨斗把缝头烫倒。

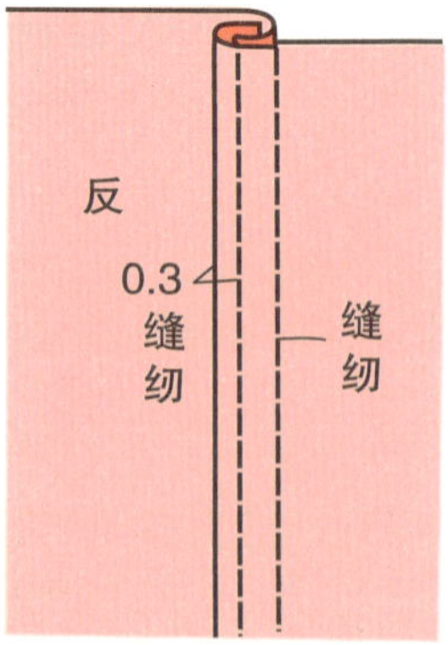

斜丝带子的制作方法

斜丝带子不仅仅作为边的处理，而且有很多的使用方法。

斜丝带子的丝缕与布丝成45° 角裁下来的为正斜。也有成品带子，带子的宽度应比实际所需的宽度宽一点。

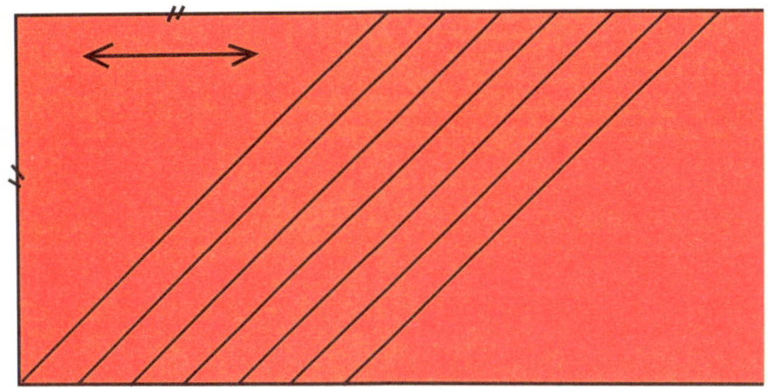

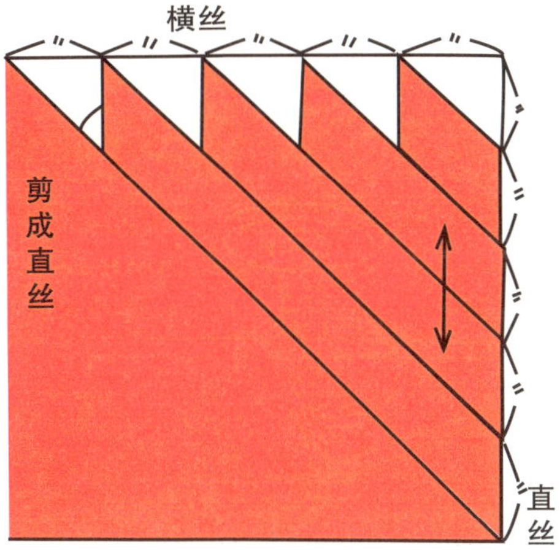

斜丝带拼接时，布丝要对准。制成线对准，缝合后比带子宽出的部分缝头应修剪掉。

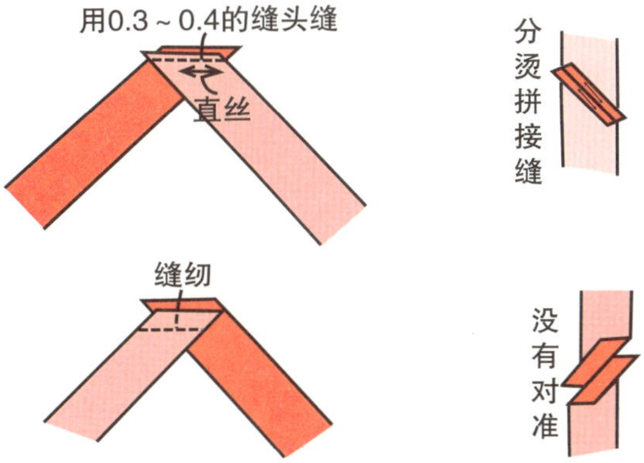

长斜丝带子的制作方法

制作长斜丝带子时，预先在布料上根据斜丝带子的宽度一条一条画好。如图一样缝合后沿着斜丝带子画的线一直连着剪。

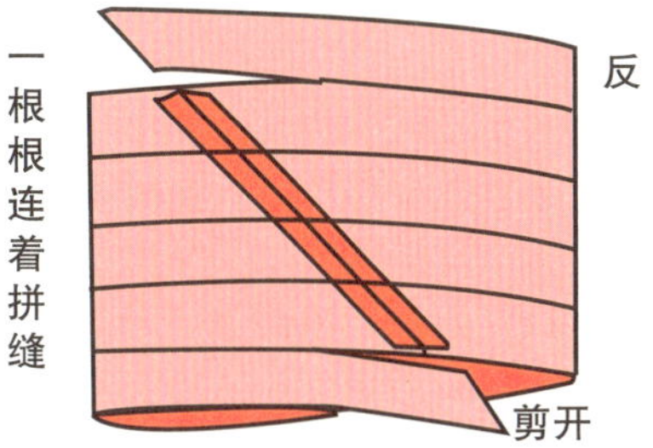

折带子的方法

斜丝带子使用前用熨斗轻轻的把它拔长，注意烫完后的带子宽度要均匀，不要拔地过长。如果是滚边用的话，如图可使用硬纸板或带子专用夹来制作。

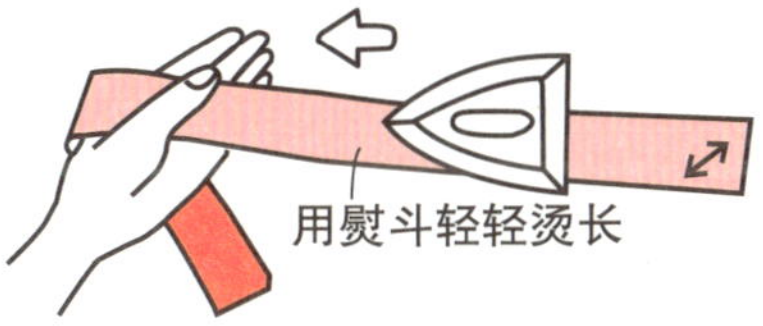

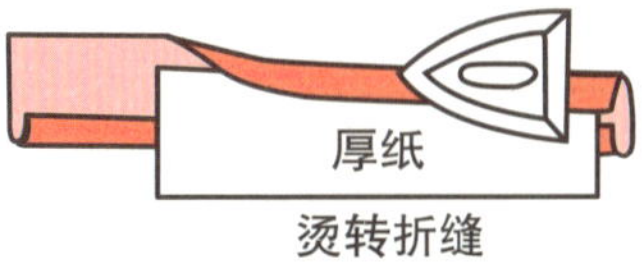

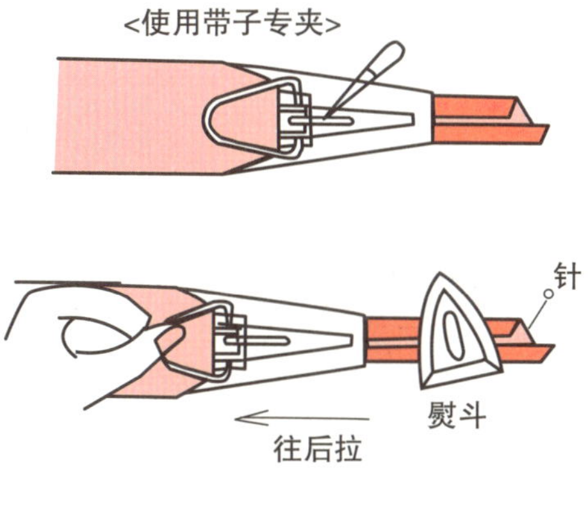

钉钮扣、其他

钉扭扣的方法

钉钮扣时，为了穿着后钮扣不往下凹，必须把重叠时面料的厚度留出做成线脚。（钮扣与面料之间用线绕成的线柄叫线脚）

1　用两根线不打结，从正面入针缝 2 次小的回针把线固定，留下线头。根据面料的厚薄，也可以选用一根线。

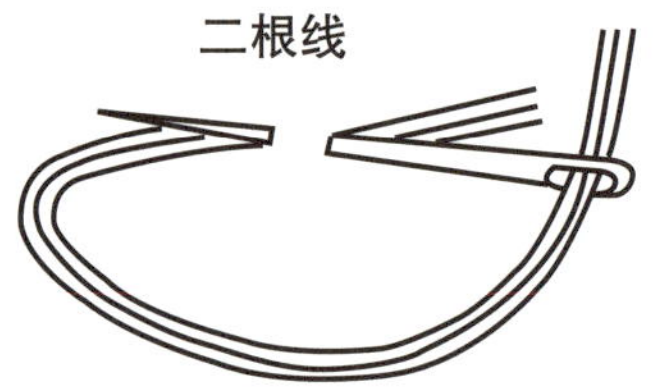

2　从钮扣的底下入针，线在钮扣上过渡后，针再穿过面料缝合。这时要考虑重叠在上面衣服面料的厚度。把做线脚的量留出。

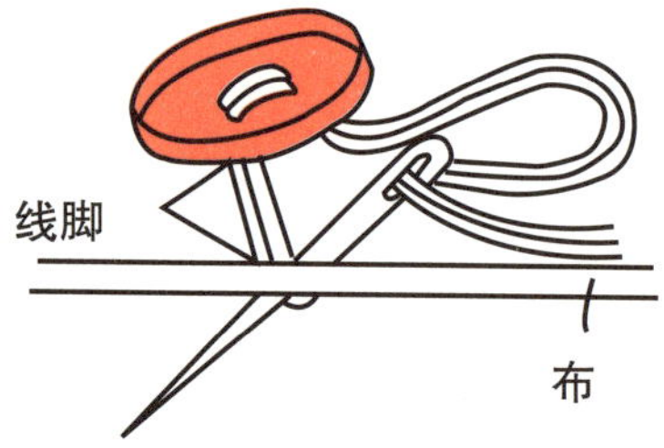

3　像 2 一样来回缝 2 ~ 3 次。线脚不要太粗，相反也不要太细，太细的话钮扣多次扣合后线脚会断或拉出。

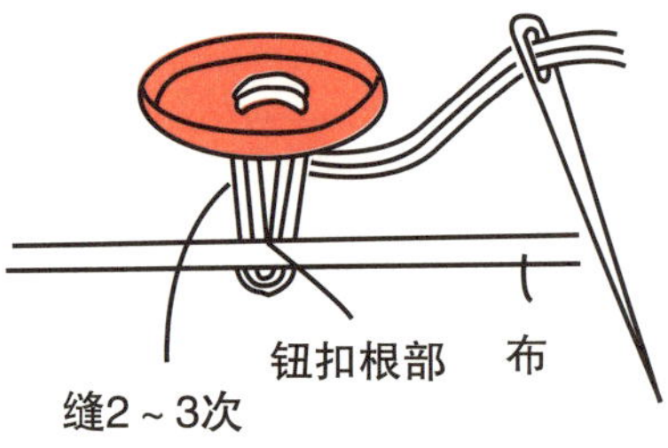

4　线脚从上往下绕的稍微硬一些，刚开始缝时留出的线头要绕在里面。

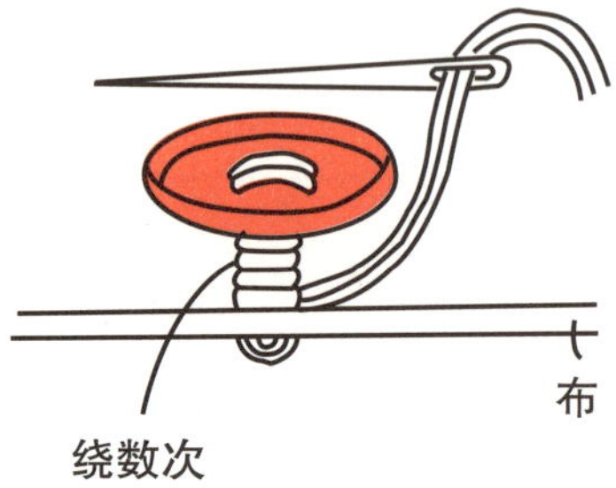

5　线绕到下面后要结实的固定。

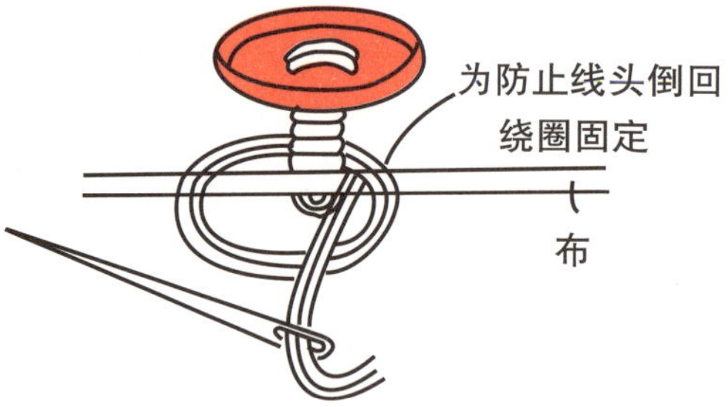

6　针从反面穿出，缝 2 次回针固定后剪断线头。

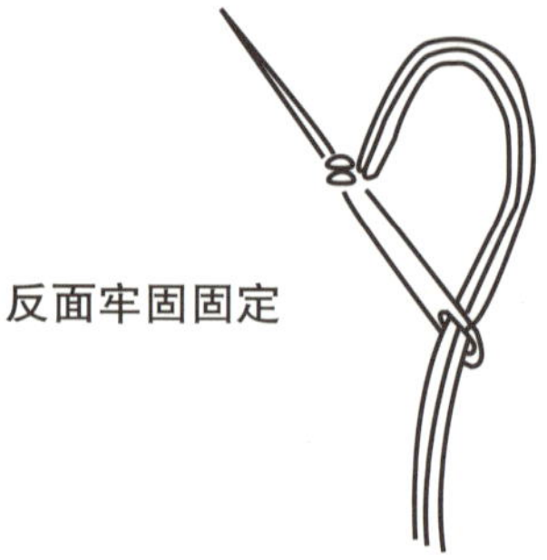

钉有脚钮扣的方法

缝线通过钮扣下面脚上的孔与衣片缝合的叫有脚钮扣。如就这样紧贴着钉，钮扣不能动，扣合时会不方便。因此应该有少量的线脚。如果面料比较薄，也有不绕线脚的。

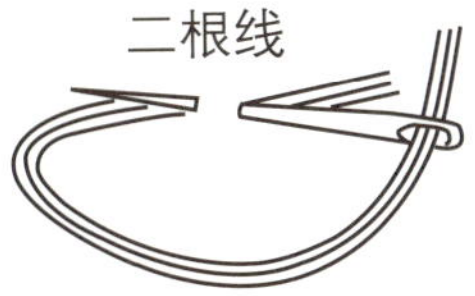

1　从正面入针，缝2次小的回针固定要散开的线头。

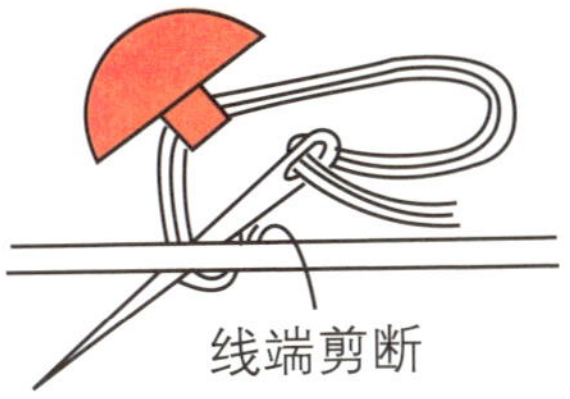

2　缝线穿过脚上的孔眼，针再穿过面料。这时候要留出少量的线脚量。

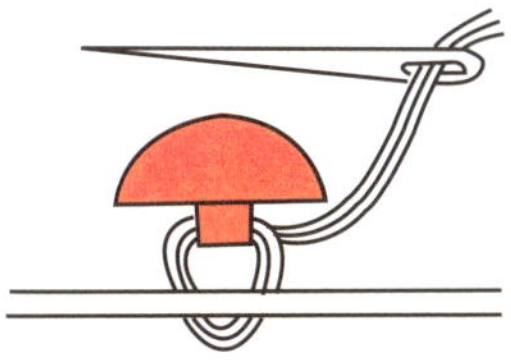

3　像2一样缝2～3次。

4　在线脚上绕2～3次。

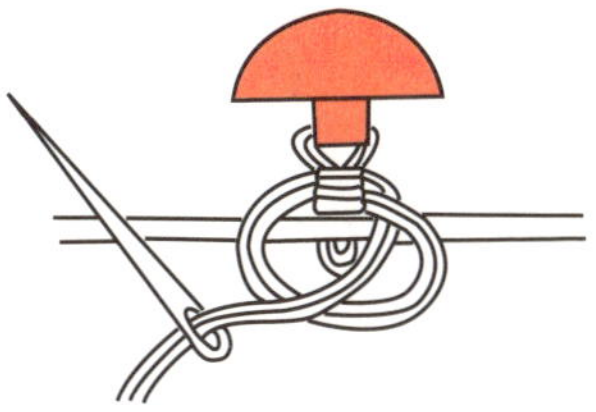

5　缝线绕到线脚根部时，为了不让缝线散开做一个线圈，如图固定。

6　针从反面穿出，缝2～3次小的回针（结实的固定），剪断线头。

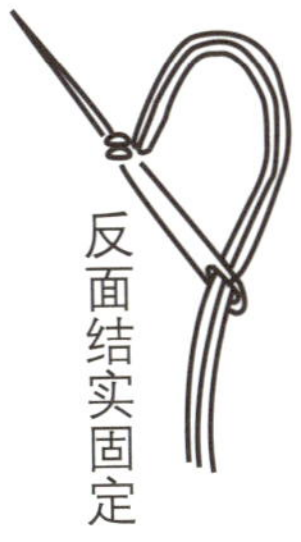

钉装饰钮扣的方法

钉装饰钮扣时，没有重叠面料的厚度，不要做线脚。只要缝在扣眼的地方和其他钮扣一样缝。

钉垫扣的情况

厚面料钉钮扣时为了不损伤面料，在反面垫上一颗小的垫扣，一起缝住。

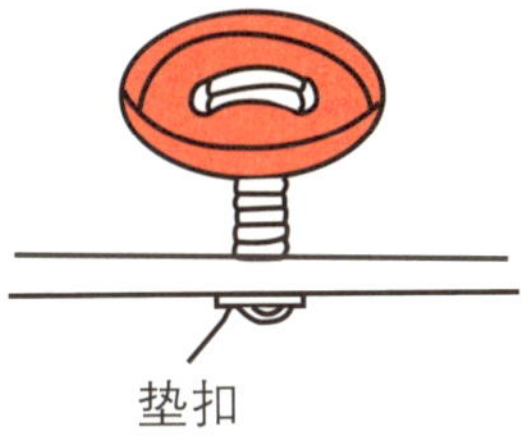

钉四眼钮扣的方法

四眼钮扣缝线过渡的方法很多，一般平形缝两根线，也有交差缝的方法。

做包扣、钉包扣的方法

包扣是用布把扣子包住的，下面有金属底板、金属的圈孔等。有扣柄的比较容易做，钉钮扣的方法与普通的一样。用布包的钮扣一般都采用与衣服相同的面料包。线要选用与各自面料相配的使用。

没有穿线孔的钮扣用布做包扣的情况

1　做包扣的布如图一样裁，它的大小是钮扣直径的二倍。在面料较薄、较浅的情况下，钮扣的颜色容易透出，所以下面要垫上一片同色布。

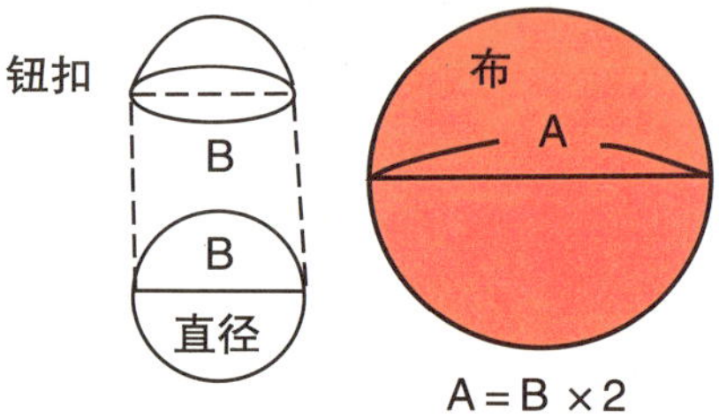

2　如图，距布边 0.3 cm 处缝一圈细针。

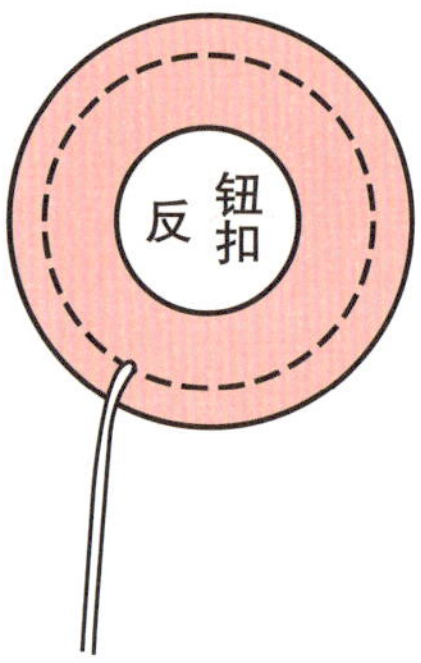

3　如图一样抽紧固定，控制好在钮扣外围 0.1 ～ 0.2 的地方出针。

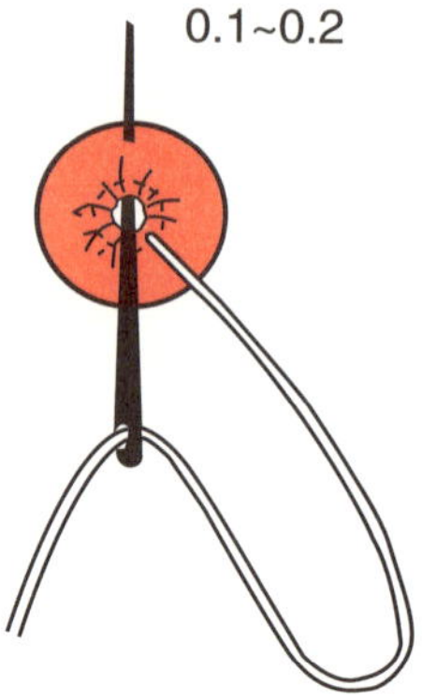

4　按图上的数子顺序缝，把毛边全部缝住。

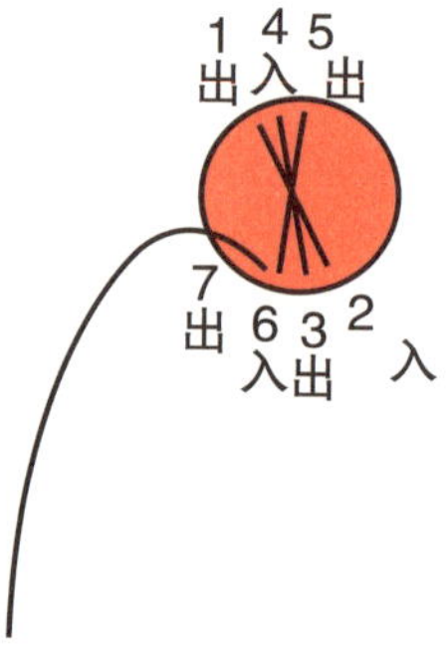

5　如图一样，中间各缝 2 次十字针，缝线打结固定。

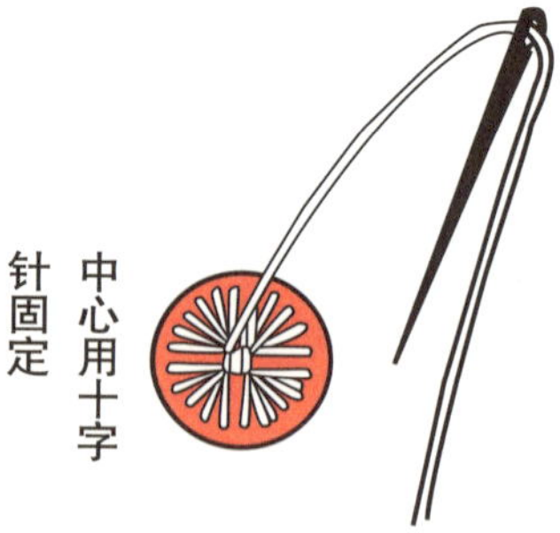

6　用两根线，采用缝四眼扣相同的方法缝。最好用图 5 缝完十字针后的线连着缝。

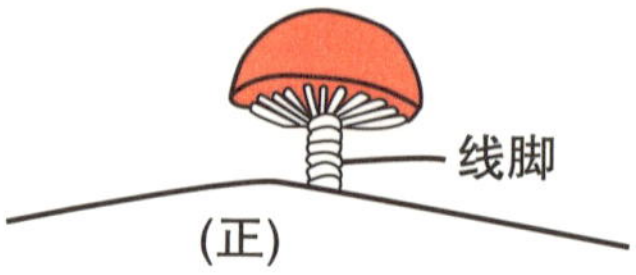

钉揿扣的方法

钉揿扣比钮扣简单多了。凹进的一方钉在下层衣片上，凸出的一方钉在上层衣片上。

1　打结，通过结缝 1 针。放在揿扣的中心。

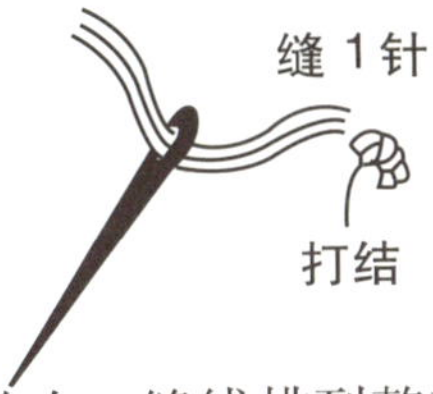

2　如图，缝数次，缝线排列整齐。

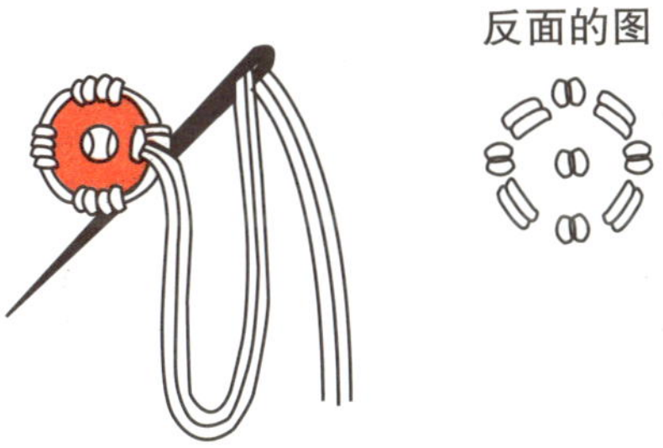

3　全部缝好打结固定。

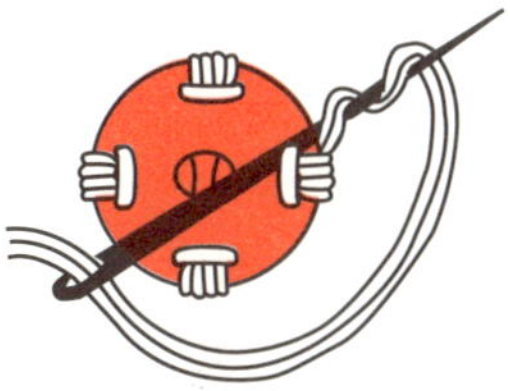

4　如图，线在揿扣底下通过，结放在揿扣底下。凸出的一方用同样方法钉。

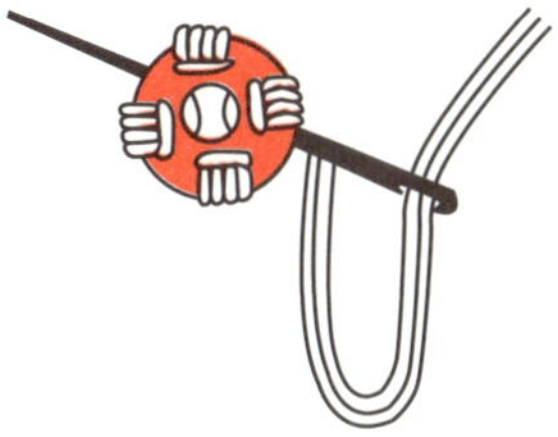

揿扣包布的情况

揿扣钉在醒目的地方，或面料较薄易透时，揿扣需要包布使用与面料同色的里布等薄布包。

1　包布如图一样的裁剪，周围用细针缝一圈。布的中心用冲头打一个孔。

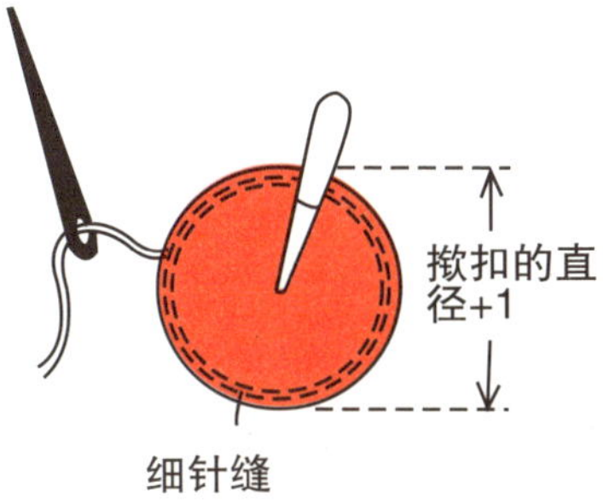

2　凸出一方的头从孔里串出，凹进一方揿扣上的孔与布料上的孔对准。

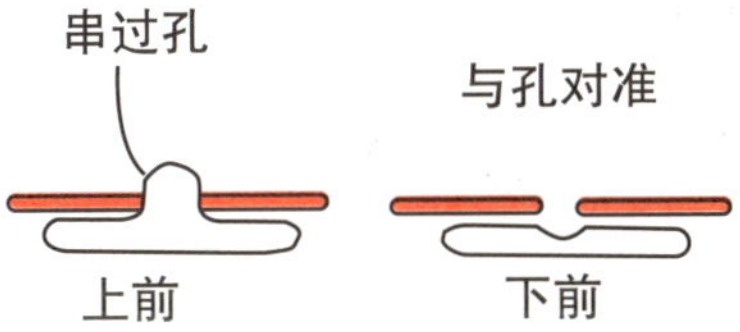

3　如图，抽缩缝线。

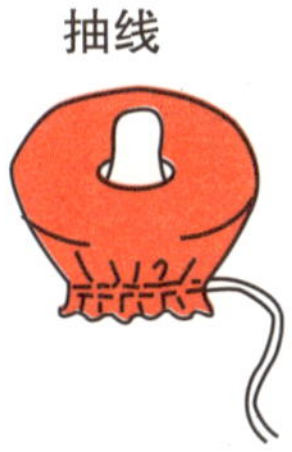

4　包的揿扣，布料有一定的厚度，所以缝线抽缩时要抽的稍微紧一些。

钉钩子的方法

钩子有金属板做的大钩子与金属丝做的小钩子二种。用金属板做的叫裤钩，用金属丝做的叫风纪扣。重叠时放在上面的叫钩，放在下面的叫袢。

钉裤钩的方法

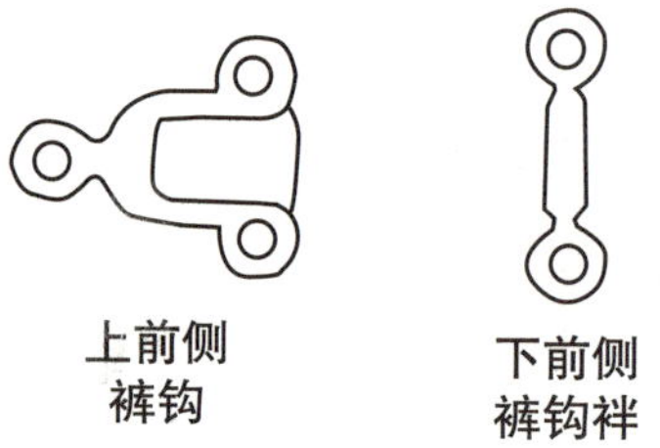

1　用 2 根线从正面入针。不打结缝 2 次小的回针把线固定。

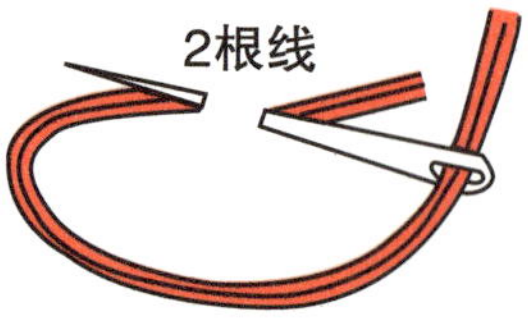

2　在回针的地方放上裤钩，如图一样在金属孔里绕缝，直至金属孔看不到。但绕缝完后孔中间的布要能看到。

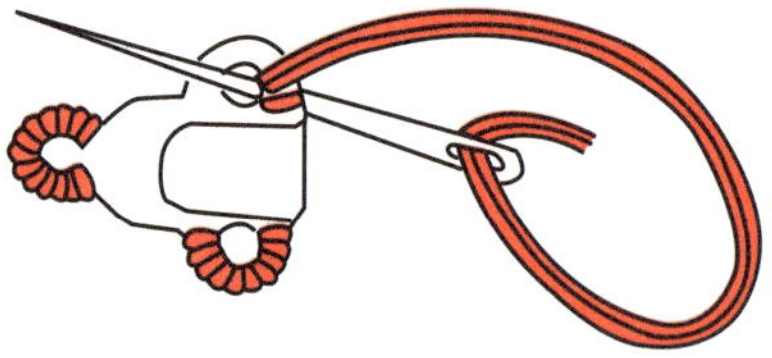

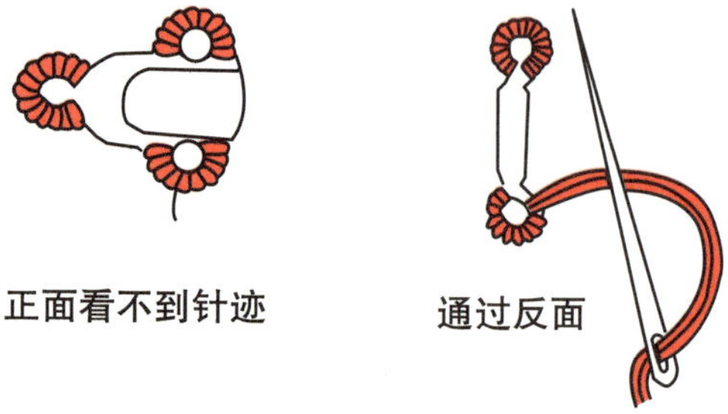

钉风纪扣的方法

小的风纪扣与大的裤钩钉的方法是相同的。但仅仅在圆孔里绕缝还不行。为了使它安定还必须如图一样进行横向固定。

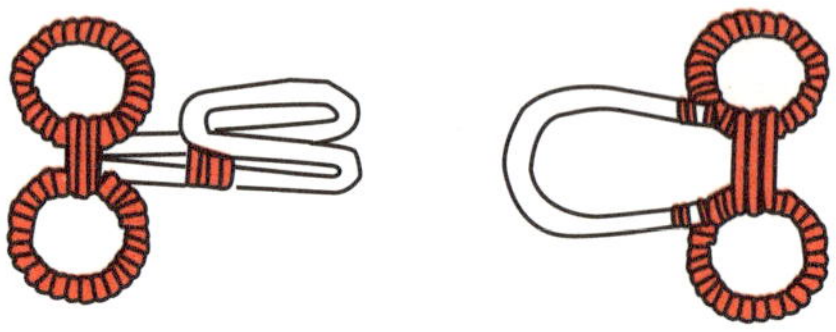

小风纪扣下面也有使用线袢的。线袢的大小是钩子宽 +0.3（锁缝的缝法，请参考 a、b 的缝法）。

线袢固定

可以代替风纪扣的袢、裙子与里布的固定时用（a、b 的方法），挖袋口时为了不毛出进行的加固缝等（c 的方法）。

a 的方法（缝荷叶边的缝迹）

代替钩子勾住的袢，裙子的底边面裙与里裙固定时使用。

1　打线结，如图一样从布的反面出针，中间隔一定的距离缝 2 次。

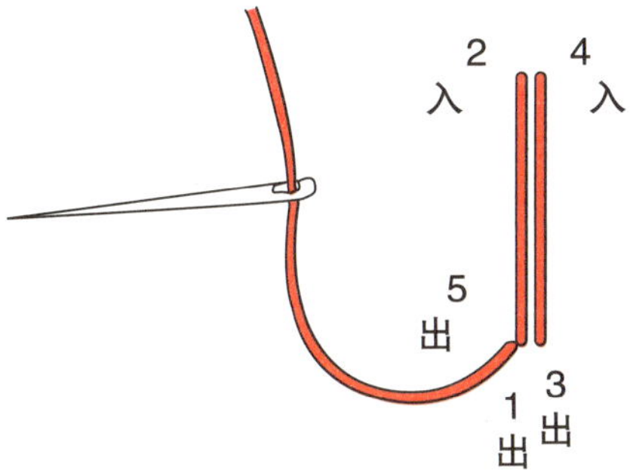

2　图 1 的两根线作芯，用缝荷叶边的方法缝。

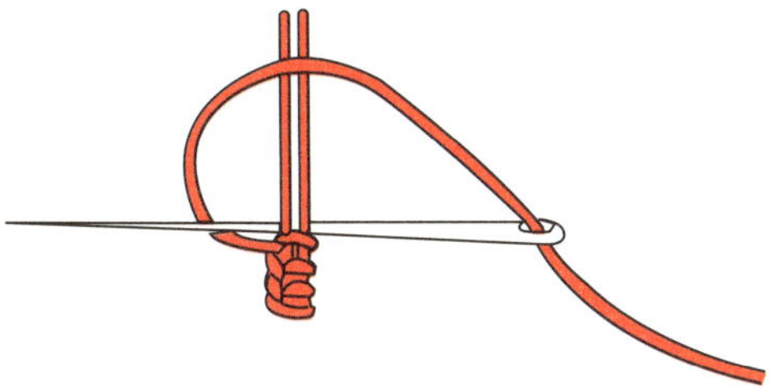

3　最后针穿到反面后固定。

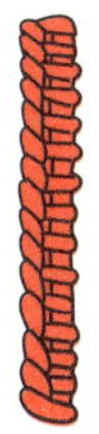

b 的方法（锁扣眼的缝迹）

线过渡的方法与 a 相同，用缝扣眼的方法缝。

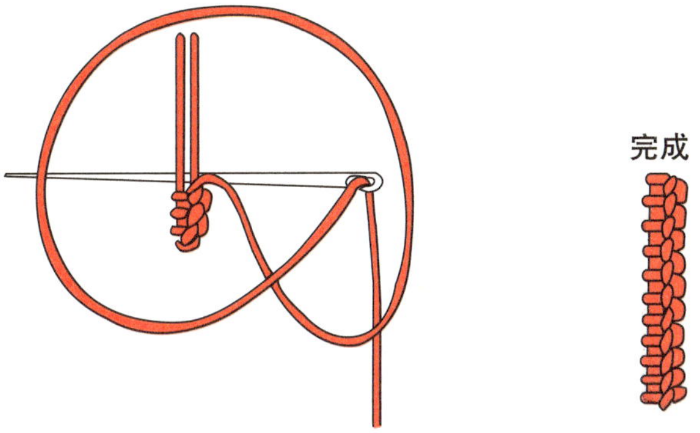

C 的方法（通过线袢固定）

挖袋的袋口边固定时用的线袢，需要牢固的地方也可以使用。

★ 如图，线过渡 2 次做线芯，连下面的布一起固定。针穿到布的反面，线绕结后固定。

C–1

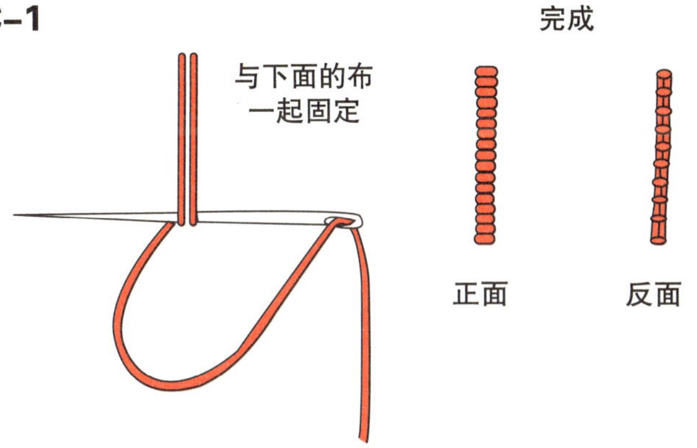

C–2

★ 起始与结尾的 1 针与衣片固定外，其他只要在线芯上绕缝就可以了。

完成

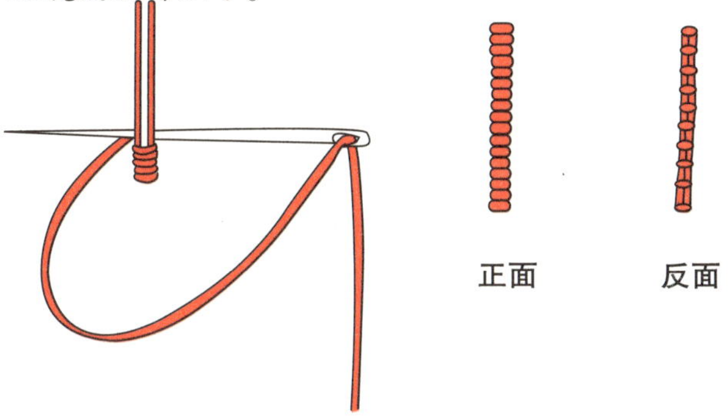

扣眼

扣眼类型有用线扣缝的扣眼、用布做成的双嵌线扣眼及机器锁缝的扣眼，等等。使用时，要适合服装的款式、面料的质地、还有时代流行的变化。到底哪一种扣眼好？主要还是要选择实用的与漂亮的。双嵌线扣眼多用于柔软感觉的服装和华丽的服装。

扣眼大小的决定方法

扣眼的大小是钮扣的直径＋钮扣的厚度。但钮扣的形状、材料有各种各样，必须试做加以确认。

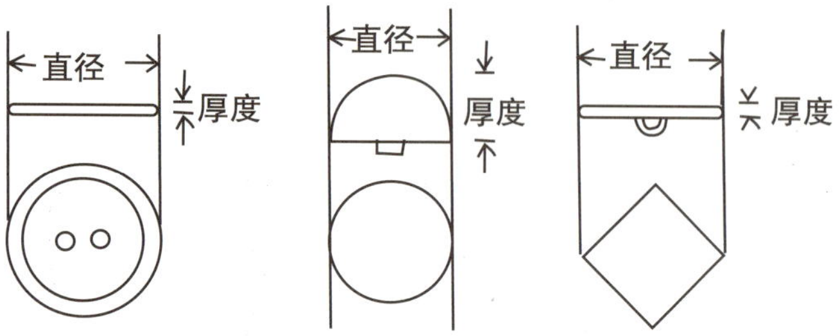

扣眼的尺寸=钮扣的直径+钮扣的厚度

钮扣位置的决定方法

扣眼与中心线成直角的叫横洞，与开口平形的叫竖洞。横洞使用的情况比较多，但有的款式也用竖洞。叠合的原则是女性右衣片在上面，男性左衣片在上面。男女兼用的情况是左衣片在上面的为多。注意钮扣与扣眼要对正确，不要上下错位。

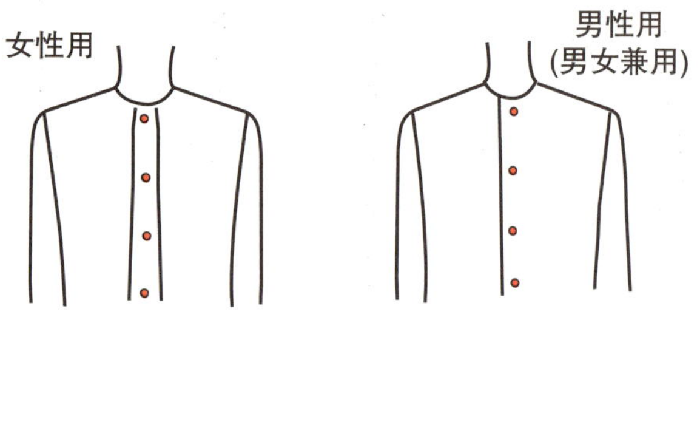

扣眼（横洞）的情况

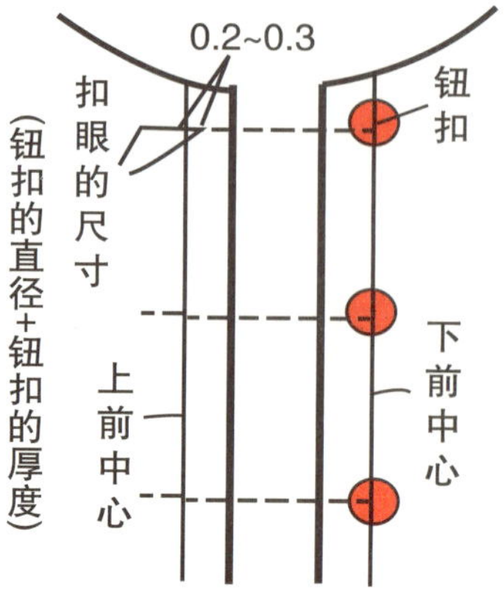

上前中心线出0.2 ~ 0.3 cm后，从该点开始量取扣眼的尺寸。

扣眼（竖洞 · A）的情况

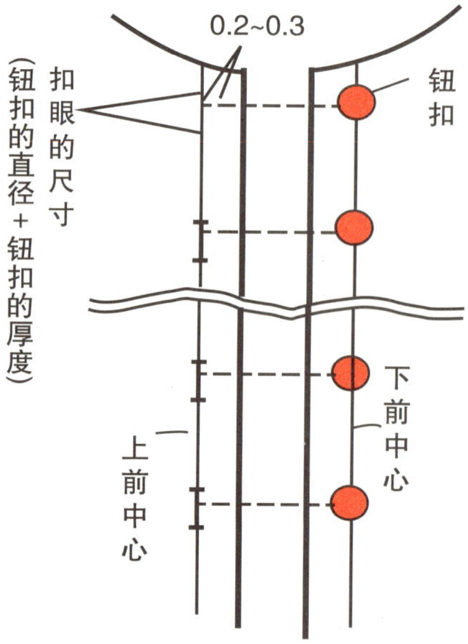

扣位确定后，最上面的扣眼是从最上面的钮扣中心往上0.2 ~ 0.3 cm处开始往下量取扣眼尺寸的。最下面的扣眼是从最下面的钮扣开始往下0.2 ~ 0.3 cm处开始往上量取扣眼尺寸的。中间的扣眼平分。

扣眼（竖洞 · B）的情况

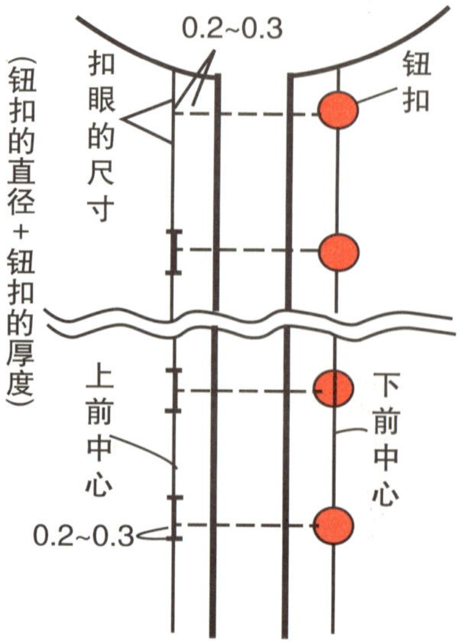

最上面是从钉扣位置往上延长0.2 ~ 0.3 cm处开始往下量取钮眼尺寸，最下面是在钉扣位置往下延长0.2 ~ 0.3cm处开始往上量取钮眼尺寸。

在这中间的钮眼是以钉扣位置为中心，上下量取钮眼尺寸。

制作扣眼的方法

平头扣眼

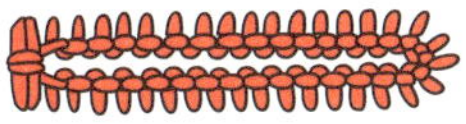

想要有好的扣眼，按这个制作方法做：

线的长度应该是扣眼长度 25 ～ 30 倍。

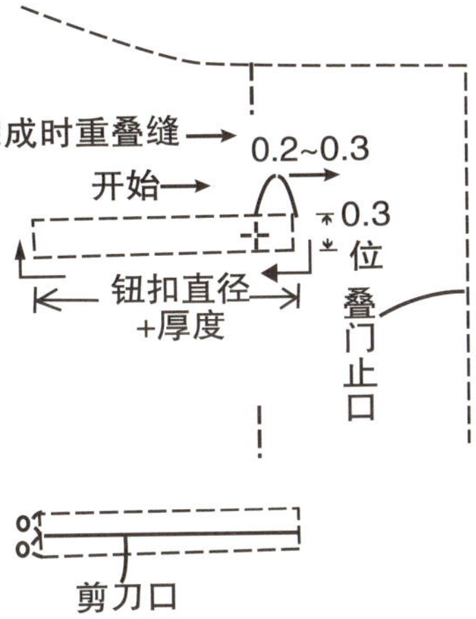

1　扣眼要用细密的针迹来缝（缝纫机缝），如图一样从长方形的中间开时缝，按记印缝至角处转弯，最后 2~3 针要重叠缝。容易散开的面料不仅仅要缝一圈，且要在扣眼中间缝几道后，才能在中心剪开。

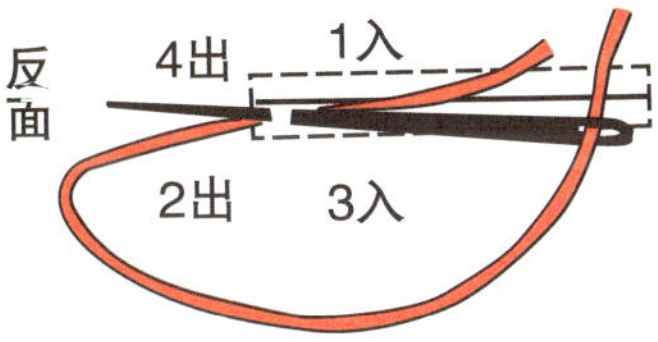

2　线头不打结，在反面细细地回针缝固定。称此为暂缝线。

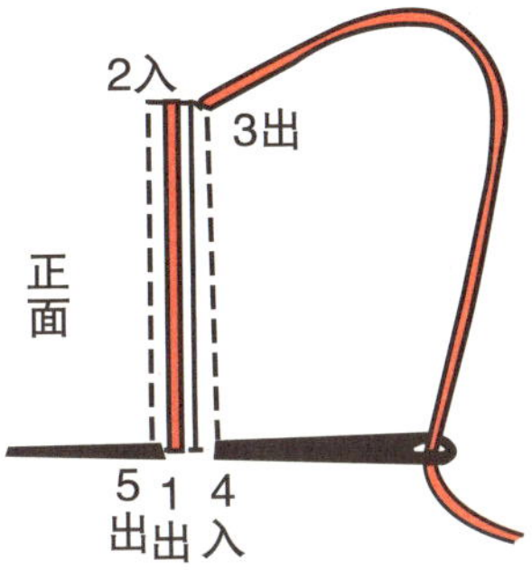

3　绷衬线时过渡的线要从缝线下面过。

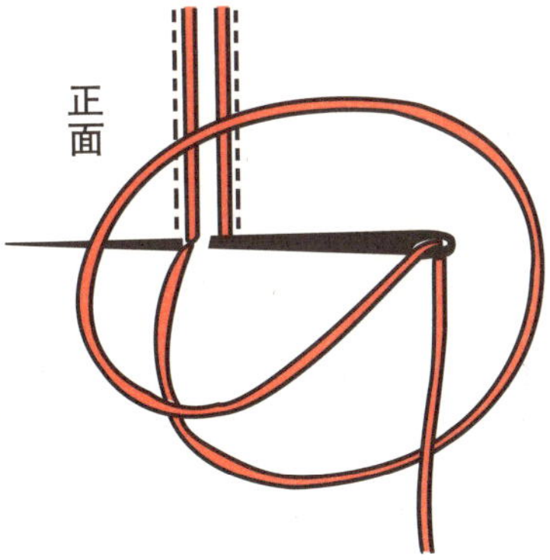

4　如图在剪开的开口反面入针，在衬线的边沿出针，收紧缝线时要注意，缝结要刚好在扣眼的开口处，针沿着衬线往上缝。

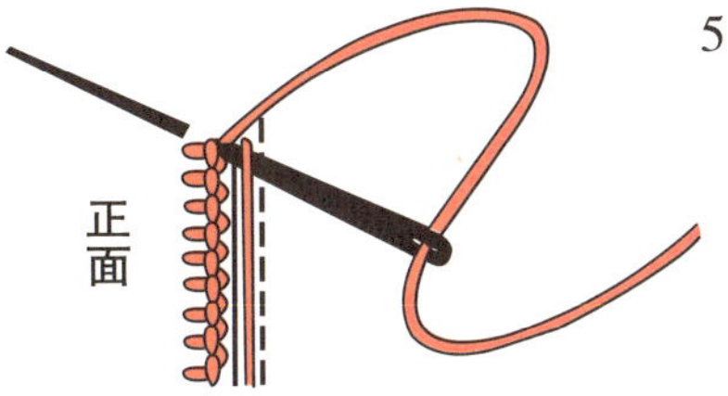

5　就这样来回缝到角上。

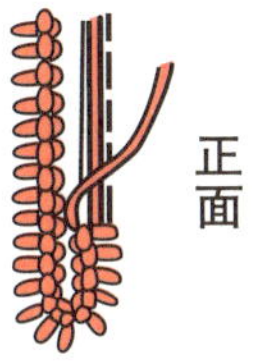

穿入最初的针孔

6　角要缝成放射状，左右对称。

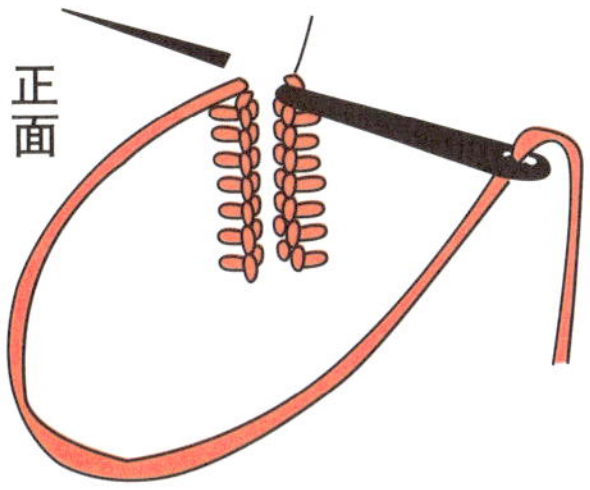

7　最后完成时，针穿入第一次的针孔把线抽出，从剪口进针再在最后缝线的边沿出针。

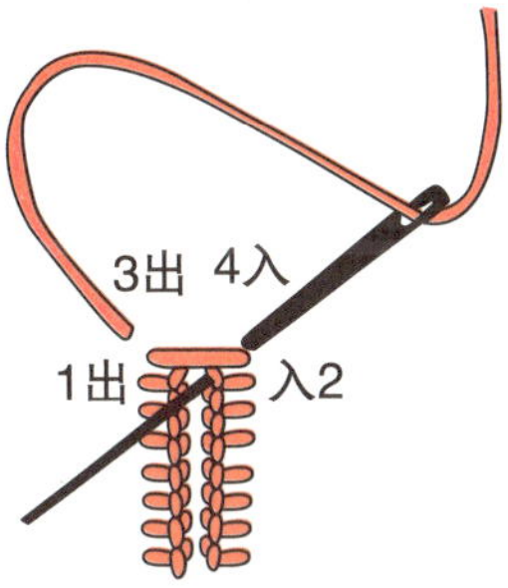

8　如图在扣眼的宽度间平形缝 2 次

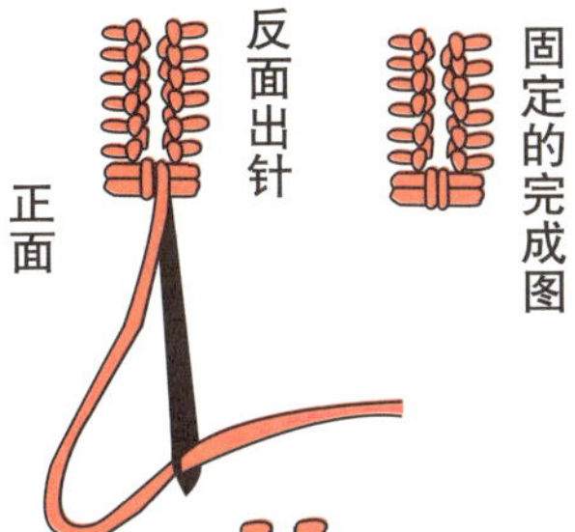

9　针从孔里出来，纵向缝 2 次后到反面出针。

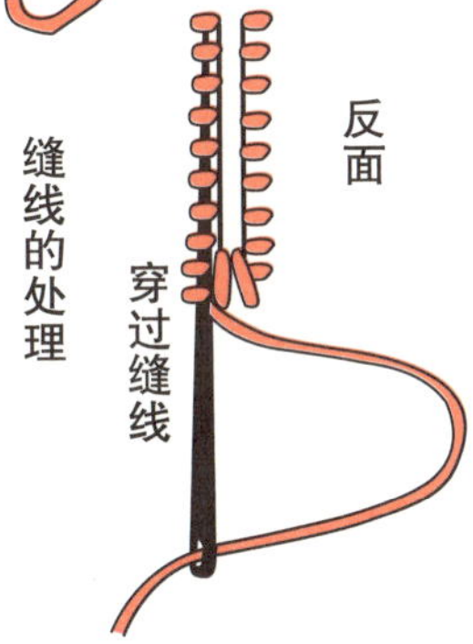

10　如图，在反面针穿过缝线，缝 2 ～ 3 次回针固定后把线剪断。

双平头扣眼

是棉织物、麻织物面料的女衬衣、普通男衬衣上用的很多的一种扣眼。缝线长度是扣眼长度的 25 ~ 30 倍。

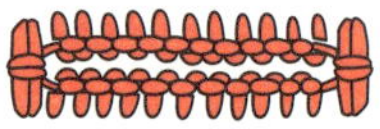

1　扣眼要用细密的针迹来缝（缝纫机缝），如图一样从长方形的中间开始缝，按记印缝至角处转弯，最后二三针要重叠缝。容易散开的面料不仅仅要缝一圈，且要在扣眼中间缝几道后，才能在中心剪开。

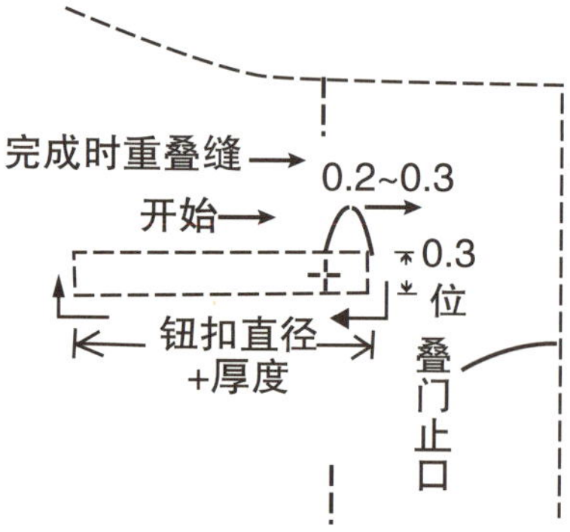

2　线头不打结，在反面细细地用回针缝固定。称此为暂缝线。

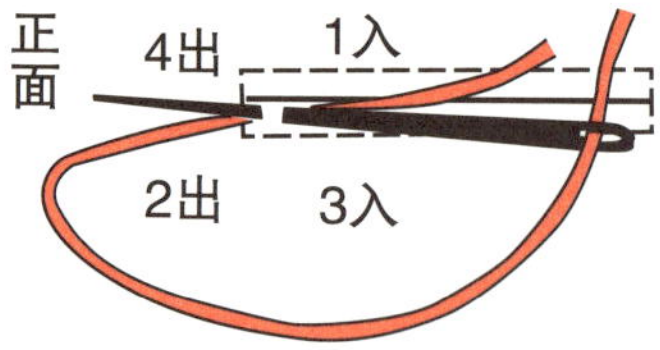

3　绷衬线时过渡的线要从缝线内侧进线。

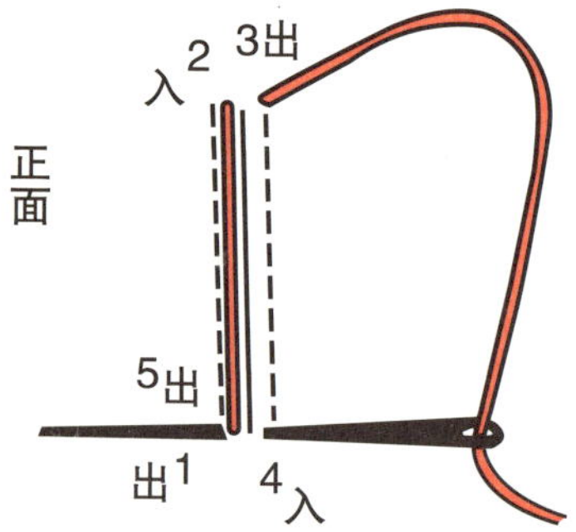

4　如图在剪开的开口下面入针，在衬线的边沿出针，收紧缝线时要注意，缝结要刚好在扣眼的开口处，针沿着衬线往上缝。

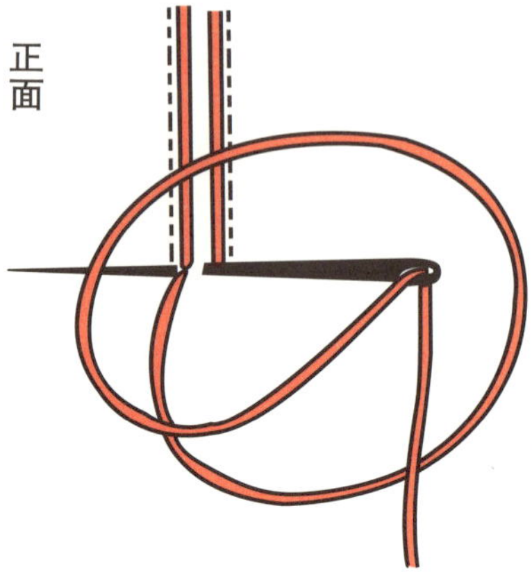

5　就这样来回缝到角上。

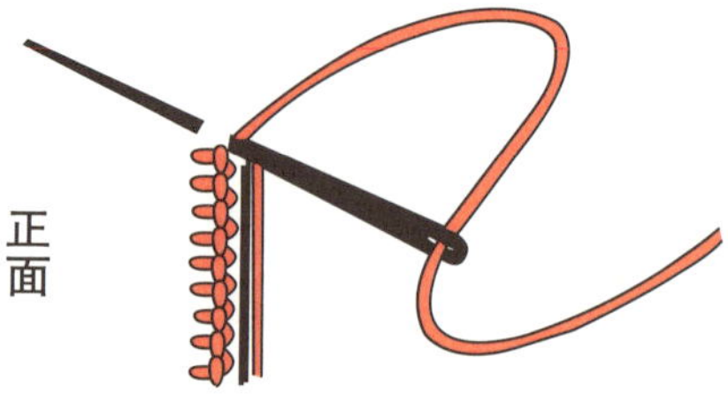

6　如图在角上扣眼的宽度间平行缝 2 次。

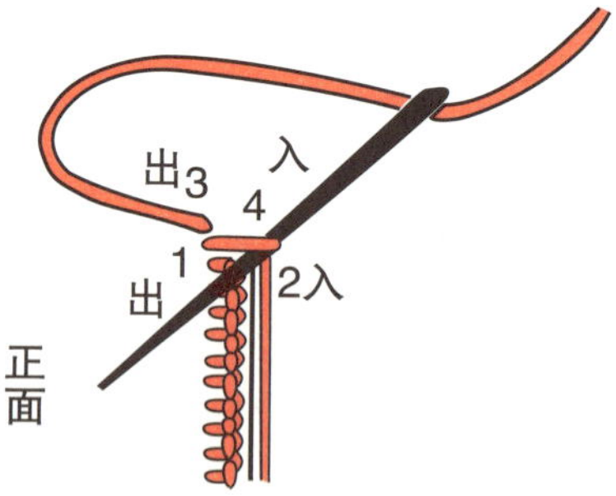

7　与横向相对应的地方，纵向缝 2 次。

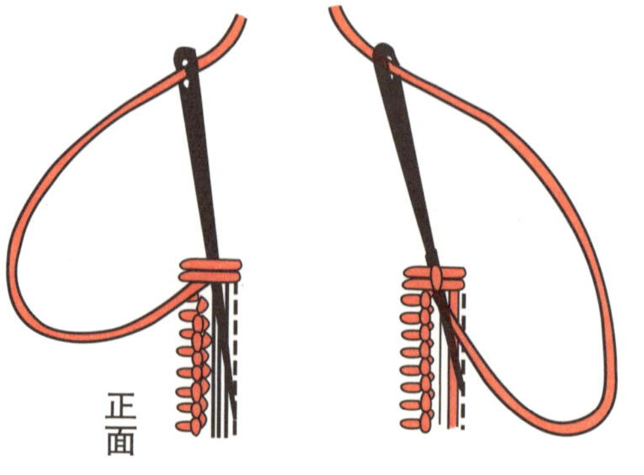

8　针从角的缝线正面入针、拔出。

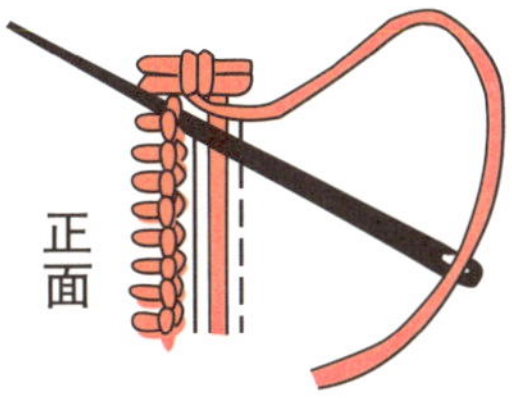

9　针从纵向的缝线下面穿过。

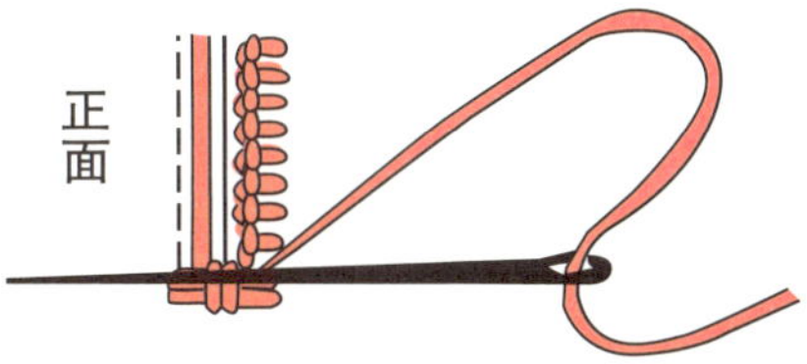

10　抽出线后向相反方向缝。

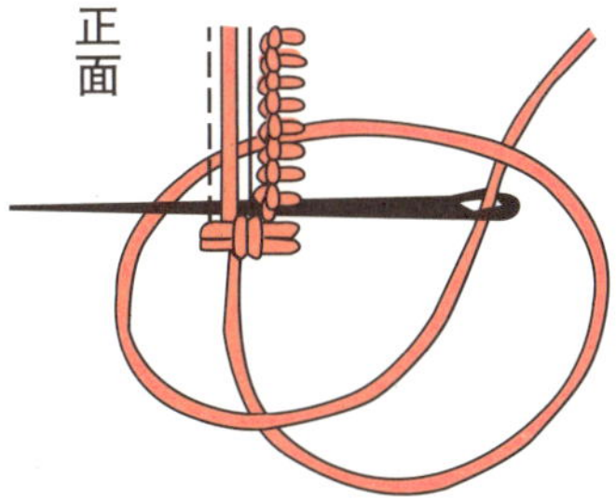

11　最后完成时，针穿入第一次的针孔把线抽出，再在最后缝线的边沿出针。

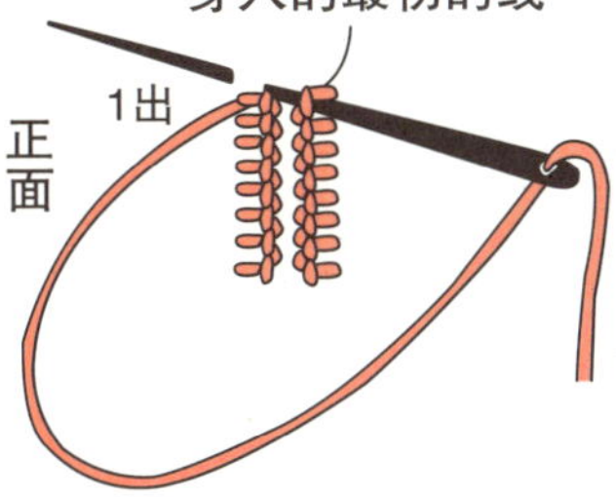

12　如图在扣眼的宽度间平形缝 2 次。

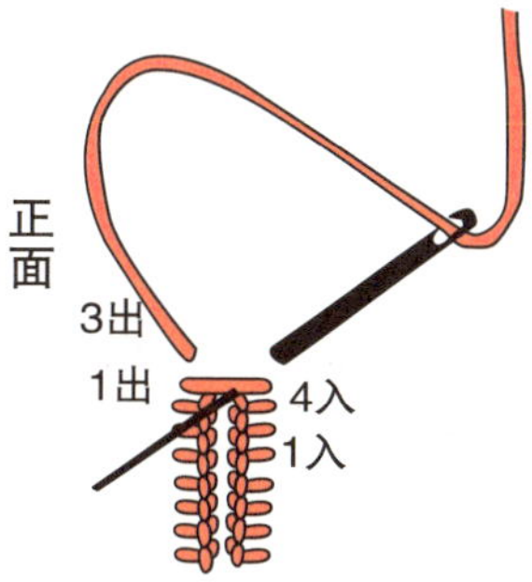

13　针从孔里出来，纵向缝 2 次后到反面出针。

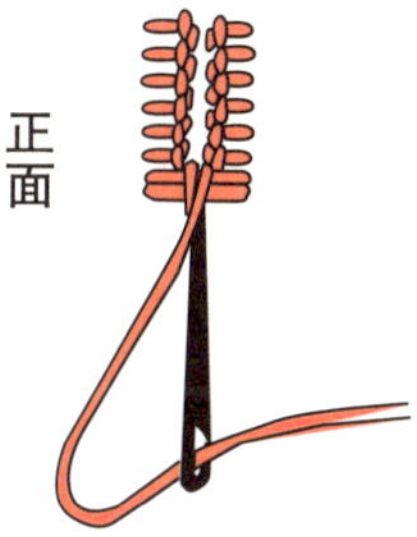

14　如图，在反面针穿插过缝线，缝 2 ~ 3 次回针固定后，把线剪断。

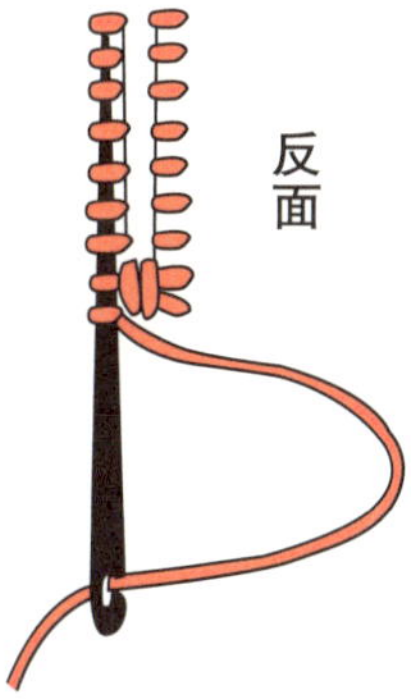

圆头扣眼

圆头扣眼适用于较厚的面料，扣眼的孔是用圆的冲头来冲的，所以叫圆头扣眼。缝线长度是扣眼长度的 25 ~ 30 倍。

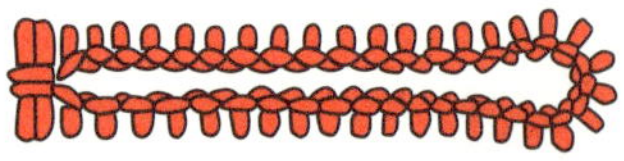

*圆眼打在靠叠门的一侧

1　扣眼要用细密的针迹来缝（缝纫机缝），如图，从长方形的中间开始缝，按记印缝至角处转弯，最后 2~3 针要重叠缝。容易散开的面料不仅仅要缝一圈，且要在扣眼中间缝几道后，才能在中心剪开。

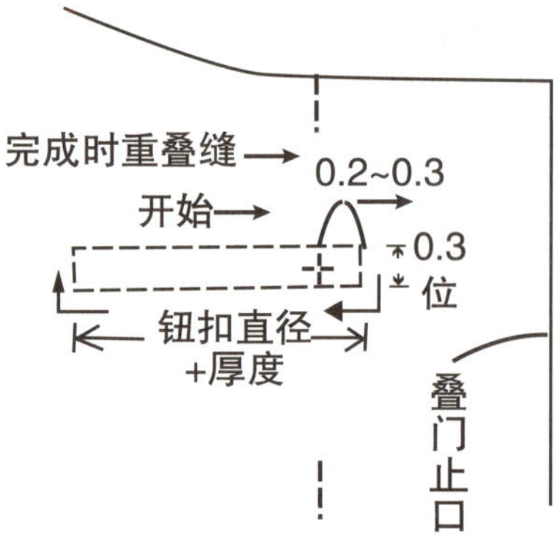

2　圆孔冲好后从中心开始剪开。把角剪掉，形成自然的圆弧。

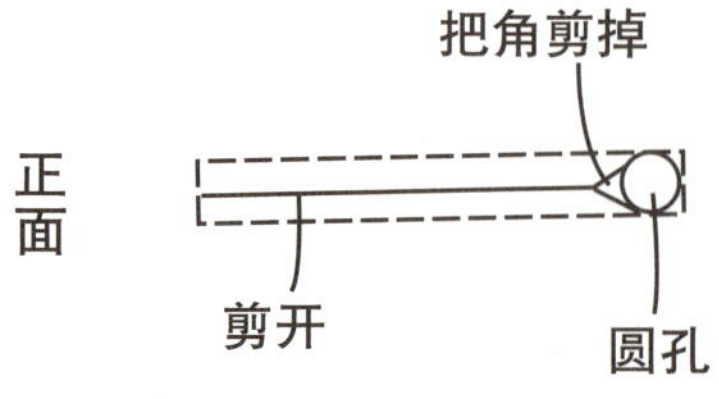

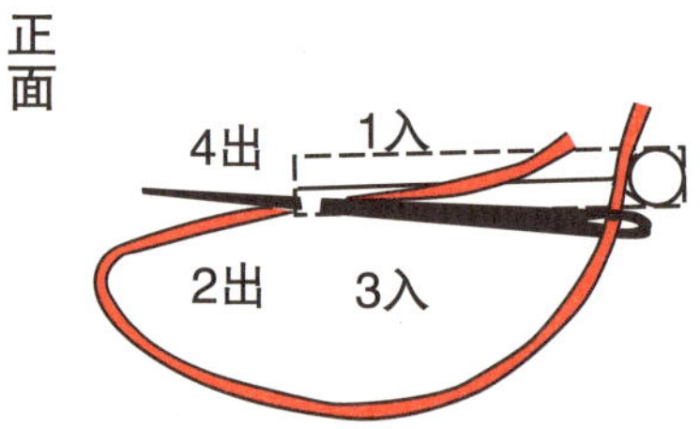

4　衬线要绷在缝线内侧圆头处要缝细针。

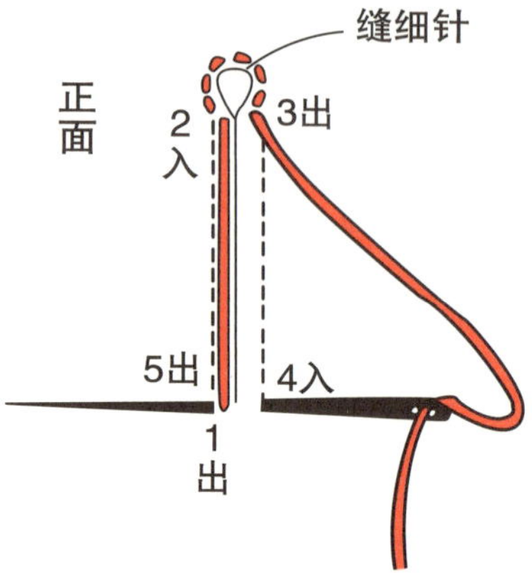

5　如图在剪开的开口下面入针，在衬线的边沿出针，收紧缝线时要注意，缝结要刚好在扣眼的开口处，针沿着衬线往上缝。

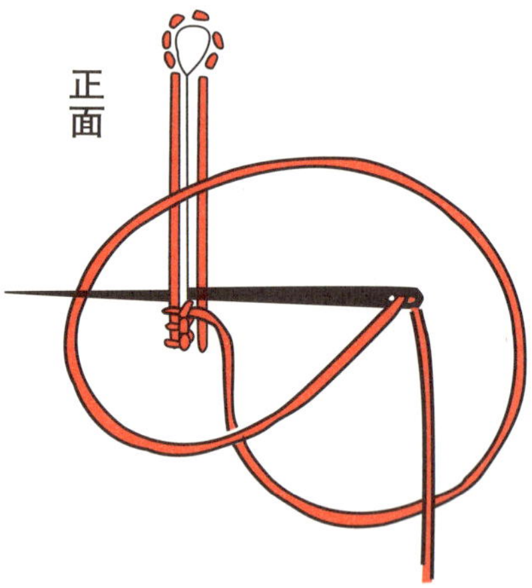

6　圆头处要锁缝成放射状，左右对称。

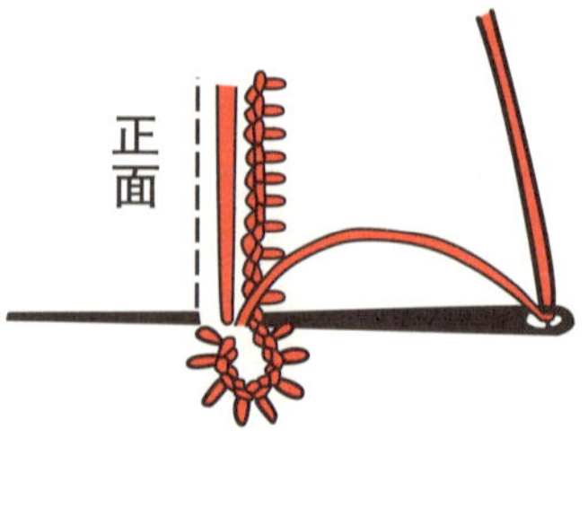

7　最后完成时，针穿入第一次的针孔把线抽出，再在最后缝线的边沿出针。

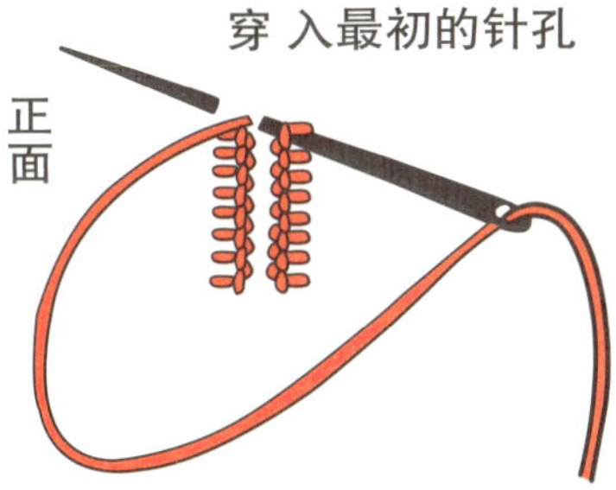

8　如图在扣眼的宽度间平行缝 2 次。

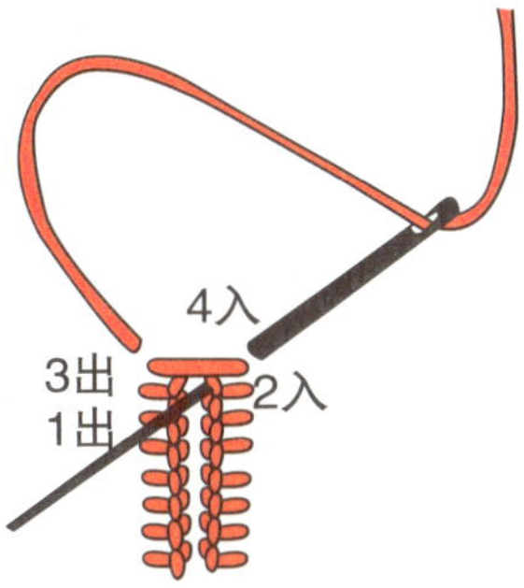

9　针从孔里出来，纵向缝 2 次后到反面出针。

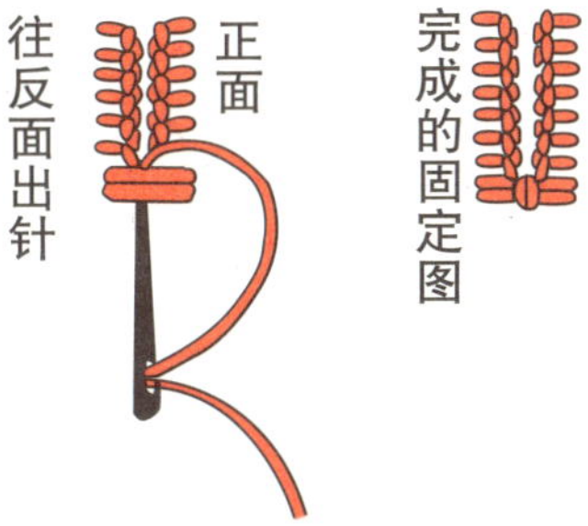

10　如图，在反面用针穿过缝线，缝 2 ~ 3 次回针固定后把线剪断。

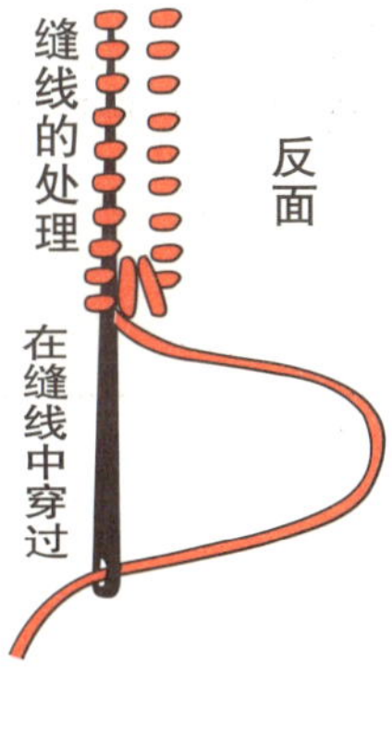

双嵌线扣眼（滚边扣眼）

双嵌线扣眼比较柔软，用于高档的服装和装饰扣眼。挖扣眼的布要裁成斜丝。

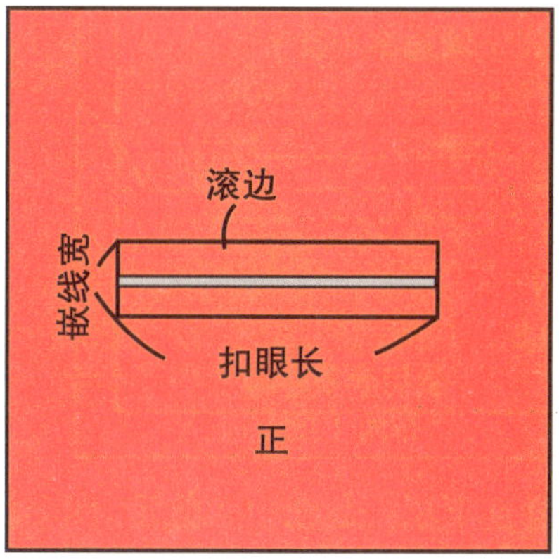

1　挖扣眼的布要使用与面料相同的布。裁成如图一样的大小。扣眼的位置用疏缝针固定。

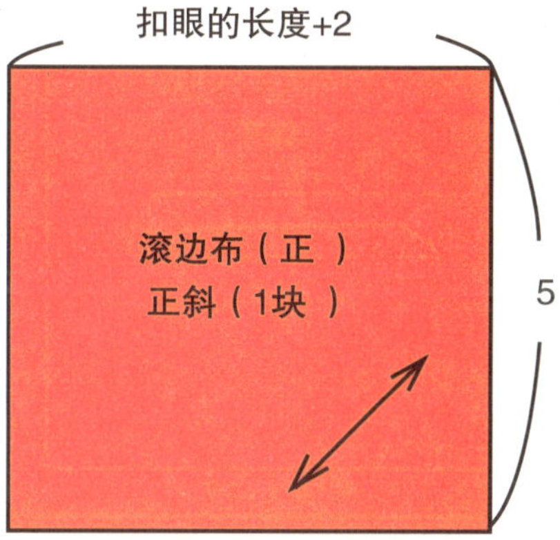

如图正面朝外对折

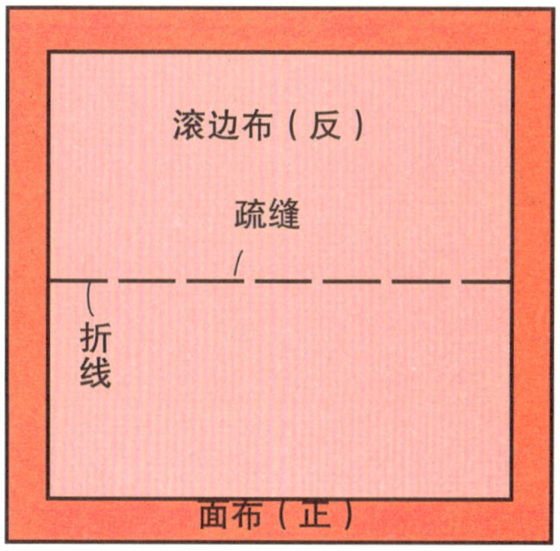

2　沿着扣眼用细密的针迹缝一圈。如图，从长方形的中间开始，按记印缝至角处转弯。最后 2 ~ 3 针要重叠。

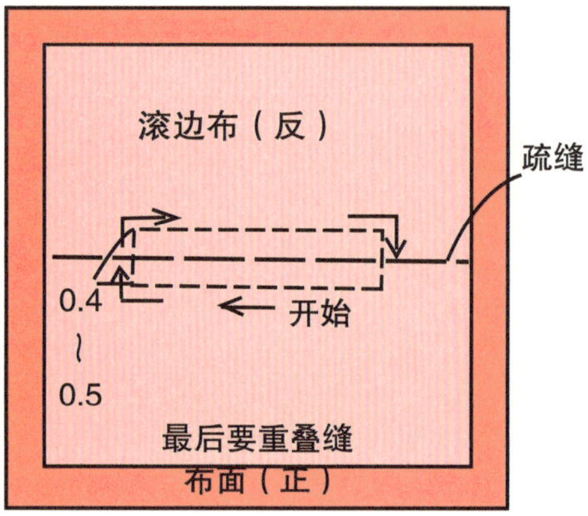

3　如图一样连下层一起在中间剪开，四个角剪刀眼，注意要剪到角线的边上，但不能把缝线剪断。

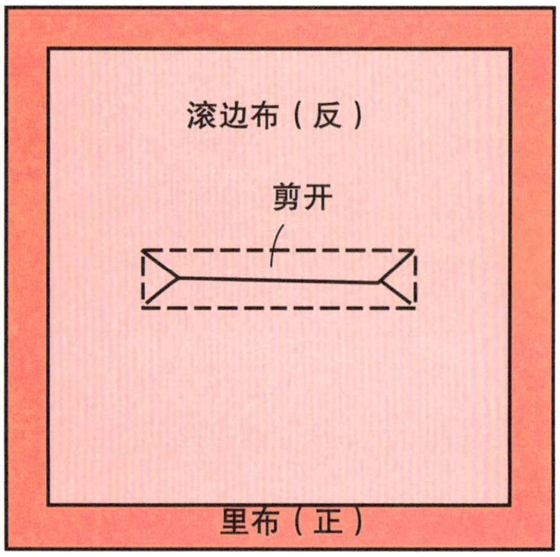

4　滚边布从剪开的孔里翻到衣料的反面。

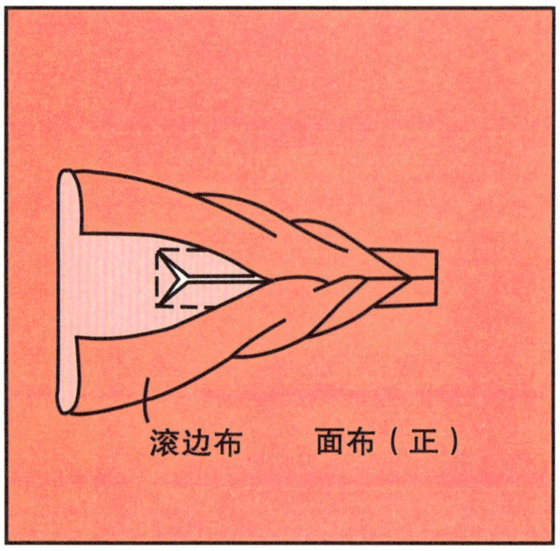

5　把翻过来的滚边布整理成长方形。

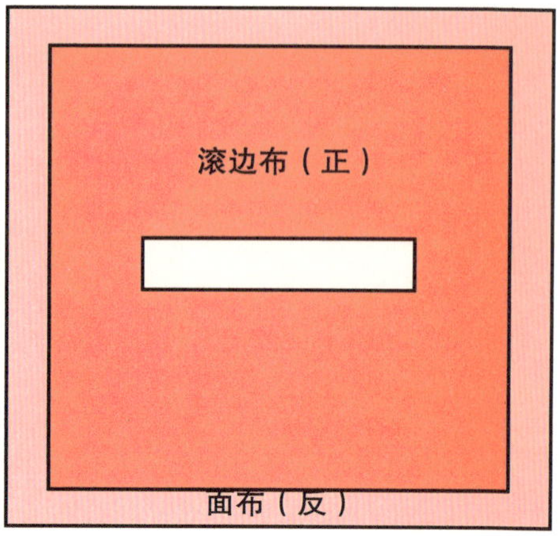

6　掀开滚边布，面布与滚边布的缝头用熨斗分烫。

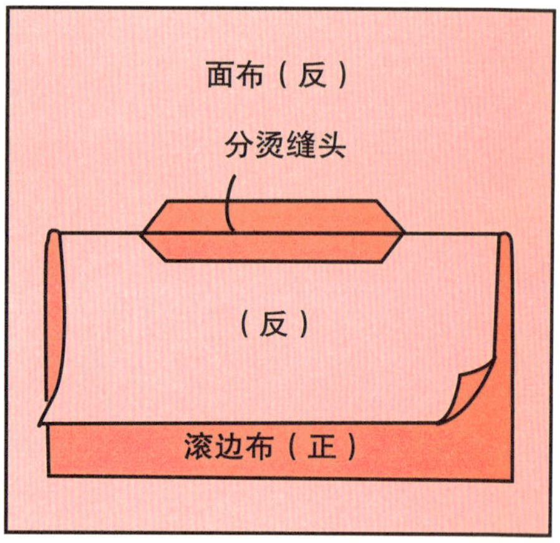

7　图 6 分烫的缝头作衬，根据嵌线的宽度用熨斗把嵌线烫好，嵌线宽度的中间用疏缝固定。

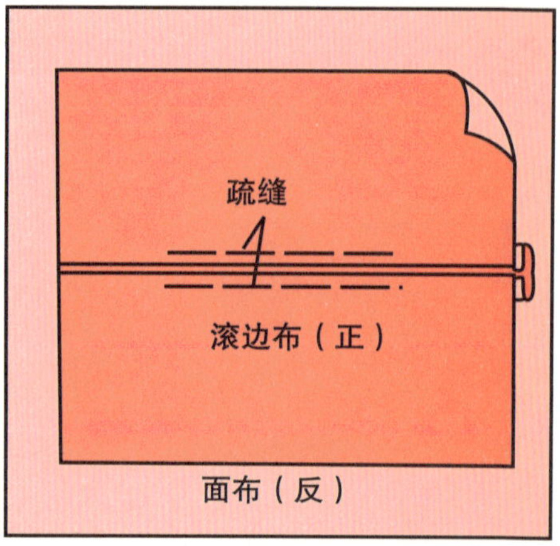

8　缝头作衬，在正面的线缝里用疏缝固定。

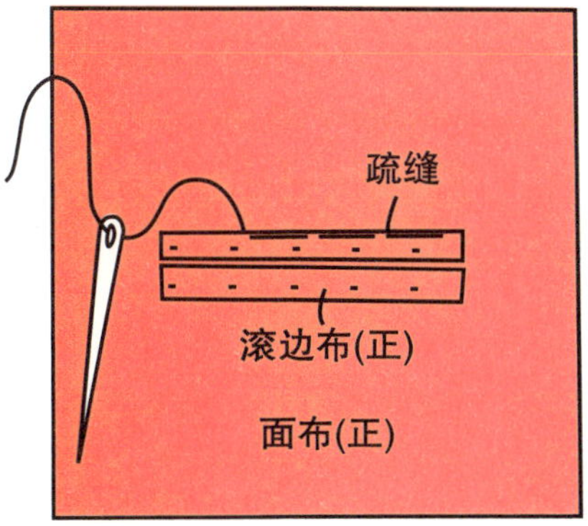

★ 为了不使嵌线的口拉开，也有用三角针绷缝的。

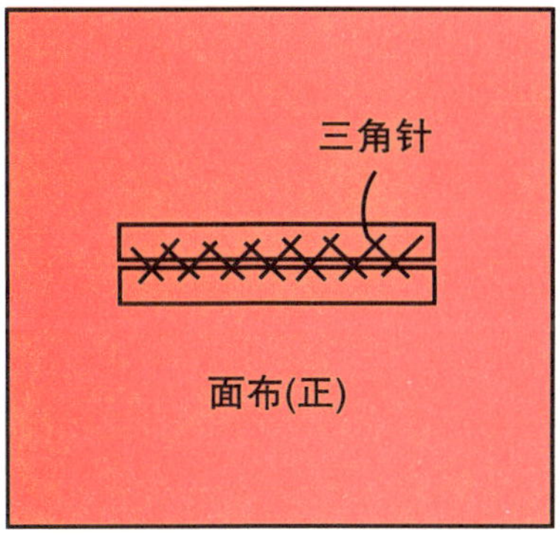

9　掀开面布，挖洞布的缝头与面布的缝头用缝纫机缝住。

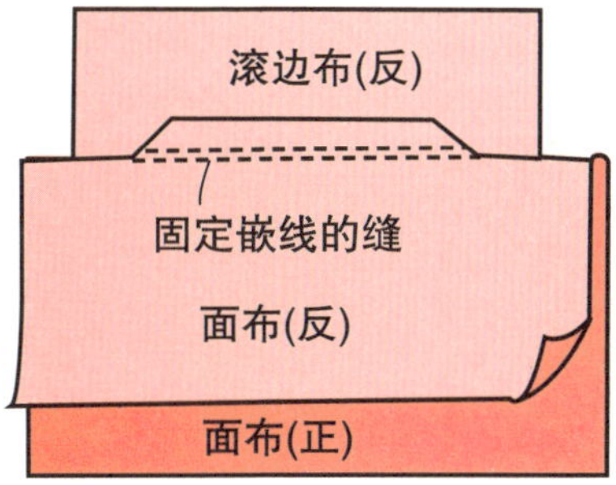

10　两边的三角与滚边布用缝纫机缝住。

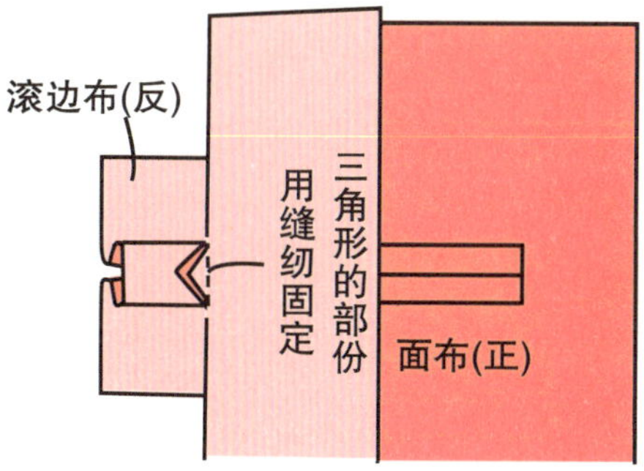

11　缝完后，把多余的挖眼洞布剪掉。

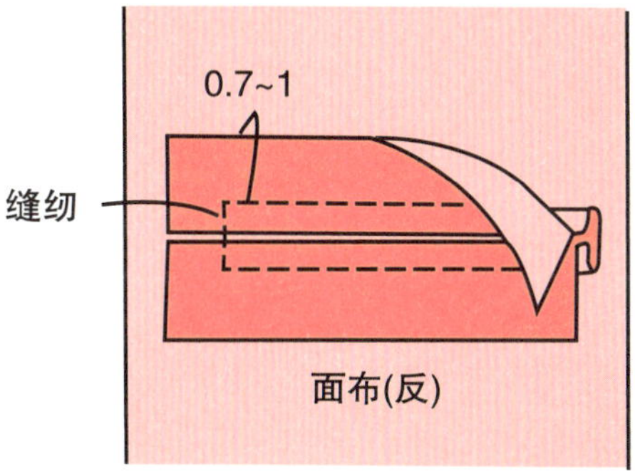

12　翻好贴边布，如图，从正面用针穿过贴边布，做好挖洞的记印。

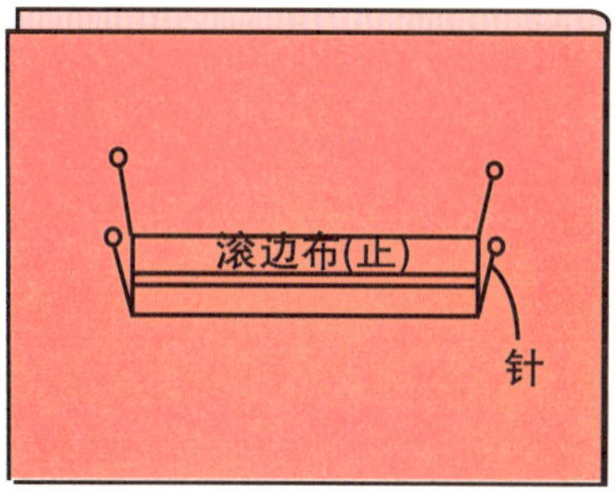

13　做好记印的贴边布如图3一样剪开，把剪开部分的缝头往贴边布的反面折进。

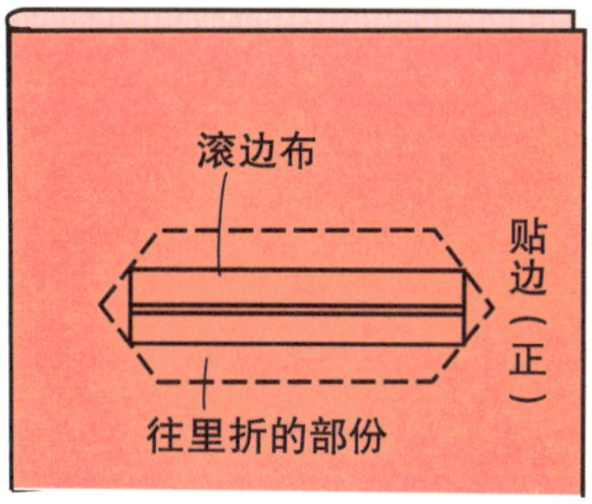

14　贴边布在扣眼的反面沿着缝线的边沿折进。用细的竖针缲缝固定。

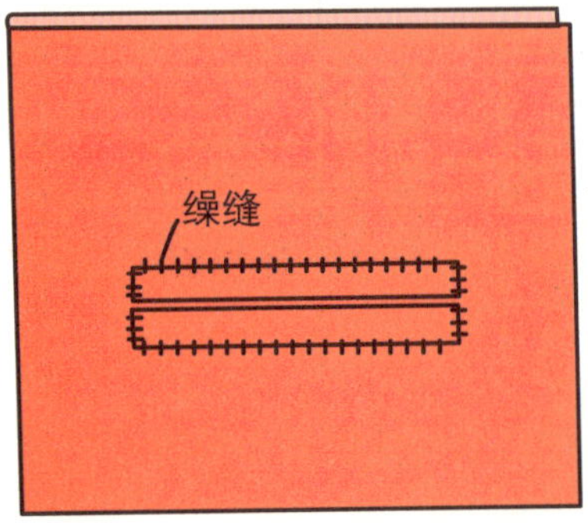

装饰扣眼

锁缝不开洞的扣眼，一般在外套的袖口上经常能看到。

装饰扣眼 A

用锁眼同样的方法锁缝，只是中间不剪开。

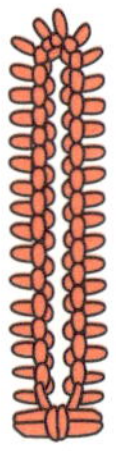

装饰扣眼 B

用刺绣时使用的链缝缝迹来缝，缝线使用锁扣眼相同的线。

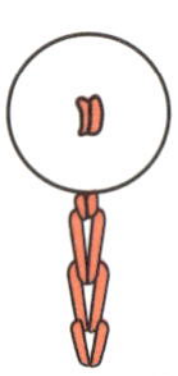

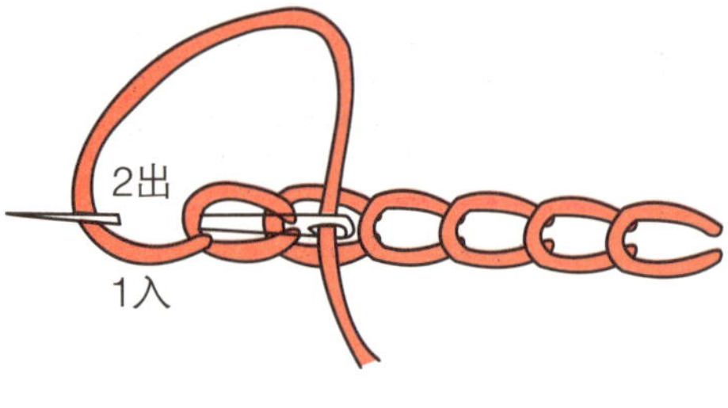

做袢的方法

可以用袢来固定钮扣，袢有用线做的也有用布做的，各种各样。线袢一般使用在薄的面料上，选用与面料同色锁扣眼的线。也有使用市场上买来的粗线。

A　在前叠门的边沿做好线袢位置的记号，长度是钮扣的直径，高度比钮扣的厚度略高。用两根线做芯线。如图一样锁缝，注意不要打结，不要歪斜。

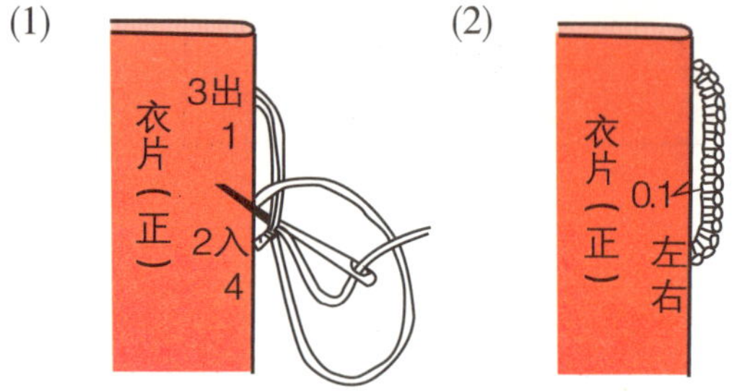

B　如图，用钩针勾辫子的方法来做。线袢的长度与高度和 A 相同。勾好后把线穿入缝衣针，针穿到面料的反面，打结固定。

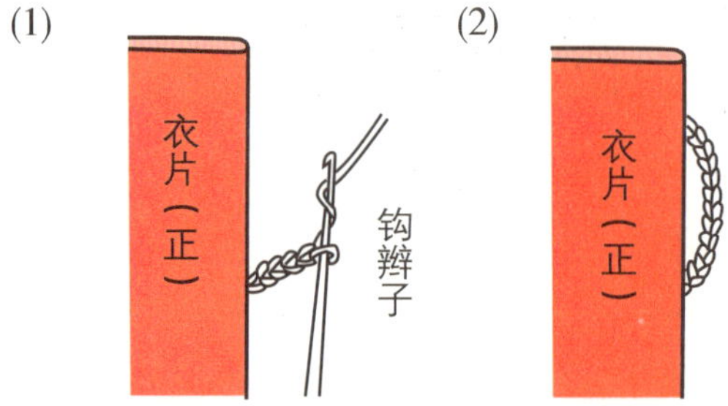

C　用与面布同样的斜丝布做、夹缝在衣片与贴边布中间。

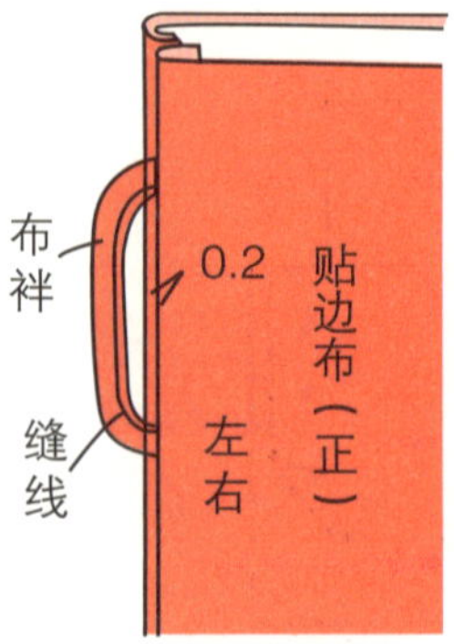

布袢的制作方法

斜丝布宽（正斜）= 完成后袢的宽 ×2 + 布的厚度 + 缝头

1　正面相对两折。

2　从折线开始完成后袢的宽度 + 布的厚度是缝线的位置。

3　袢缝好后，一头用缝针和线固定后如图穿入，从另一头拉出，把袢翻至正面

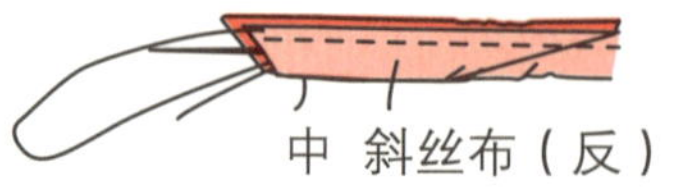

口袋

双嵌线挖袋

袋口做成嵌线开口的挖袋。嵌线布有用斜丝布做的、这袋布里与嵌线布是连着裁剪的，与袋口平行的是直丝。印花面料的情况也有对花的。

1 布的裁剪

1–1 衣片的反面烫黏衬，根据面料也有不烫的。

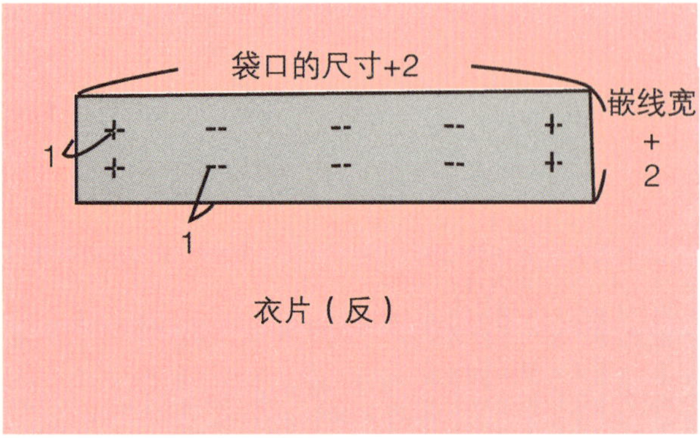

1–2 裁剪袋布（面布），做袋口记印。

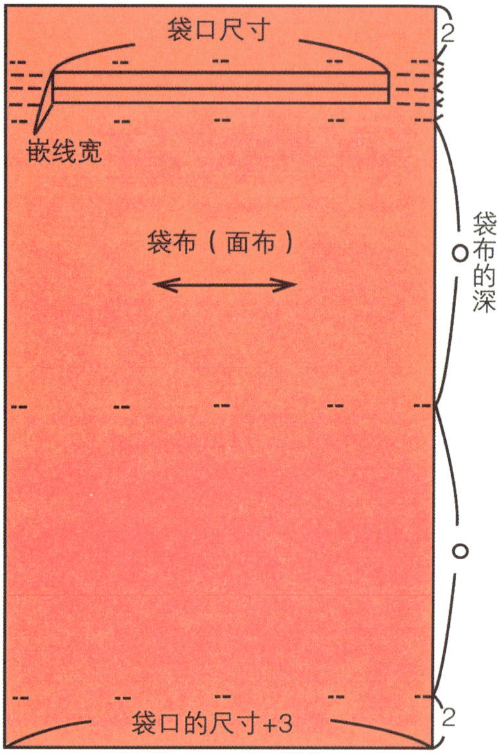

2 衣片与袋布对准后缝合

2–1 衣片与袋布正面相对。袋口的记印对准后如图缝合。针迹要细密，缝到角处针要直角插入转弯。缝至最后要与开始的缝线重叠 3 ～ 4 针。

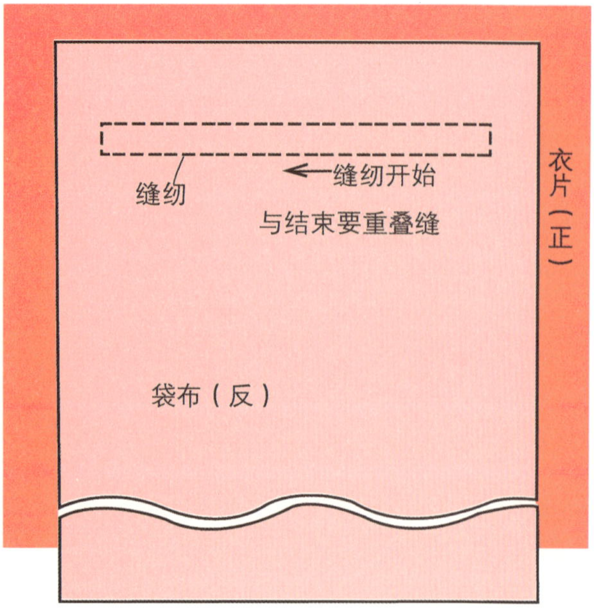

2-2 从中心剪开袋口（衣片和袋口布一起剪开）剪至离袋口边 0.5 cm 时，如图一样剪三角。注意三角要剪到位，但不能把角上的线剪断。

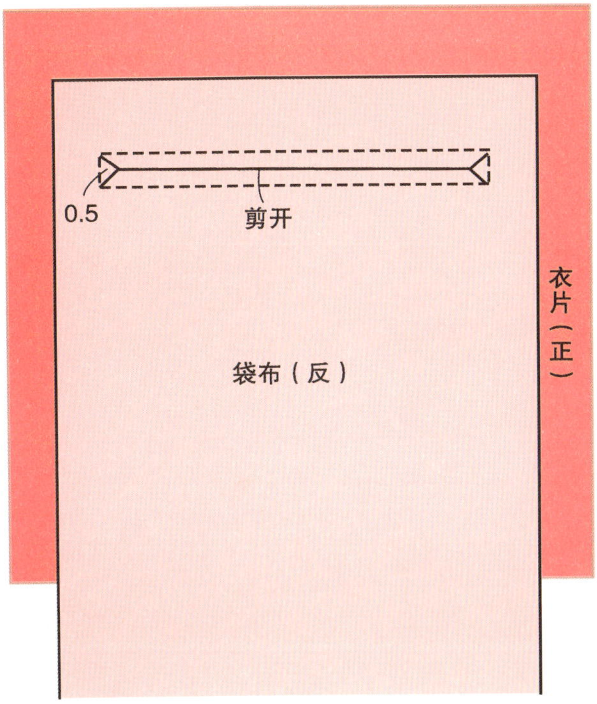

2-3 从剪开的袋口把袋布翻到反面。

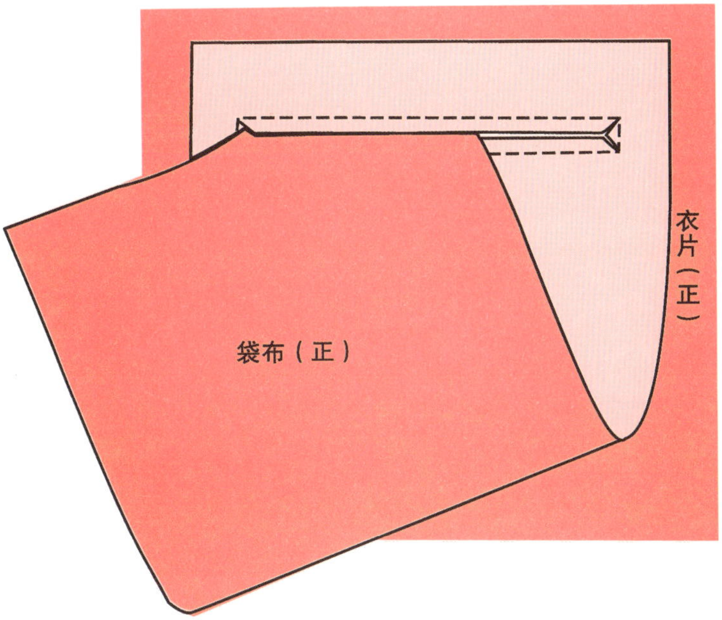

2-4 用熨斗把袋口两端的袋布往左右两边烫，使袋布不外吐。

2-5 分烫衣片与袋布的缝头（上下同）。

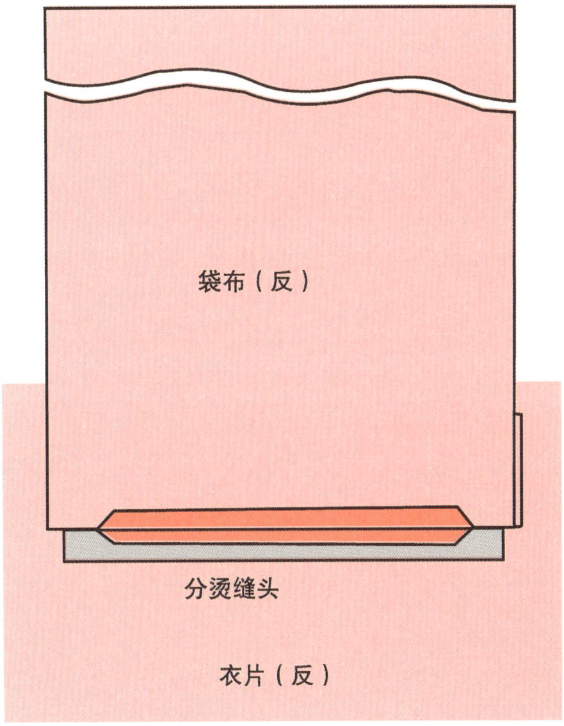

3 制作嵌线

3-1 用袋布折叠嵌线，并用熨斗烫好。从正面开始在下侧嵌线的线缝边缝疏缝固定。

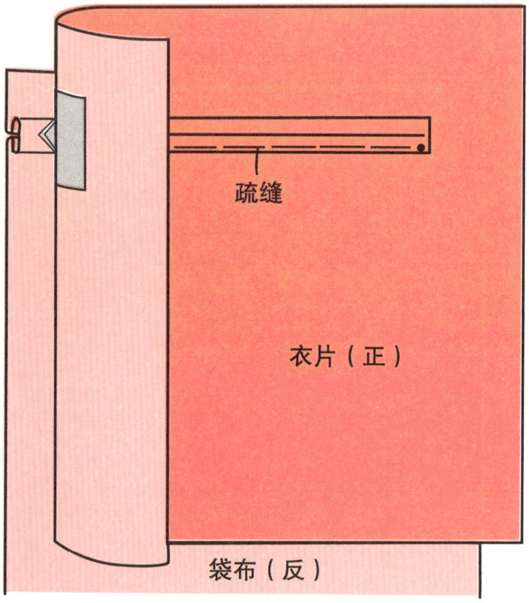

3-2 掀起衣片，衣片的缝头与袋布缝合固定。再从正面缉漏落缝。

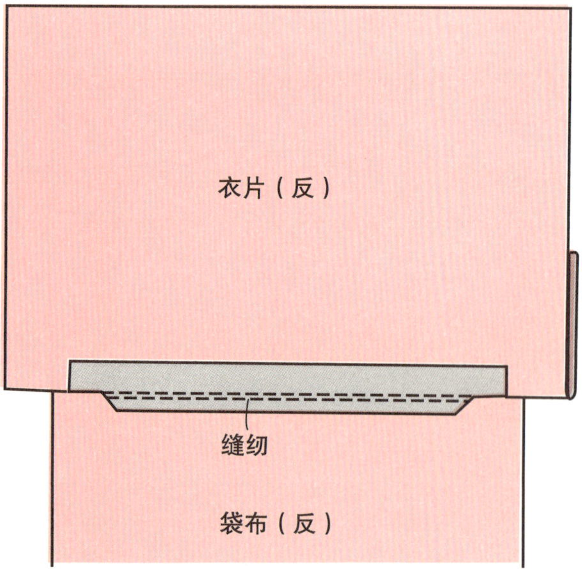

3-3 上面对齐，对折袋布后用线如图一样疏缝。

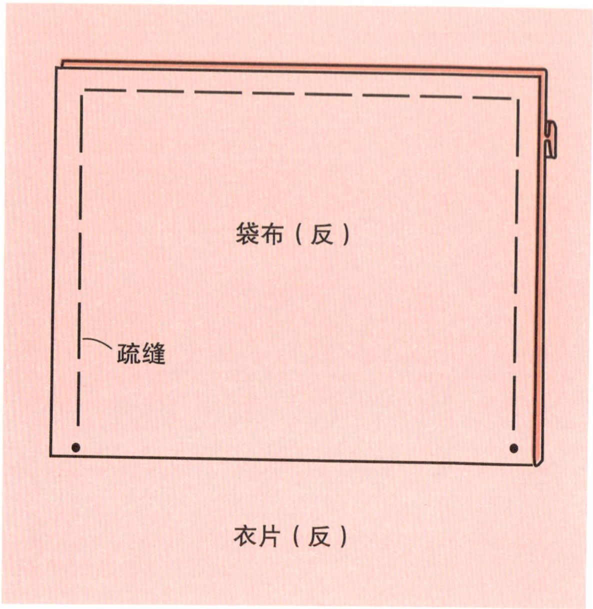

3-4 在正面上侧嵌线的线缝边用疏缝固定。

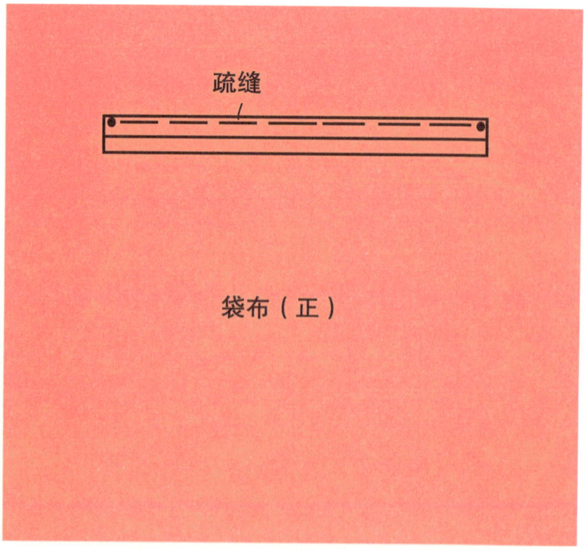

3-5 掀起衣片，衣片的缝头与袋布缝合固定，再从正面缉漏落缝。

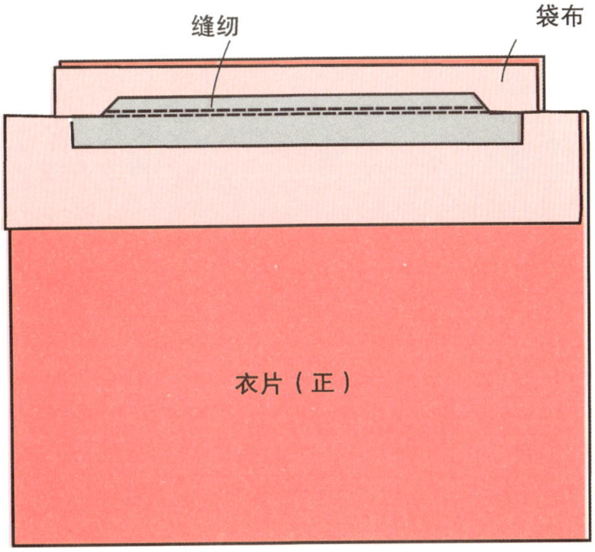

（从正面缉漏落缝）

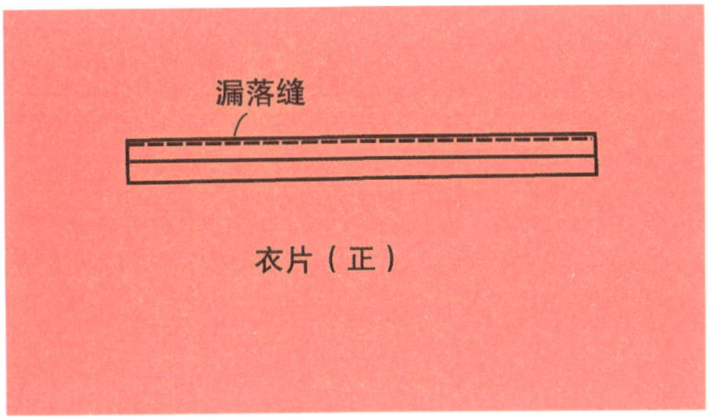

4 袋布四周缝合

4-1 掀起衣片，从三角布开始如图缝袋布，袋布连着缝两道。（三角布与袋布缝住）

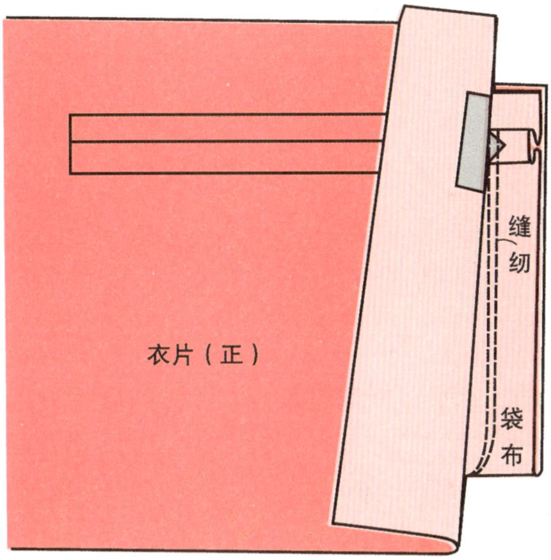

4-2 袋布四周锁边。

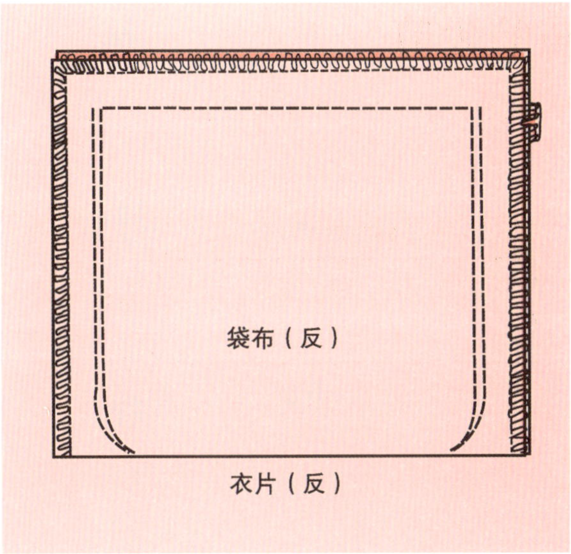

没有里布的衣服口袋制作

单嵌线挖袋

是将嵌线一侧折叠的挖袋，这里采用与双嵌挖袋同样的直丝来说明。印花的面料也有对花的要求。

1 布的裁剪

1-1 衣片的反面烫黏衬。根据面料也有不烫的。

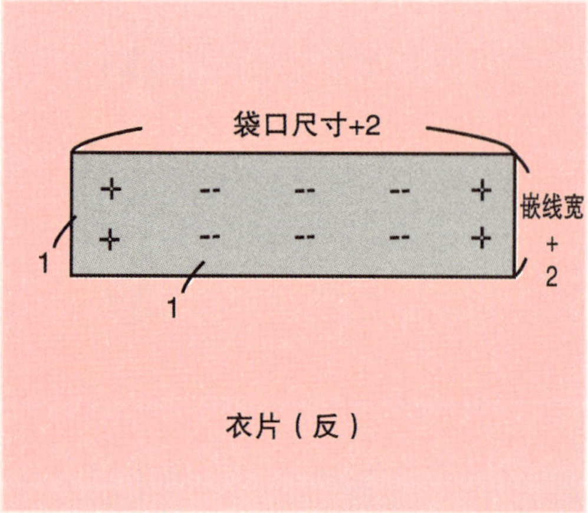

1-2 裁剪袋布（面布），袋口做记印。

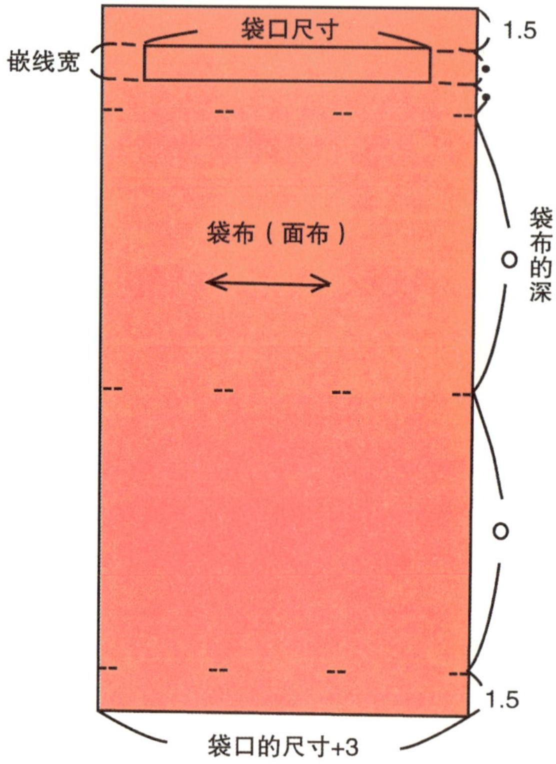

2 衣片与袋布对准后缝合

2-1 衣片与袋布正面相对。袋口的记印对准后如图一样缝合。针迹要细密，缝到角处针要直角插入转弯。缝至最后要与开始的缝线重叠 3 ～ 4 针。

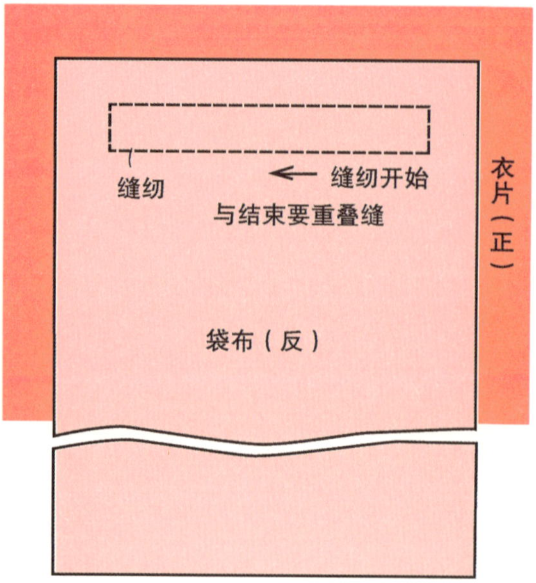

2-2 从中心剪开袋口（衣片与袋口布一起剪开）剪至离袋口边 0.5 cm 时，如图一样剪三角。注意三角要剪到位，但不能把角上的线剪断。

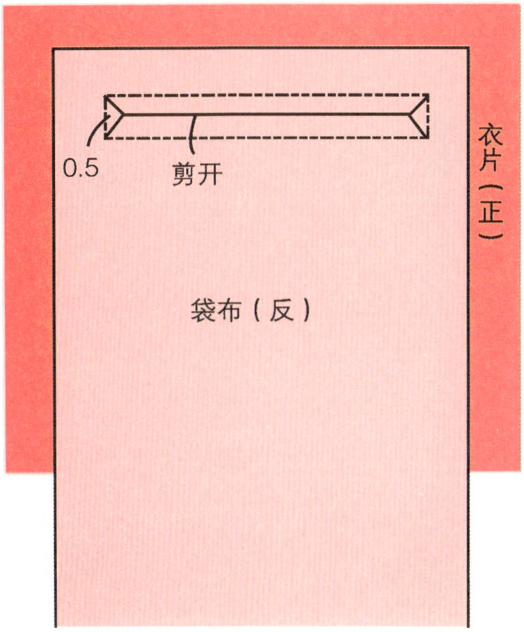

2-3 从剪开的袋口把袋布翻到反面。

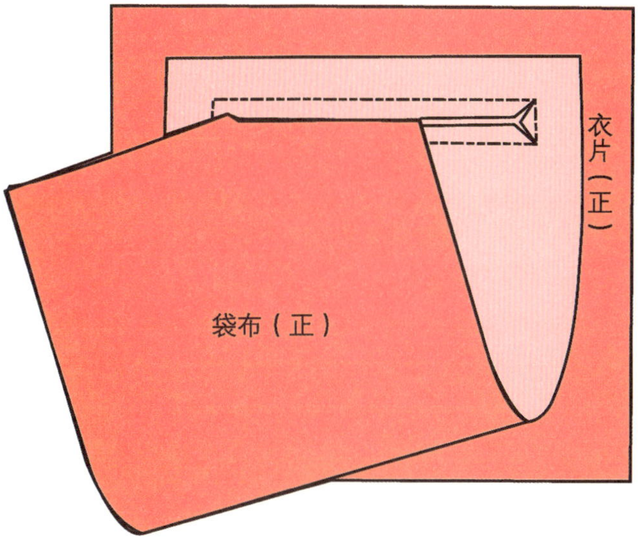

2-4 用熨斗把袋口两端的袋布往左右两边烫，使袋布不外吐。

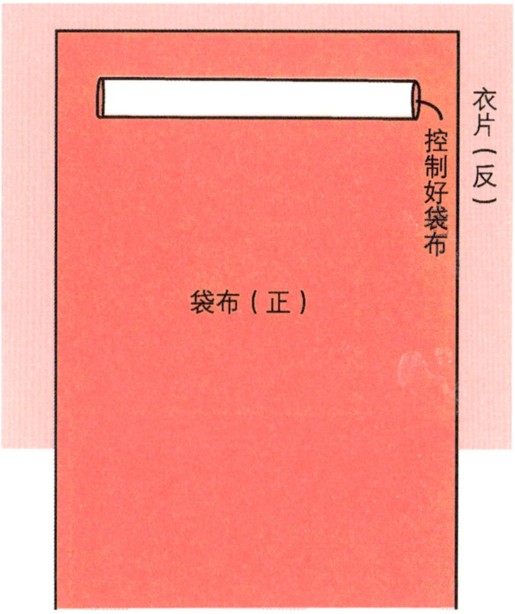

3 制作嵌线

3-1 分烫衣片与袋布的缝头（下侧）

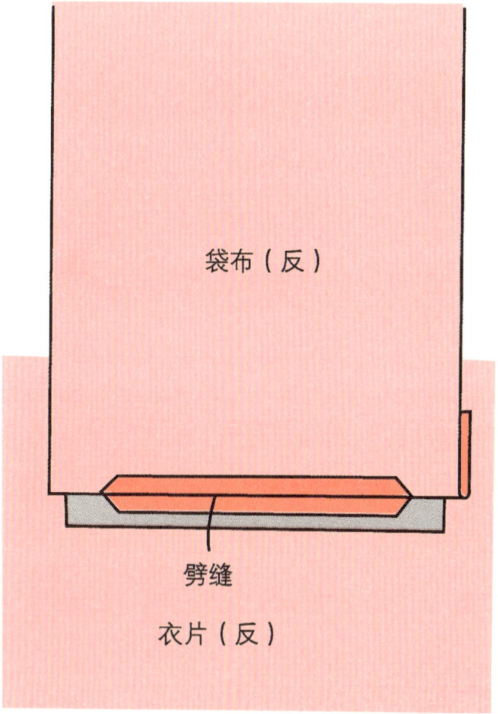

3-2 用袋布折出单嵌线后，用熨斗整烫。

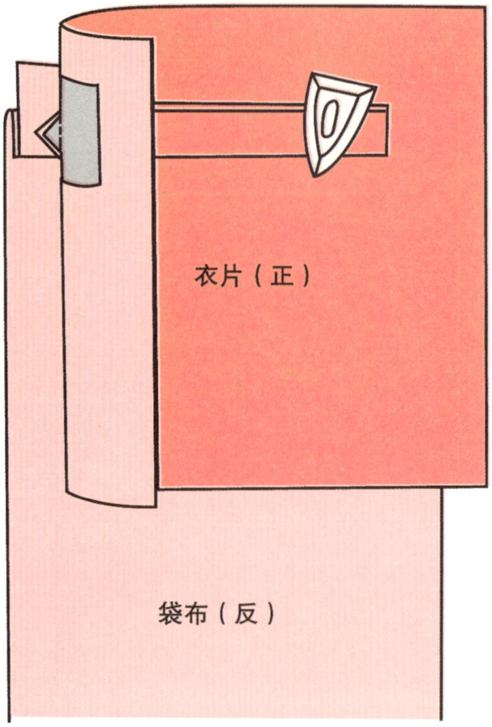

3-3 在正面单嵌线缝的旁边及两端用疏缝固定。

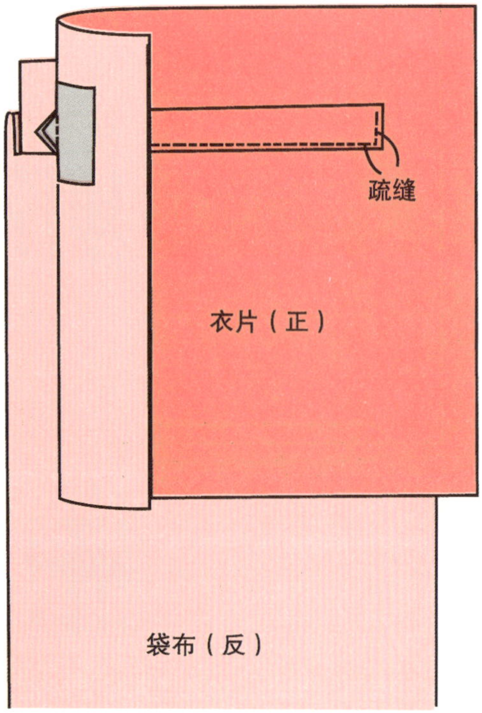

3-4 掀起衣片，衣片的缝头与袋布缝合。再从正面缉漏落缝。

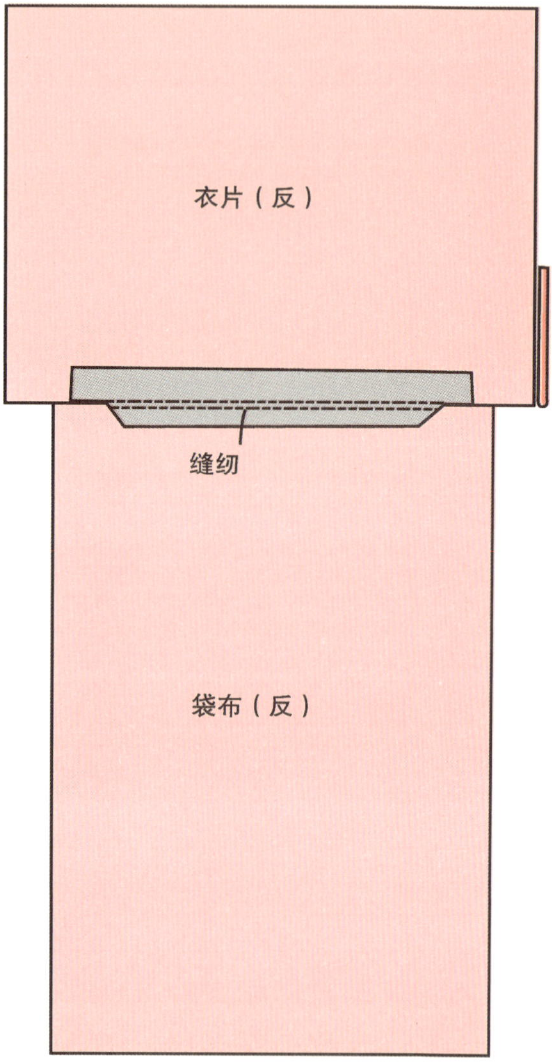

（缉漏落缝的情况）

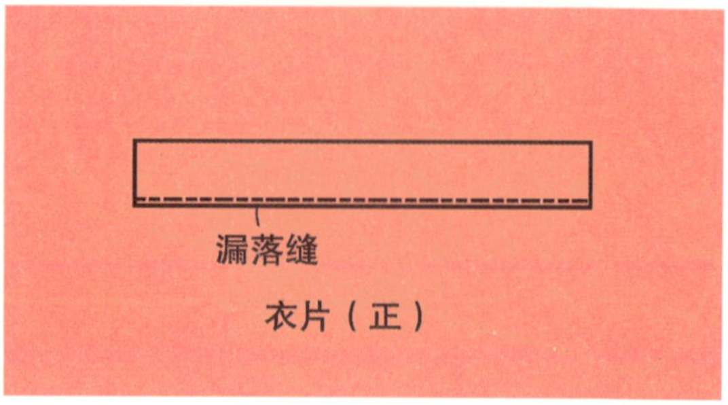

3–5 上面对齐，对折袋布后如图一样疏缝。

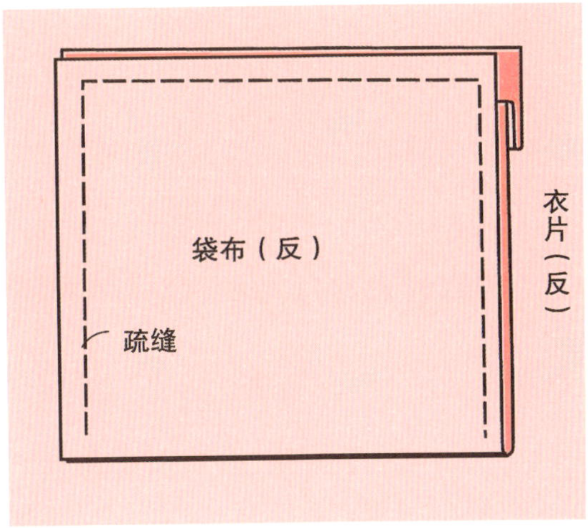

3–6 掀起衣片，衣片的缝头与袋布缝合。

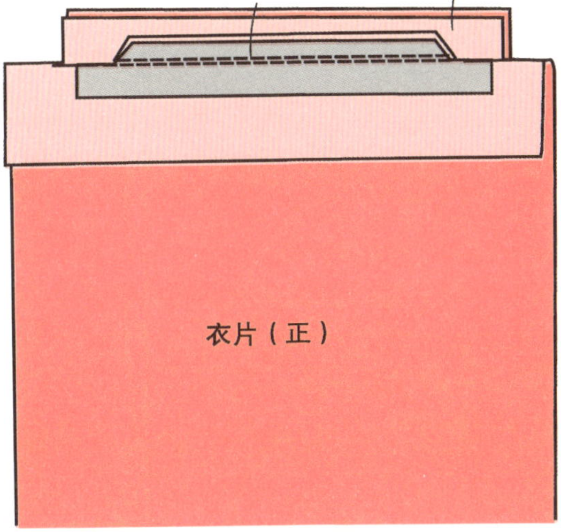

4 袋布周围缝合

4–1 掀起衣片，从三角布开始如图缝袋布，袋布连着缝两道（将三角布与袋布缝住）。

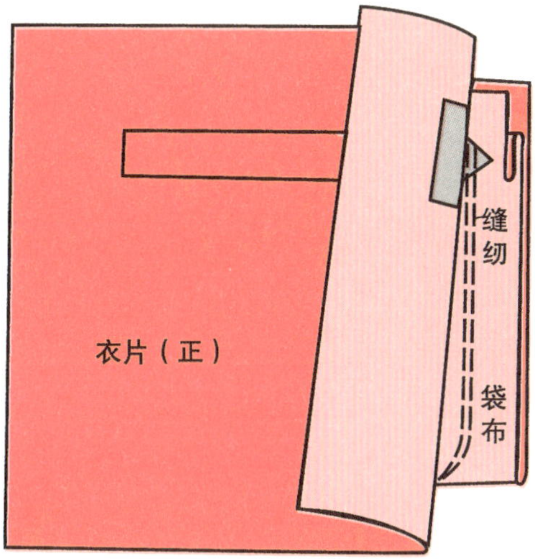

4–2 袋布四周锁边。

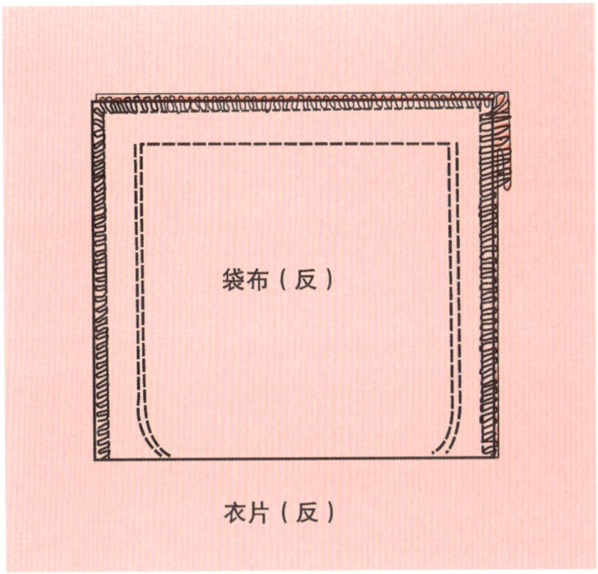

没有里布的衣服口袋制作

箱型平挖袋

用箱型袋口布作装饰的挖袋。夏天的衬衫、连衣裙，这里采用不厚的面料来作说明。

1 布的裁剪

1-1 衣片的反面烫黏衬，根据面料也有不烫的。

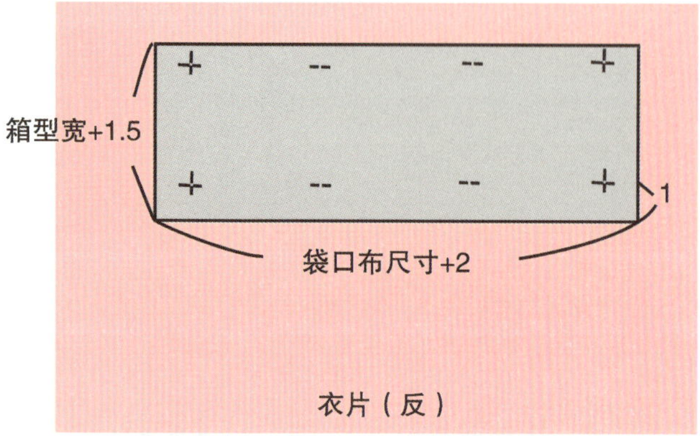

1-2 箱型的袋口布、袋布如图一样裁剪。

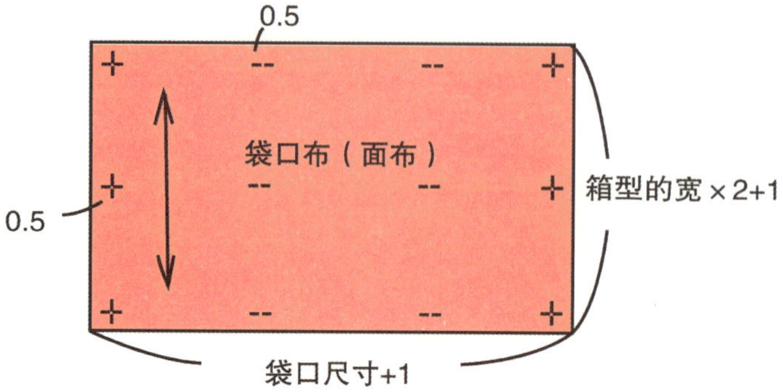

1-3 袋布的下面锁边。

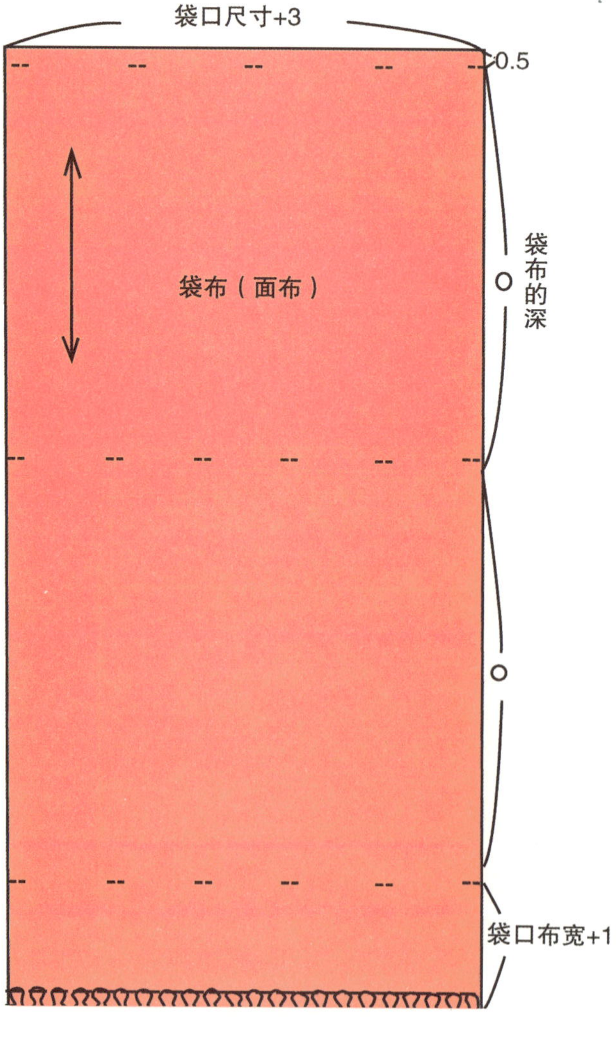

2 袋口布的制作

2-1 袋口布的反面烫黏合衬，裁剪黏合衬时丝缕与衣片丝缕相同。

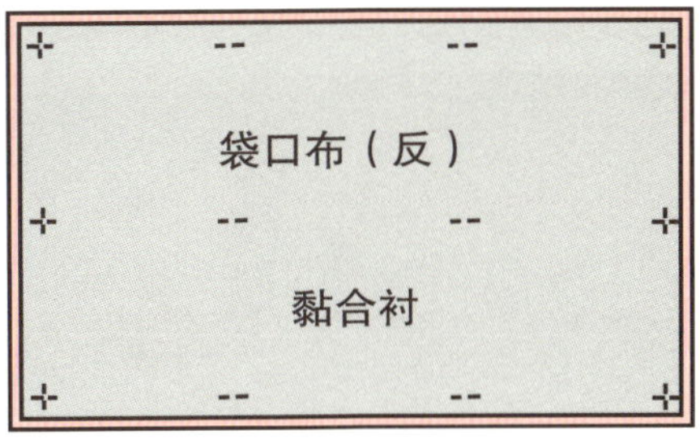

2-2 袋口布正面相对两折，控制好袋口布里（袋口布里略紧）后两端缝合。

2-3 翻到正面、用熨斗整烫。

3 装袋口布与袋布

3-1 袋口布在衣片装袋口布的位置与衣片正面相对，袋布再放在上面缝合，缝头为 0.5 cm。

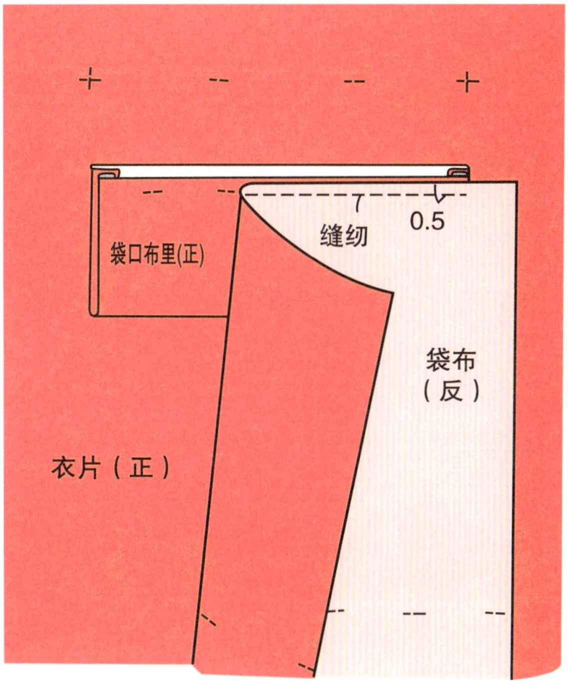

3-2 掀起袋口布的缝头，距装袋口布的位置 0.5 cm 处平形剪开，距两端 0.5 cm 处如图一样剪。

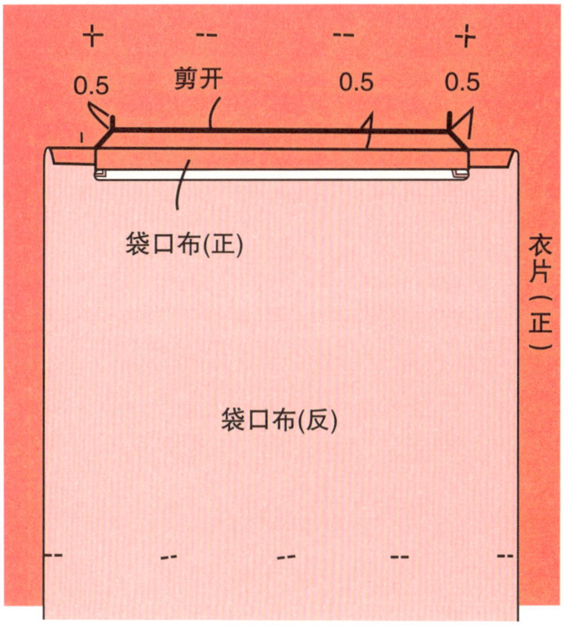

3-3 从剪开的袋口把袋布翻到反面。

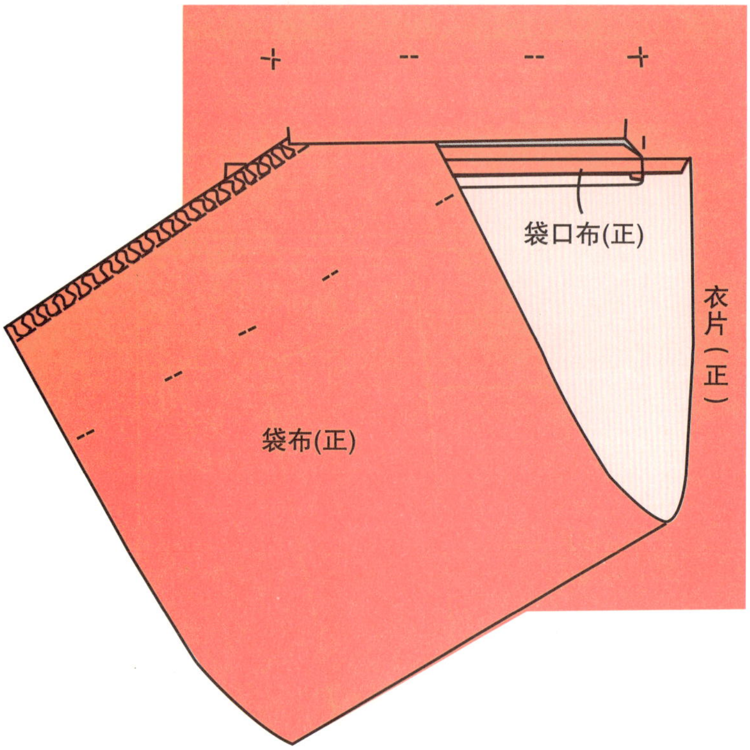

3-4 剪开的衣片的布往反面折。

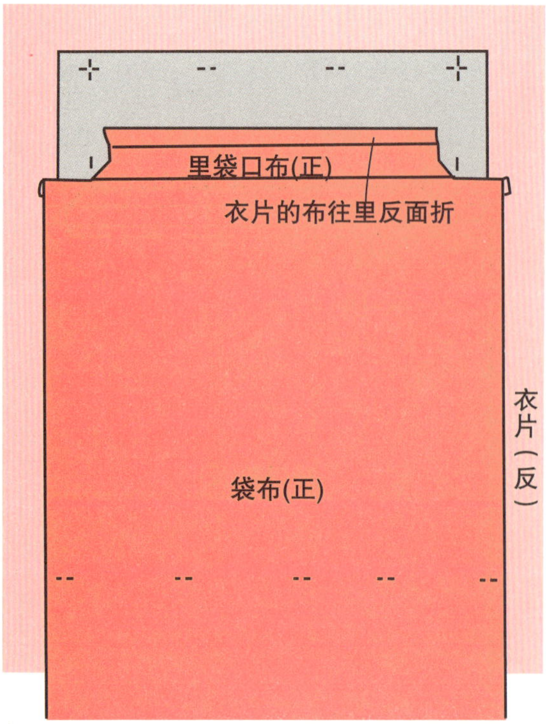

4 袋布的周围缝合

4-1 袋布往上折，两端疏缝固定。

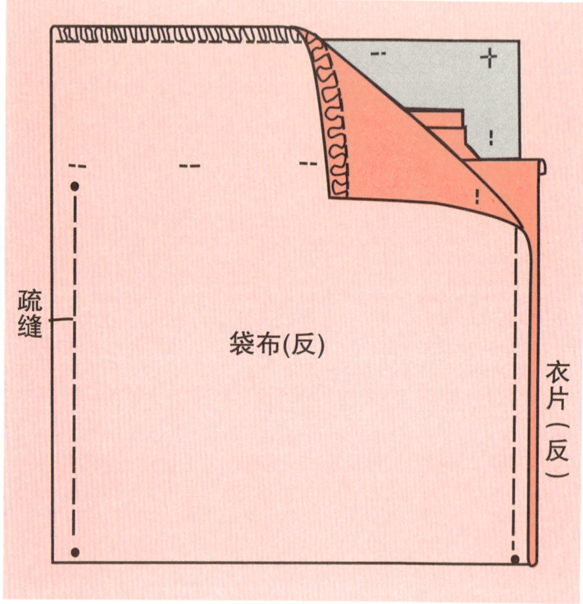

4-2 掀开袋口布，三角布与面布折光后如图一样缝合。

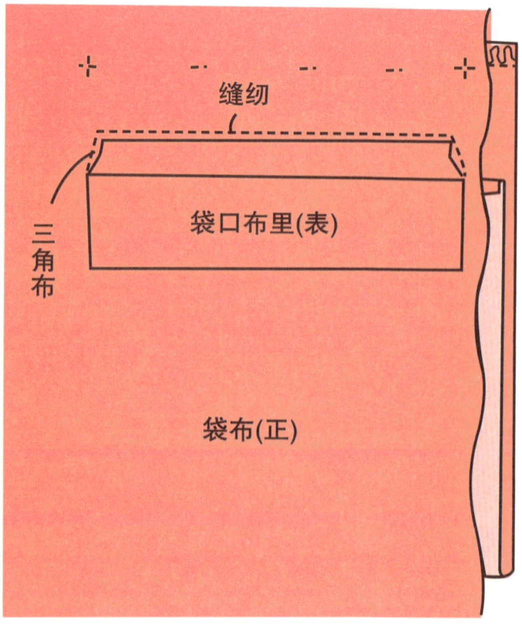

4–3 旋转衣片，袋布缝2次。袋口布缉0.5 cm宽的缉线，连袋布一起缝住。

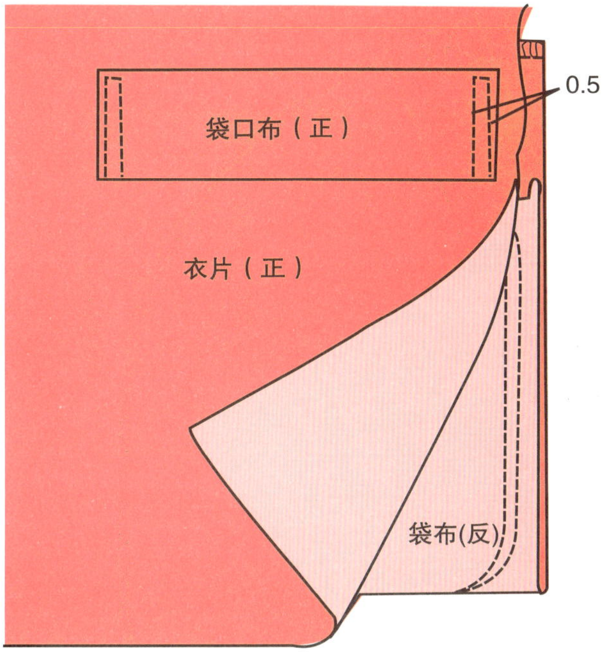

4–4 袋布四周锁边。

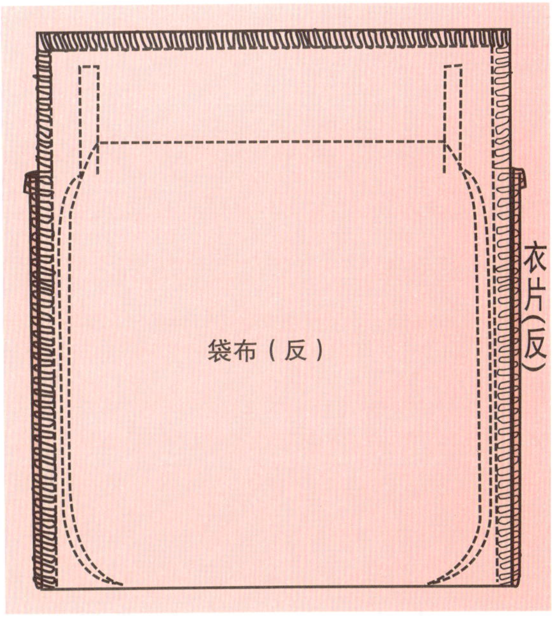

参 考

袋口布缉线的样式

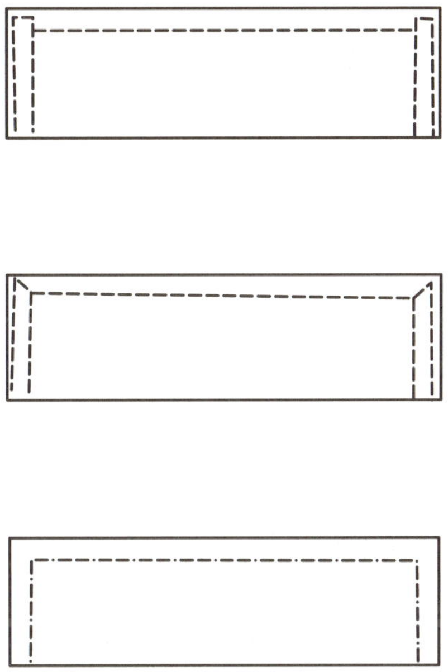

袋口不缉线的情况下，正面用暗针缲缝，或者用倒勾针固定。

没有里布的衣服口袋制作

箱型斜挖袋 A

袋布的周围用锁边处理的情况

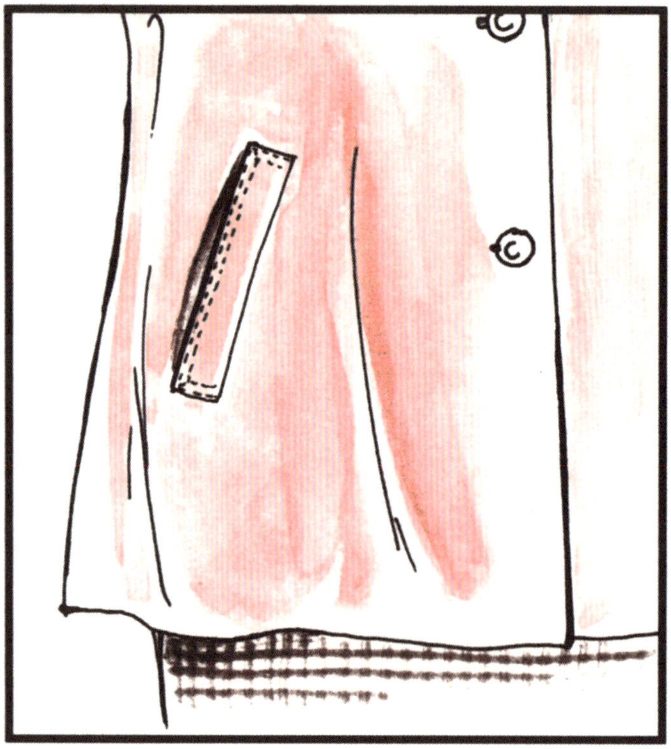

袋口布斜向做的箱型挖袋。用于半里的与没有里布的大衣、茄克衫。现说明一下袋布周围锁边的简单方法。

1 布的裁剪

1-1 袋口布的丝缕与衣片的丝缕相同的裁剪。

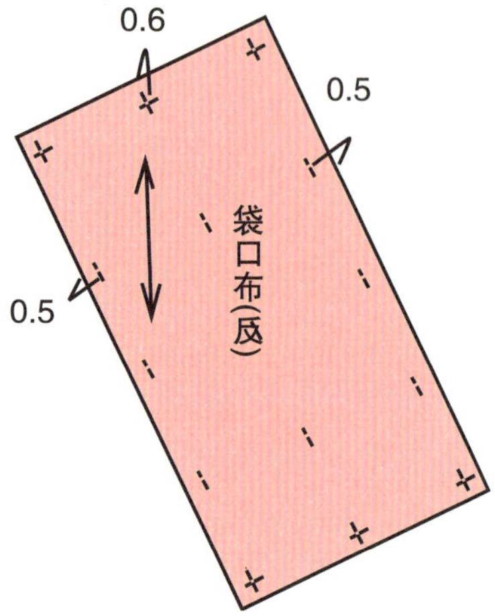

1-2 袋布 A 为里布、袋布 B 为面布，如图一样裁剪。

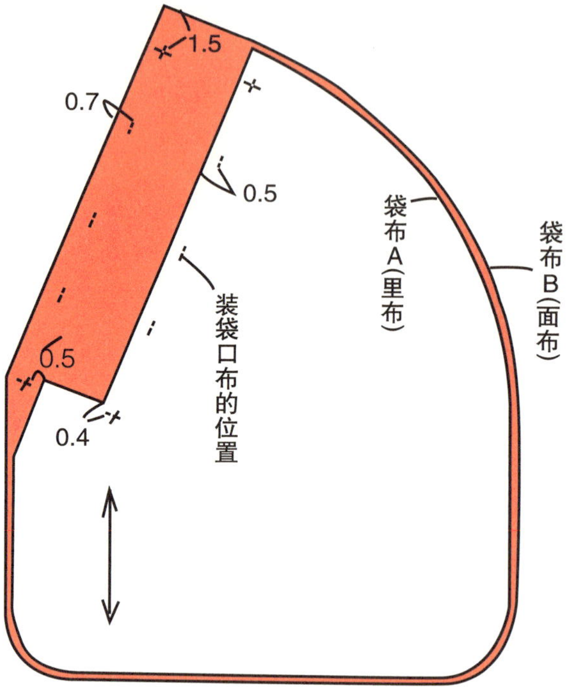

2 袋口布的制作

2-1 衣片的反面烫黏合衬，黏合衬的丝缕与衣片袋口平行为直丝裁剪。

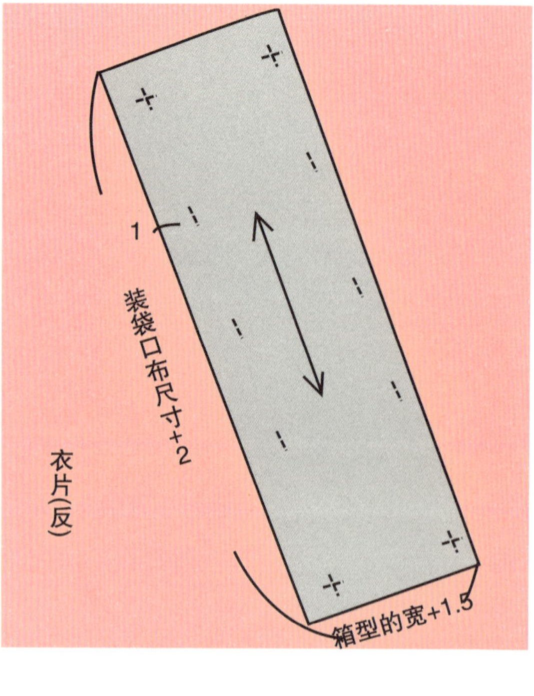

2-2 袋口布的反面烫黏合衬，黏合衬的丝缕与袋口布的丝缕相同。

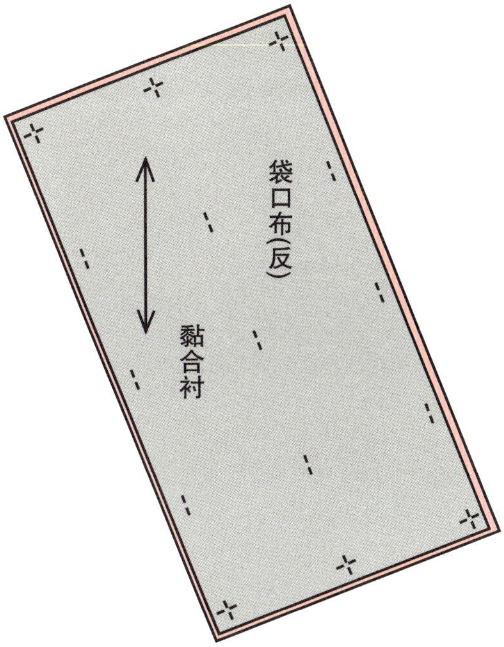

2-3 袋口里布的斜线部分剪掉。

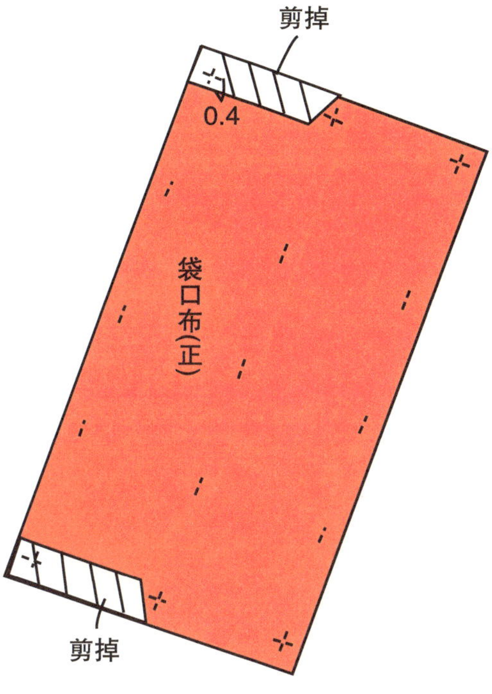

2-4 袋口布与衣片装袋口布的位置正面相对，缝至记印。袋口里布剪掉的一侧装 A 袋布。

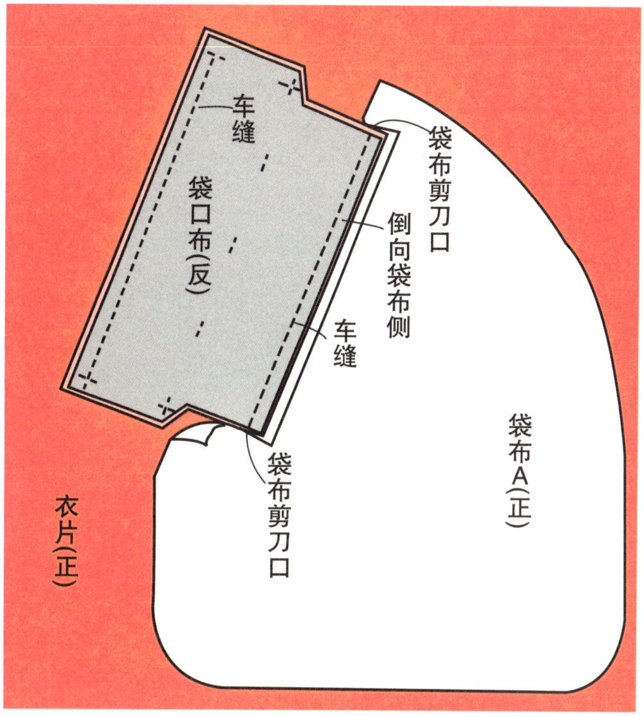

2-5 避开袋口布的缝头，平行袋口布的缝线 0.6 cm 处平行剪开。距两端 0.6 cm 处，如图一样剪开。

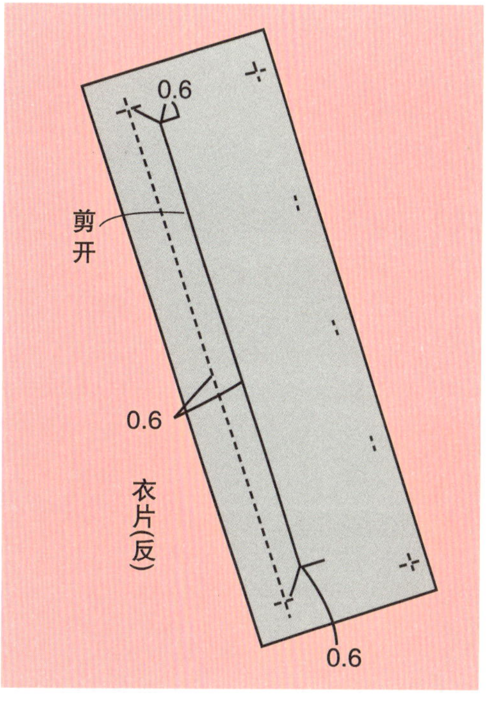

2–6 分烫装袋口布的缝头。衣片的缝头向反面折。

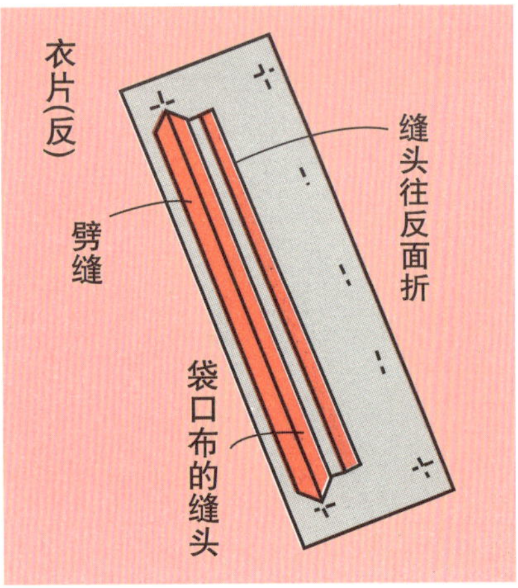

2–7 从剪开的袋口把袋布拉到反面。装袋口布的衣片的缝头与装袋布的缝头固定。再在正面缉漏落缝。袋口布里裁剪处与袋口布面的缝头缲缝住。

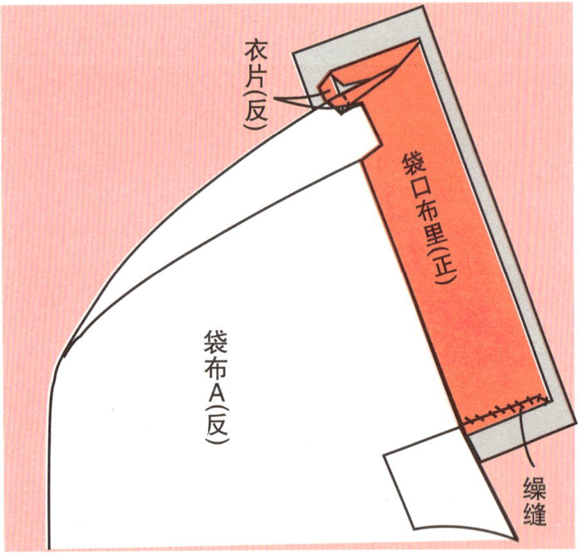

（中间固定的方法）

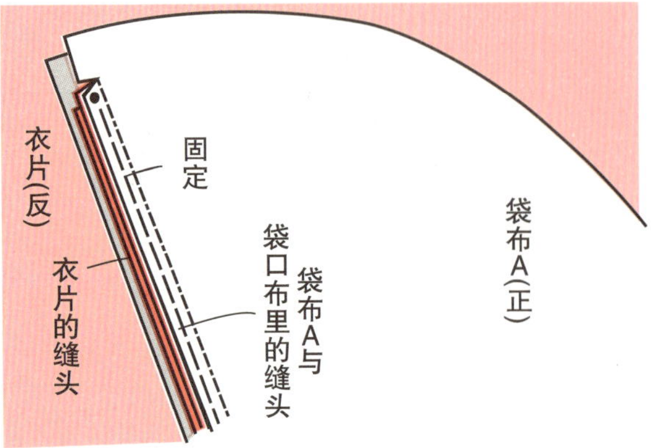

2–8 袋口布翻到正面，掀开衣片，袋口布缉线。

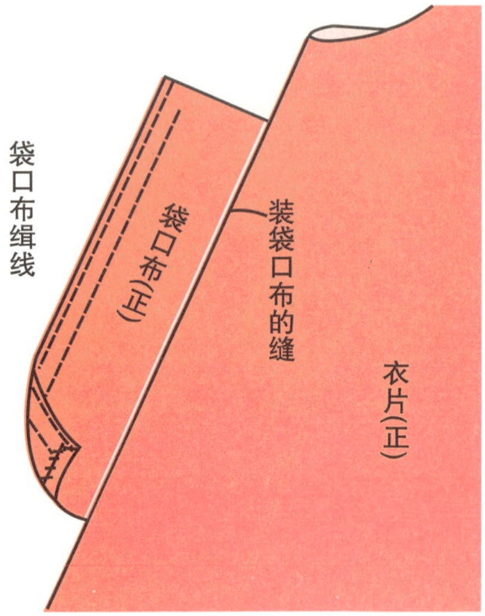

3 袋布对准缝合

3–1 袋布B与袋布A对准，外围用疏缝固定。折转的衣片缝头与袋布B缝合。

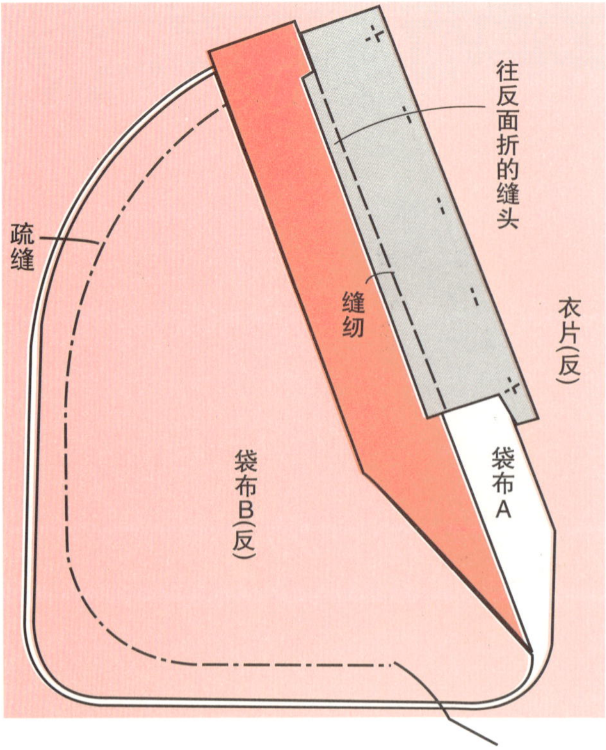

3-2 避开衣片袋布的周围缝 2 次。袋布的周围锁边。袋口布的两端缉线（连袋布一起缝住）。

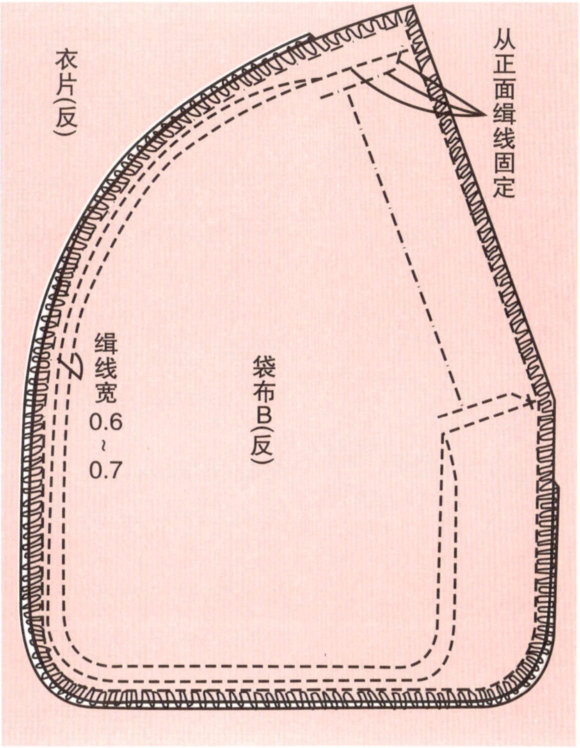

3-3 在正袋口面布的两端缉线，连袋布一起缝住。

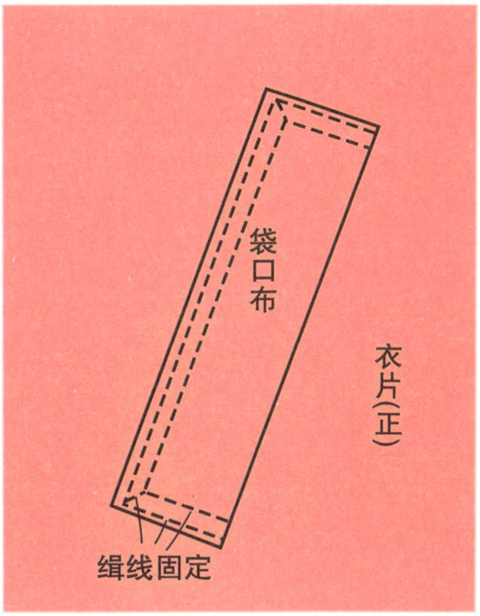

参 考

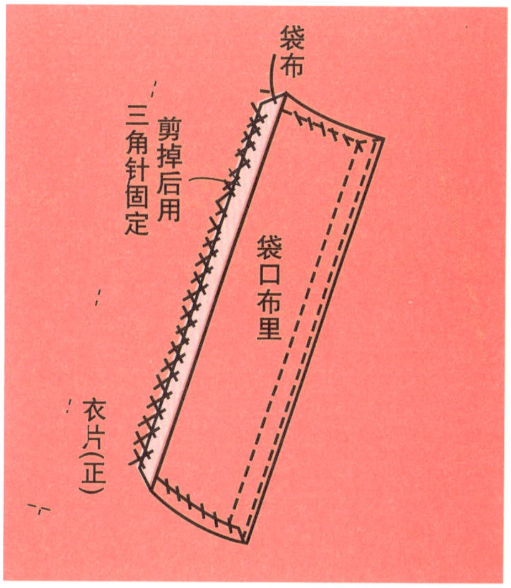

★ 袋口不缉线时，正面用暗针缲缝，再在反面用倒勾针固定。

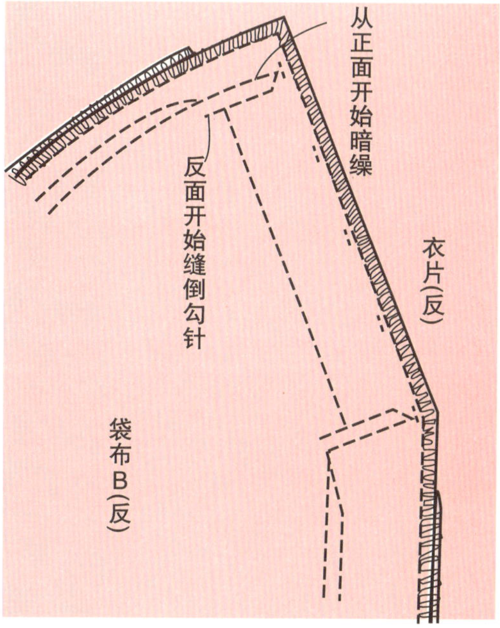

没有里布的衣服口袋制作

箱型斜挖袋 B

袋布周围用包缝处理的情况

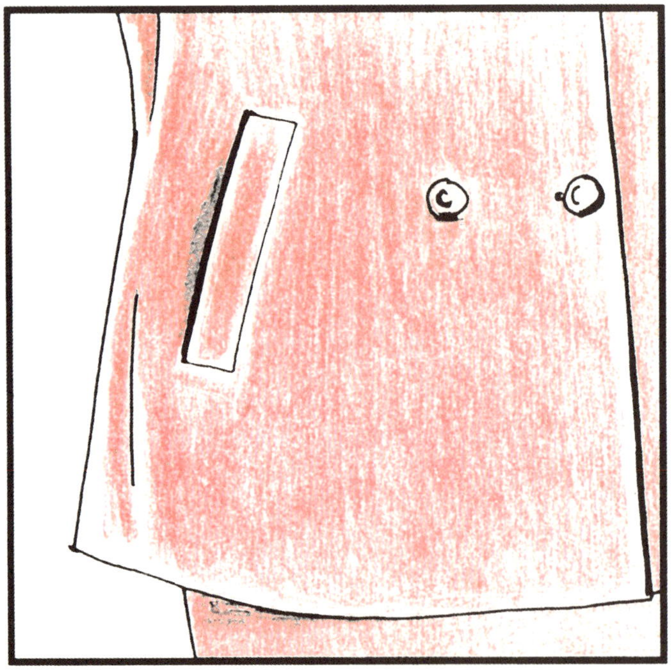

用面布做袋布，包住另一块袋布的一种牢固的制作方法说明。

1 布的裁剪

1-1 袋口布的丝缕与衣片的丝缕相同裁剪。（与第 54 页的 1 相同）

1-2 袋布 A 用里布、袋布 B 用面布裁剪。

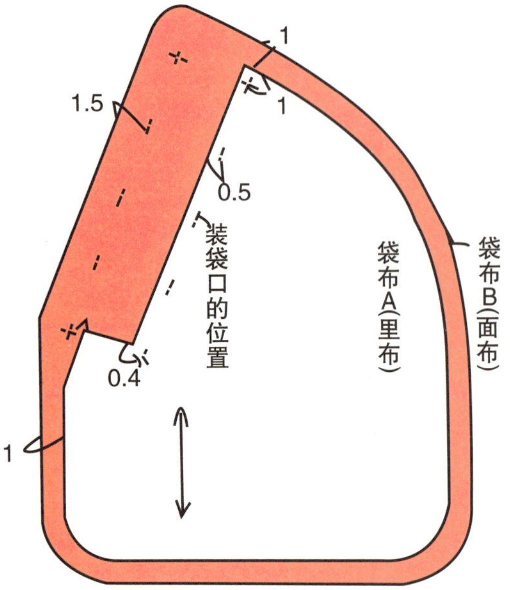

2 2的缝制过程与第 54 ~ 56 页相同

3 袋布对准后缝合

3-1 袋布 B 的外围锁边，与袋布 A 对准后外围用疏缝固定。折转的衣片缝头与袋布 B 缝合。

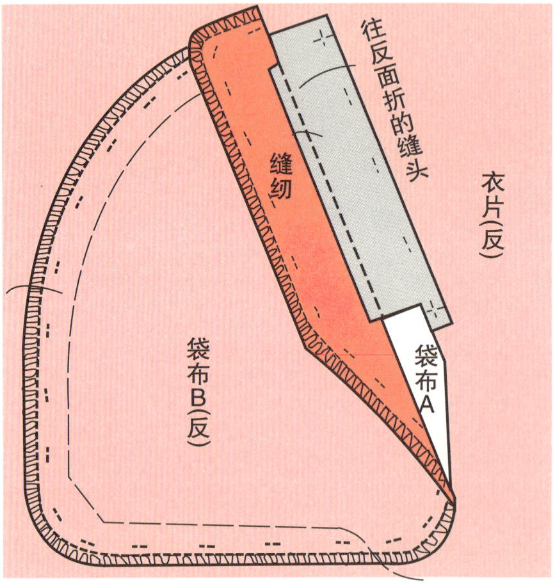

3-2 袋布 B 的缝头沿着袋布 A 的裁剪线包转。避开衣片，沿边缉线，进 0.5 cm 再缉一道，在正面袋口布的两端用缉线固定（连袋布一起缝住）。

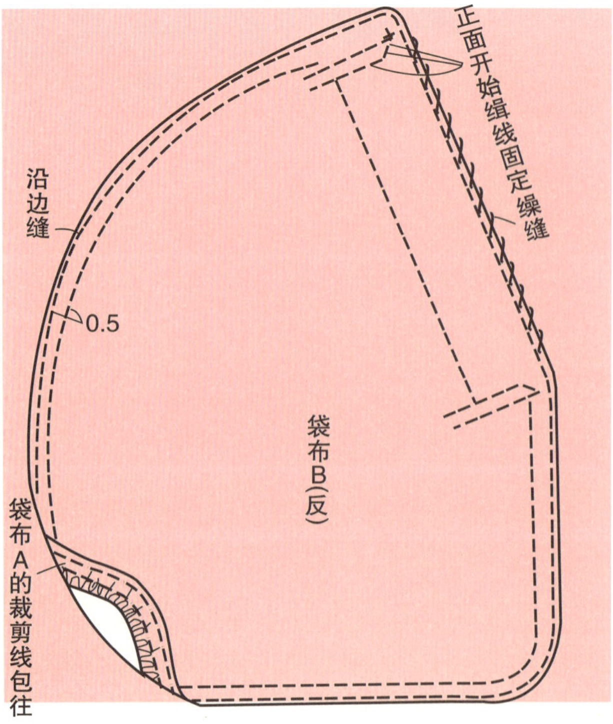

装袋盖挖袋

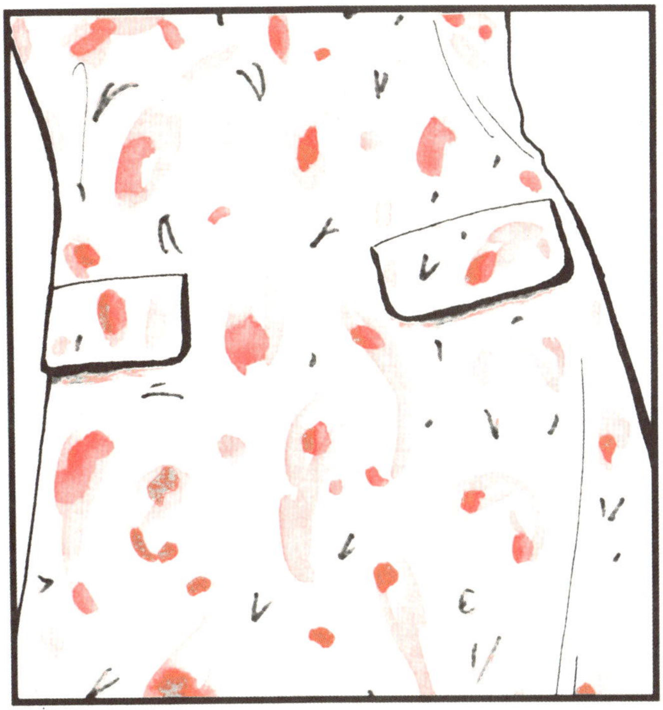

有袋盖的挖袋在外套中被广范的应用。这袋布里是用与衣片相同的面料来做的。所以厚面料不适用。

1 布的裁剪

1–1 袋盖面与袋盖里都采用与衣片相同的面料，相同的丝缕裁剪。袋盖的上口，袋盖面与袋盖里都放0.5 cm的缝头，其它三面：袋盖面放0.6 cm的缝头、袋盖里放0.3 cm的缝头，正面相对做对位记印。袋布用与衣片相同的面料来裁剪。

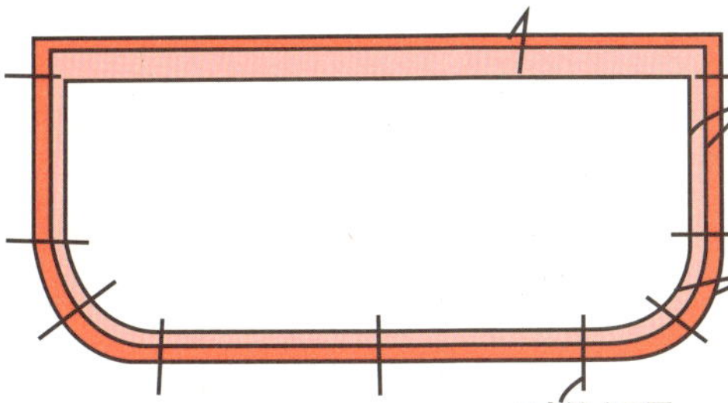

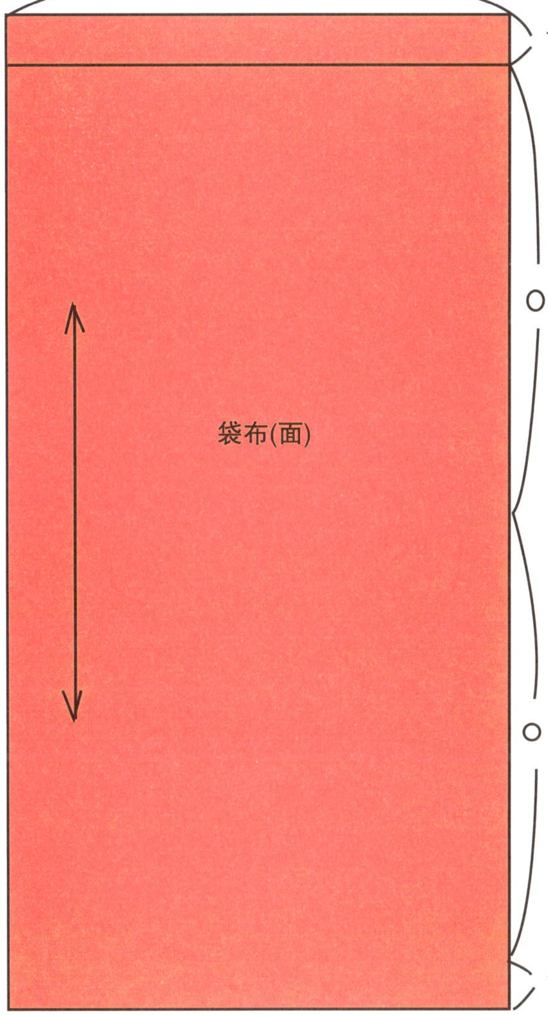

2 做袋盖

2–1 袋盖面的反面烫黏合衬。黏合衬的丝缕与衣片的丝缕相同。

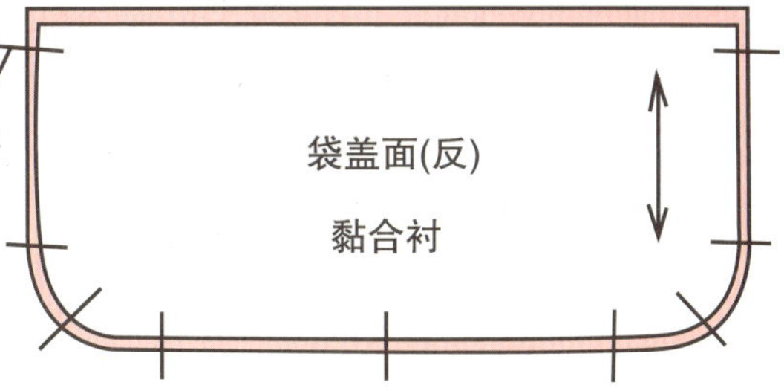

2-2 袋盖面与袋盖里正面相对，对准对位记号，如图，裁剪线进0.4 cm为缝头缝合。翻转袋盖，整烫袋盖。

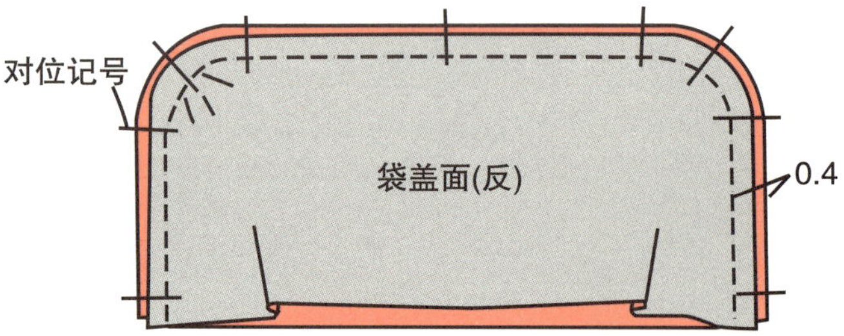

3 装袋盖

3-1 衣片的反面烫黏合衬。

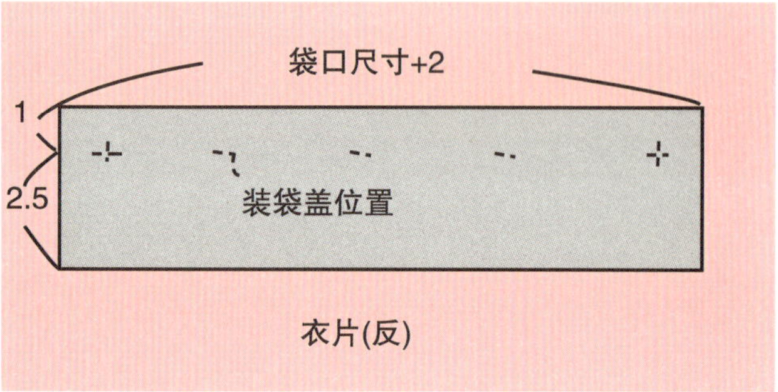

3-2 衣片装袋盖位置放上袋盖，正面相对。

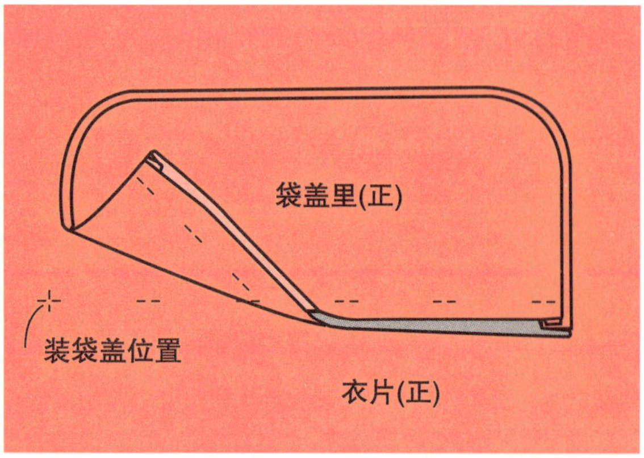

3-3 袋布往下1.5 cm处对准装袋盖位置，如图一样，缝纫。

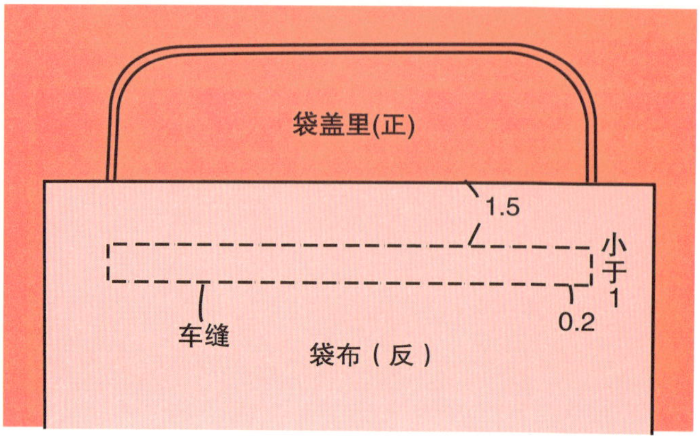

3-4 剪开袋口，两端距缝线0.5 ~ 0.6 cm时，如图一样剪三角，袋盖的缝头不要剪掉。

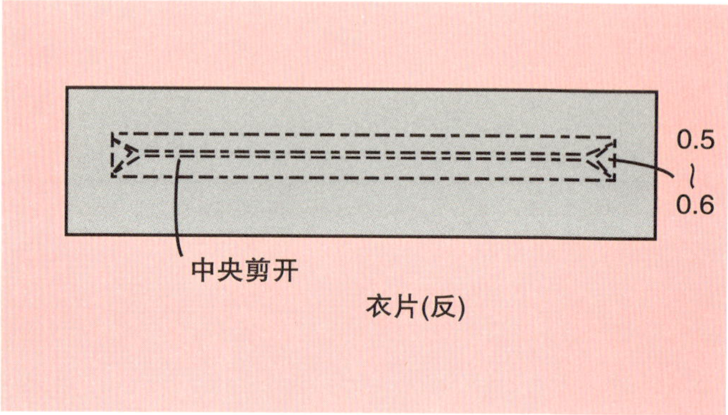

3-5 袋布拉到反面。

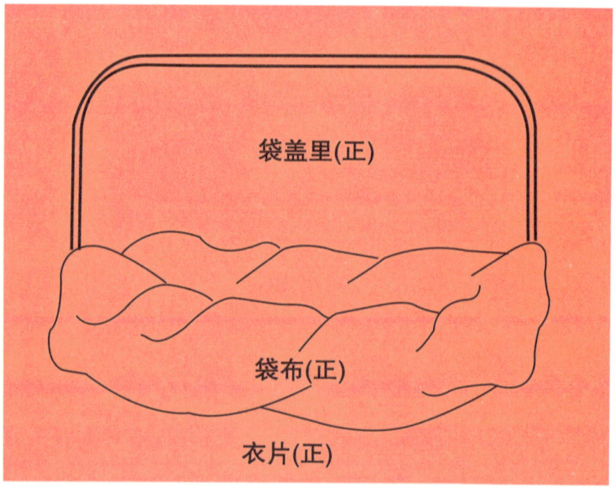

3-6 把袋盖翻开，袋口用熨斗整烫成长方形。

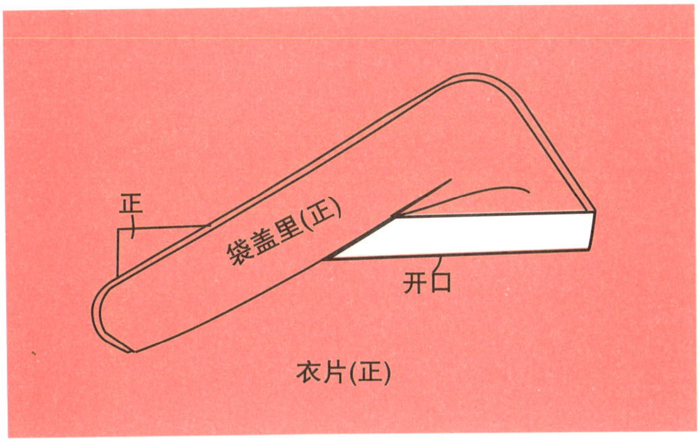

4 袋布周围的缝合

4-1 避开衣片，衣片的缝头与袋布缝合

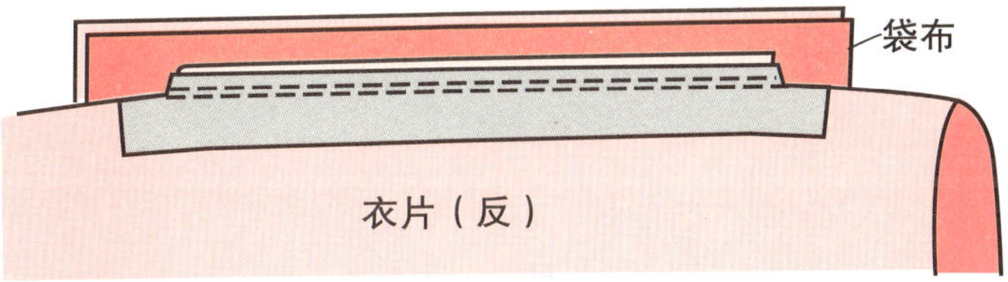

4-2 翻开衣片，三角布与袋布一起缝住，袋布边连续缝 2 次。

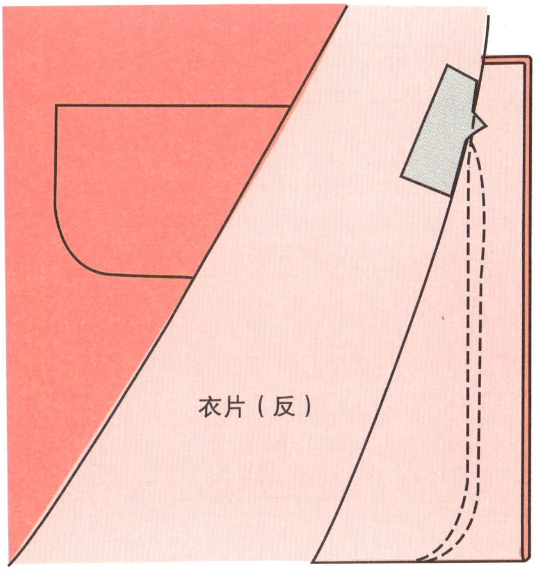

4-3 袋布的周围锁边。

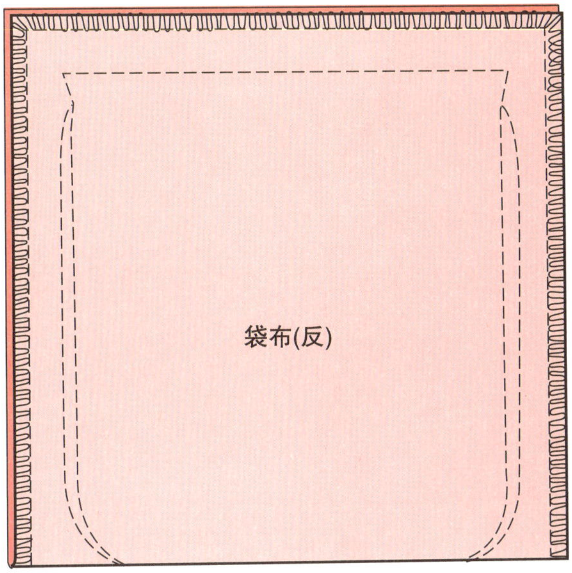

4-4 袋口的两端用套结固定

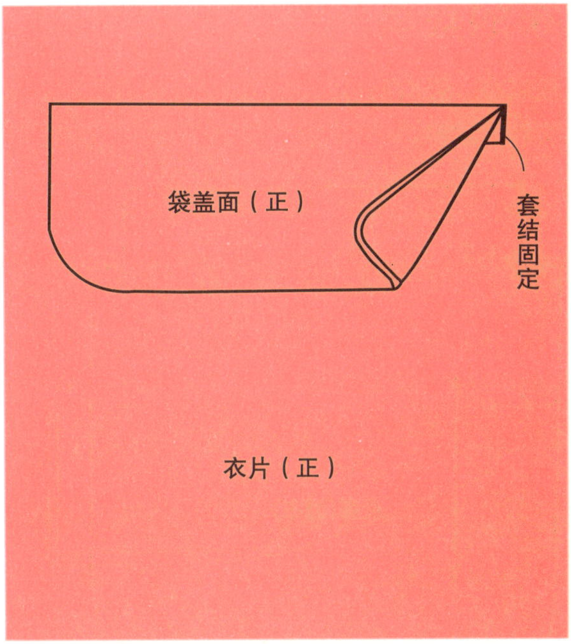

没有里布的衣服口袋制作

贴袋

衣片上缝贴的口袋，在衬衣、女装、茄克、儿童服中被广泛应用。大小形状有很多，有角的、有圆的、有装袋盖的等。

1 布的裁剪

1-1 裁袋布。袋口贴边放出 3 cm、其他周围放 1 cm 缝头后，裁剪。

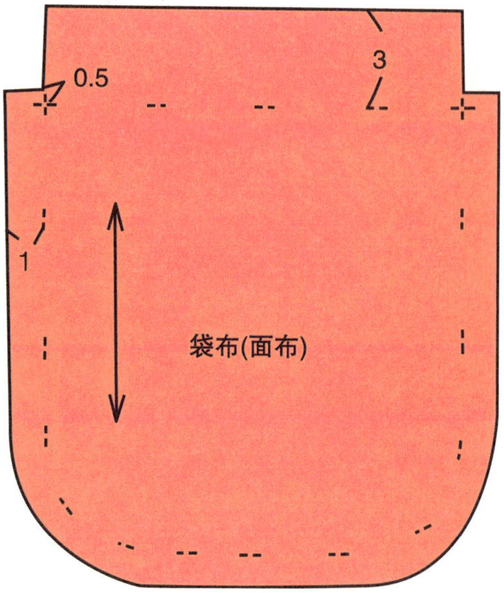

1-2 袋口如图一样烫黏合衬、锁边。黏合衬的丝缕与衣片的丝缕相同。

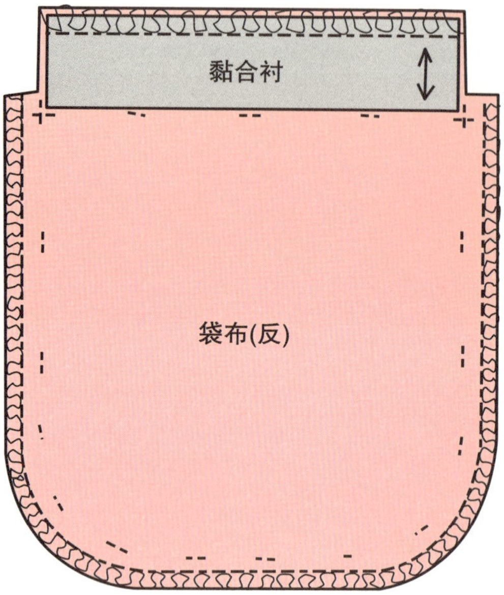

★ 根据面料，黏合衬也有比袋口出的。

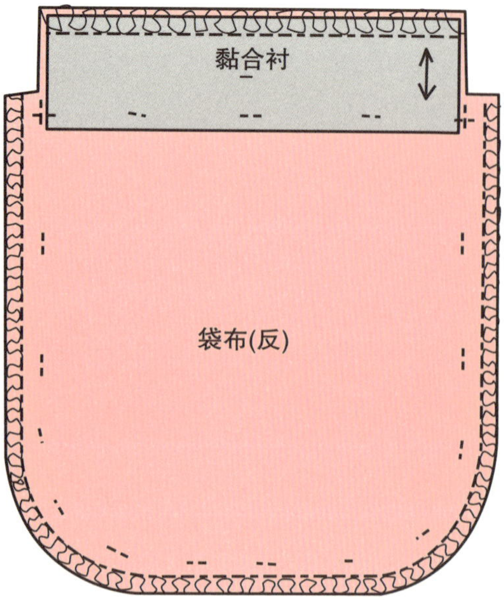

1–3 袋口用暗针缲缝。底部圆弧处用细针拱缝后，衬上厚纸板抽缩缝线，用熨斗整烫袋形。

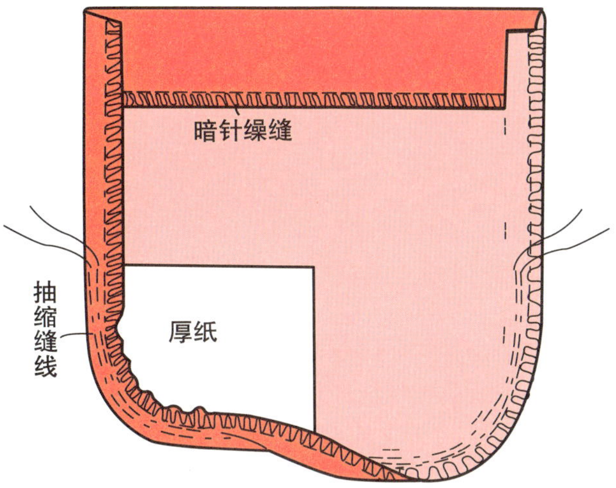

2–2 口袋放在衣片上，周围如图一样绢线固定。

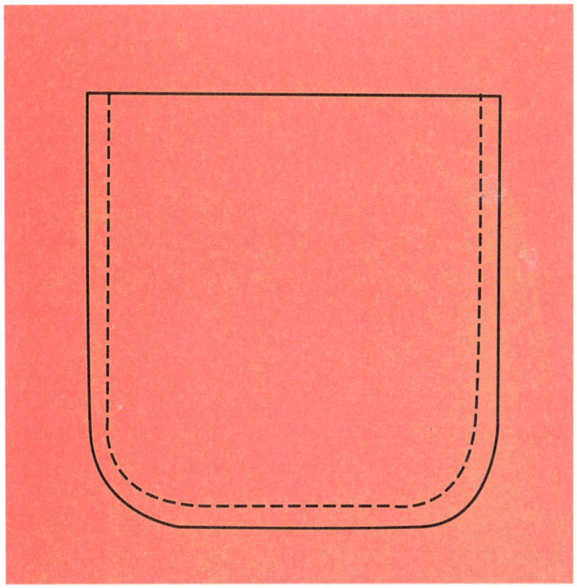

2 装贴袋

2–1 袋口的两端贴加强布（黏合衬）

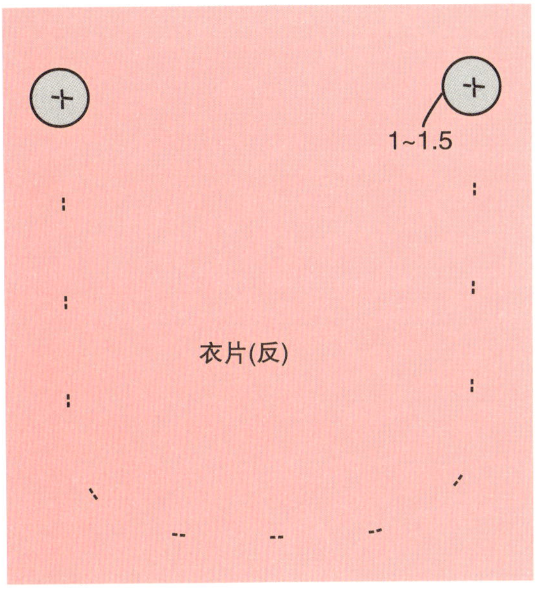

参 考

绢线的方法/例子

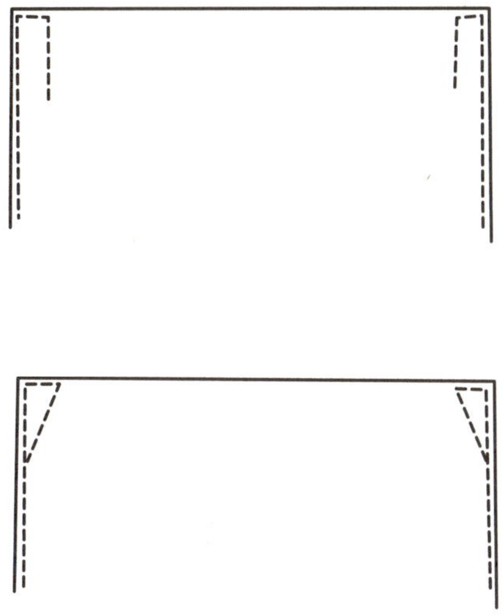

没有里布的衣服口袋制作

斜插袋 A

因为它是用拼接线做的斜插袋，所以比侧缝插袋插手方便。在裤子和裙子里都有应用。这里介绍的口袋的袋口是直线型的。

1 布的裁剪

1–1 前裤片的袋口贴边要与前片连着裁。

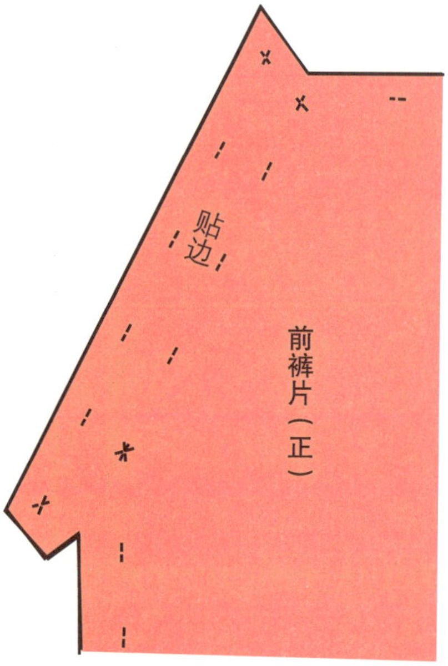

2–2 侧布（面布）、袋布（里布），如图一样裁剪。

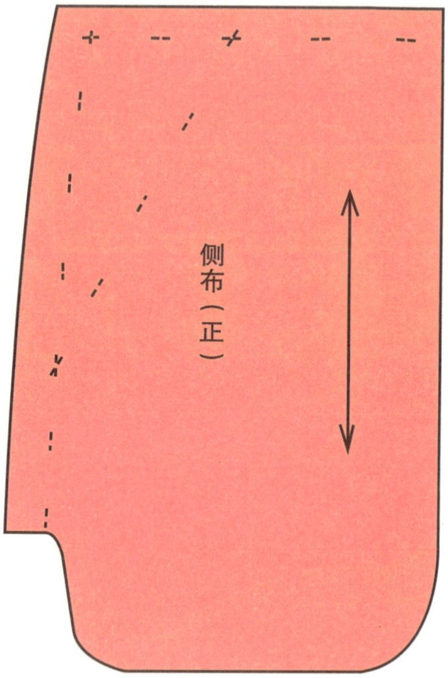

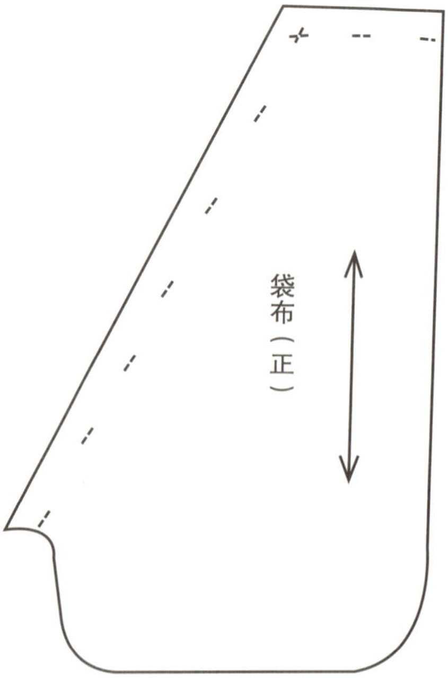

2 贴边与袋布的缝合

2-1 袋口烫黏合衬，袋布缝在贴边上。黏合衬的丝缕与袋口相对应，与袋口平行为直丝。

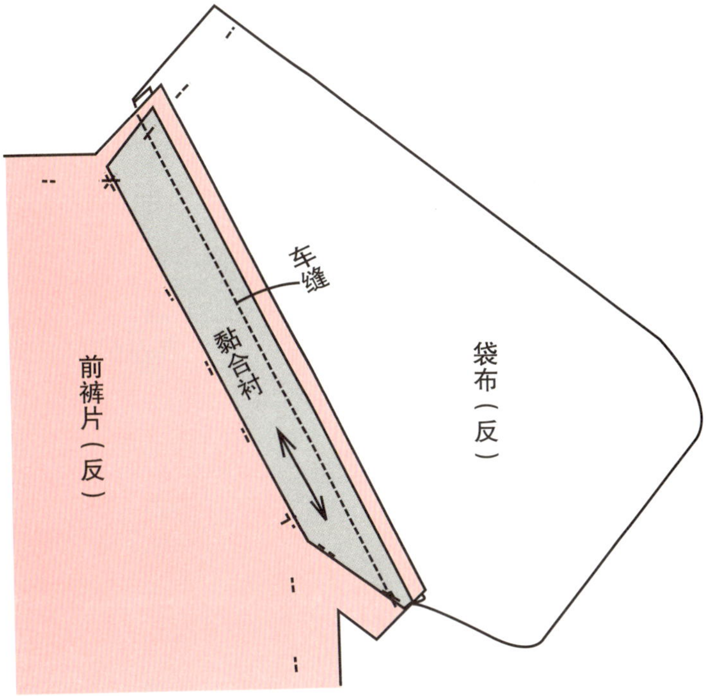

2-2 袋口缉线。

3 装侧布

3-1 前裤片缝侧布。袋口与侧布用疏缝固定、袋布的周围缝 2 次。

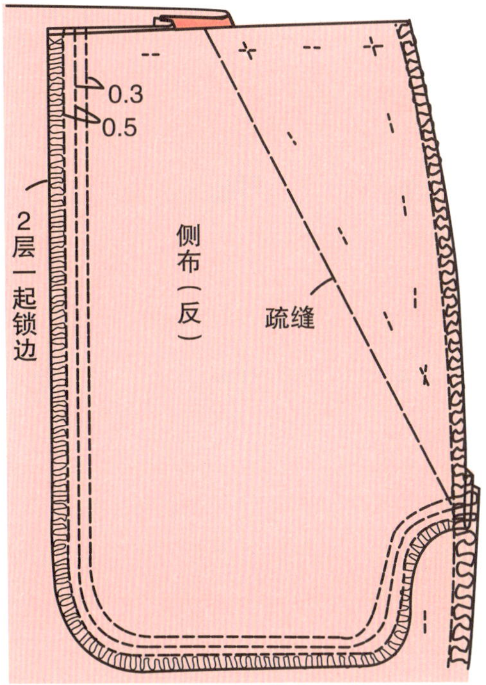

3-2 缝合前、后裤片的侧缝，分烫缝头。

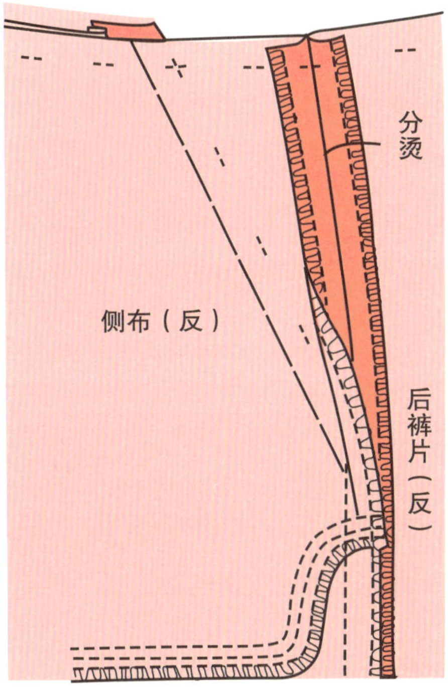

斜插袋 B

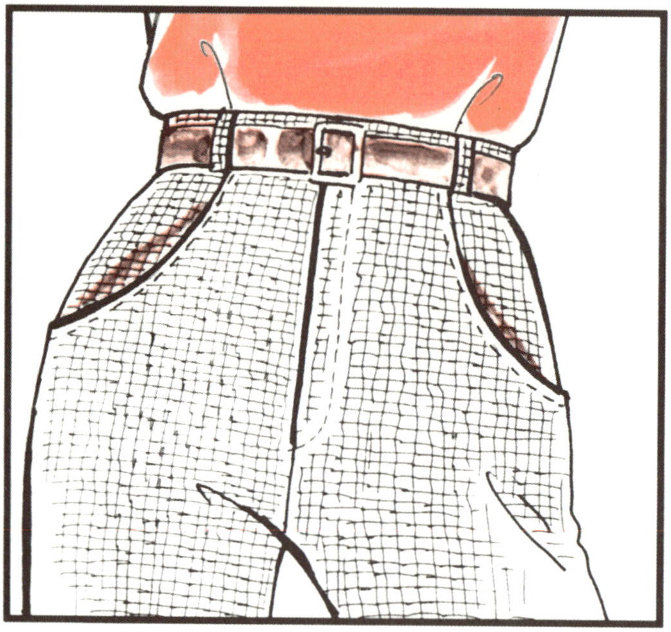

利用拼接线袋口为曲线的斜插袋，在裤子和裙子中都有应用。

1 布的裁剪

1–1 侧布、贴边布用面布、袋布用里布，如图一样裁剪。

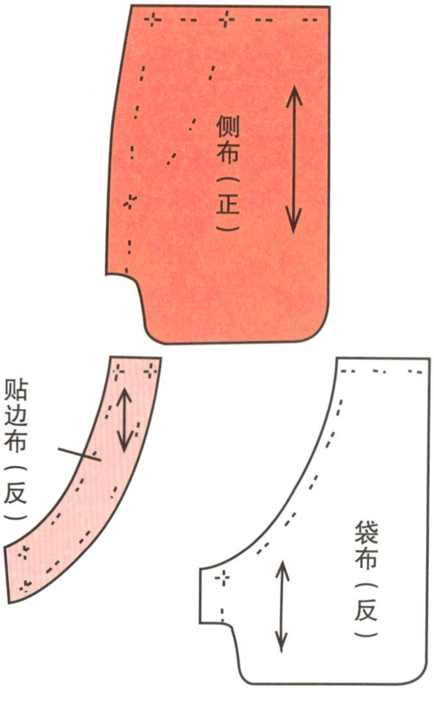

1–2 贴边布的反面烫黏合衬，黏合衬的丝缕与贴边布的丝缕相同。

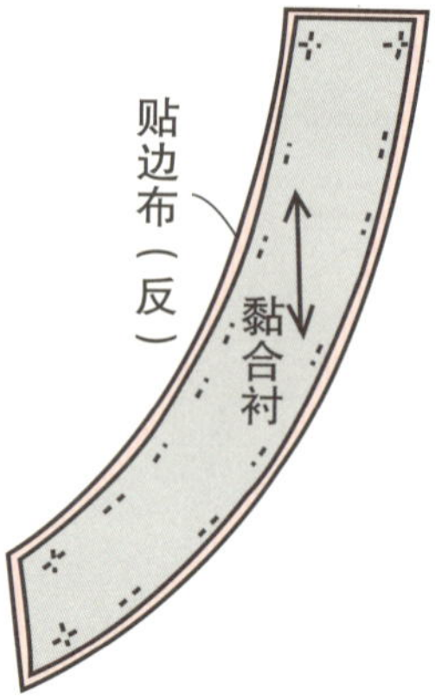

2 贴边布上装袋布

2–1 袋布与贴边布正面相对缝合。

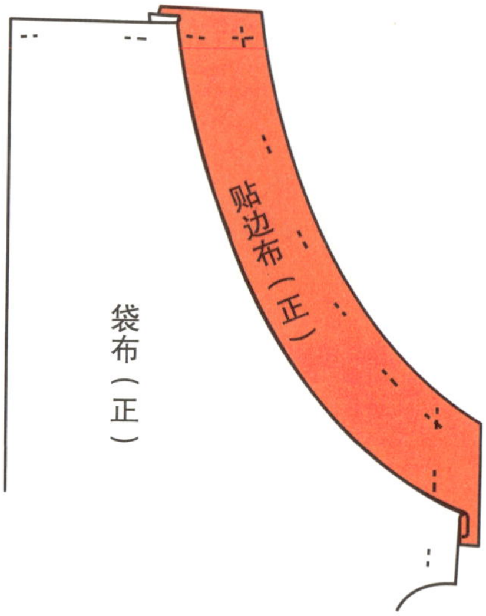

★ 也有在袋布的上面放上贴边布缝合的（厚面料的情况）。

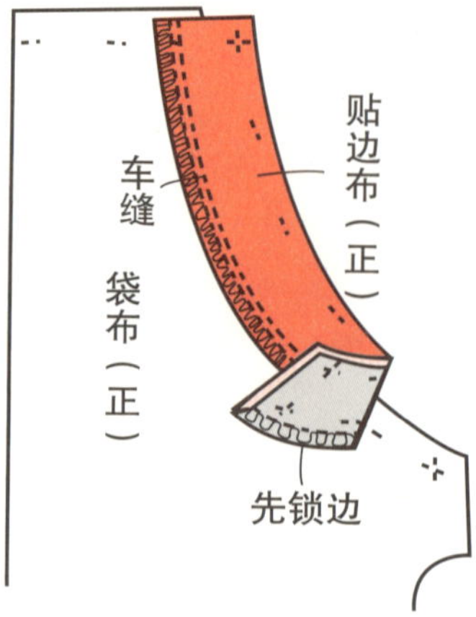

2–2 袋口与贴边布缝合，缝头成剪刀口，贴边进0.1 cm。

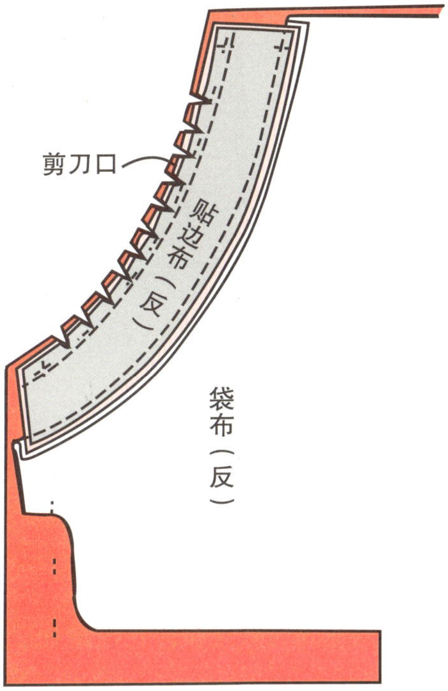

2–3 袋口缉线。

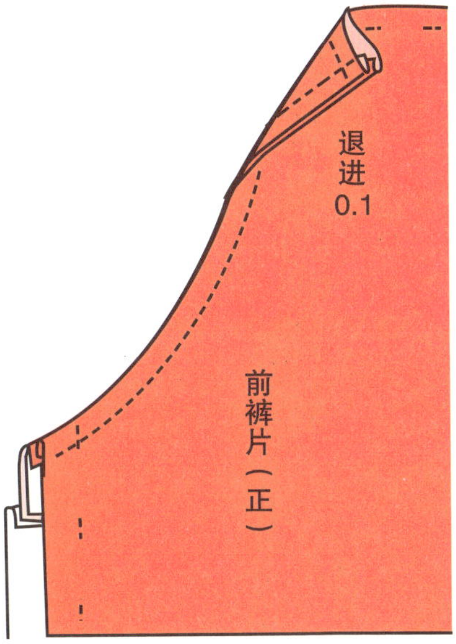

3 装侧布

3–1 前裤片缝侧布。袋口与侧布用疏缝固定，袋布的周围缝 2 次。

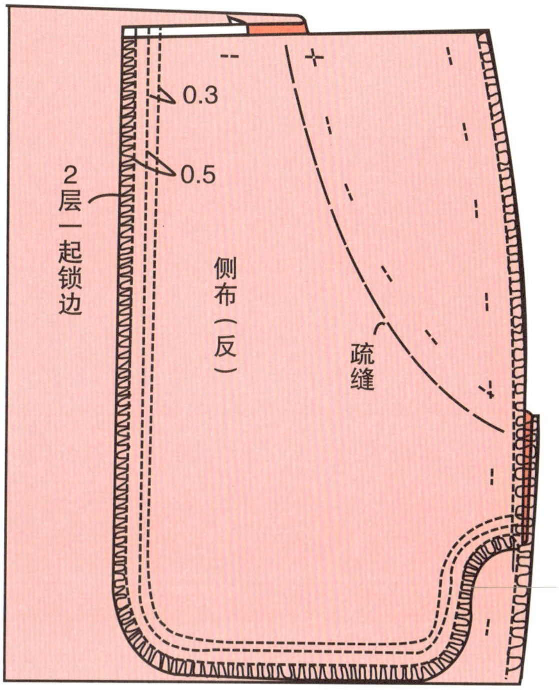

3–2 缝合前、后裤片的侧缝，分烫缝头。

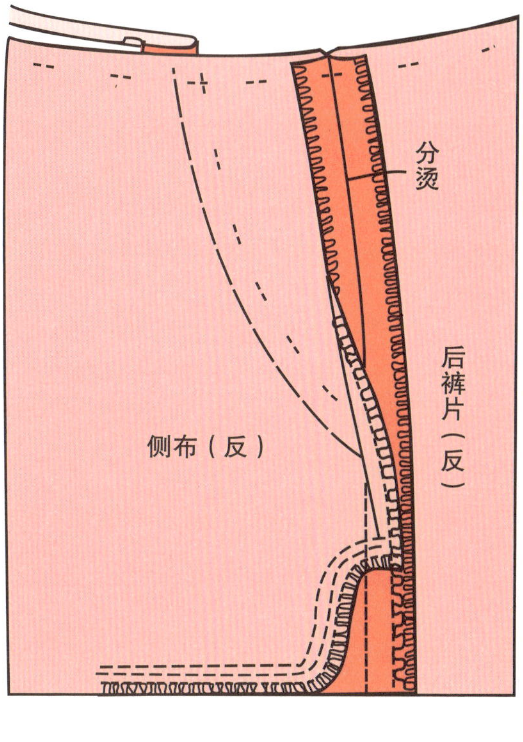

没有里布的衣服口袋制作

侧缝直插袋 A

袋布周围用锁边的方法

利用侧缝制作的口袋。选择与衣服缝制方法相适应的袋布处理，衣片的缝头也是用锁边来处理的。这是一般的、简单的方法。

1 布的裁剪

1-1 裁剪袋布时，A 袋布与 B 袋布的袋口要有差档。

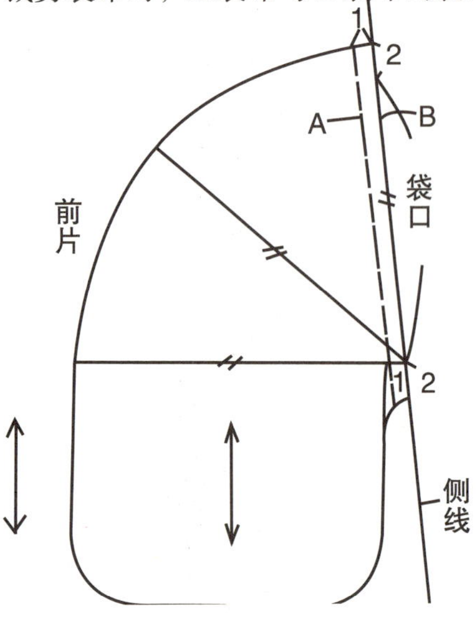

1-2 袋布 B 的袋口处（侧线）锁边。

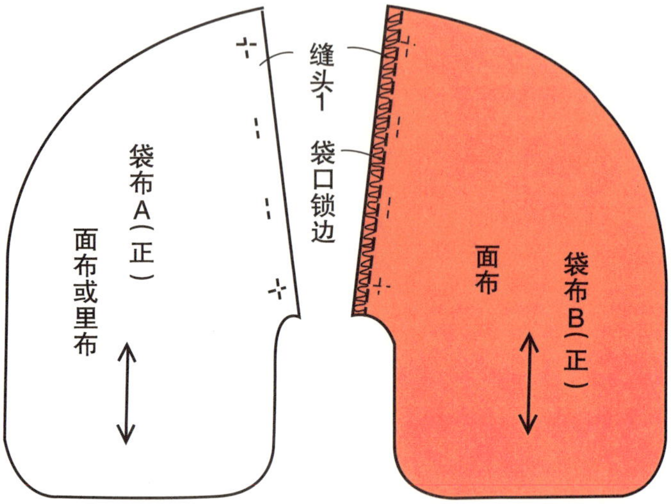

1-3 前衣片袋口侧缝处为防止拉伸要烫黏合带。

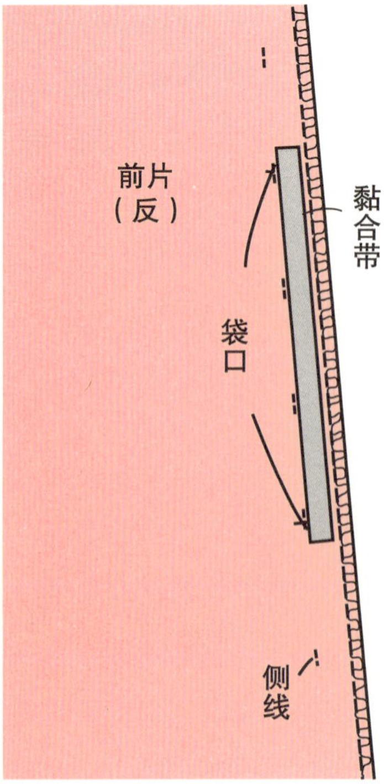

2 装袋布

2-1 袋布 A 与前衣片侧缝的记印出 1 cm 处对准缝合。（上下两端各留出 1 cm 多一点不用缝）

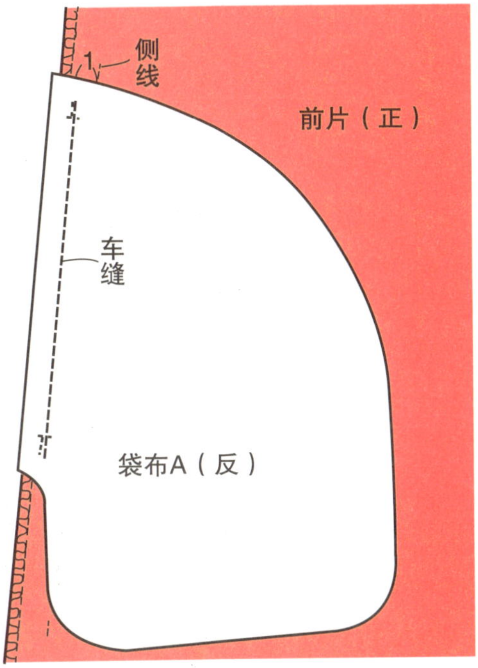

2-2 袋布 B 与后衣片正面相对，在离净缝线出 0.2 cm 处缝合（上下两端各留出 1 cm 多一点不缝用）。

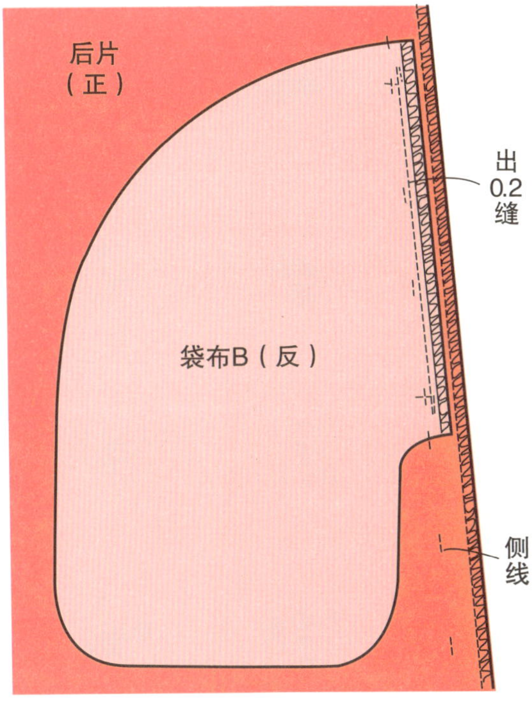

3 袋布缝合

3-1 劈开袋布，前后衣片正面相对，缝合侧缝（袋口留出）。

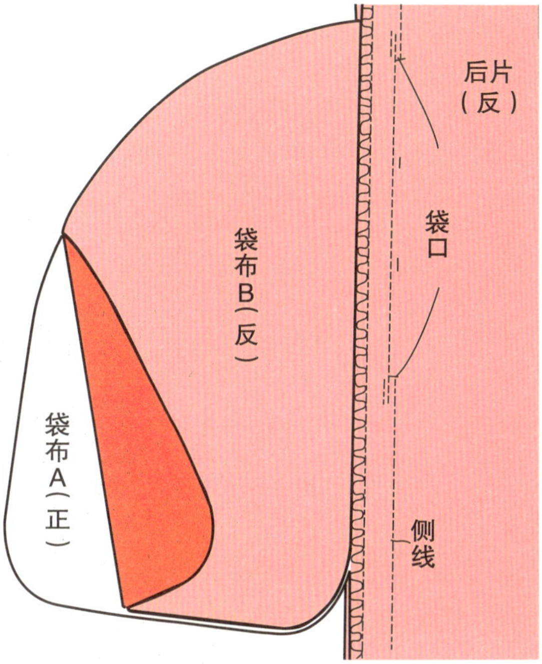

3-2 分烫侧缝，袋布 B 倒向前衣片与袋布 A 重叠。袋布的周围缝 2 次，（劈开侧缝）锁边。上下袋口开口止点处袋布与侧缝的缝头缝合固定。

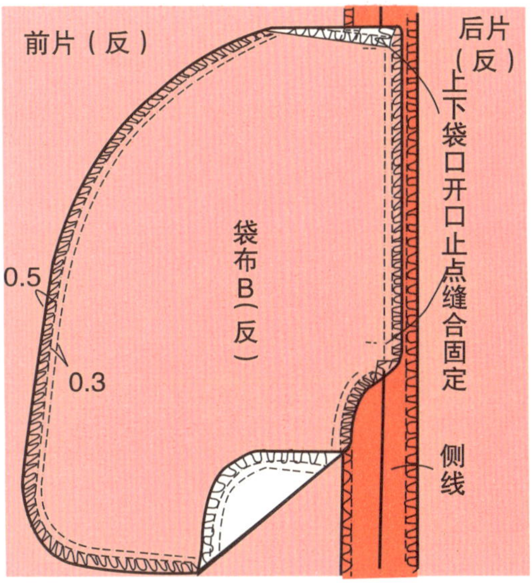

没有里布的衣服口袋制作

侧缝直插袋 B

袋布周围用包缝的方法

在没有里布或半里的外衣中，应用衣片缝头精致的做工，使衣服看起来既漂亮又坚实。

1 布的裁剪

1-1 裁剪袋布时，A 袋布与 B 袋布的袋口要有差档。

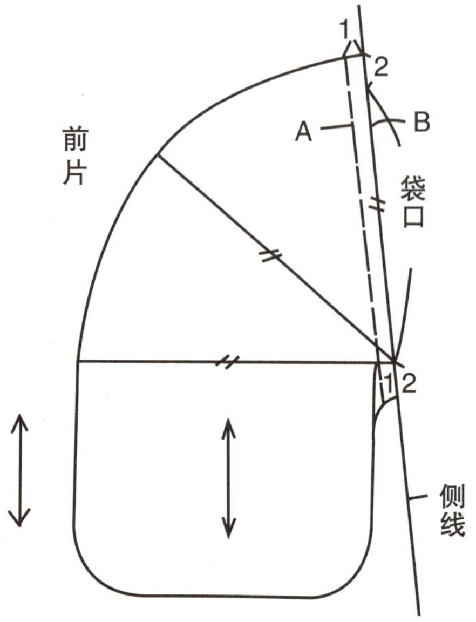

1-2 袋布 B，如图一样在周围锁边。

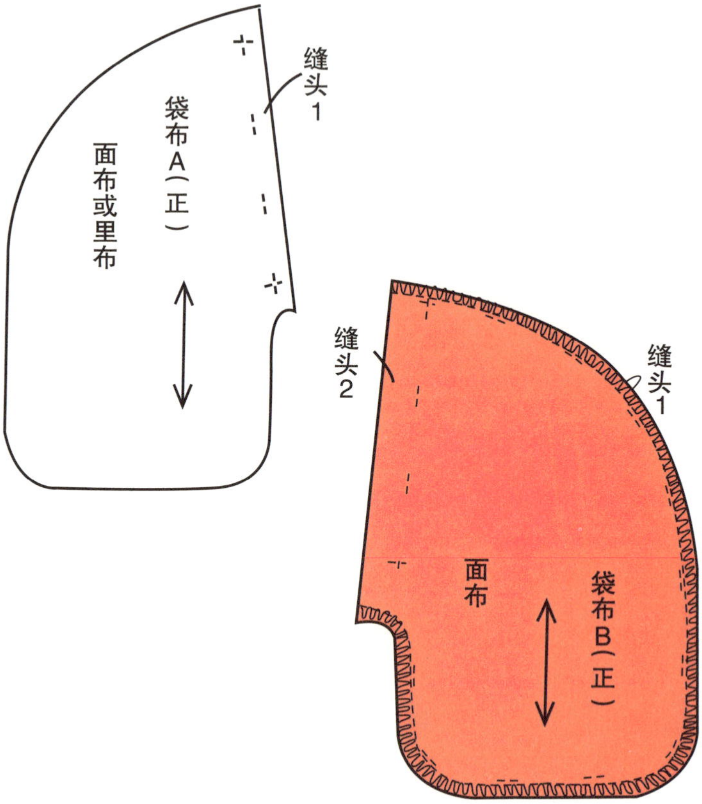

1-3 前衣片袋口侧缝处，为防止拉伸要烫黏合带。侧缝滚边。

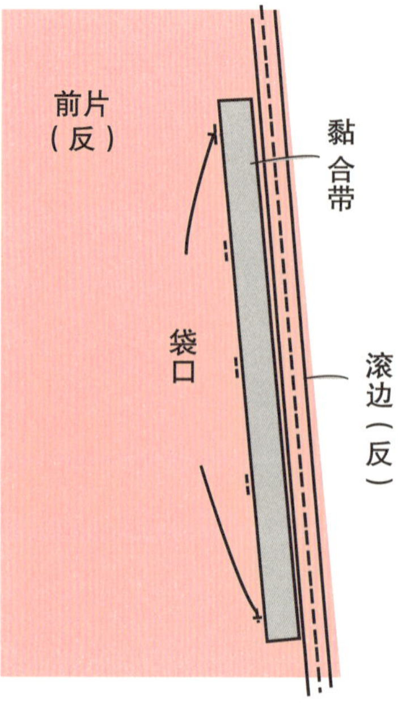

2 装袋布

2-1 在袋布 A 与前衣片侧缝的记印出 1 cm 处，对准缝合（上下两端各留出 1 cm 多点不用缝）。

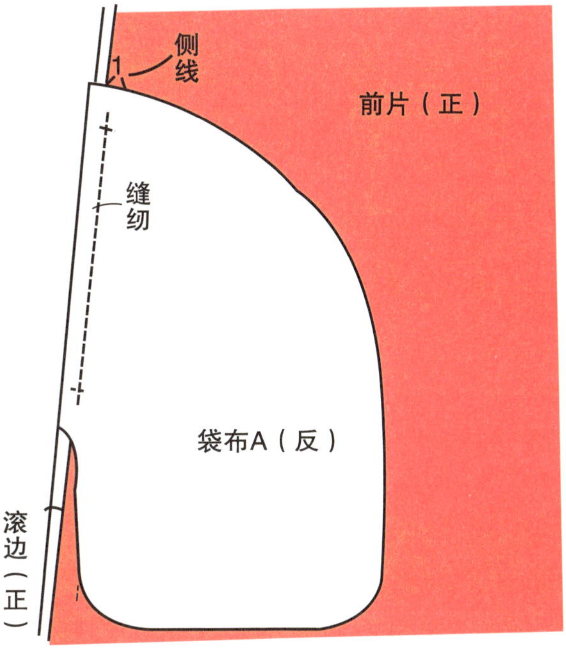

2-2 袋布 B 与后衣片正面相对，在离净缝线出 0.2 cm 处缝合（上下两端各留出 1 cm 多点不用缝住）。

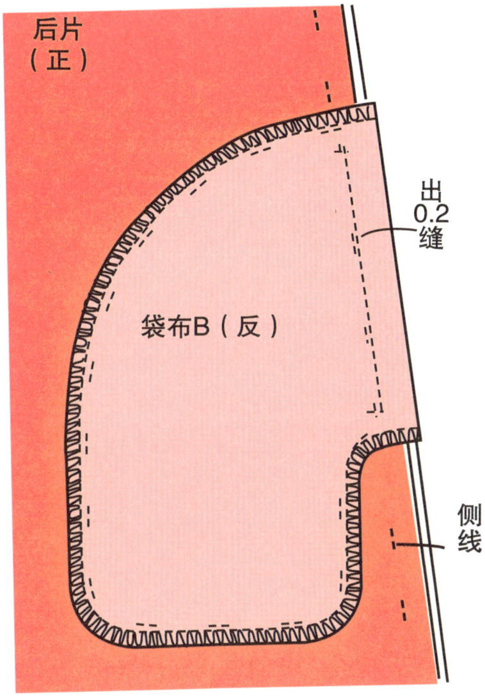

3 袋布缝合

3-1 避开袋布，前后衣片正面相对缝合侧缝（袋口留出）。

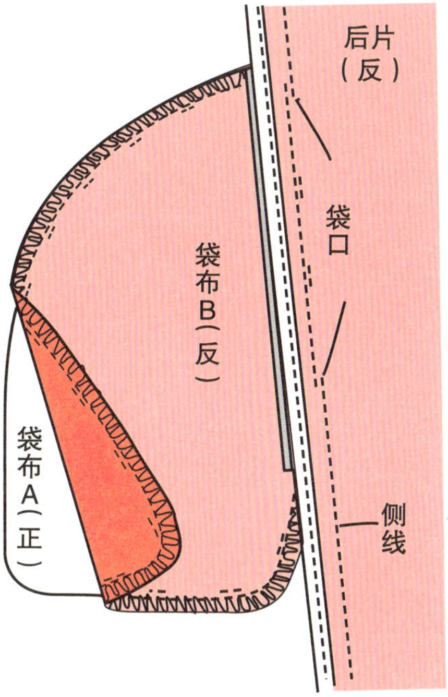

3-2 用袋布 B 的缝头去包住袋布 A、缝 2 次。在侧缝上的一部分缝头也一起包缝。B 袋布袋口的缝头往里折光，与侧缝的缝头缝合固定。翻到正面上下袋口的开口止点处，车缝固定。

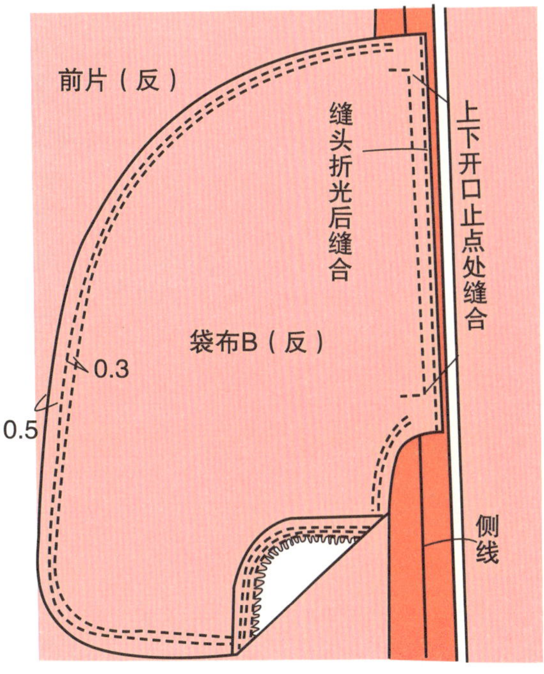

没有里布的衣服口袋制作

侧缝直插袋 C

袋布周围来去缝方法

在没有里布或半里的外衣中，运用衣片缝头的精致做工，使衣服看起来既漂亮又坚实。

1 布的裁剪

1-1 A、B 袋布的袋口要放入差量。A 用里布、B 用面布如图一样放缝后裁剪。

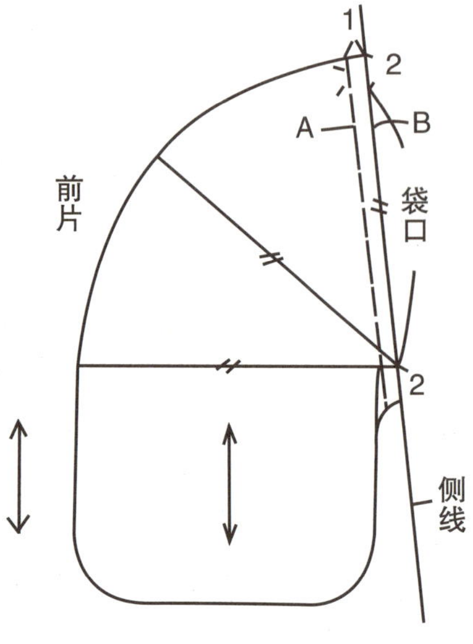

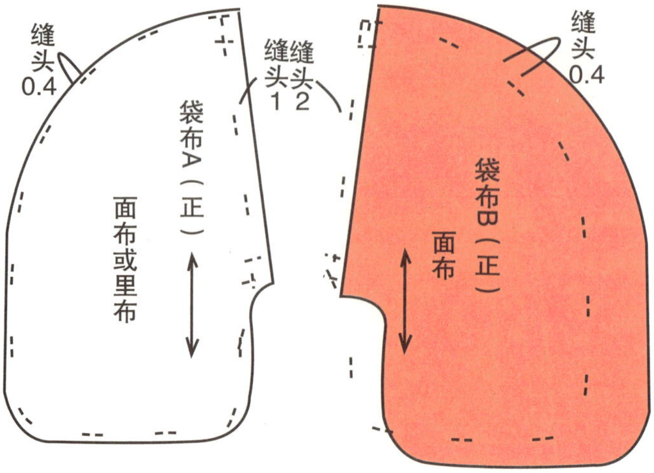

1-2 前衣片袋口侧缝处为防止拉伸要烫黏合带。侧缝滚边。

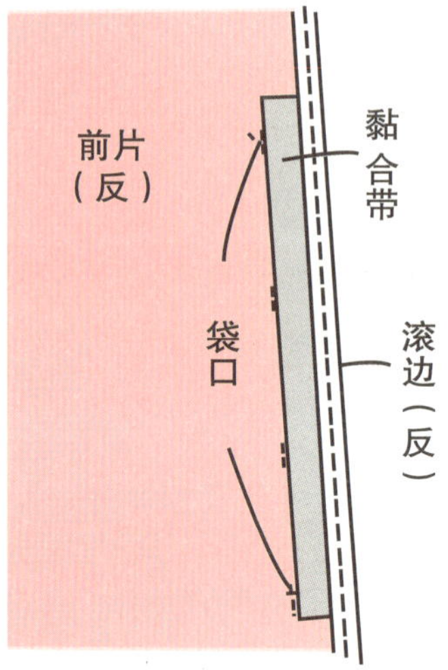

2 装袋布

2-1 袋布 A 与前衣片侧缝的记印出 1 cm 处对准缝合（上下两端各留出 1.5 cm）。

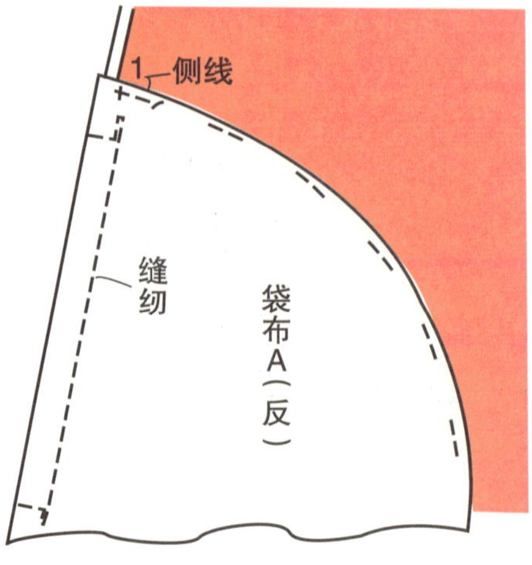

2-2 袋布 A 与袋布 B 反面相对，如图周边缝合。

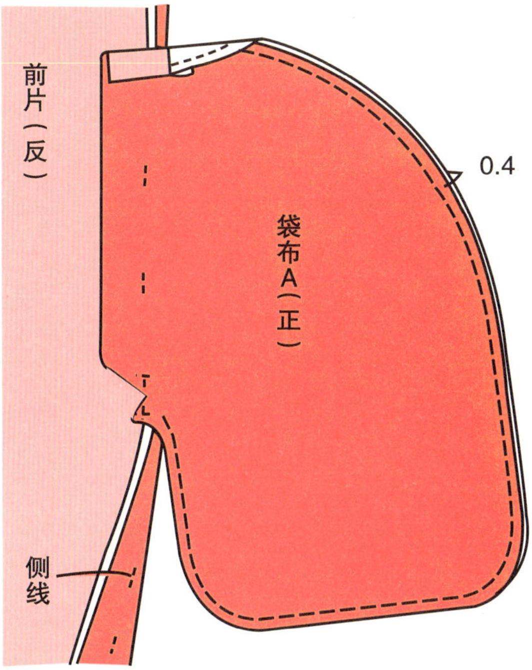

2-3 前衣片与后衣片正面相对，避开袋布缝合侧缝（留出袋口不缝）。

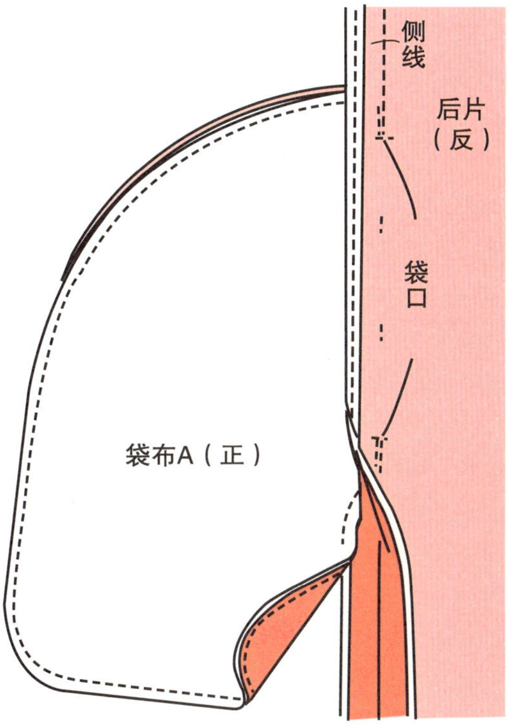

2-4 分烫侧缝。翻转袋布，用熨斗整烫定型。袋布 B 的袋口缝头放在后片侧缝的缝头上。在比记印出 0.2 cm 处与后片缝头缝合。

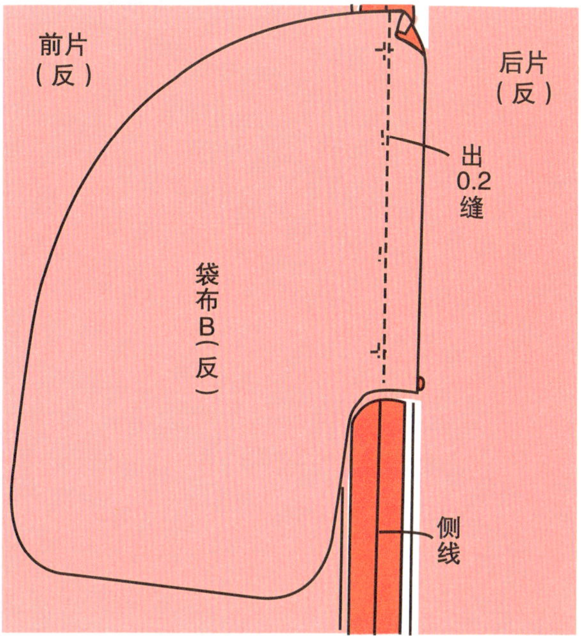

2-5 袋布 B 的袋口缝头折光，如图与侧缝的缝头缝合固定，将袋布的周围缝合。（侧缝缝头重叠处一起缝住）翻至正面上下袋口开口止点处缝合固定。

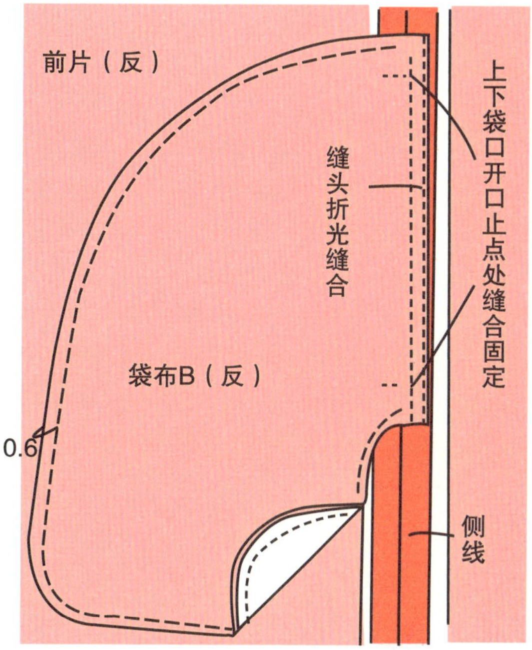

双嵌线挖袋

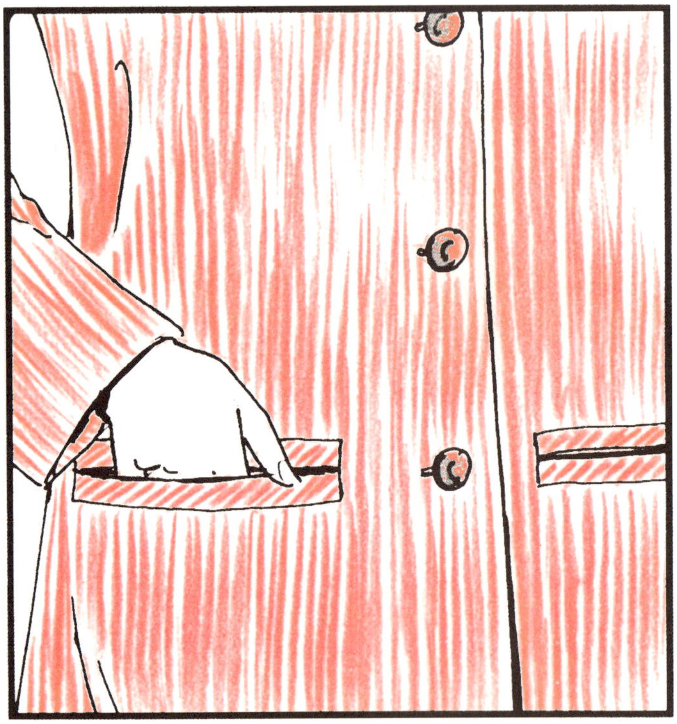

袋口做成嵌线开口的挖袋。外衣和茄克使用这种方法的很多，宽和长比较自由。这里介绍的是双嵌线挖袋。

1 布的裁剪

1-1 嵌线布、袋垫布、袋布如图一样裁剪。

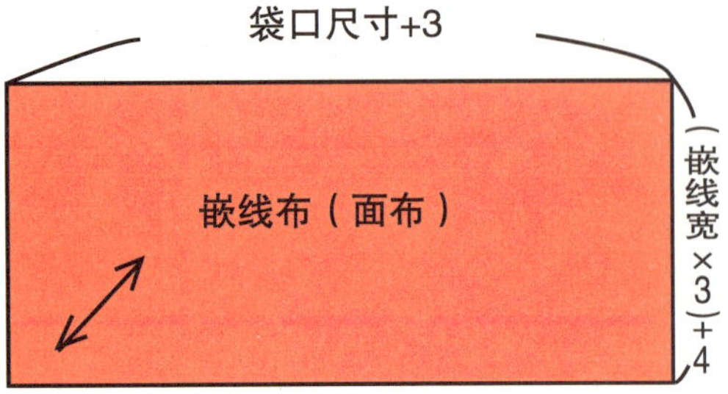

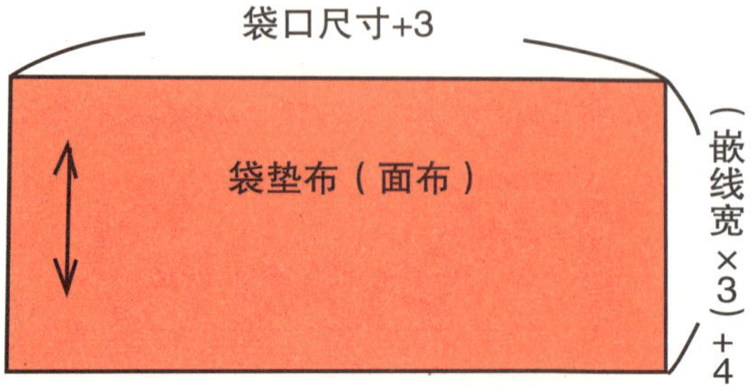

袋布有连着裁的，也有2层分开裁的。

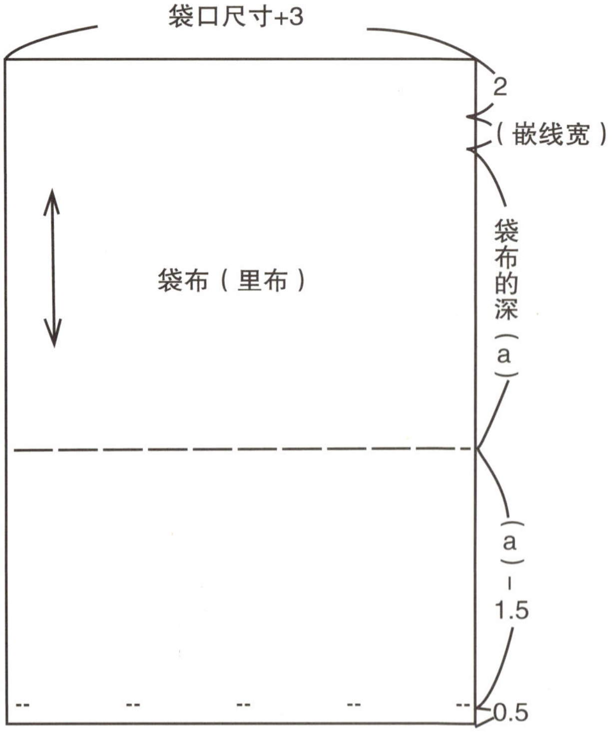

1–2 衣片反面烫黏合衬。

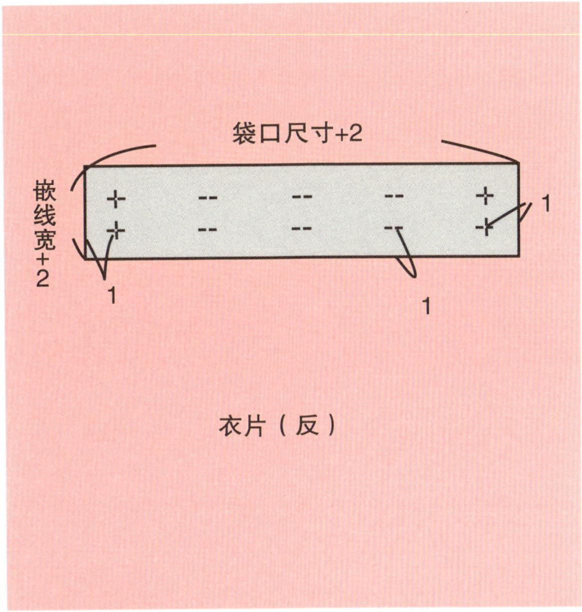

2 做嵌线

2–1 嵌线布的反面烫黏合衬。黏合衬的丝缕与嵌线布的丝缕相同。

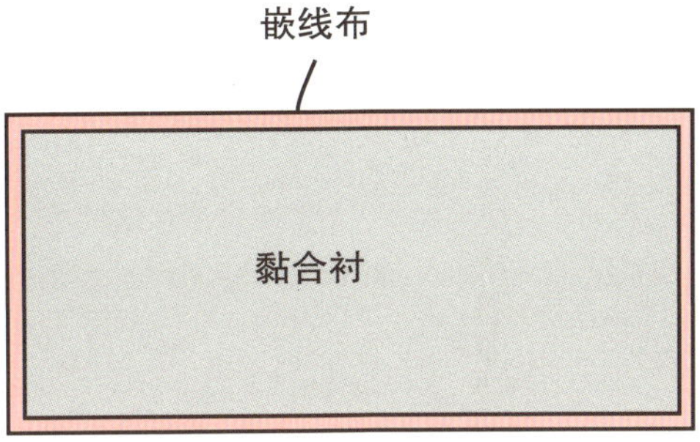

2–2 嵌线布的中央做记印（a），与衣片袋口的记印（b）正面相对疏缝固定。

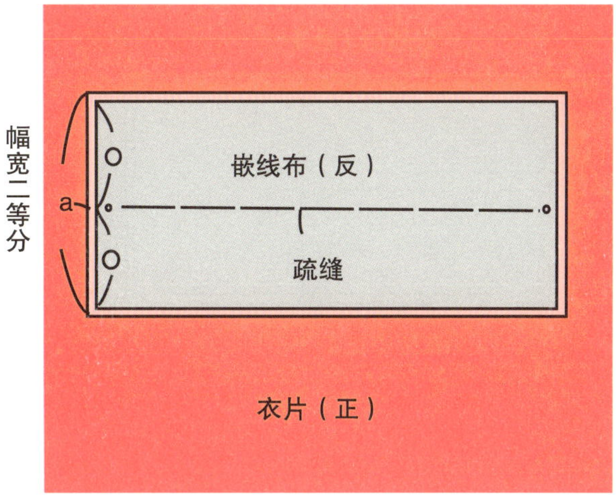

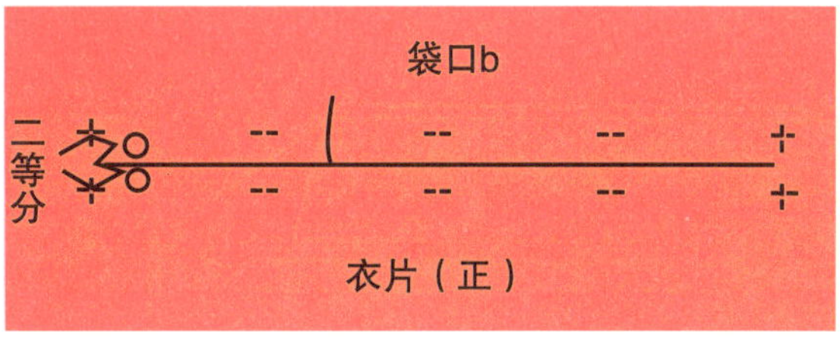

2–3 用细针码沿着嵌线宽缝一圈。从中间开始沿着箭头缝，转角时针一定要插在布里。缝至结束时一定要与开始处重叠 3 ~ 4 针。

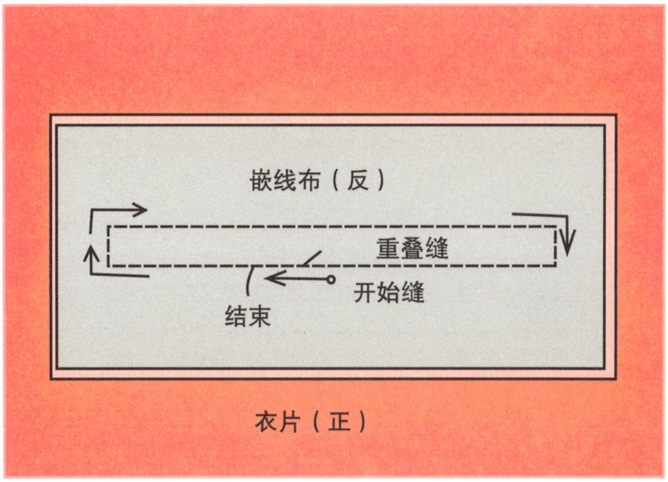

2-4 角处的缝线不要剪断，如图一样剪到边沿。

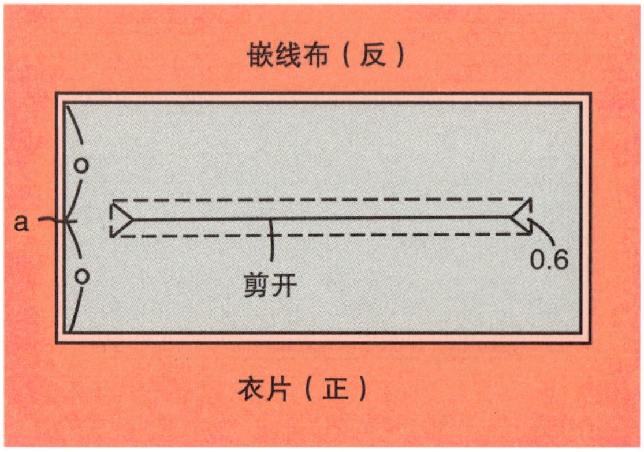

2-5 从剪开的袋口将袋布翻到反面。

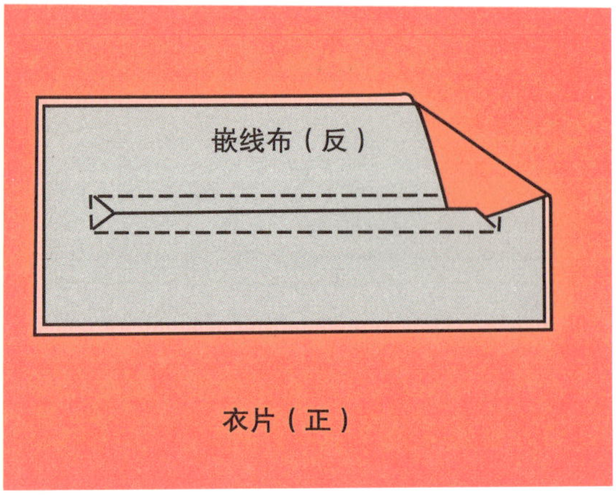

2-6 用熨斗整理长方形的袋口。

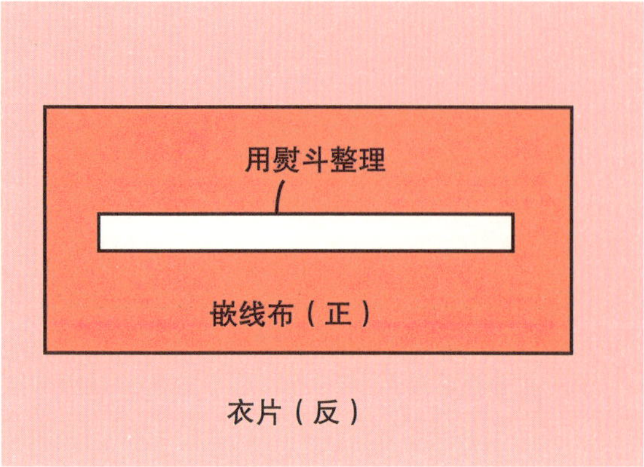

2-7 分烫上下缝头。

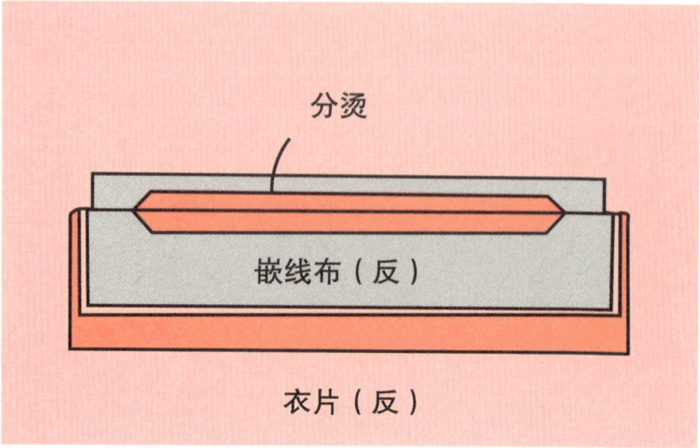

2-8 2-7 分烫的缝头做芯折叠上下嵌线。

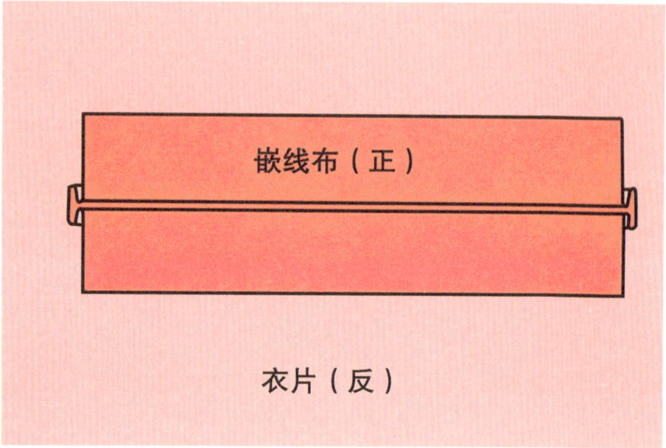

2-9 正面用熨斗整烫，嵌线布用疏缝固定。

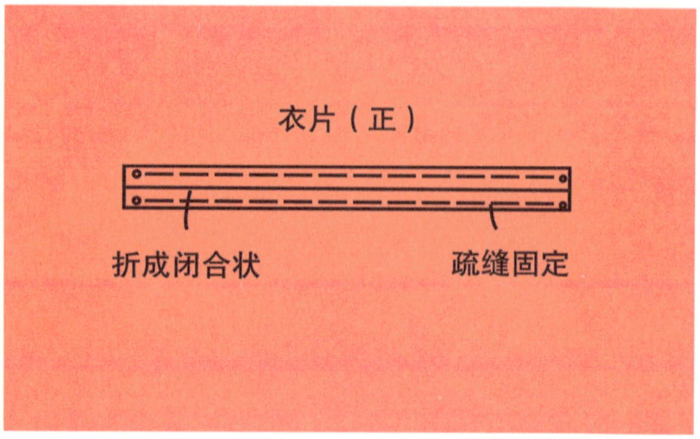

2-10 袋口下侧的衣片掀开，分烫的缝头与嵌线布沿缝线边沿缝纫固定。（A）再在正面缉漏落缝。

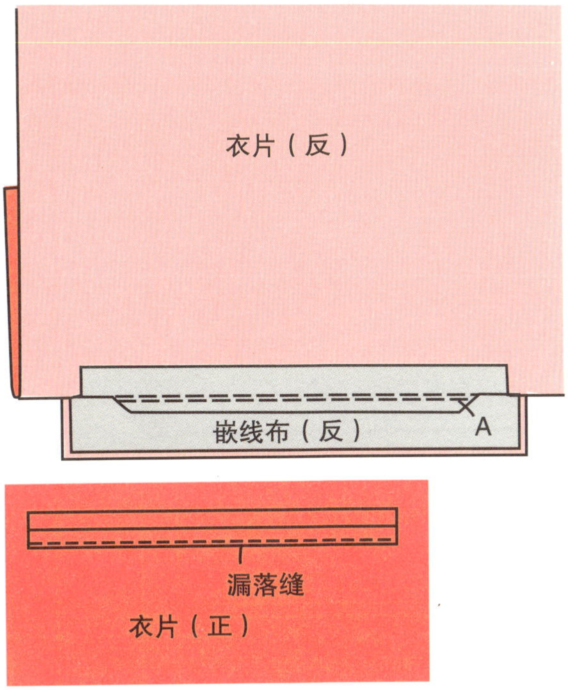

3 装袋布、袋垫布

3-1 袋布的一方与袋下口的嵌线布缝合，缝头 0.5 cm 处，缝头倒向袋布。

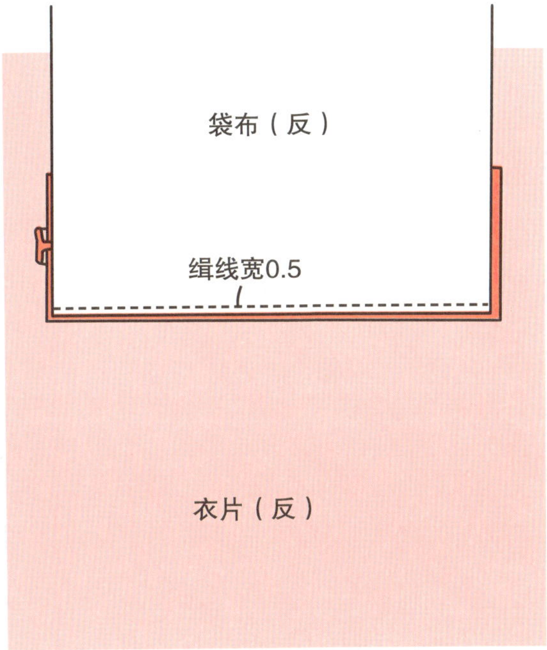

3-2 另一端袋垫布放在袋布上（锁边）0.2 cm 宽缉线也有袋垫布与袋布正面相对缝合的。

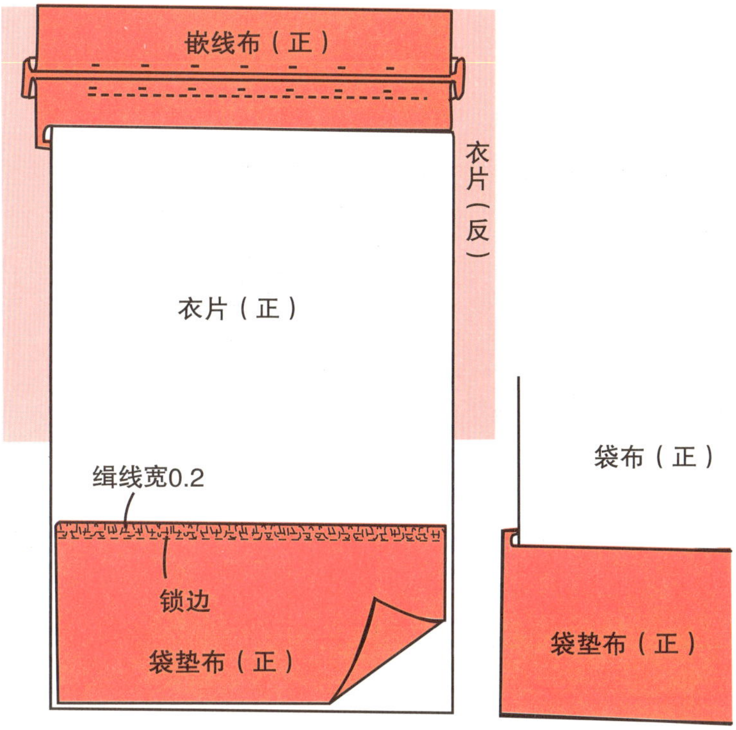

3-3 袋布两折（袋垫布上端与嵌线布上端对齐）袋垫布与嵌线布疏缝固定。

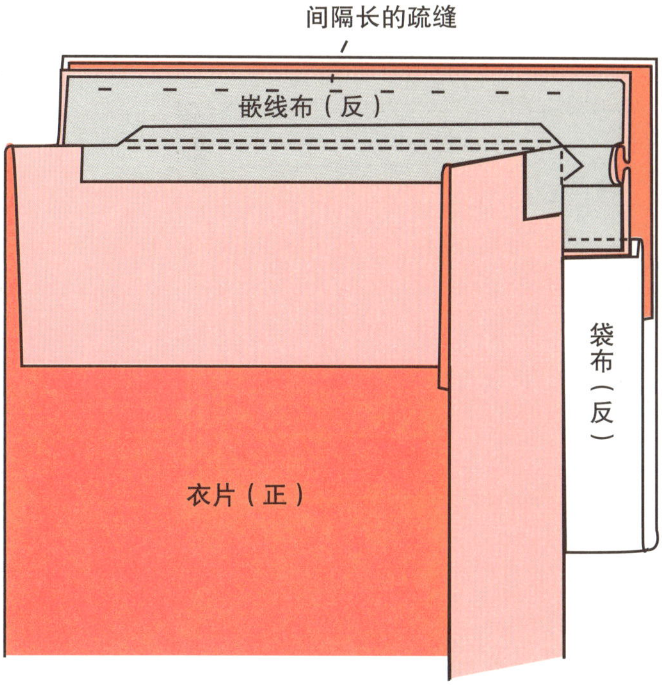

3-4 在正面掀开衣片，缝头、袋布缝合固定。缝完（B）后两侧三角的缝头缝合固定。缝完（C）后袋布周围缝 2 次。

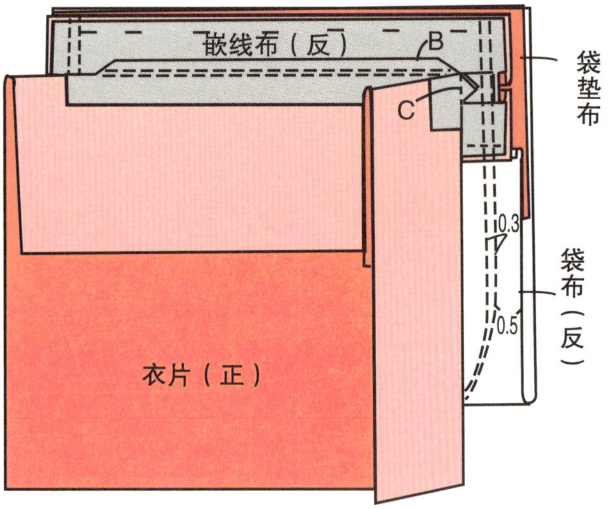

3-5 反面看到的图。

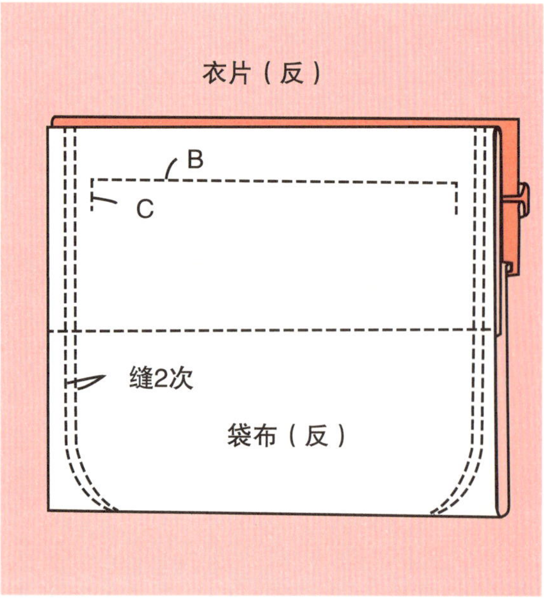

参 考

嵌线对纹样的方法

要做衣片与嵌线的纹样相吻合的口袋时，嵌线要分 2 片，丝缕与衣片的丝缕相同。嵌线布与衣片正面相对时，纹样成为逆向。正面开始上下的嵌线布折叠成闭合后，纹样就与衣片吻合了。

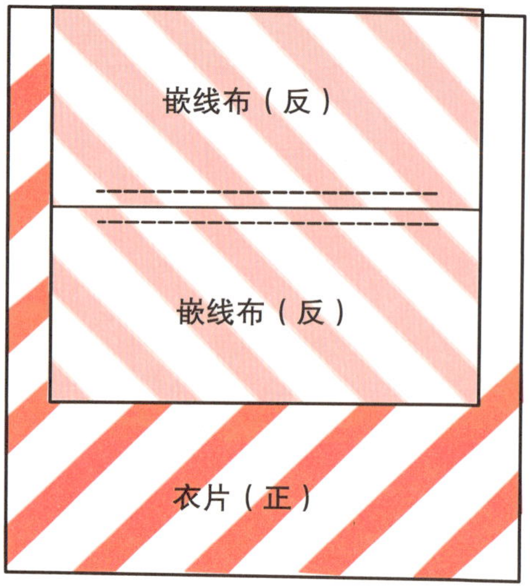

有里布衣服的口袋制作

单嵌线挖袋

袋口单片折叠的嵌线挖袋。嵌线布的丝缕通常是直丝裁的。但也有与衣片丝缕相同裁的。

1 布的裁剪

1–1 衣片的反面烫黏合衬。

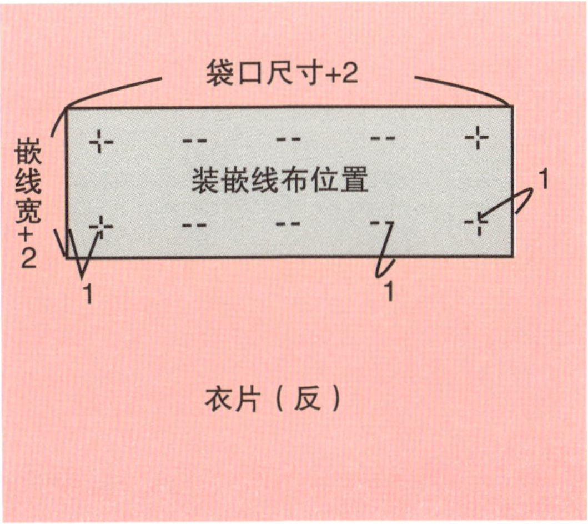

1–2 如图一样裁嵌线布、袋布。

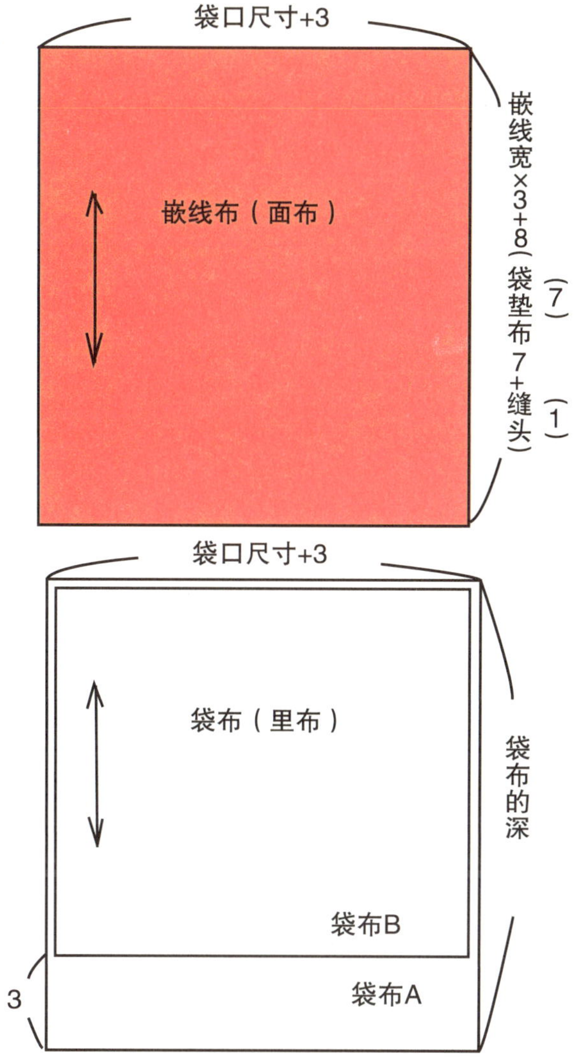

1–3 嵌线布的反面烫黏合衬。黏合衬的丝缕与嵌线布的丝缕相同裁剪。

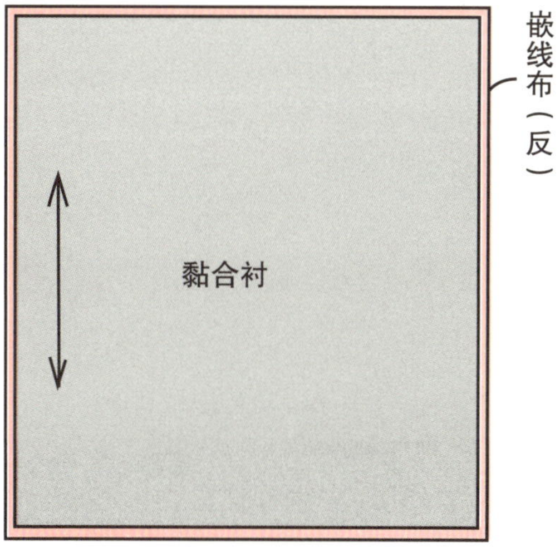

2 做嵌线

2-1 嵌线布从上端开始留出 7 cm 与衣片上袋口记印处正面相对疏缝固定。

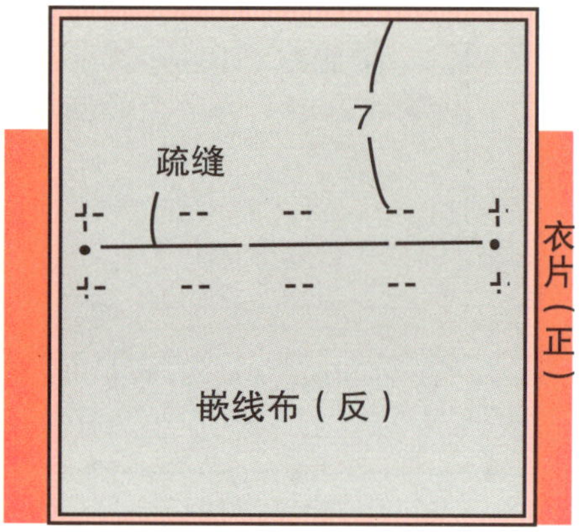

2-2 用细针码，沿着嵌线宽缝一圈。

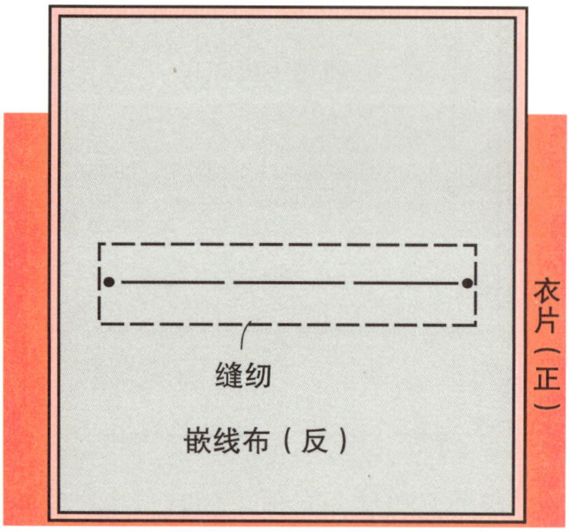

2-3 剪角时车缝线不要剪断，一直剪到边上。

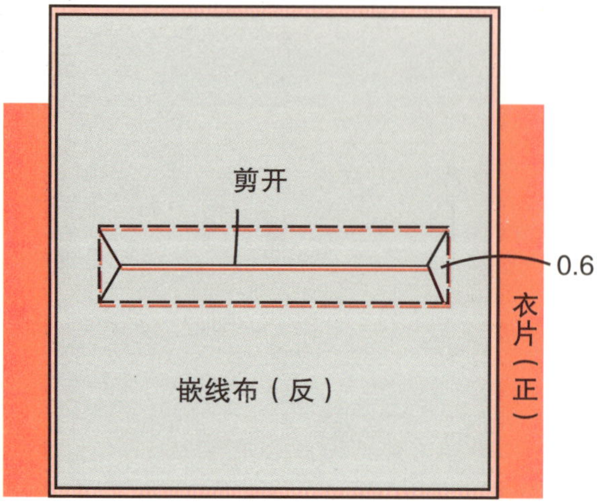

2-4 从剪开的袋口把嵌线布拉到衣片的反面，用熨斗整烫长方形袋口。

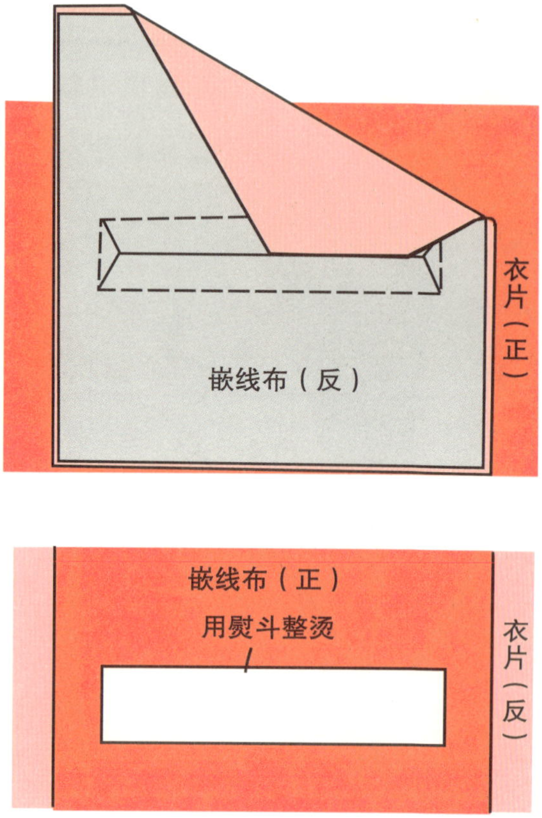

2-5 分烫上下缝头。

2-6 袋布 B 缝头 0.5 cm，嵌线布缝头 1 cm，如图一样缝合，缝头倒向袋布。

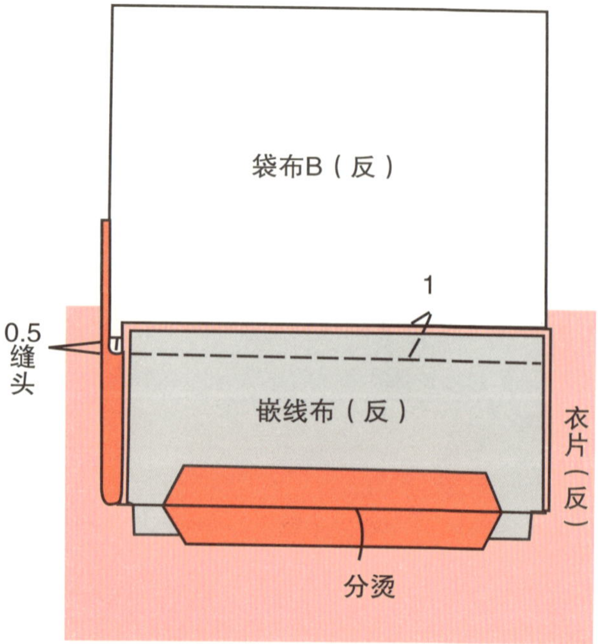

2-7 嵌线布按嵌线宽折好，疏缝固定。

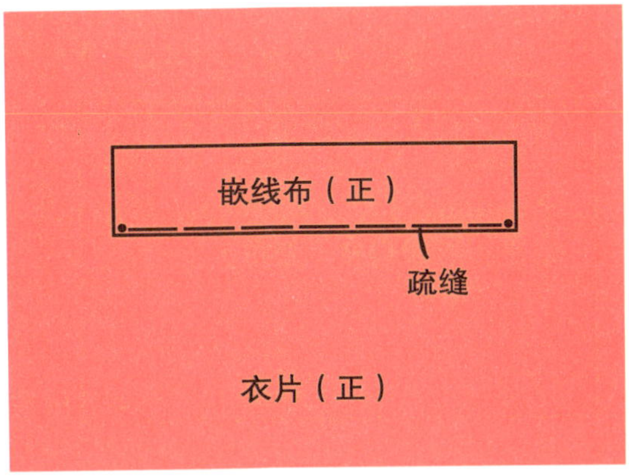

2-8 掀开嵌线以下的衣片，分烫了的缝头与装了袋布的嵌线布的缝头，沿缝线边缝合固定。（a）

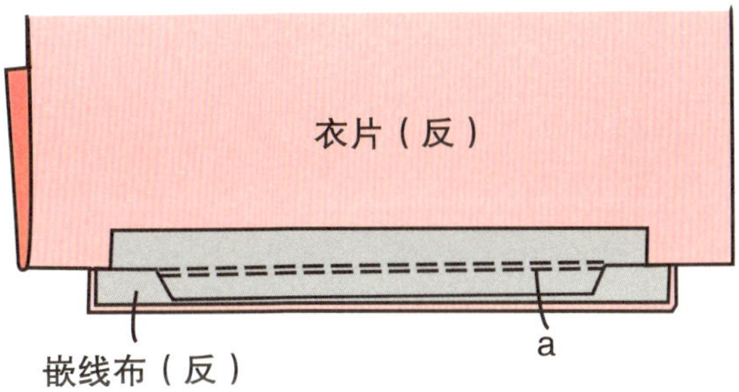

3 缝袋布

3-1 袋布 A 的上端与 2-5 分烫了的缝头上侧对齐，袋垫布（反）放在上面固定。（袋垫布锁边）袋垫布的正面下侧 0.2 cm 宽的缝头缝合。也有袋垫布与袋布正面相对缝合的。

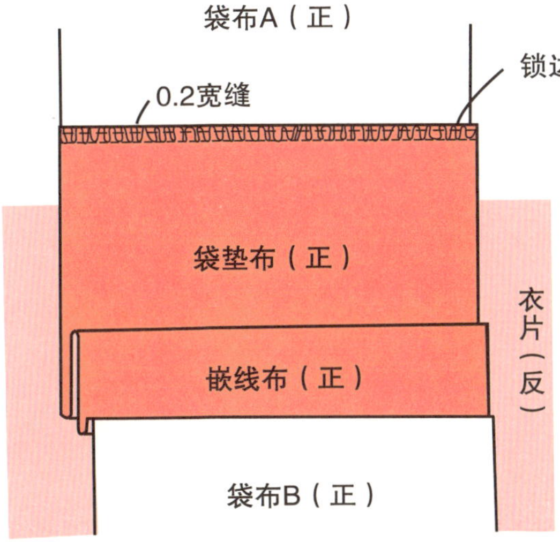

3-2 翻到正面掀开衣片，缝头与袋布固定（b）。两侧的三角缝头固定（c）。

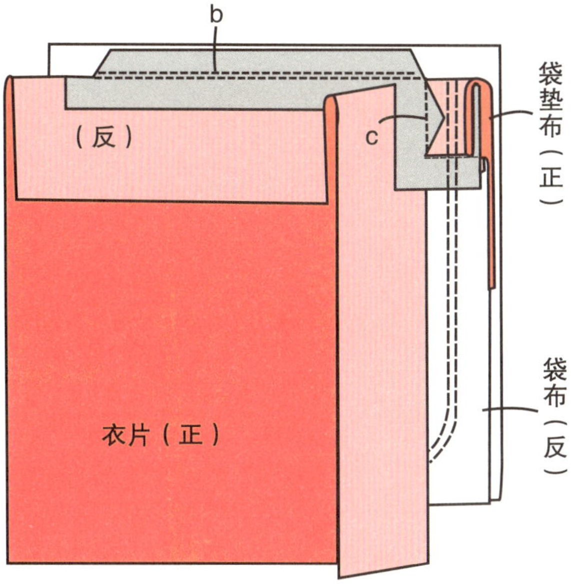

3-3 袋布的周围缝 2 次。

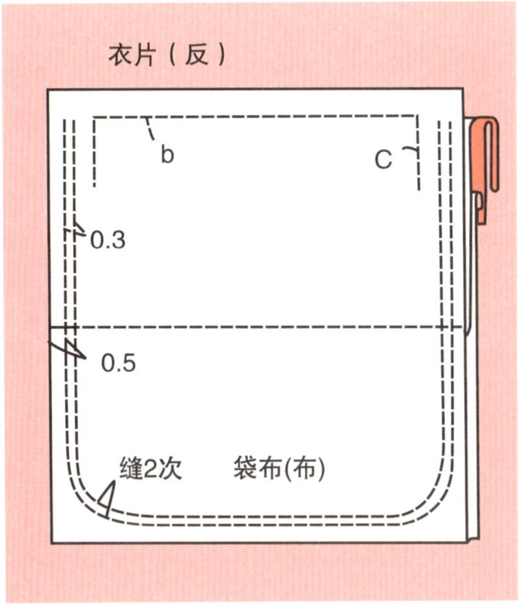

箱型平挖袋

袋口用箱型作装饰的挖袋，茄克与外衣中经常被使用。箱型的大小、丝缕、形态（横、直、斜）根据款式可以变化。

1 布的裁剪

1-1 衣片的反面烫黏合衬。

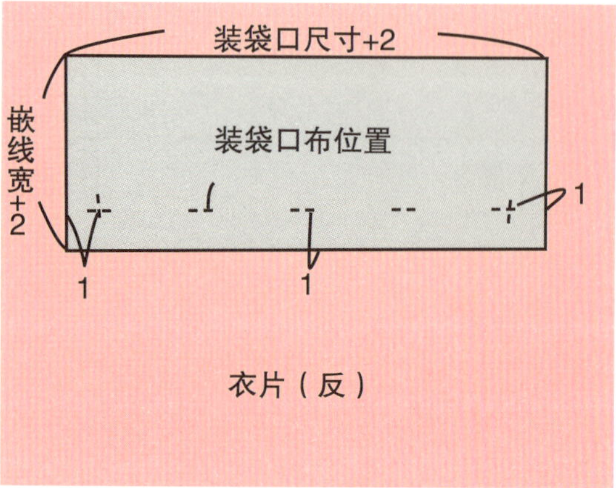

1-2 如图，裁袋口布、袋布。

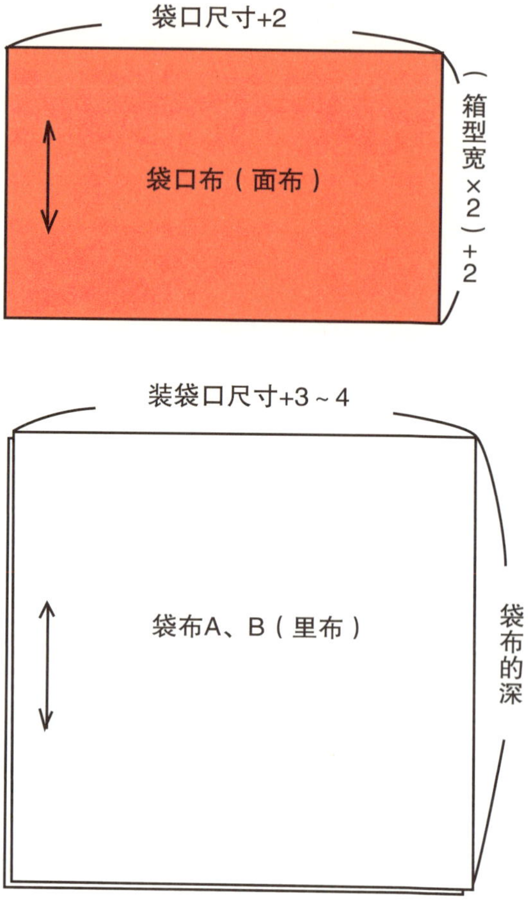

1-3 袋口布的反面烫黏合衬。黏合衬的丝缕与袋口布的丝缕相同裁剪。

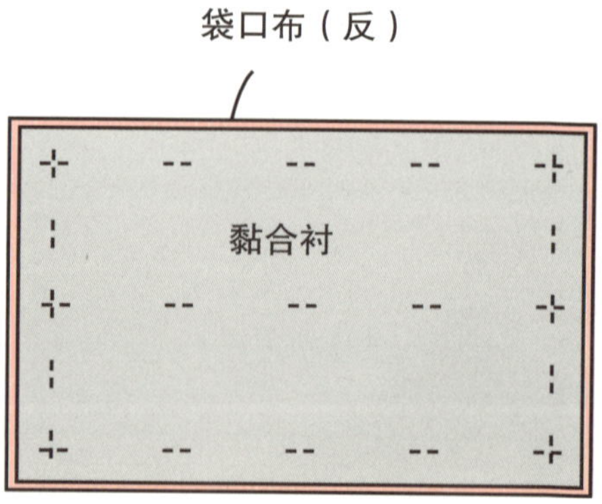

2 做袋口布

2–1 袋口布的一端与衣片装袋口布位置正面相对（缝头 1 cm）两端至记印缝合。袋布 A 缝头 0.5 cm 距衣片的袋口布位置 1 cm 平行缝合，两端比衣片的袋口布各进 0.4 cm。袋口布的另一端（1 cm 缝头）与袋布 B（0.5 cm 缝头）缝合，两端各短 0.4 cm。

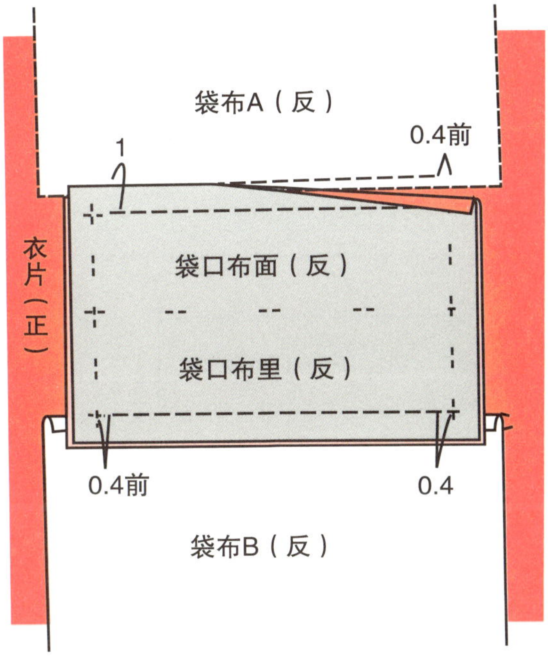

2–2 在两缝道之间剪开。袋布侧剪至短的缝线端部。袋口布侧（长一方的缝线）向缝线的方向（一片）斜剪。袋布侧（短一方的缝线）向缝止点剪直角，袋布两片一起剪。

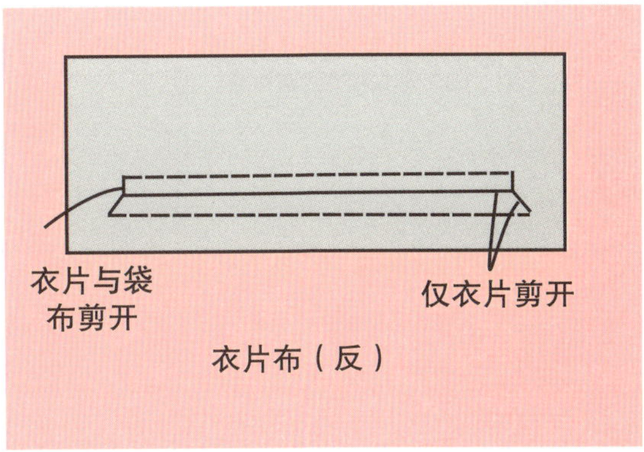

2–3 从剪开的袋口处将袋布 B 与袋口布拉到反面。

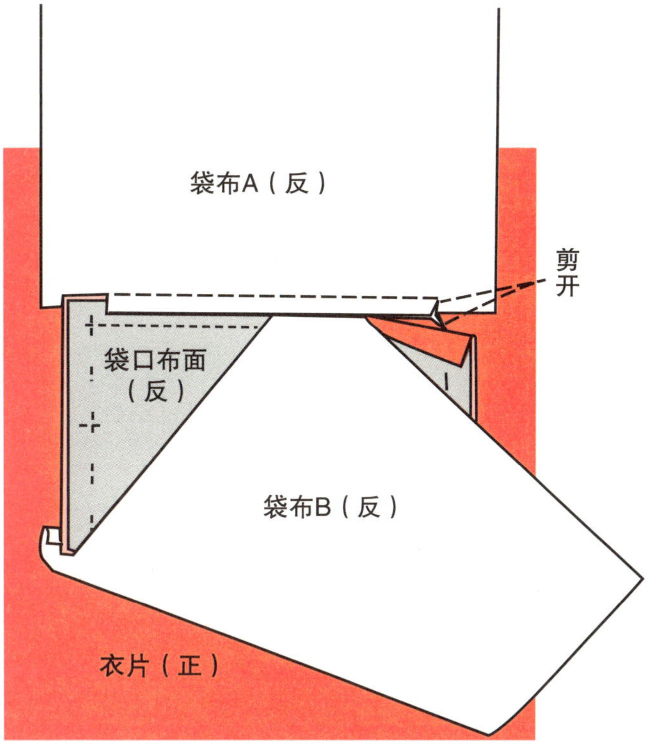

2–4 将袋口里布的两端如图一样剪掉。分烫衣片与袋口布的缝头。

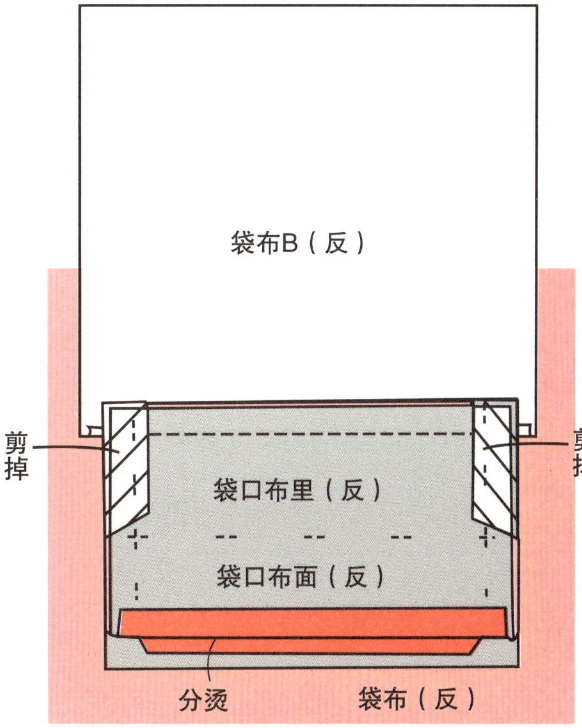

2–5 袋口布面（与袋布 A 相对应缝合的一方）两侧的缝头向里面折转。袋口布里按袋口折转线折转，然后叠在袋口布面的上面整理好形状后缲缝固定。

2–6 衣片的袋口布分烫的缝头与袋口布里和袋布缝合的缝头缝合，或者从正面缉漏落缝。

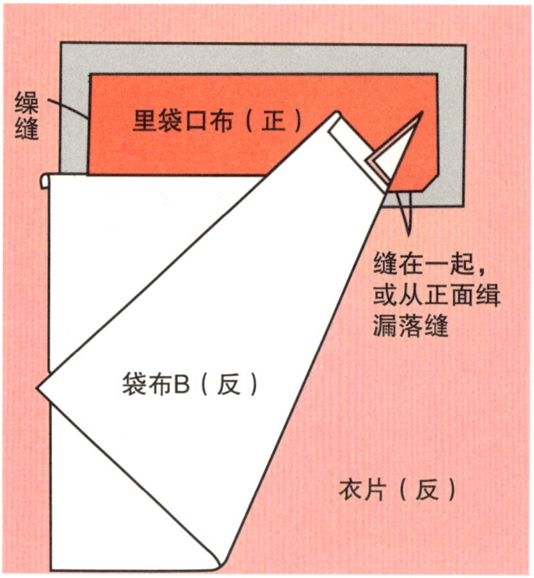

2–7 在开口处将袋口布翻到正面，先前缝的袋布 A 翻到反面、缝头倒向袋布。

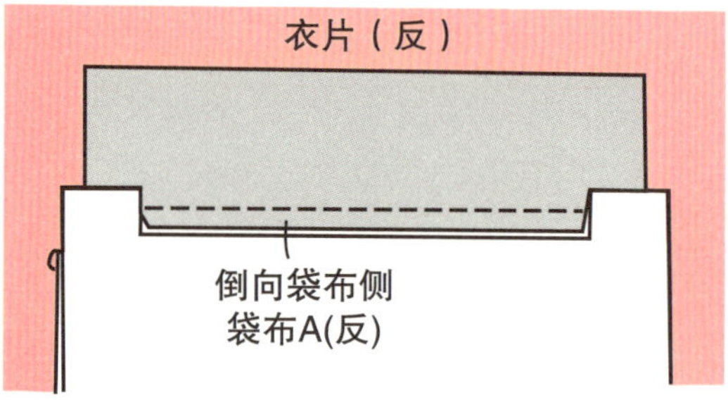

2–8 袋口布与衣片疏缝固定。

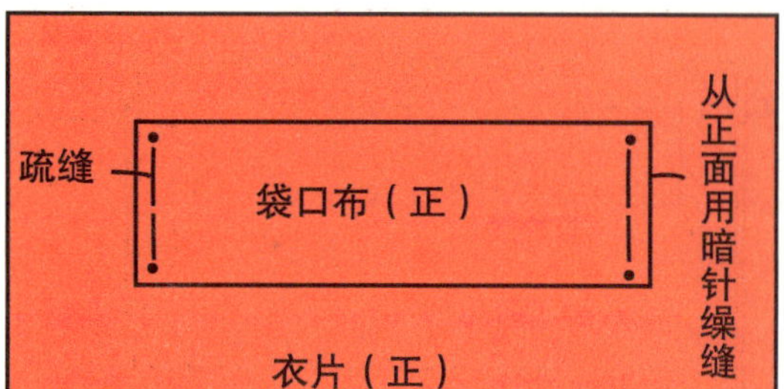

2–9 袋口布的两端暗针缲缝，反面用 0.6 cm 左右的倒勾针缝。

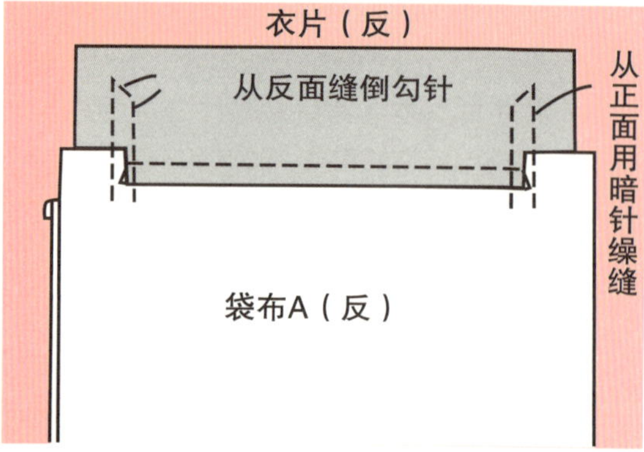

3 缝袋布

3–3 袋布的周围缝 2 次。

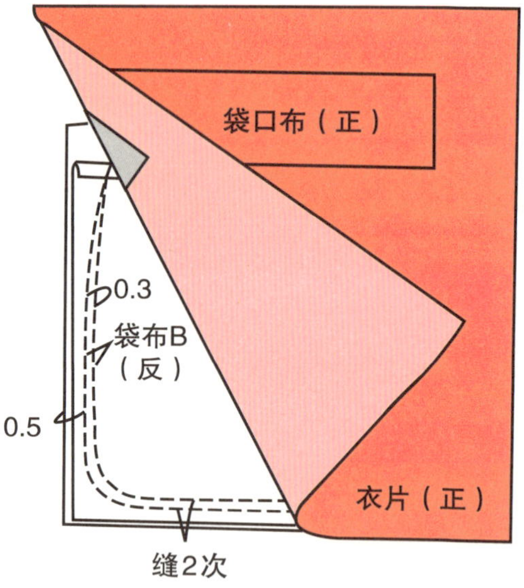

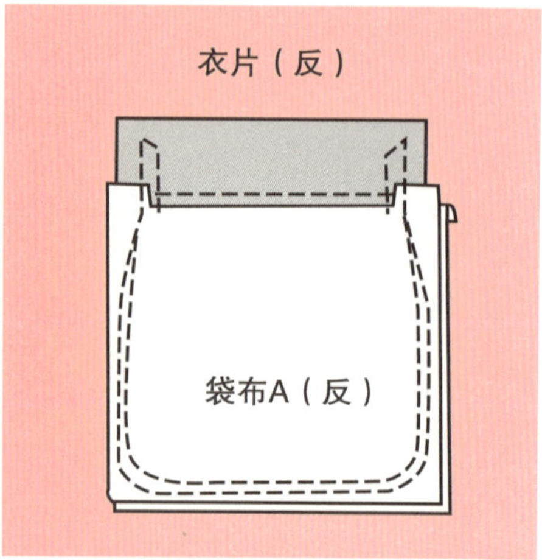

有里布衣服的口袋制作

箱型斜挖袋

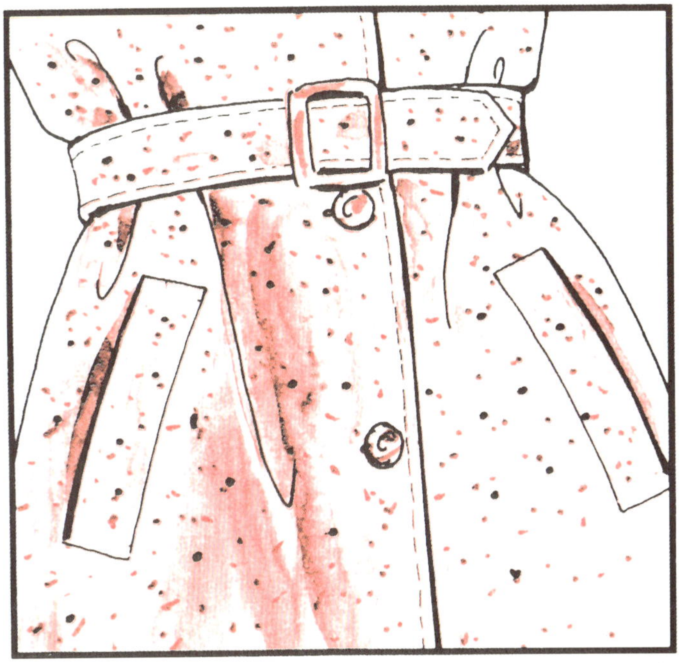

袋口为斜的箱型袋口布的挖袋。在外衣、夹克中经常被使用、箱型的大小、倾斜度、布的丝缕都可以变化的。这里介绍的袋口布丝缕与衣片的丝缕相同。

1 布的裁剪

1–1 袋口布、袋布如图一样裁剪。袋口布的丝缕与袋布相同。

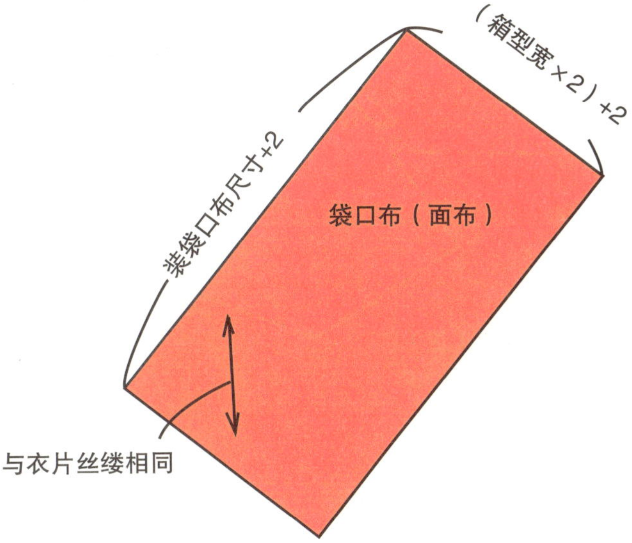

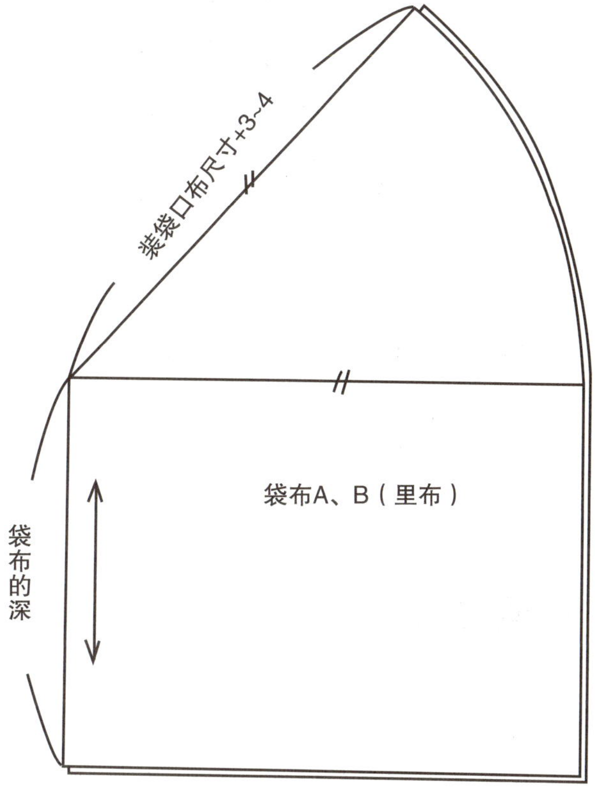

1–2 衣片反面烫黏合衬，黏合衬的丝缕与衣片装袋口布位置平行为直丝。

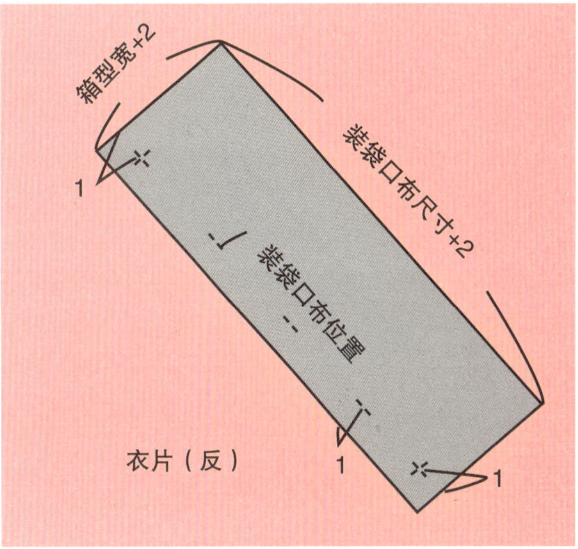

1-3 袋口布的反面烫黏合衬，做记印。黏合衬的丝缕与袋口布的丝缕相同，也可以开口方向为直丝。

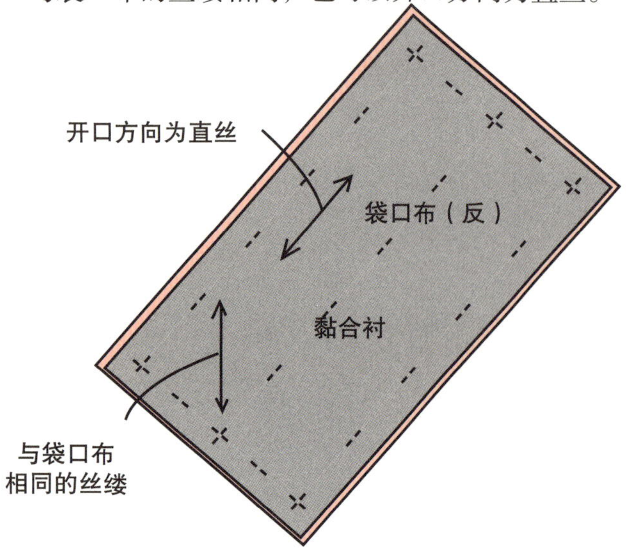

2 做袋口布

2-1 袋口布的一端与衣片装袋口布位置正面相对（缝头 1 cm）两端至记印缝合。袋布缝头 0.5 cm 距装袋口布位置 1 cm 平行缝合，两端比装袋口布的位置各进 0.4 cm。袋口布的另一端（1 cm 缝头）与袋布 B（0.5 缝头）缝合，两端各短 0.4 cm。

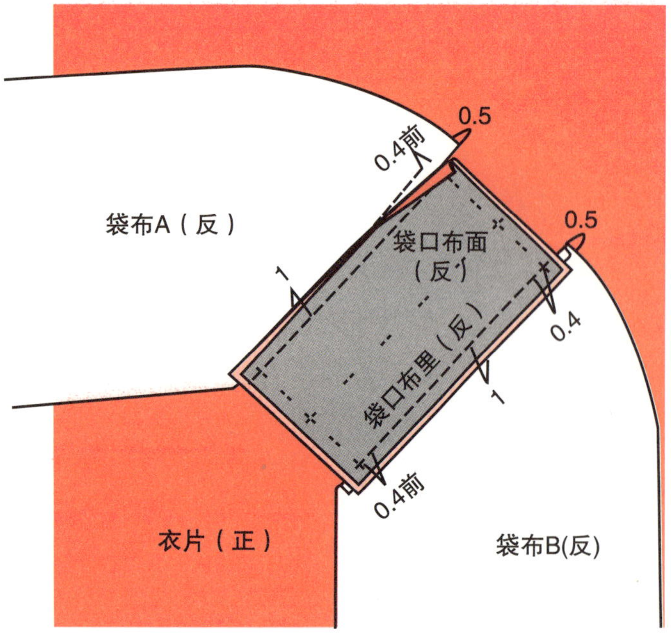

2-2 在两缝间剪开。两端先平剪到袋布侧的缝止点。袋口布侧（长的缝线）向缝线的两端（一片衣片）斜方向剪。袋布侧（短一方的缝线）向缝止点剪直角，两片袋布一起剪。

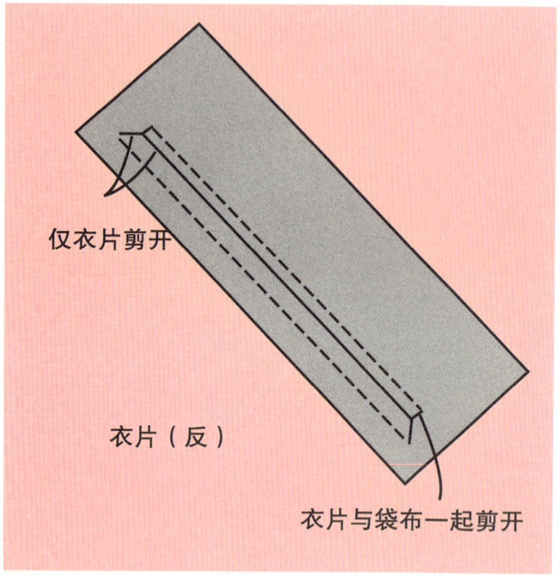

2-3 从剪开的袋口将袋布 B 与袋口布拉到反面。

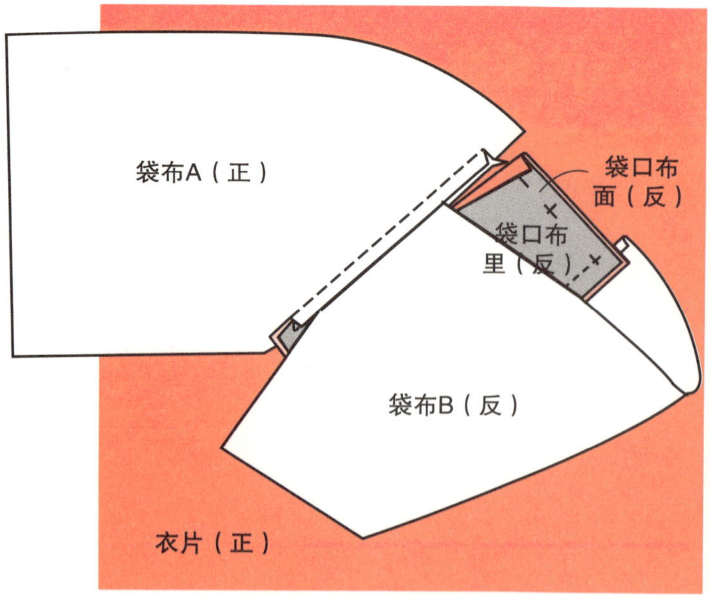

2-4 袋口布里的两端如图一样剪掉。分烫衣片与袋口布面的缝头。

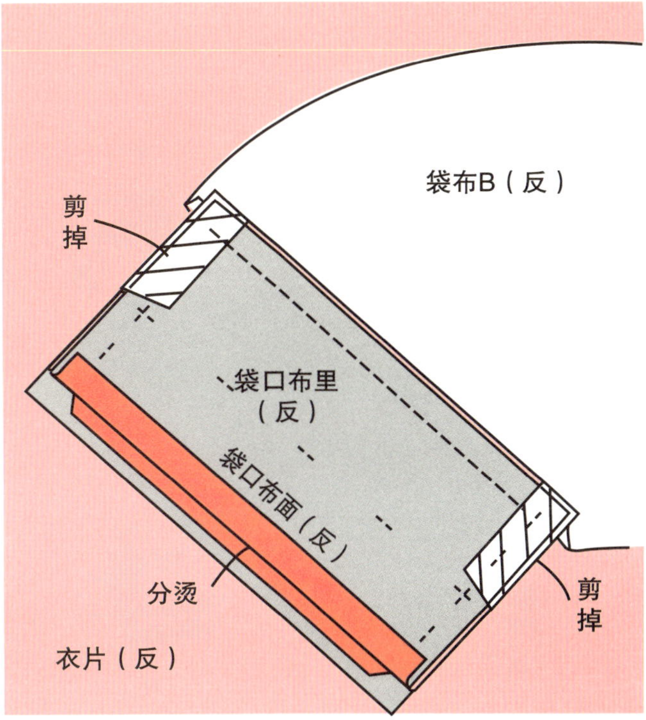

2-5 袋口面两侧的缝头折转。袋口布里按袋口折转线折转，然后叠在袋口布面的上面，整理好形状后缲缝固定。

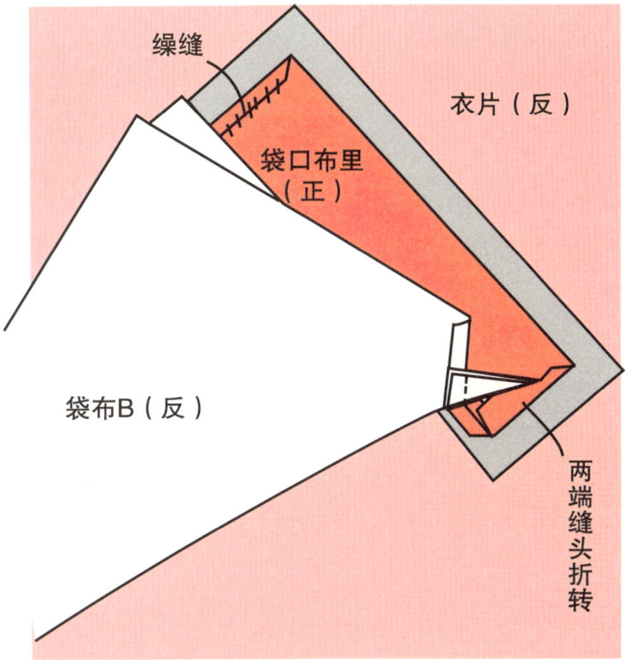

2-6 装袋口布分烫的缝头与袋口布里和袋布缝合的缝头缝合，或从正面缉漏落缝。

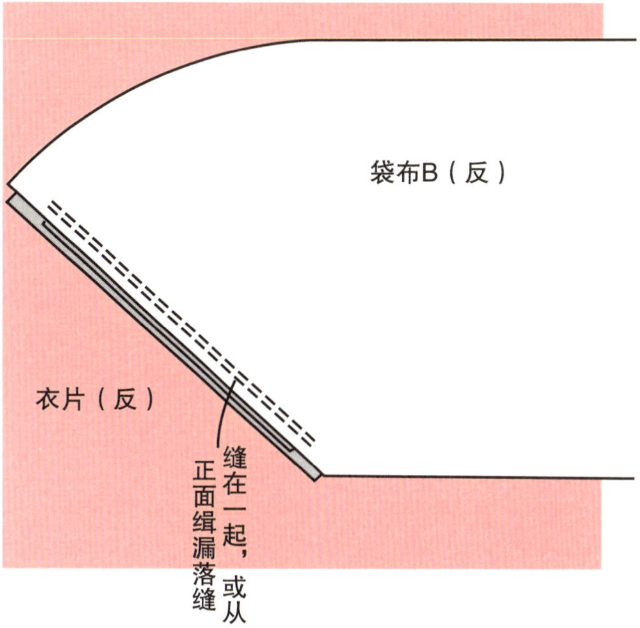

2-7 从开口处将袋口布再拉到正面，先前缝的袋布 A 翻到反面，缝头倒向袋布。袋布的两端从刀口位置倒向衣片。

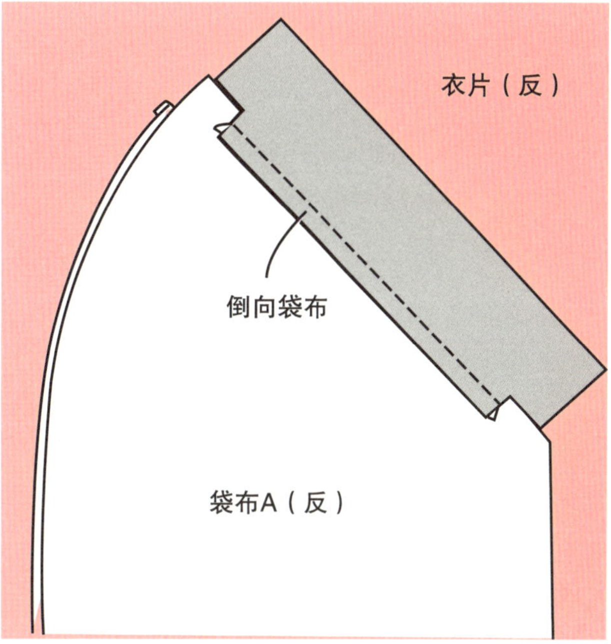

2-8 袋口布与衣片疏缝固定。

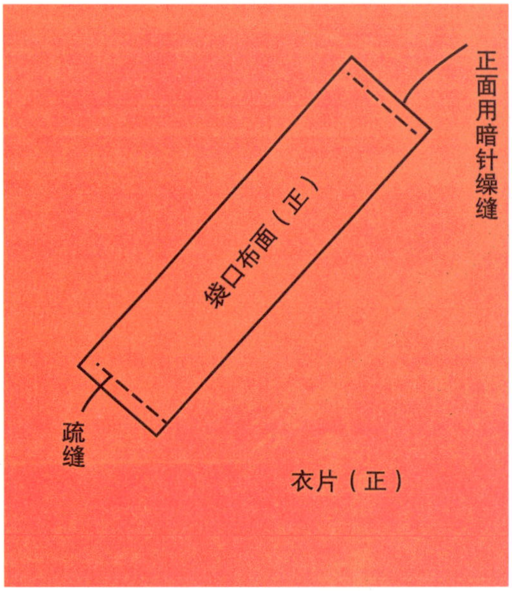

2-9 袋口布的两端暗针缲缝，反面用 0.6 cm 左右的倒勾针缝。装 A 袋布的位置离装袋口布的位置不正确的话，就会使 A、B 袋布产生错位，要修剪至吻合（左右与袋底）。

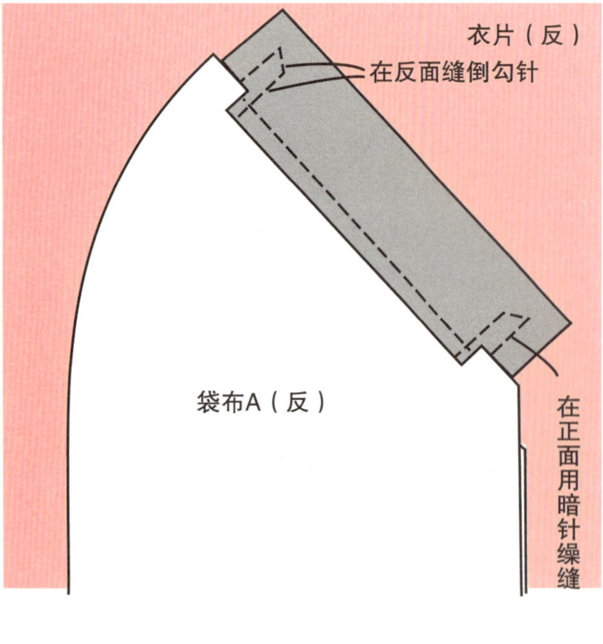

3 缝袋布

3-1 袋布的周围缝 2 次。

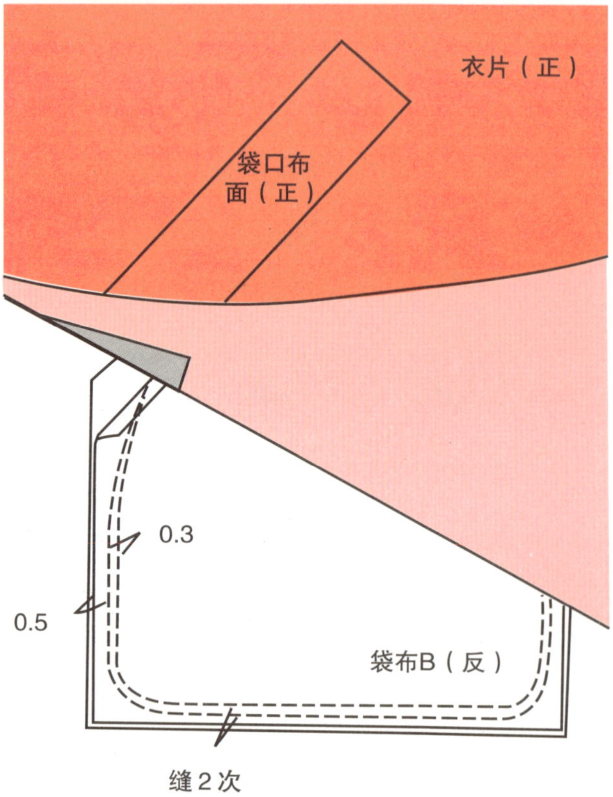

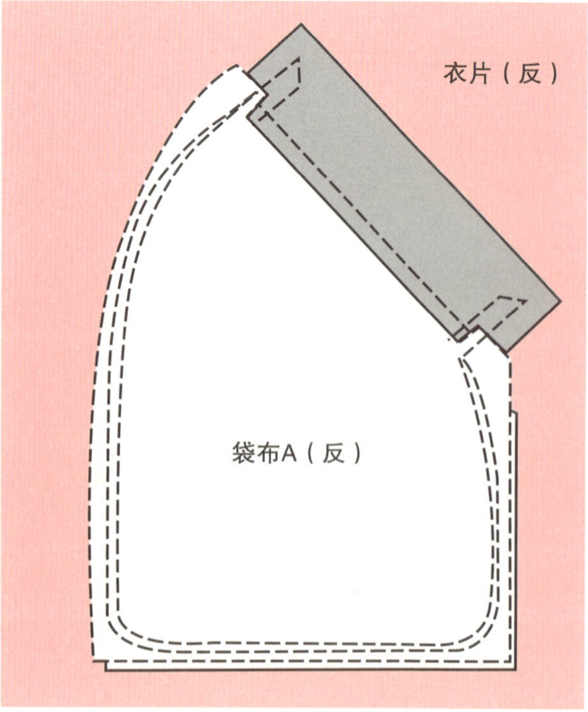

有里布衣服的口袋制作

贴袋

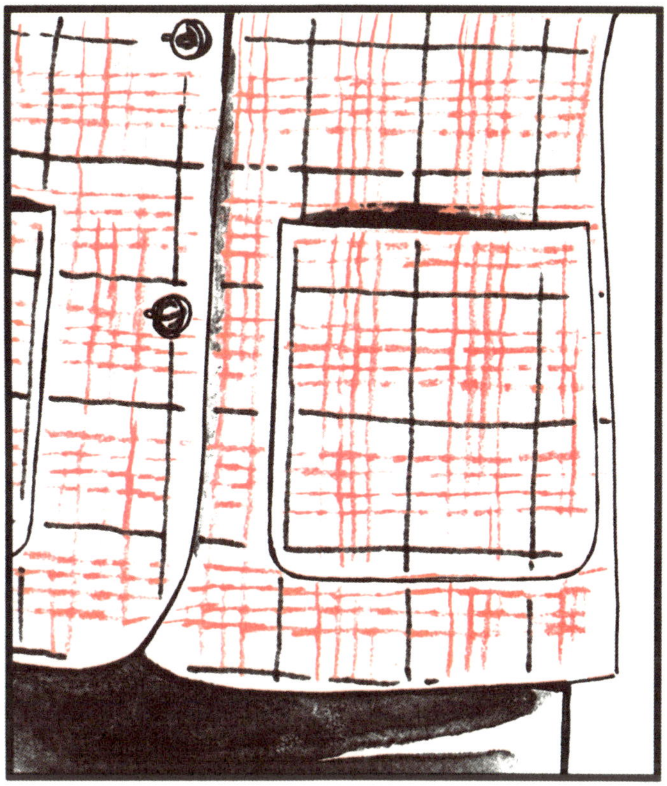

有里布的茄克和外衣上缝的贴袋也装里布。贴袋的大小、形状都可以变化，如有角的方形、圆形等。

[手工缝的情况]

1 布的裁剪

1-1 裁剪袋布。

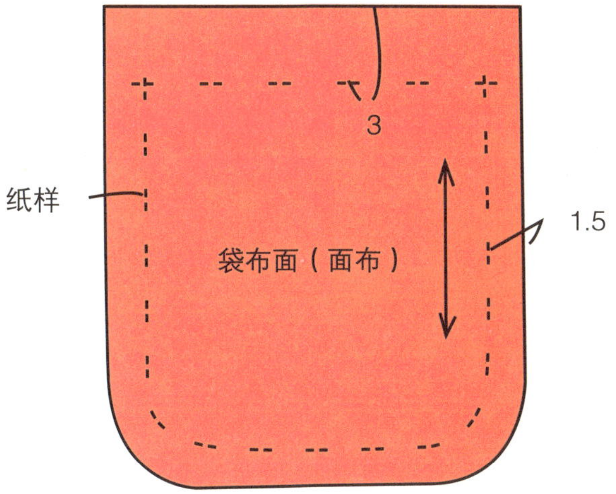

1-2 裁剪时注意袋布里的袋口比纸样短 1 cm。

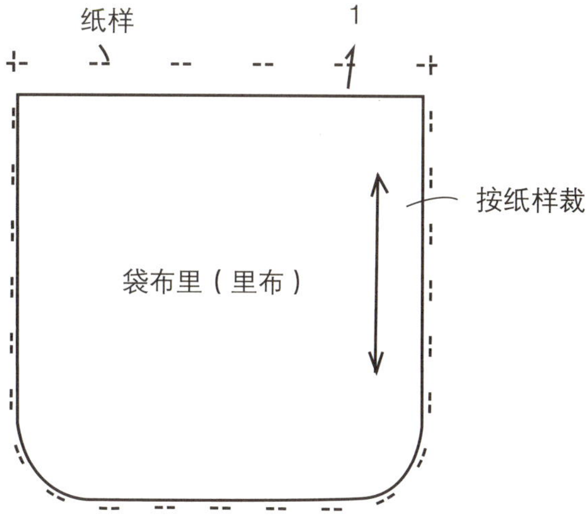

1-3 袋布面的反面烫黏合衬。黏合衬的丝缕与袋布面相同。

2 做袋布的角

2-1 为了使袋布袋口面的缝头做成镜框式样、如图一样做记印。

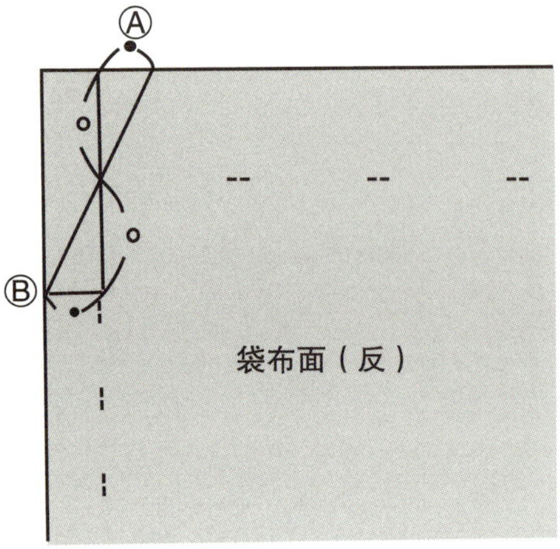

2-2 在袋角处，将袋布面正面朝里，记印对准后车缝，如图一样剪掉缝头。

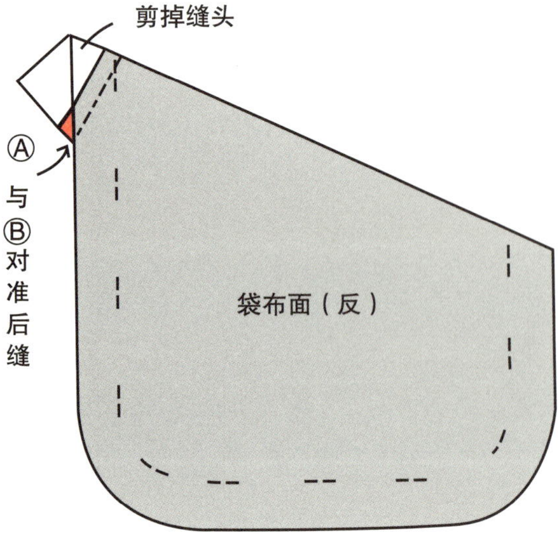

2-3 分烫缝头。

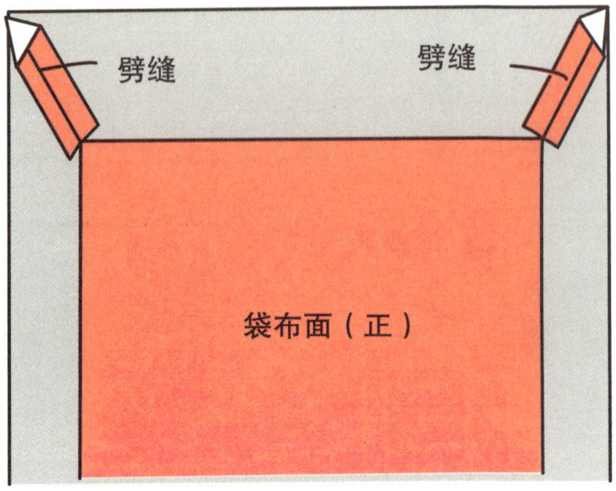

2-4 袋底圆弧处的缝头上缝细的拱缝，配上与袋底圆度相吻合的纸板，抽缩缝线用熨斗整烫。

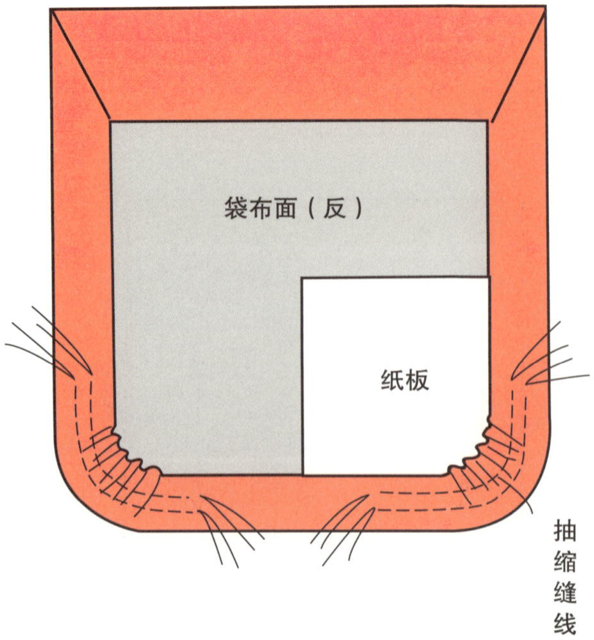

3 装袋里布

3-1 将袋里布的缝头退进一点折转烫好，用竖缲针缲缝（仅缝于缝头缝）。

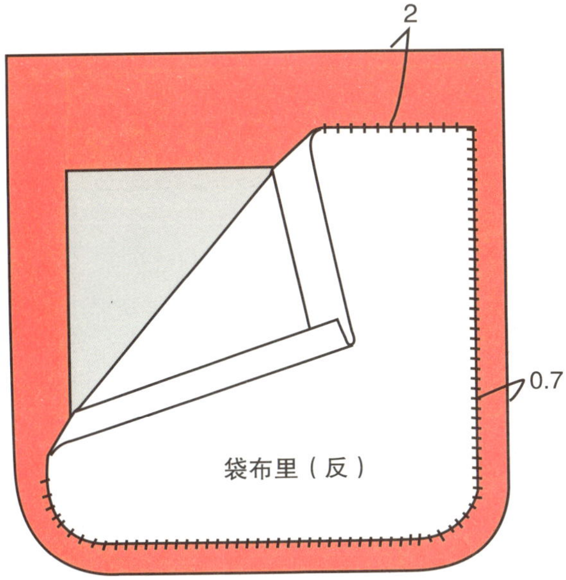

4-2 袋的外围进0.2 cm用暗针缲缝，再在反面内进0.5处用倒勾针固定，正面要不露针迹。

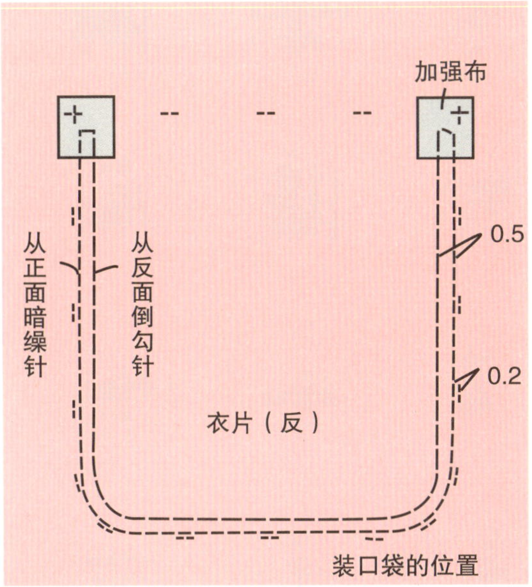

4 装口袋

4-1 在衣片装口袋的位置放上口袋，用斜针疏缝固定。固定时注意要放在熨烫枕上操作，使口袋里外均匀，但松度不要放过量。衣片的反面袋口两端缝加强布（黏合衬或里布）。

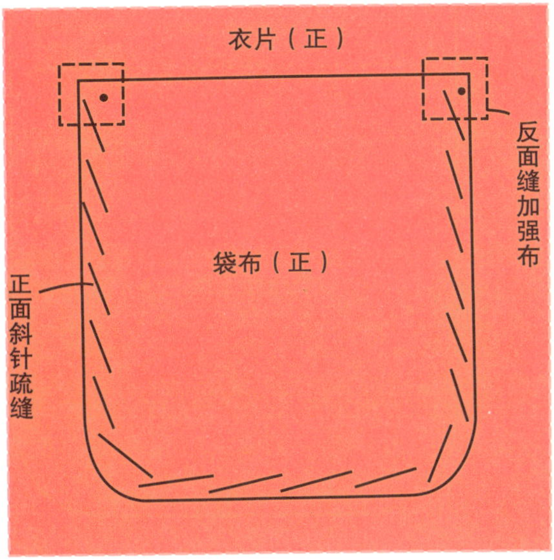

* 缉缝线的情况

袋布正面缉线，连衣片一起缝住。缉线宽度较宽时，外围用暗针固定。厚面料的情况，口袋缉线，外围用暗针缲缝，反面缝倒勾针，与4-2相同。

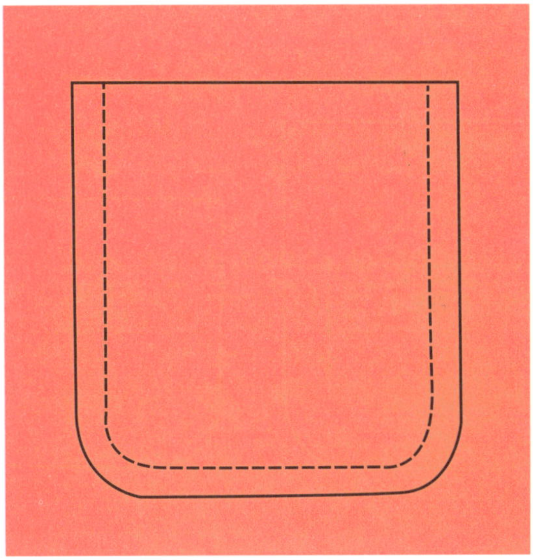

[用缝纫的方法缝里布]

1 布的裁剪

1–1 裁袋布面、袋布里。袋布面的缝头至袋口 2.5 cm，三面为 0.7 cm，袋布里的缝头比袋口下 1.5 cm，其他三面 0.4 cm（A 的情况）。

（ A 的情况 ）

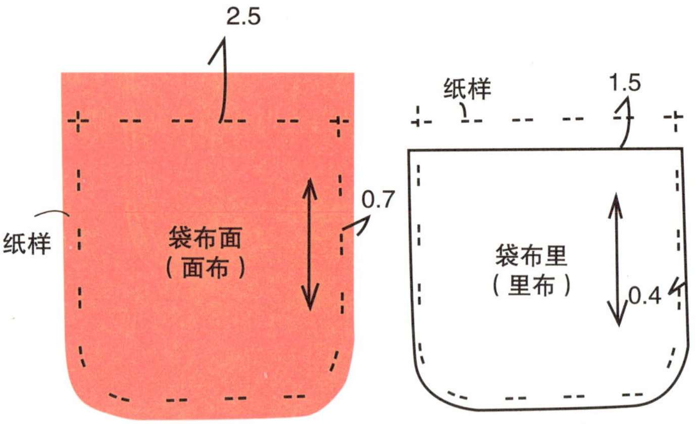

袋布面、袋布里缝头都放 0.7 cm（B 的情况）。

（ B 的情况 ）

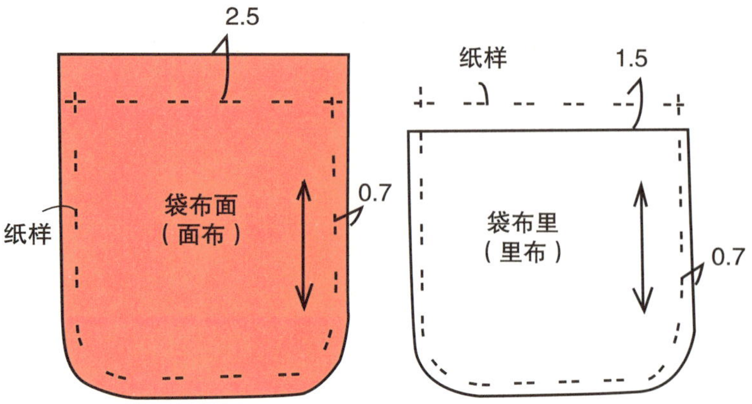

1–2 袋布面、袋布里正面相对做记印。

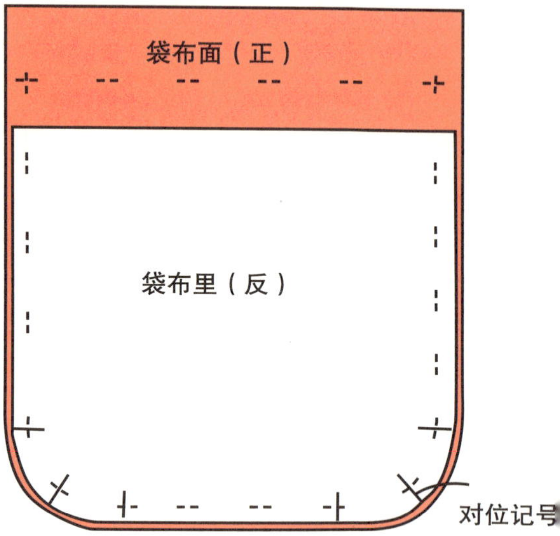

2 缝合袋布面与袋布里

2–1 袋布面的袋口反面烫黏合衬，黏合衬的丝缕与袋布面相同。

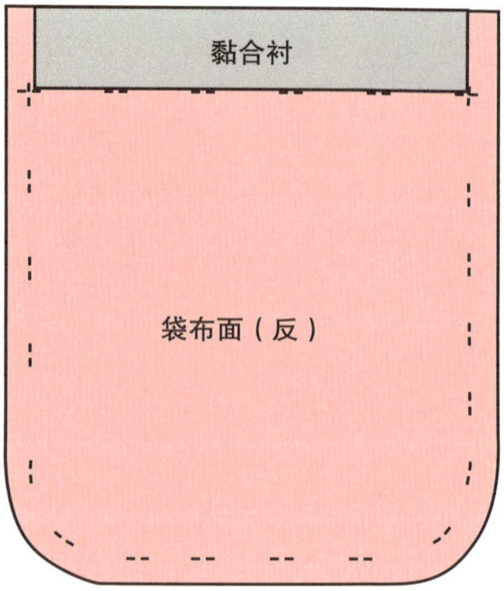

2-2 袋布面、袋布里正面相对缝合袋口，缝头 0.5 cm。

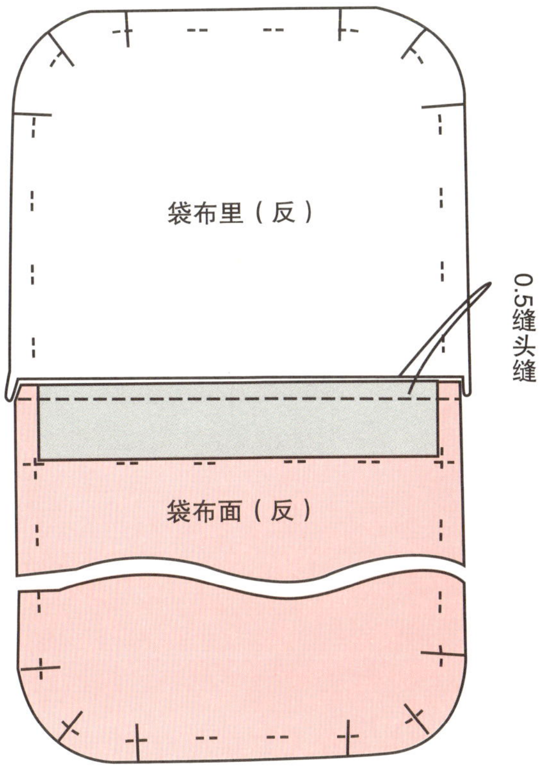

2-3 A 的情况袋布面、袋布里正面相对，对准对位记号，缝头 0.5 cm 外围缝一圈。

（A 的情况）

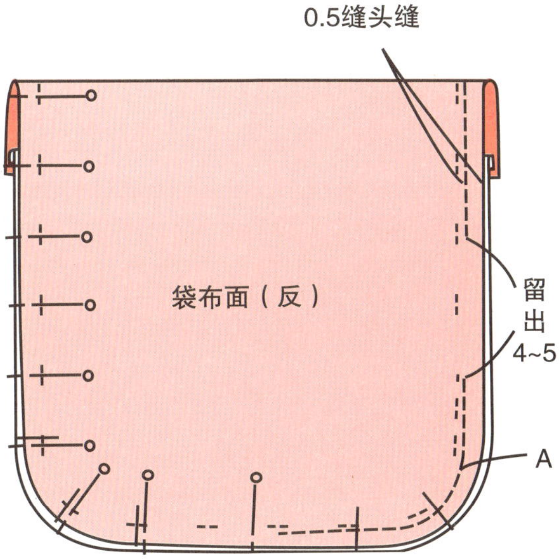

B 的情况袋布面、袋布里正面相对，对准对位记号，袋布面比记印出 0.15 cm、袋布里比记印进 0.15 cm，对准后外围缝合。

（B 的情况）

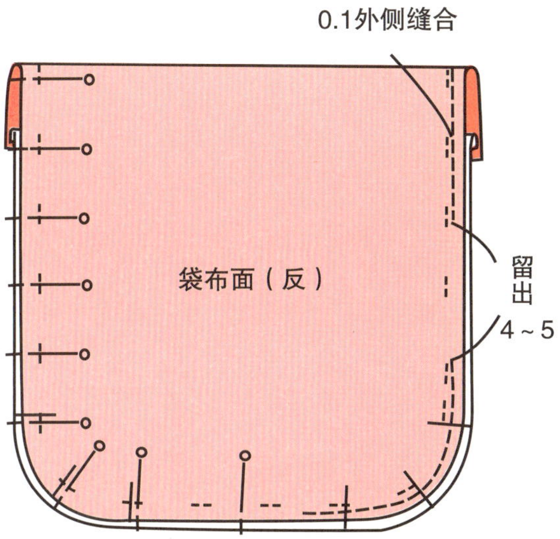

2-4 从留出的开口处翻到正面、袋布里退进一点，用熨斗整烫定型，开口处缲缝住。

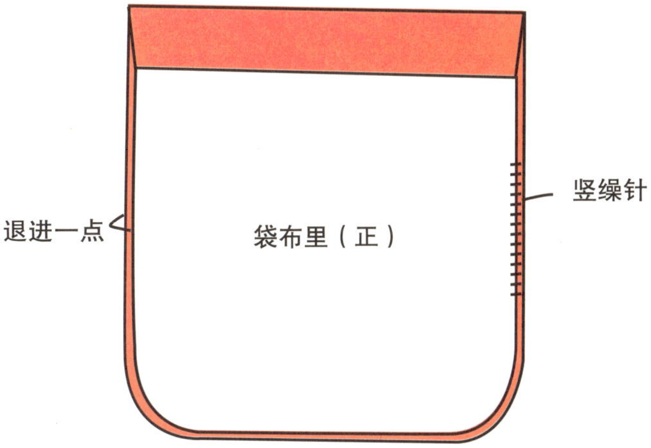

3 装口袋

缝口袋的方法与第 91 页同。

有袋盖挖袋

它在夹克、外衣中被广泛应用的口袋。袋盖的面层和里层都用面布裁剪，也有袋盖的里层用里布裁剪的。

1 布的裁剪

1–1 袋盖与衣片用相同的丝缕裁剪。袋盖的上口面层与里层都放 1 ~ 1.5 cm 缝头，袋盖其它三面面层放 0.7 cm、里层放 0.4 cm，做对位记印；另外 B 的两层袋盖的缝头要放得相同，做对位记印。

A 的情况

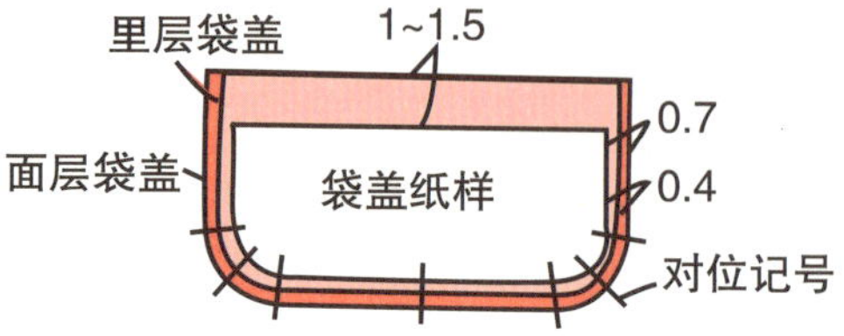

B 的情况

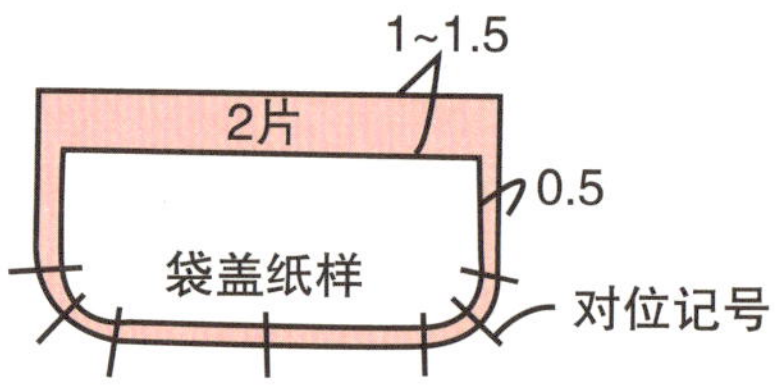

1–2 袋口布与袋垫布使用与衣片相同的布，袋布可选用里布或其他合适的布。袋布最好是两片连着裁。

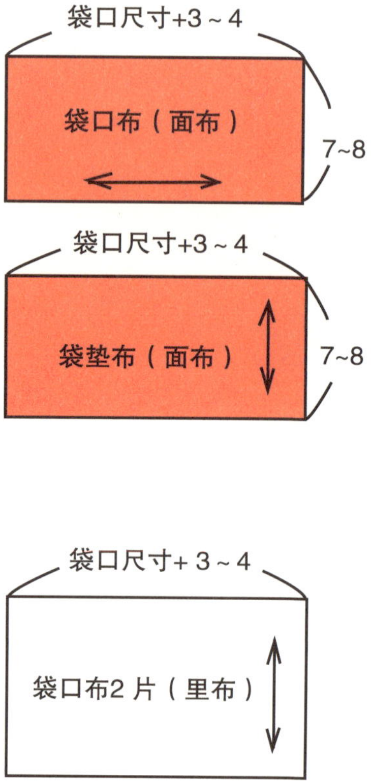

1–3 衣片在反面装袋盖的位置烫黏合衬。

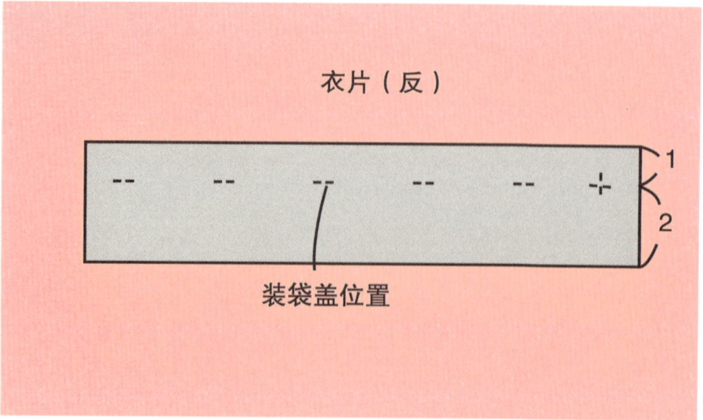

1-4 袋盖面的反面烫黏合衬，黏合衬的丝缕与袋盖的丝缕相同。

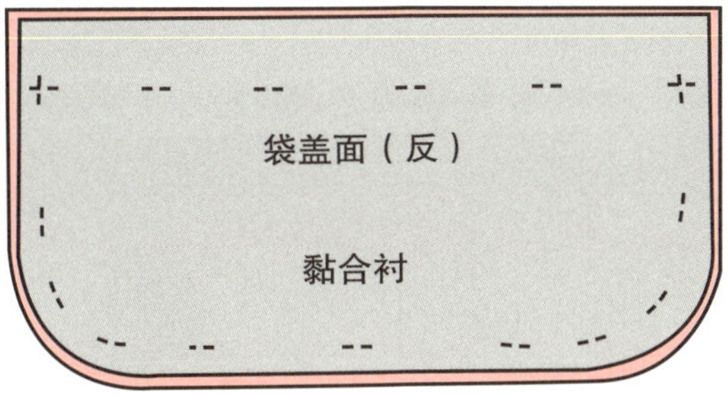

2 做袋盖

2-1 用 A 的方法裁剪的情况，袋盖面与袋盖里正面相对，对准对位记号，0.5 cm 缝头缝合。用 B 的方法裁剪的情况，袋盖面与袋盖里正面相对，对准对位记号后，袋盖面比记印出 0.15 cm、袋盖里比记印进 0.15 cm 对准，在比袋盖面记印出 0.1 cm 处缝合。

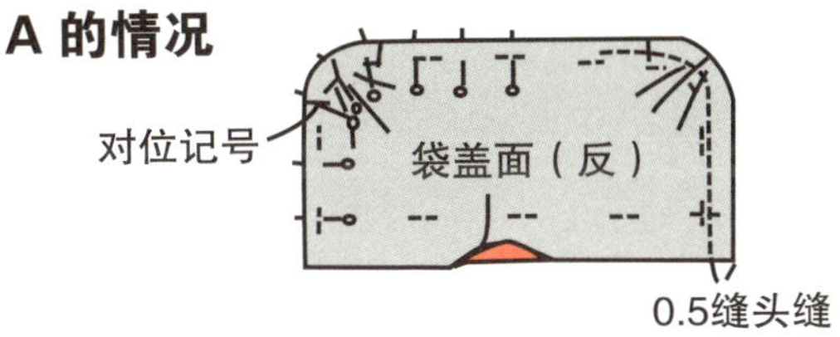

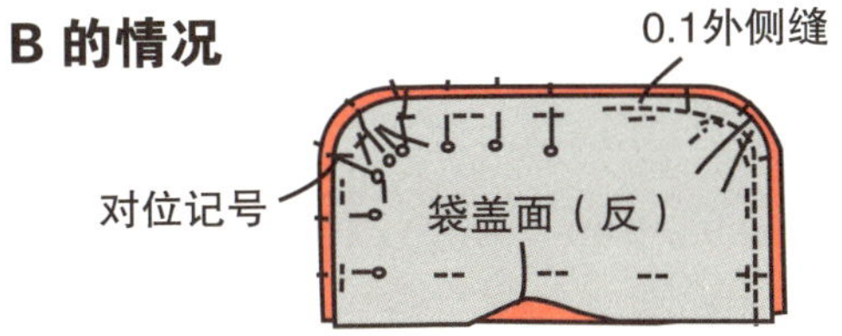

2-2 翻到正面，控制好袋盖里用熨斗整烫定型。

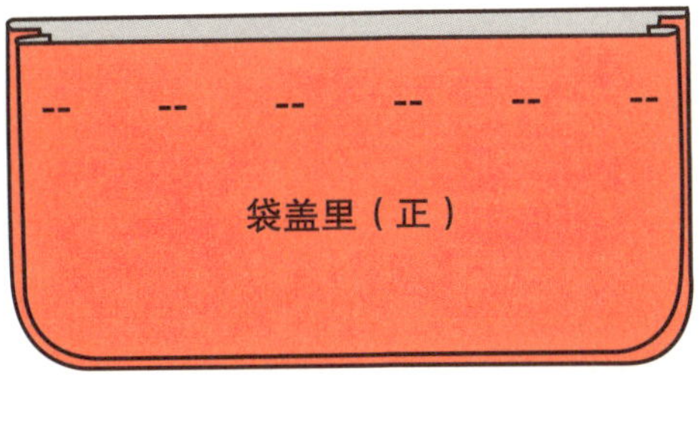

2-3 袋口布与袋布、袋垫布与袋布正面相对，0.5 cm 缝头缝合。

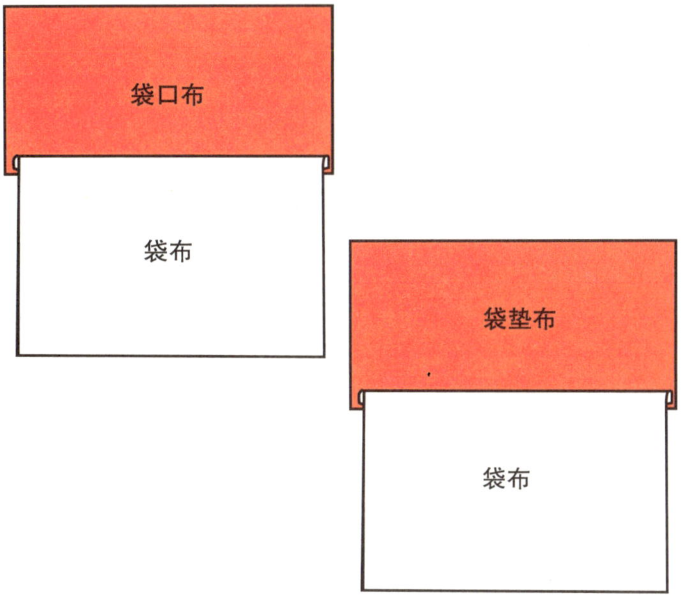

2-4 在装袋盖位置处，衣片与袋盖正面相对缝合（a）。袋口布离开装袋盖的线 1 cm 处 0.5 cm 缝头平行缝合。两端的止点进 0.4 ~ 0.5 cm(b)。

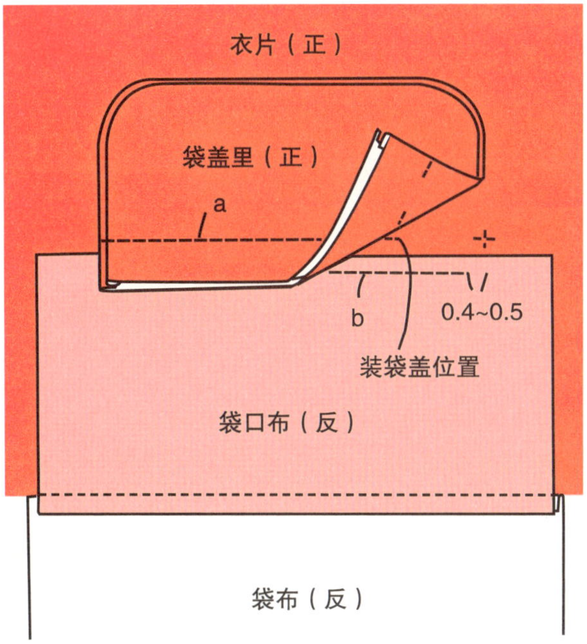

2-5 如图，把 a、b 两缝道之间的衣片剪开。注意袋盖的缝头不要剪掉。

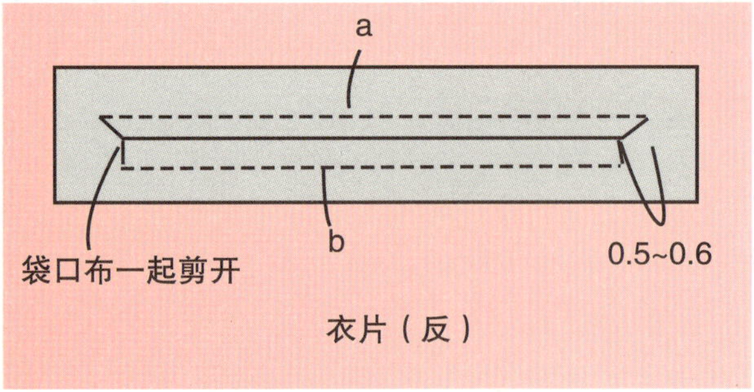

2-6 两端的三角往反面外侧折，用熨斗整烫

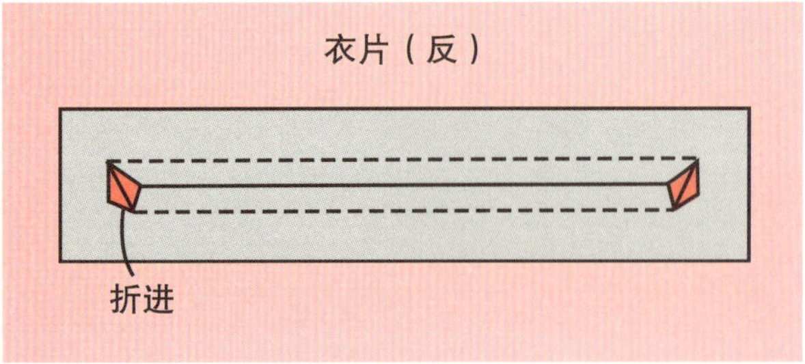

2-7 从剪开的袋口把袋口布拉到反面，分烫袋口布与衣片的缝头。

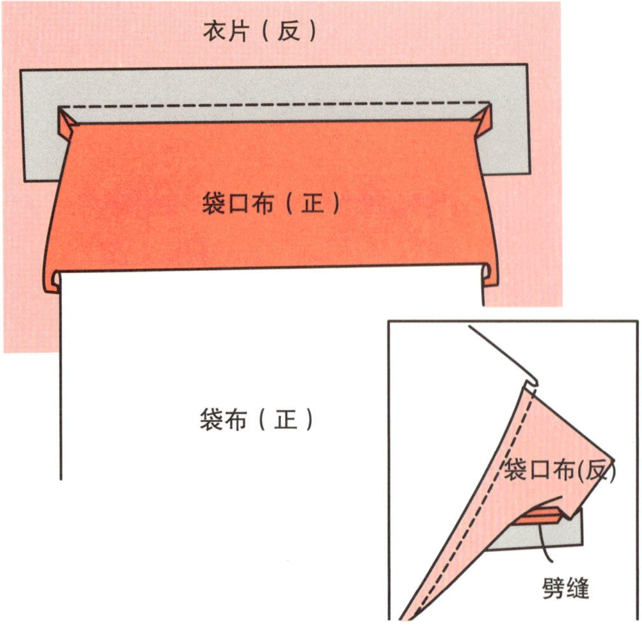

2-8 袋口布 0.8 cm 宽（或以下）折好后用疏缝固定。掀开衣片在缝线旁缝（Ⅰ图）或从正面缉漏落缝（Ⅱ图）。

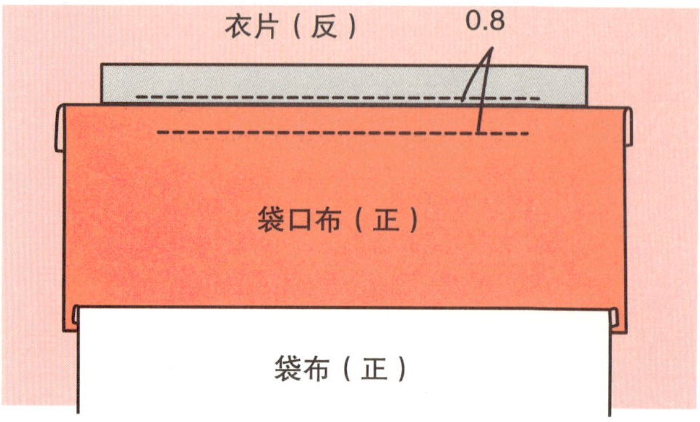

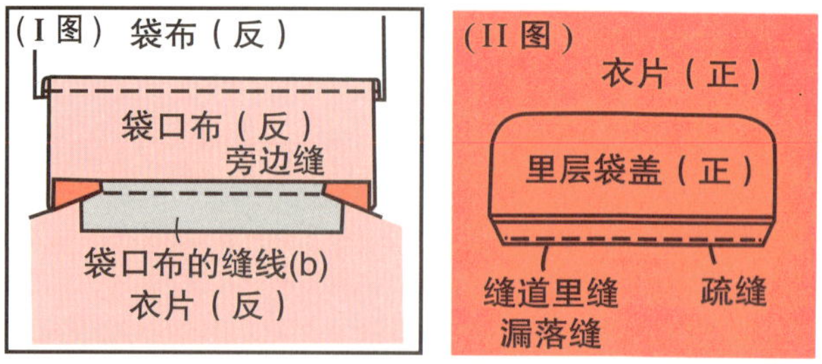

3 缝袋布

3-1 衣片的袋口整理好，袋盖往下翻。缝头往上倒袋垫布与袋布如图一样重叠。装袋盖缝线旁边疏缝固定

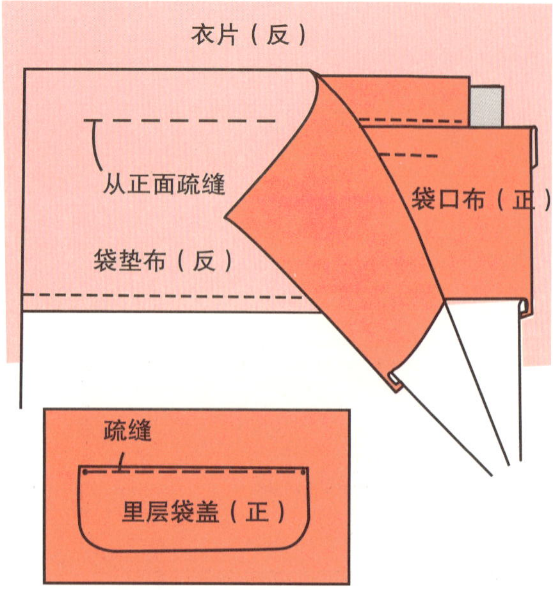

3-2 掀开衣片，将袋盖缝在袋盖线 a 的旁边。

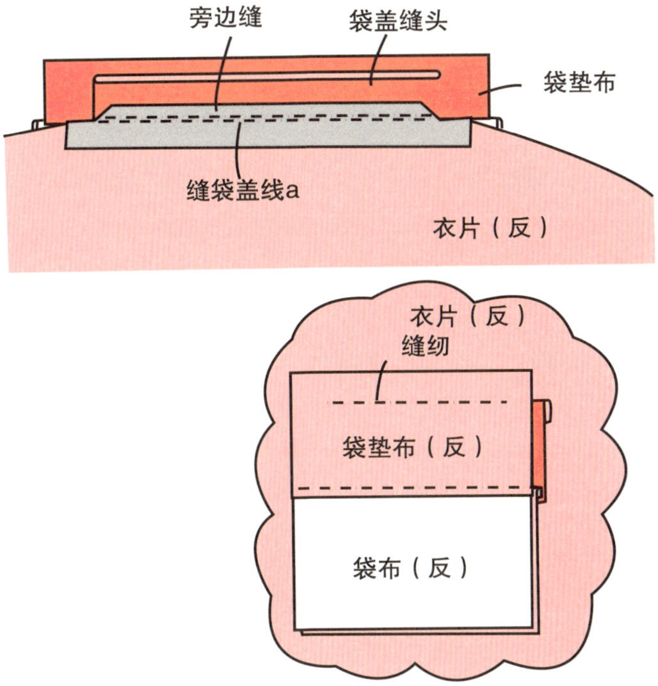

3-3 袋盖两端掀开衣片，三角折转处与袋垫布缝合。

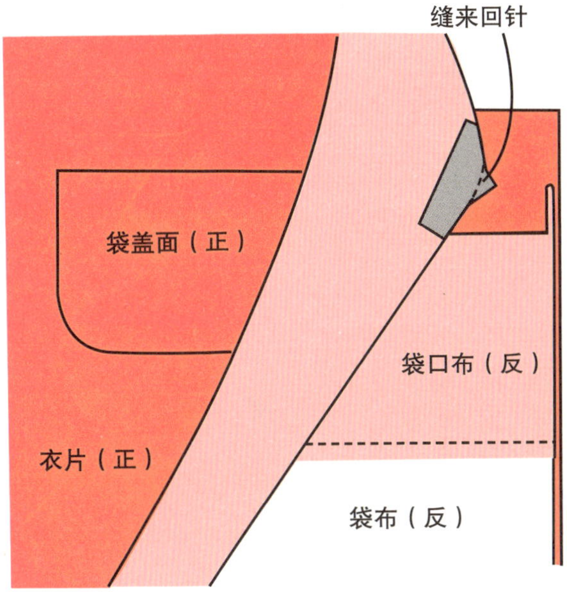

3-4 袋布的外围缝 2 次。

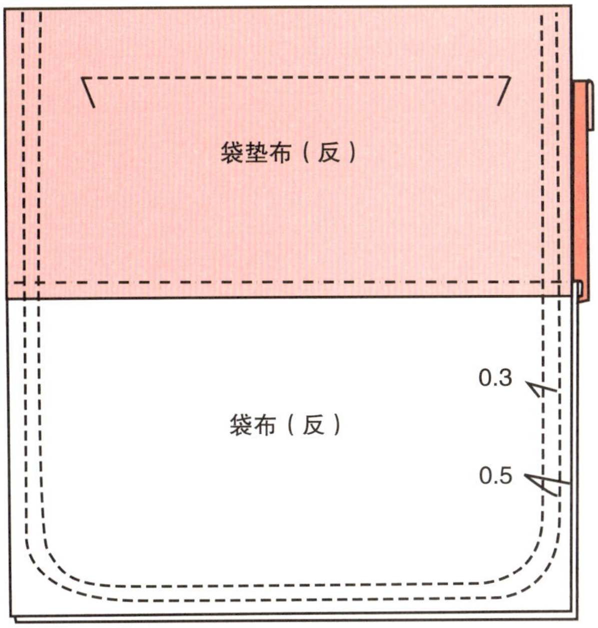

3-5 袋口布的两端正面用套结固定。

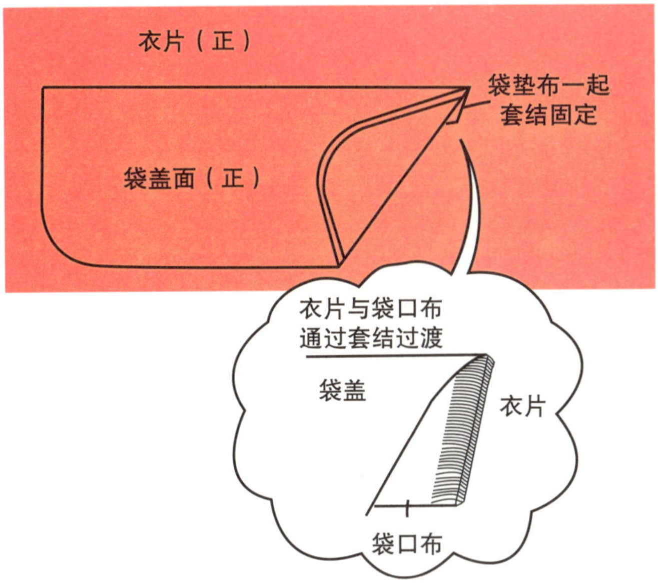

装饰袋盖

在袋盖盖住的地方另外做一个双嵌线挖袋或插袋、单嵌线挖袋等方法。形状和倾斜度可以根据款式进行变化。

1 布的裁剪

1-1 袋盖的丝缕与衣片丝缕相同，装袋盖处的缝头，袋盖面是 0.5 ~ 1 cm、袋盖里比净样略少些。缝头 A 其他三面缝头的情况，袋盖面是 0.7 cm、袋盖里 0.4 cm，做上对位记号。

A 的情况

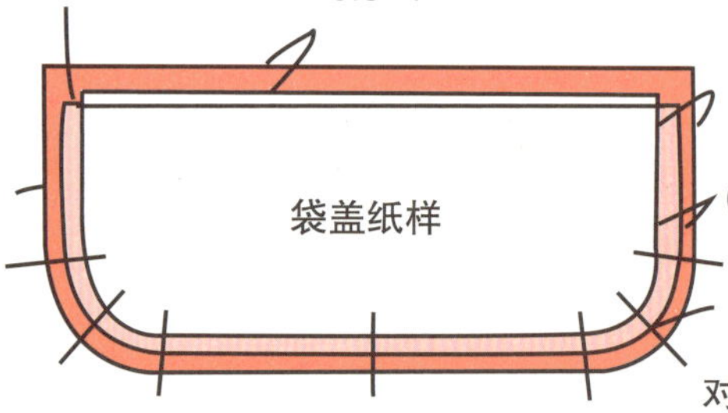

B 的情况，三面缝头相同，做上对位记号。

B 的情况

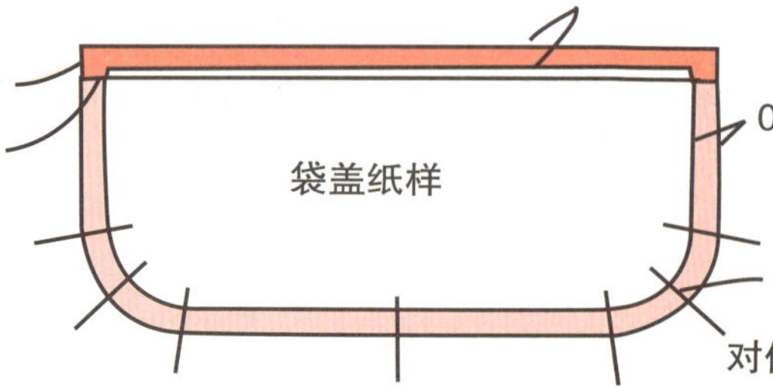

1-2 衣片反面装袋盖位置烫上黏合衬。

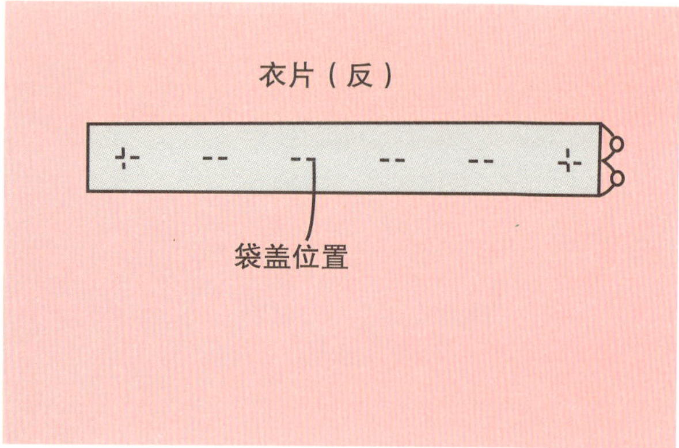

1-3 袋盖面的反面烫黏合衬。黏合衬的丝缕与面层袋盖丝缕相同。

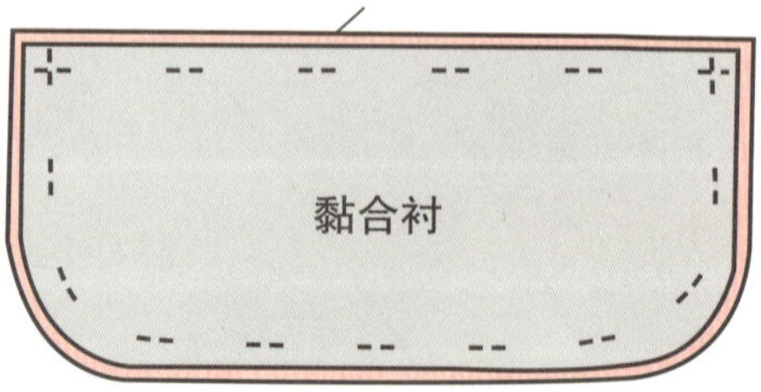

2 做袋盖

2-1 采用 A 方法裁剪的，袋盖面与袋盖里正面相对、对位记号对准后在 0.5 cm 缝头处缝合。

A 的情况

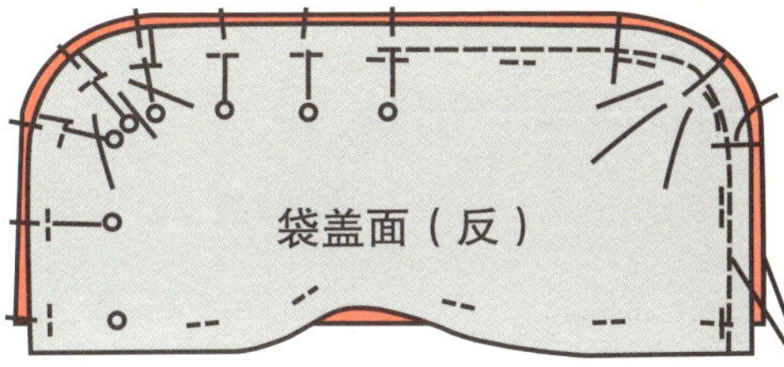

采用 B 方法裁剪的，袋盖面与袋盖里正面相对、对位记号对准，袋盖面比记印出 0.15 cm、袋盖里比记印进 0.15 cm、对准后在袋盖面记印外侧 0.1 cm 处缝合。

B 的情况

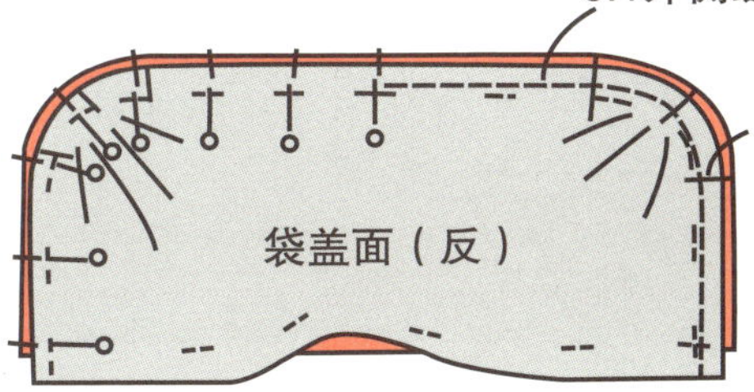

2-2 翻到正面，袋盖里适当退进一点，用熨斗整烫定型。

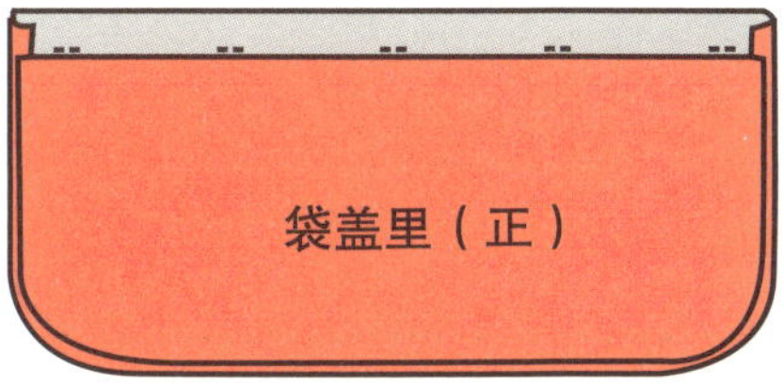

3 缝袋盖

3-1 如图，在装袋盖线以下做口袋。

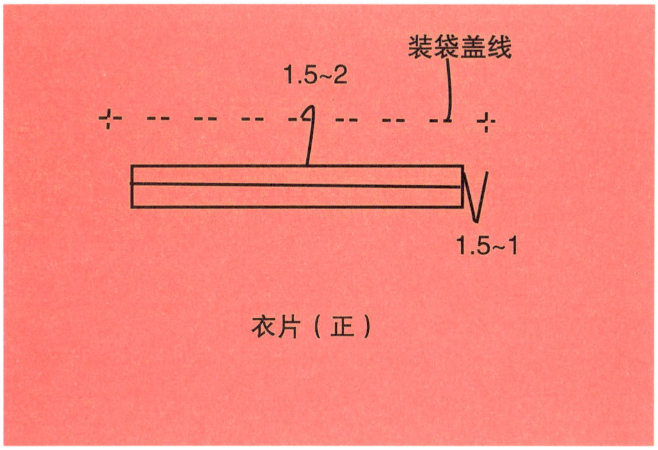

3-2 在装袋盖线位置袋盖与衣片正面相对放置，袋盖面与衣片缝合。

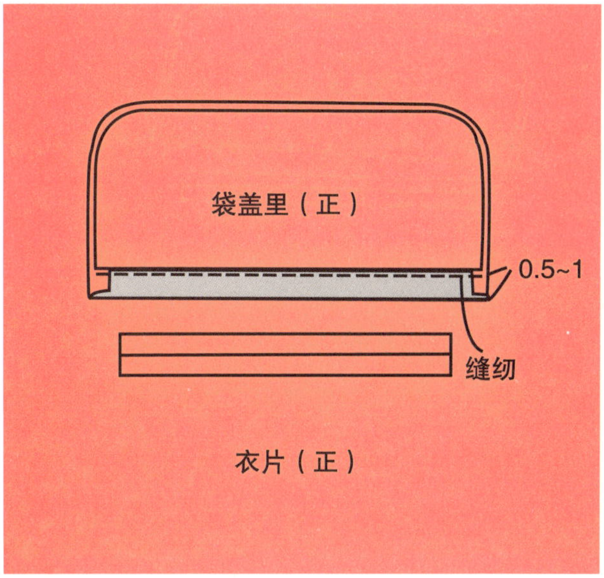

3–3 袋盖缝头折光缲缝，向下翻时要注意均衡。

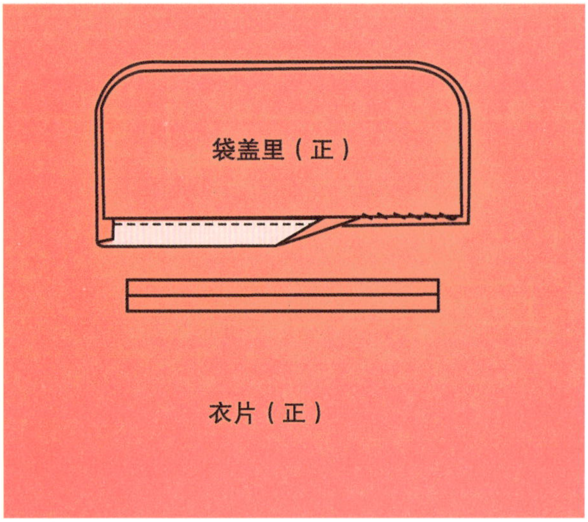

3–4 袋盖按制成线向下翻，袋盖反面用暗针缲缝，遮住 3–3 的针迹。

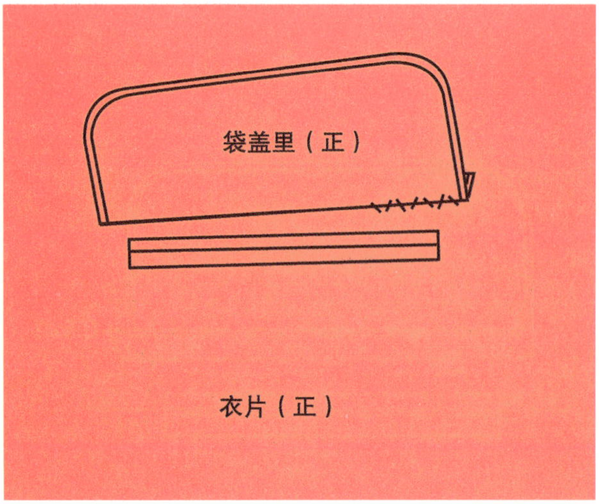

一个重要的建议

袋盖缉线的情况

1) 袋盖的外围缉线，在装袋盖的位置衣片与袋盖正面相对缝合，缝头 0.5 cm。

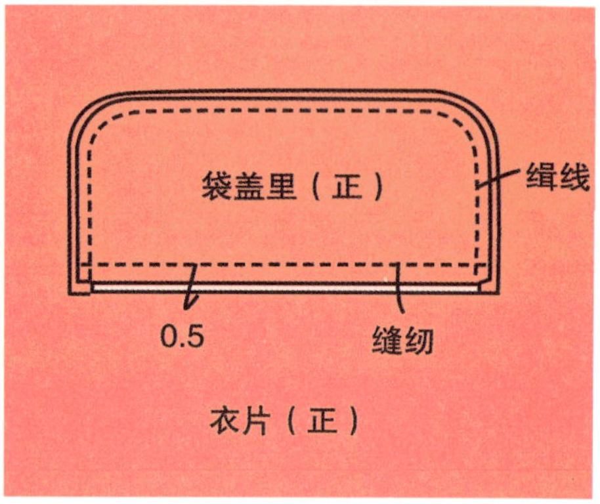

2） 袋盖按制成线向下翻，在正面能隐藏好缝头的位置缉线。

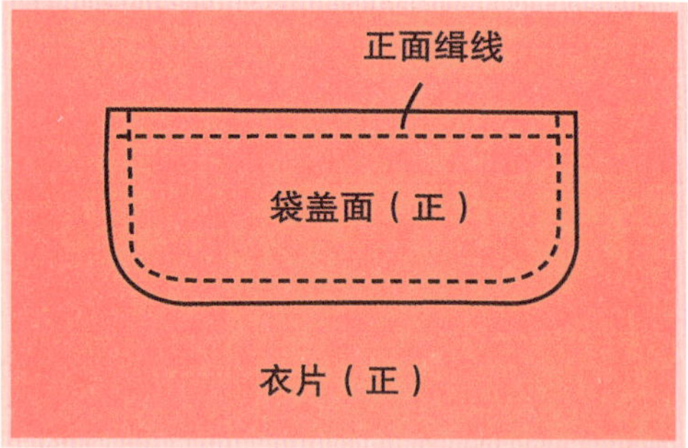

＊与口袋组合的例子

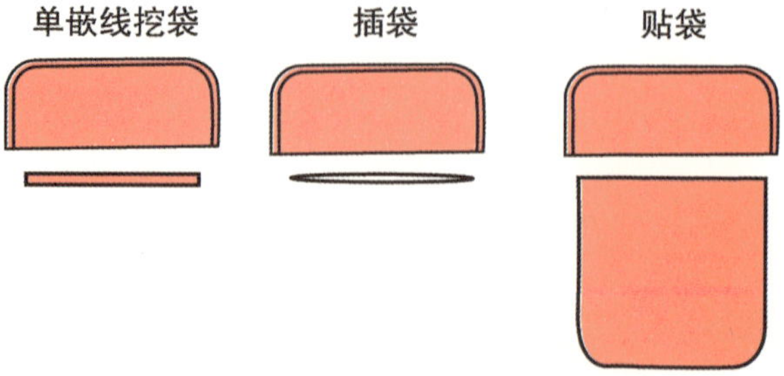

有袋盖嵌线挖袋

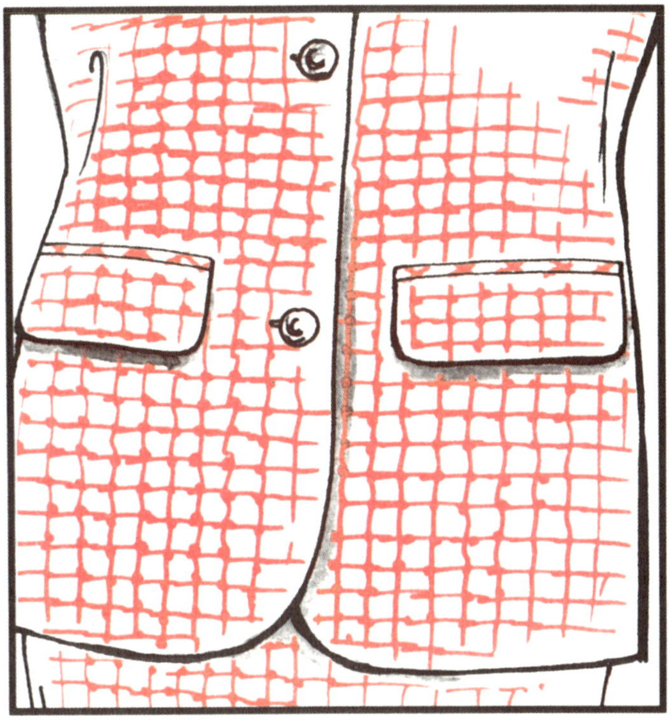

在双嵌线挖袋的袋口插入袋盖的一种挖袋，是男士服常用的口袋。

1 布的裁剪

1-1 袋盖的丝缕与衣片的丝缕相同。比双嵌线的尺寸稍微小一点。上侧的缝头正反两层都放 1 ～ 1.5 cm。A 另外三面的情况，袋盖面放 0.7 cm、袋盖里放 0.4 cm 后，做上对位记号。B 的情况，正反两层缝头放得一样，再做上对位记号。

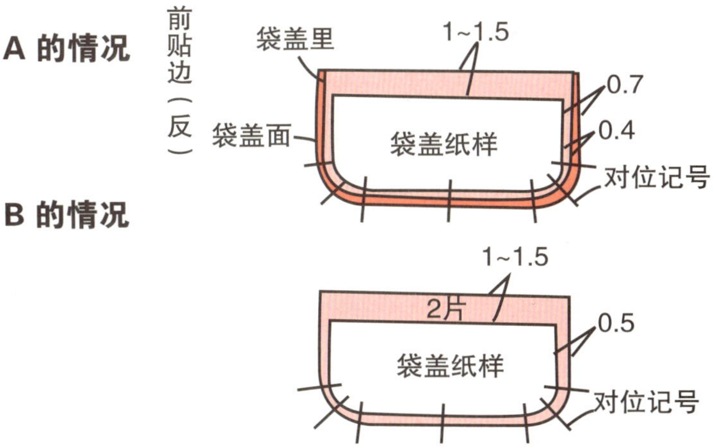

1-2 嵌线布与袋垫布采用与衣片相同的面布。袋布采用里布，也可以选用其它合适的布，袋布也可以两片分开裁。

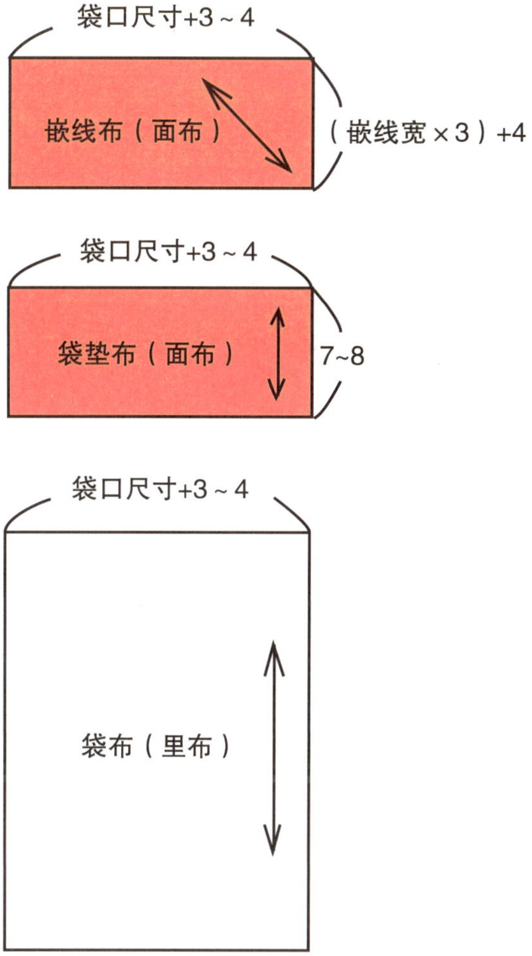

1-3 衣片反面的口袋位置烫黏合衬。

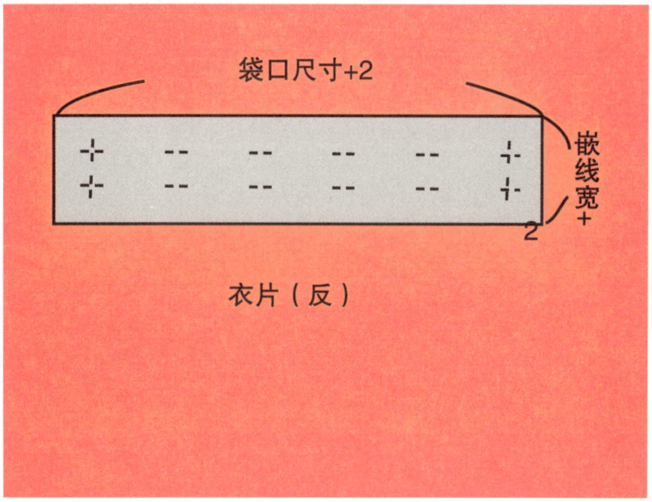

1–4 嵌线布反面烫黏合衬，黏合衬的丝缕与面布的丝缕相同裁。

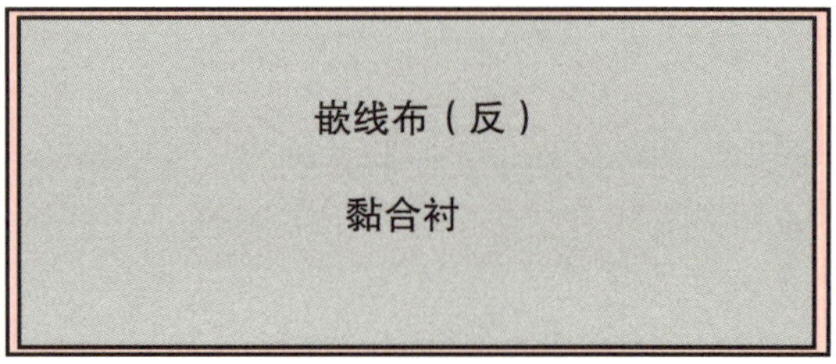

2 做嵌线

2–1 嵌线布的中央做上记印（a），衣片袋口做上记印（b），正面相对疏缝固定。

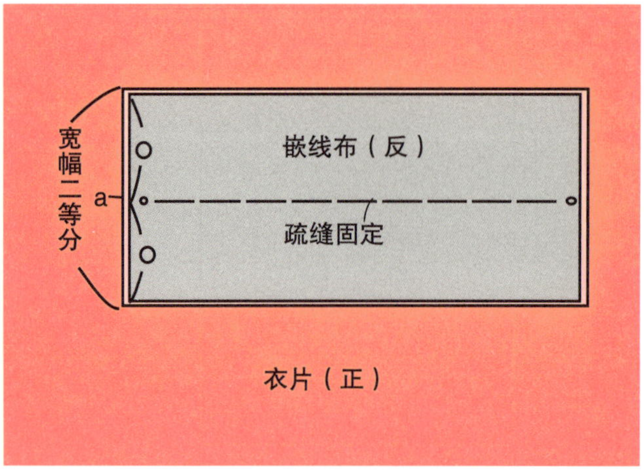

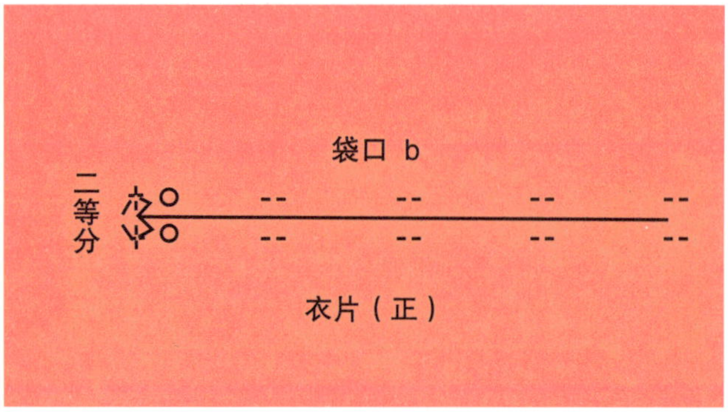

2–2 用细针码，沿嵌线宽缝一圈，从中间开始沿箭头方向缝。角处，针要正好插入布中，然后转弯。缝至结束时要与起针处重叠 3 ～ 4 针。

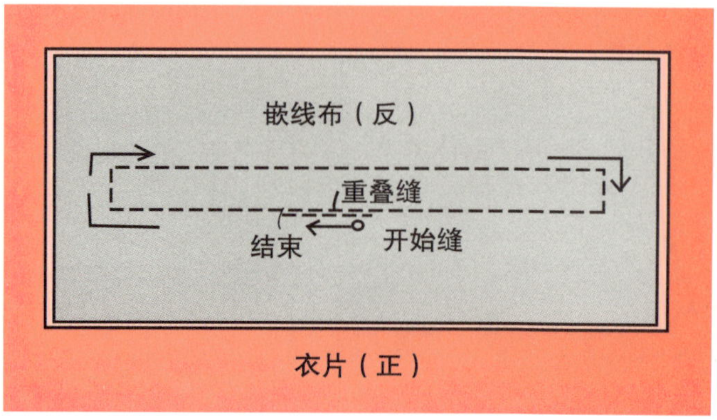

2–3 从中心开始剪开。角处的线不要剪断，如图一样剪到它的旁边。

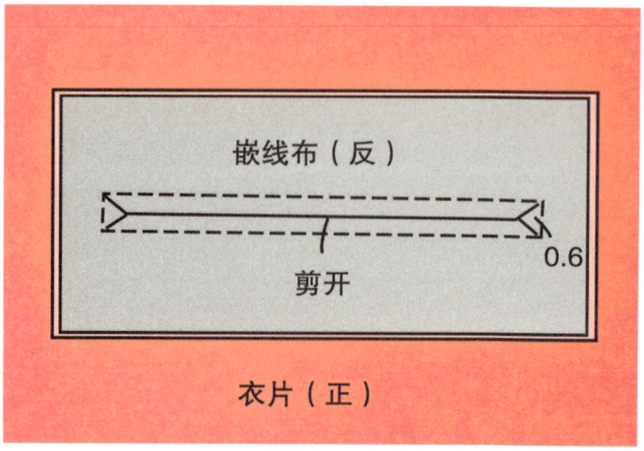

2–4 从剪开的开口处把嵌线布拉到反面。用熨斗整烫长方形的袋口。

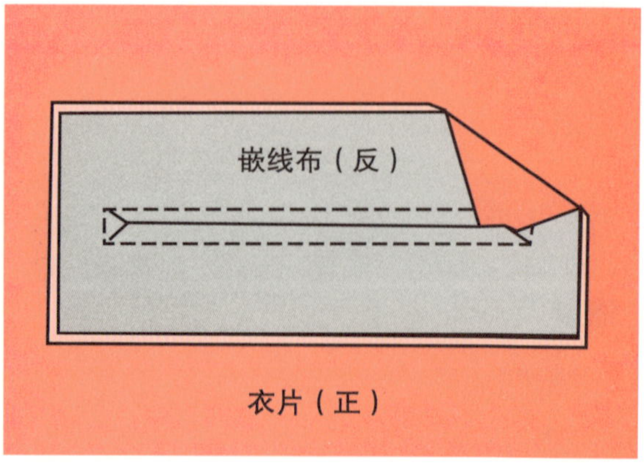

2-5 分烫上下缝头。

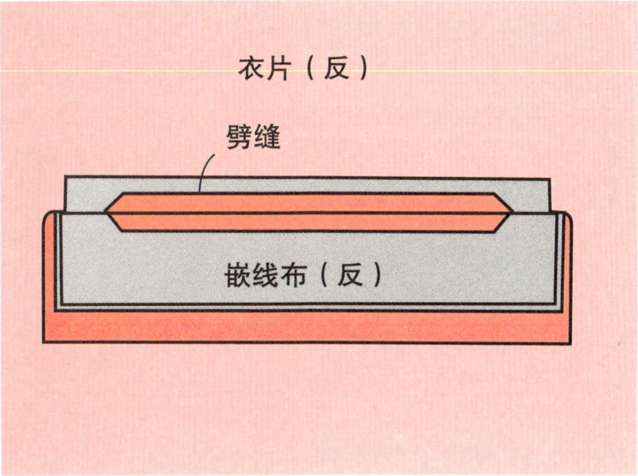

2-6 用 2-5 分烫的缝头做芯折叠上下的嵌线。

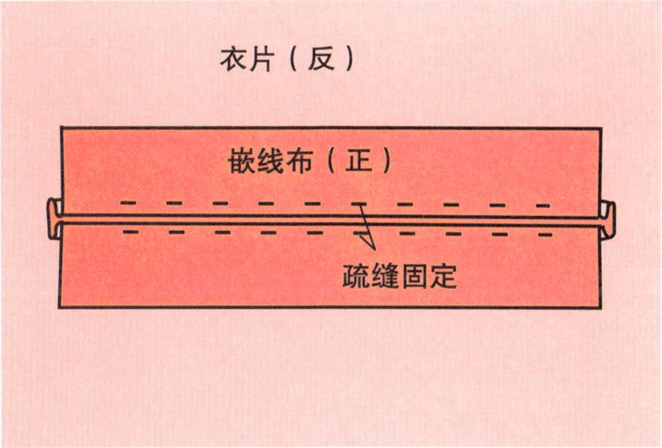

2-7 翻到正面用熨斗整烫。仅将嵌线布疏缝固定。

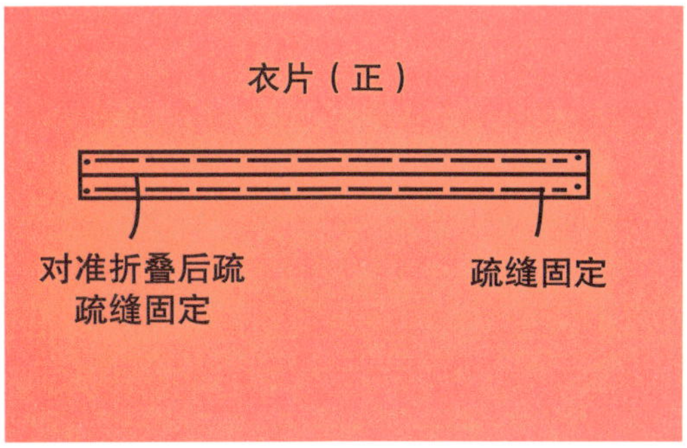

2-8 袋口下侧的衣片掀开，分烫的缝头与嵌线布在缝线旁缝合固定（A），或从正面缉漏落缝。

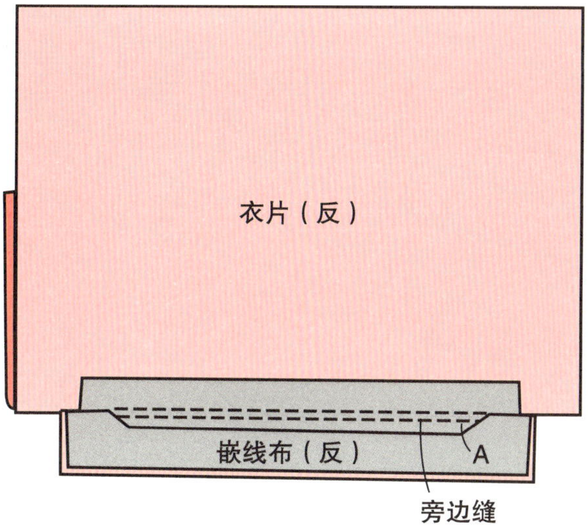

3 装袋布、袋垫布

3-1 袋布的一方 0.5 cm 缝头与嵌线布缝合。缝头倒向袋布。

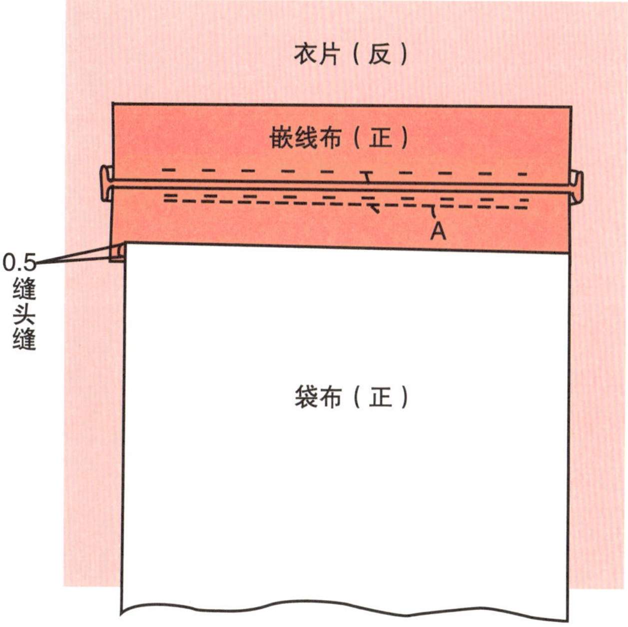

3-2 另一面与袋垫布重叠（袋垫布锁边），0.2 cm 宽缉线。也有袋垫布与袋布正面相对缝合的。

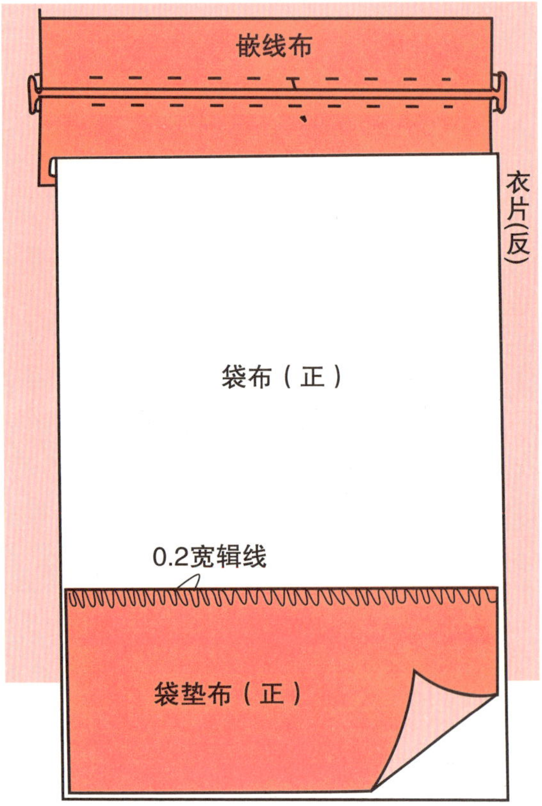

4 做袋盖

4-1 袋盖面反面烫黏合衬，黏合衬的丝缕与袋盖面的丝缕相同。

4-2 A 的情况，袋盖面与袋盖里正面相对，对准对位记号后 0.5 cm 缝头缝合。

A 的情况

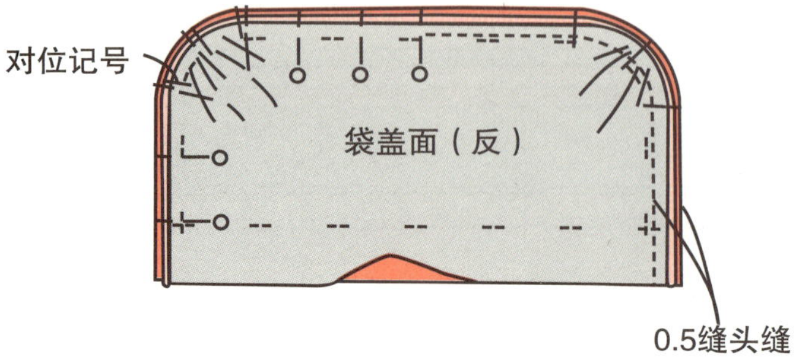

B 的情况，袋盖面与袋盖里正面相对，对准对位记号，袋盖面比记印出 0.15 cm、袋盖里比记印进 0.15 cm，对准后比袋盖面的记印出 0.1 cm 处缝合。

B 的情况

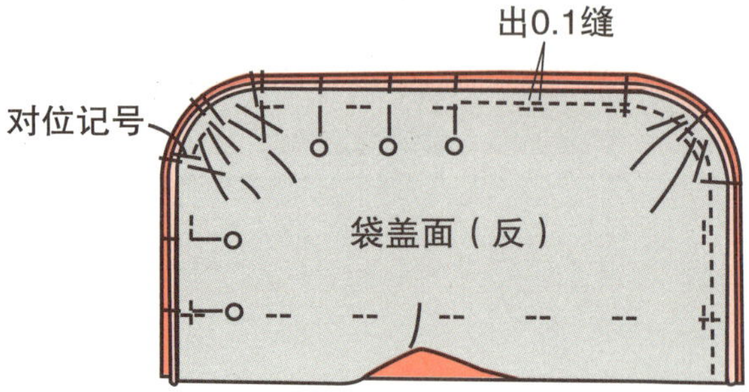

4-3 翻到正面，控制好袋盖里用熨斗整烫。

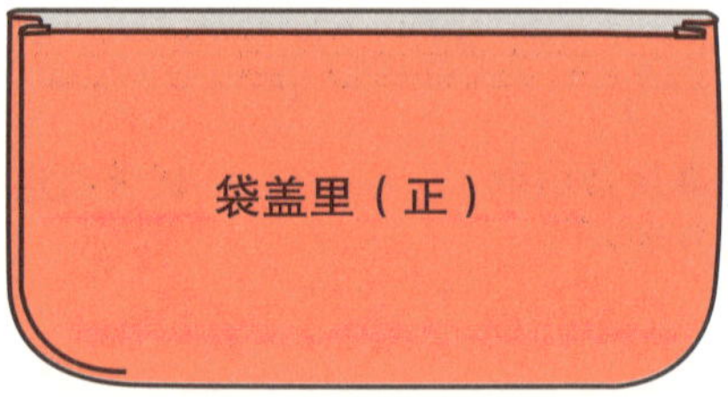

4-4 在衣片上做好的嵌线挖袋里插入袋盖，并疏缝。

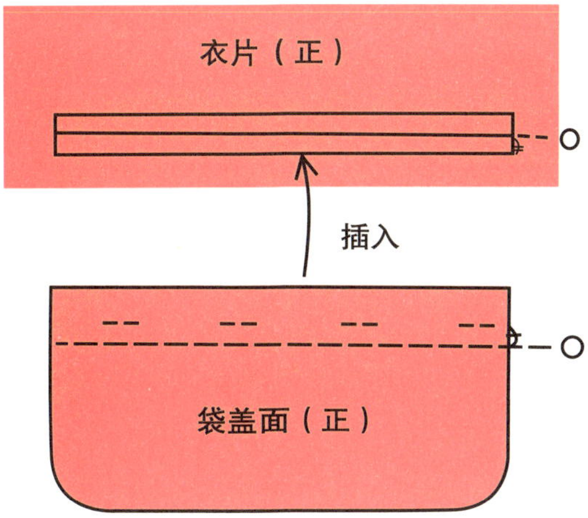

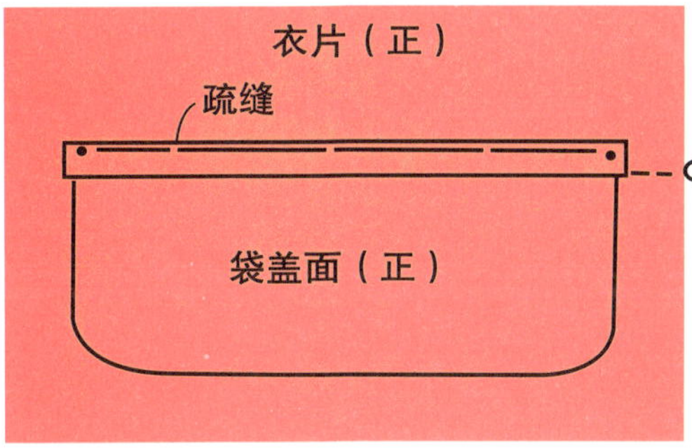

从反面看到的图

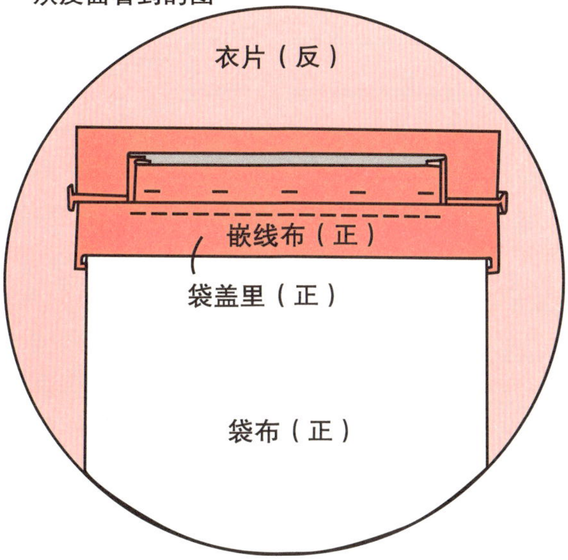

5 缝袋布

5-1 袋布两折，（袋垫布的上端与嵌线布的上端对准）袋垫布与嵌线布疏缝固定。

5-2 在正面掀开衣片，缝头与袋布缝合固定（B）。连续把两端的三角缝合固定。（C）

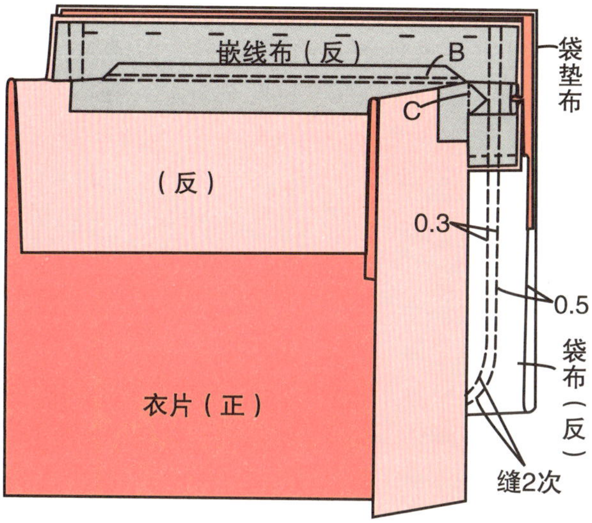

5-3 袋布周围缝 2 次。

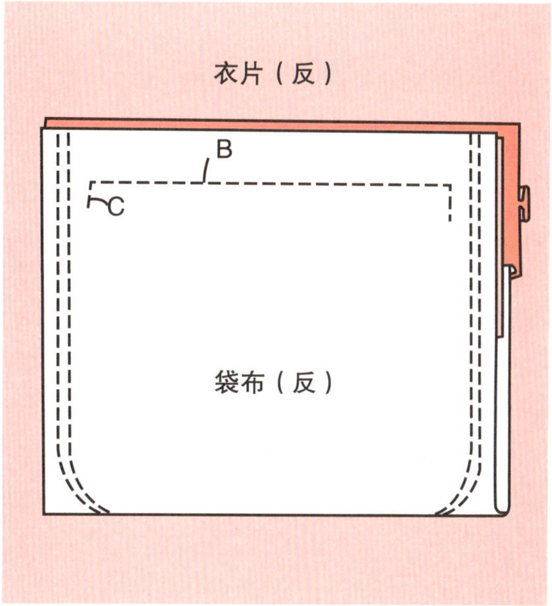

有里布衣服的口袋制作

侧缝直插袋 A

装袋垫布的情况

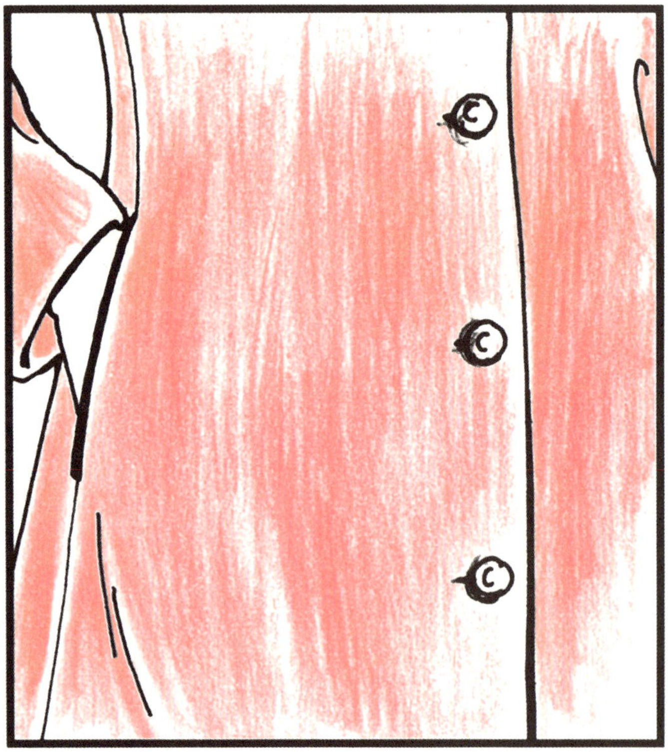

这是袋口缝袋垫布(用同样的布做袋垫布)的缝制方法。

1 布的裁剪

1-1 如图，A、B 两层袋布的袋口要有差档。

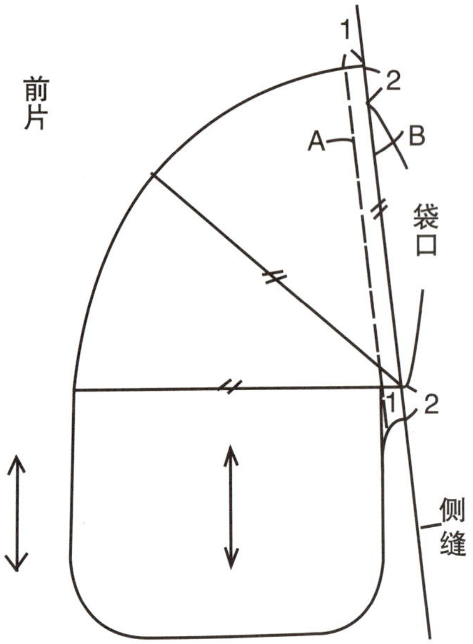

1-2 用里布来裁剪 A、B 袋布。袋垫布宽为 6 cm，如图用面布裁。

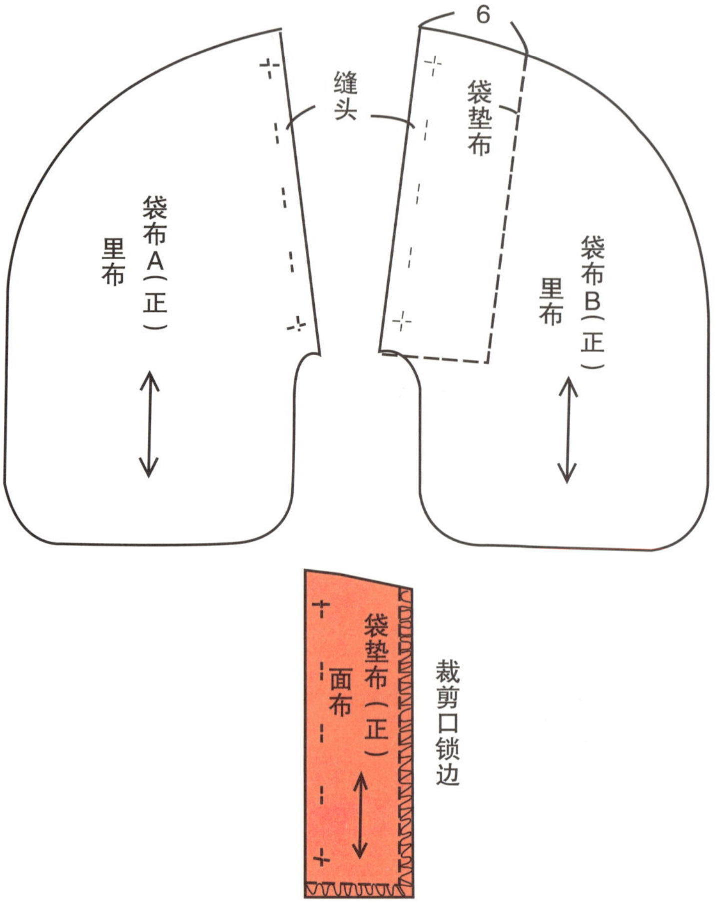

1-3 前片侧缝袋口的缝头，为防止拉伸烫黏合带。

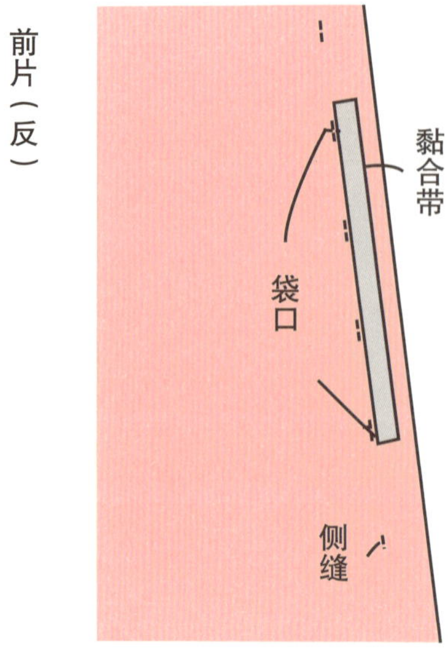

2 装袋布

2-1 前侧缝线记印出 1 cm 处与袋布 A 相对缝合。

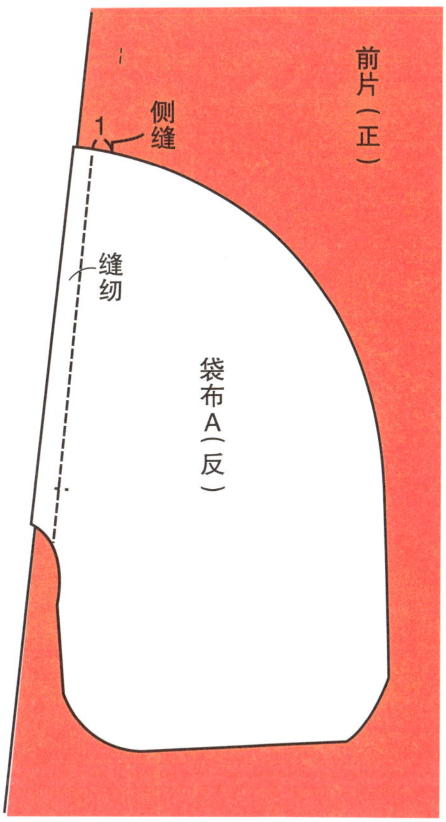

2-2 袋垫布重叠在 B 袋布上，车缝固定。

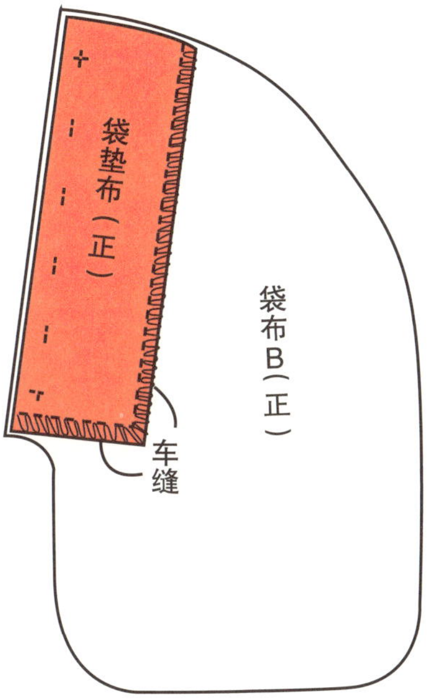

2-3 后侧缝与袋布 B 正面相对，出 0.2 cm 缝合。

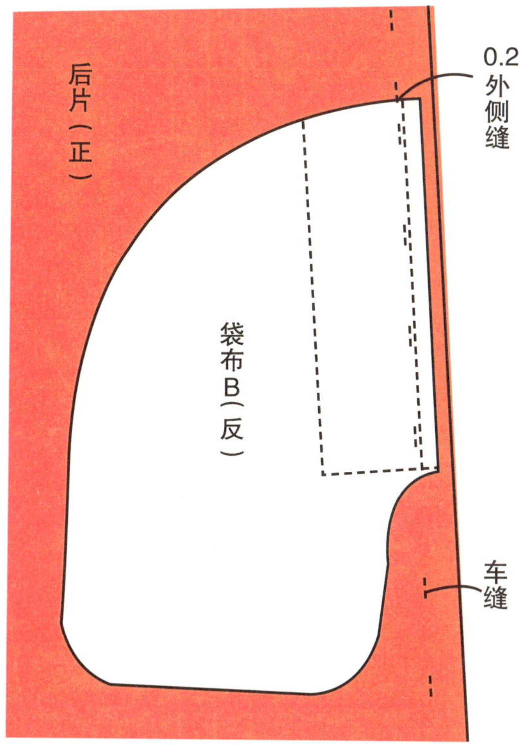

3 缝侧缝

3-1 避开袋布，前后衣片正面相对缝合侧缝，袋口除外。

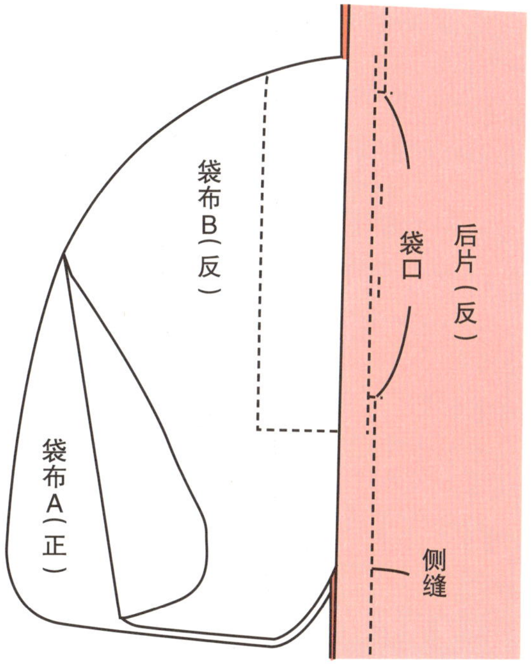

3-2 分烫侧缝。

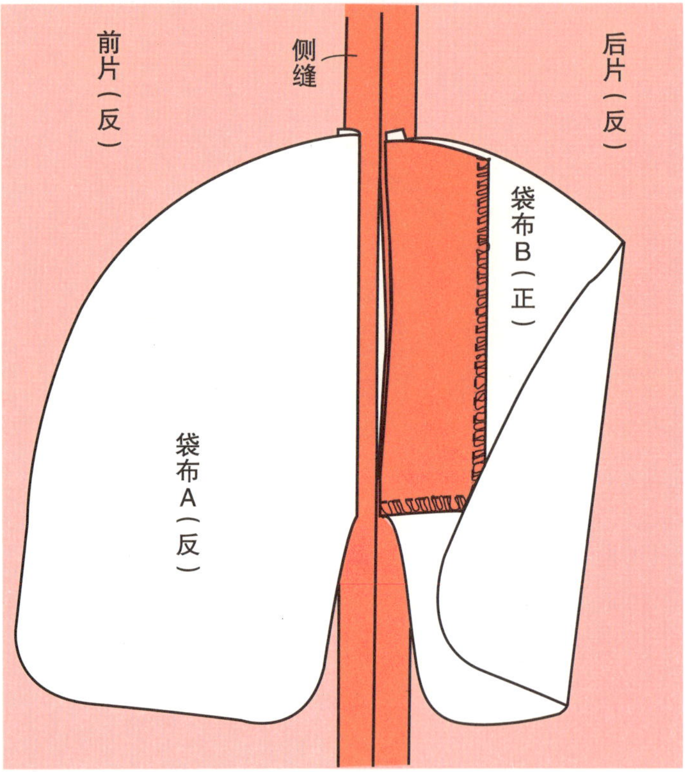

★袋口在缉线的情况下，要在前片缉。

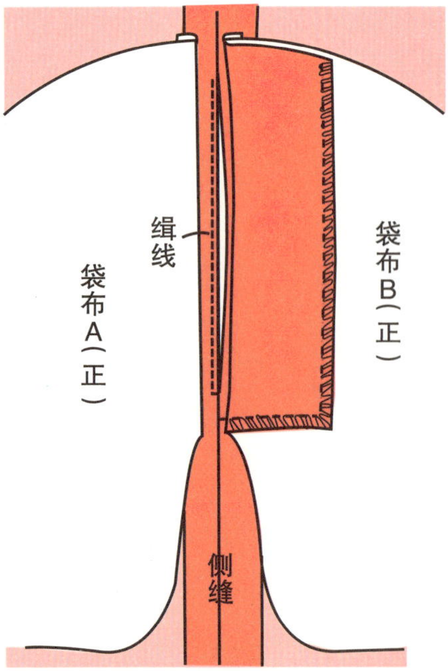

4 袋布周围缝合

4-1 袋布B倒向前衣片，与袋布A重叠，周围缝二圈。避开衣片上下开口处缝纫固定。

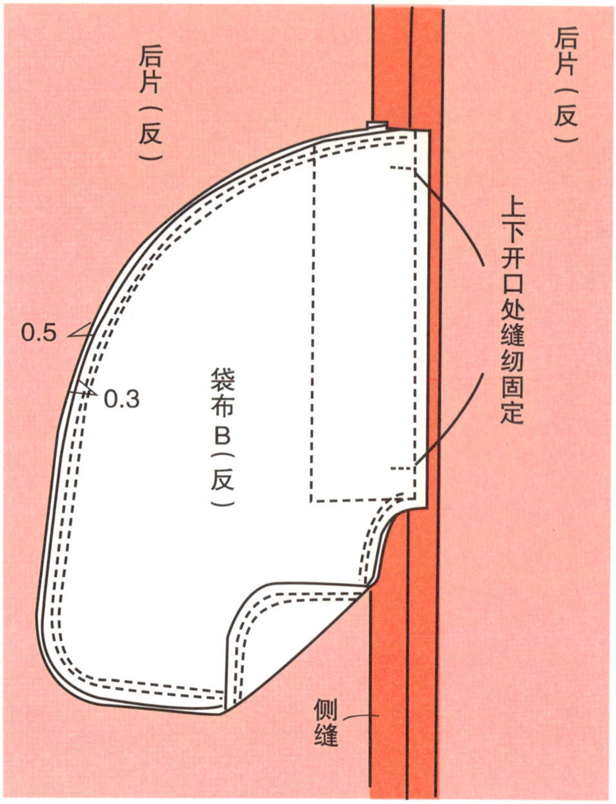

侧缝直插袋 B

利用缝头当袋垫布的情况

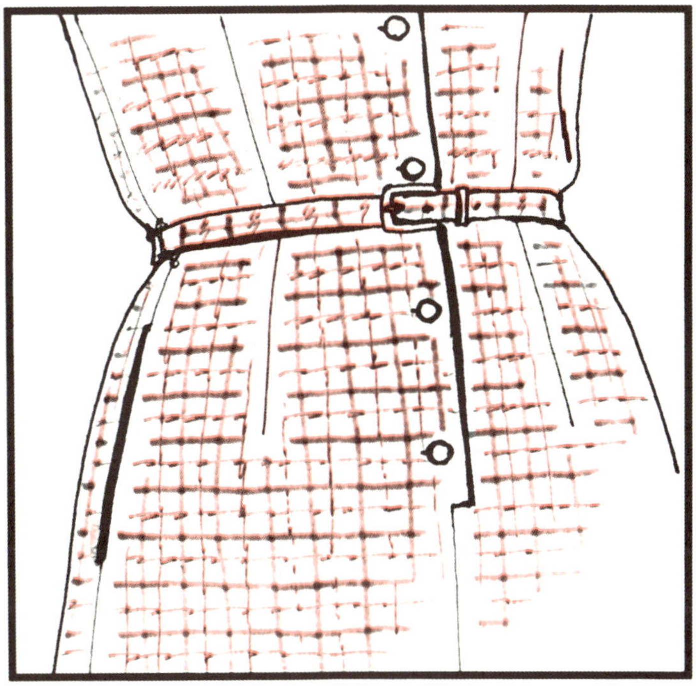

后衣片的缝头稍微多放一点当袋垫布用。由于袋口上下的缝头要剪刀口，因此容易脱散的布料不宜使用该方法。

1 布的裁剪

1–1 如图，A、B 二层袋布的袋口要有差档。

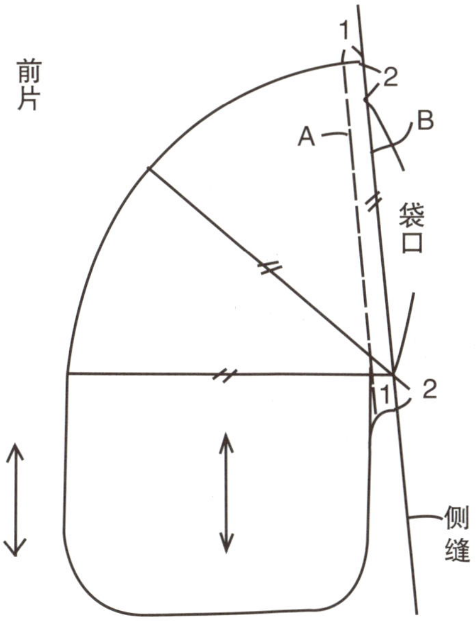

1–2 用里布来裁剪 A、B 袋布

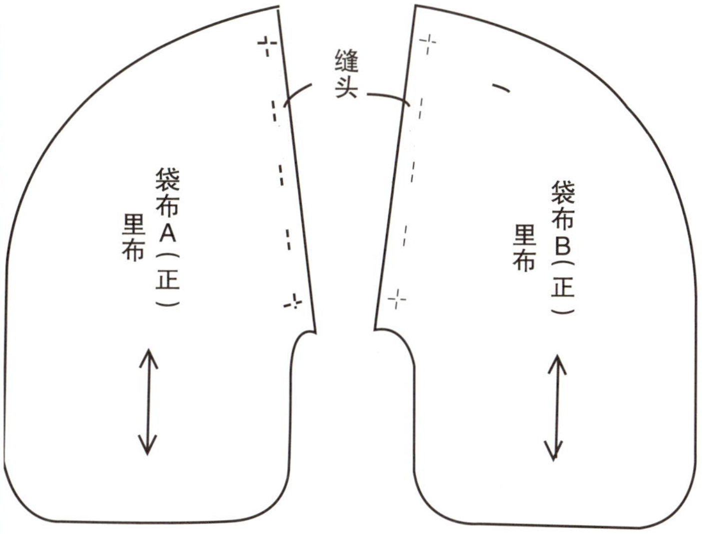

1–3 后衣片的缝头在袋口处裁得宽一点。袋口的开口止点处烫黏合带。

1–4 前侧缝袋口处为了防止拉伸要烫黏合带。

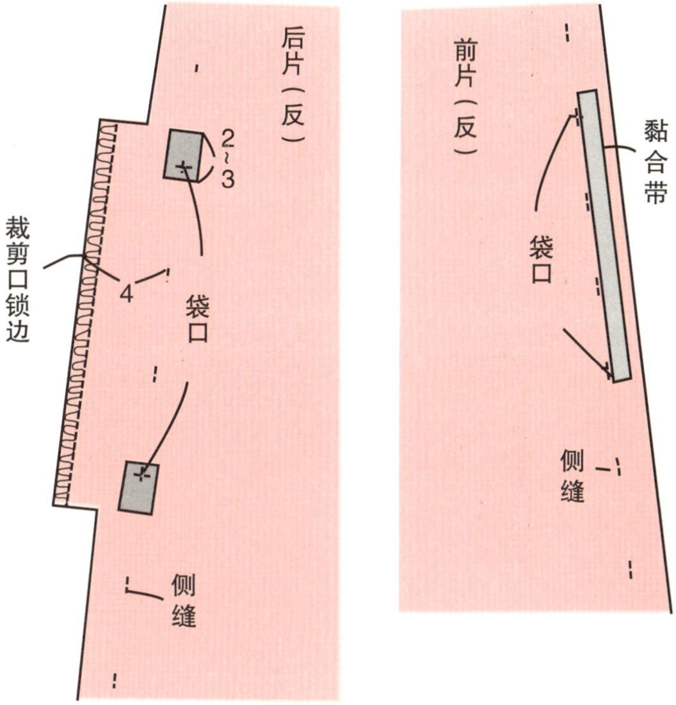

2 缝袋布

2-1 将袋布 A 与前侧缝记印出 1 cm 处对准缝合。后侧缝线与袋布 B 正面对准后，外出 0.2 cm 缝合。

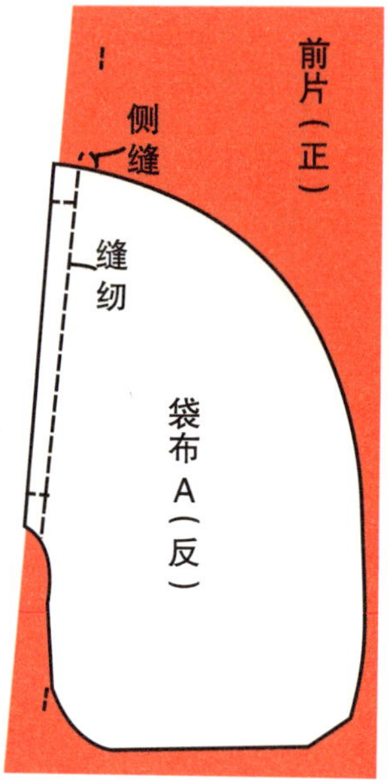

3 缝侧缝

3-1 前后衣片正面相对，缝合侧缝。后侧缝缝头打刀口。

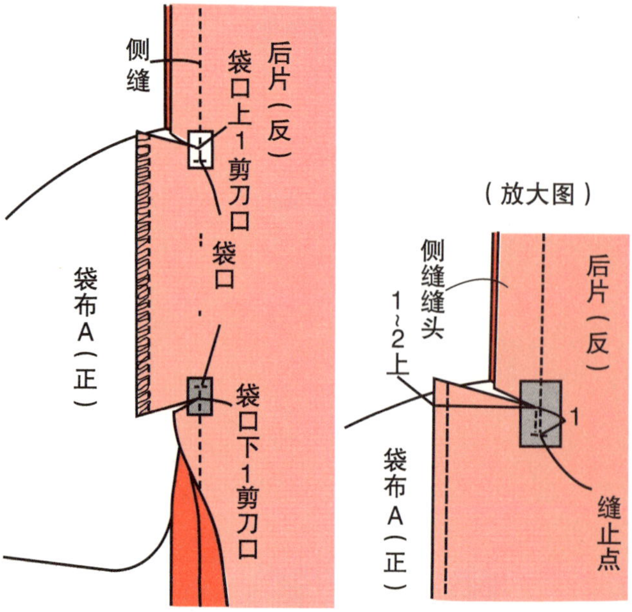

4 袋布对准后缝合

4-1 分烫侧缝缝头。与后片对准，袋布的缝头从袋口折转。作为袋垫布的缝头与袋布缝合固定。

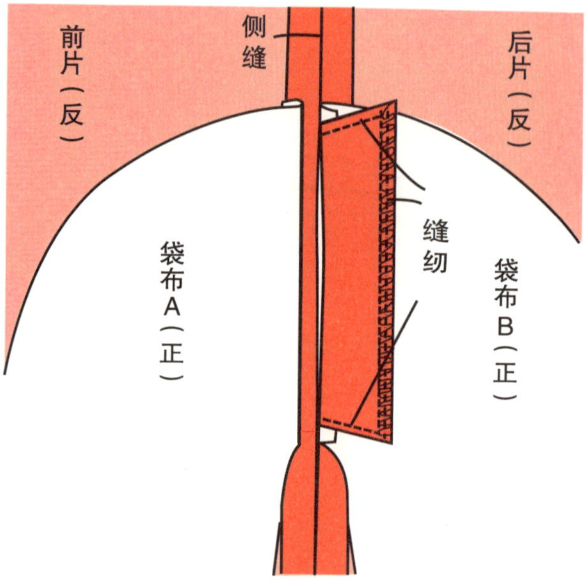

4-2 袋布 B 倒向前衣片与袋布 A 重叠。袋布周围缝二圈。掀开衣片面上下开口处，缝纫固定。

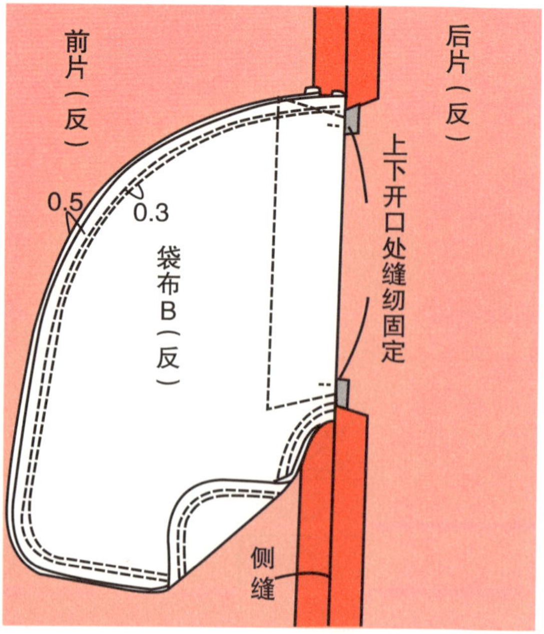

领

装领子的方法

根据款式、面料可以有各种各样装领方法。根据情况选择合适的方法是非常重要的。

1 夹装的方法

用领子夹住衣片与挂面的装领法。如关门翻领、装领座的领子、敞开式翻领、立领、西装领等。

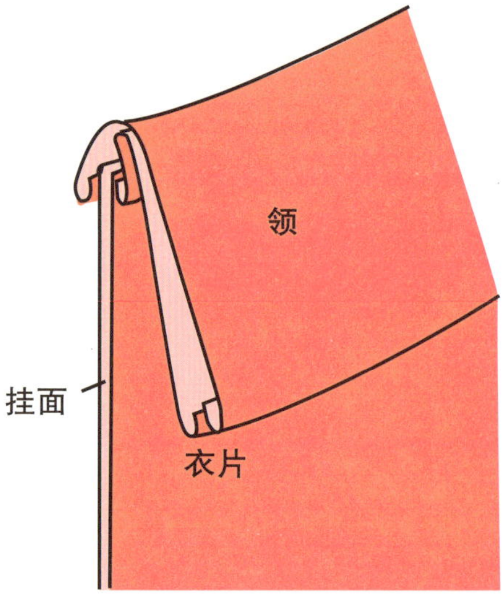

2 四层一起缝的方法

用衣片与挂面夹住领子的装领法。名字由于是四层布一起缝而得来的。适合于装领线弧度较大的领子。

如关门翻领、平坦领、敞开式翻领、立领等。

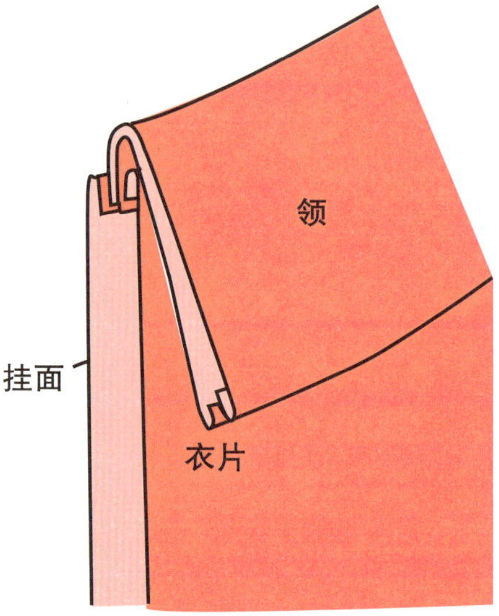

3 分开装的方法

衣片与挂面分别与领子缝合，装领的缝头分烫后正面相对，在外围缝合。如关门翻领、敞开式翻领、燕子领、立领、西装领等。

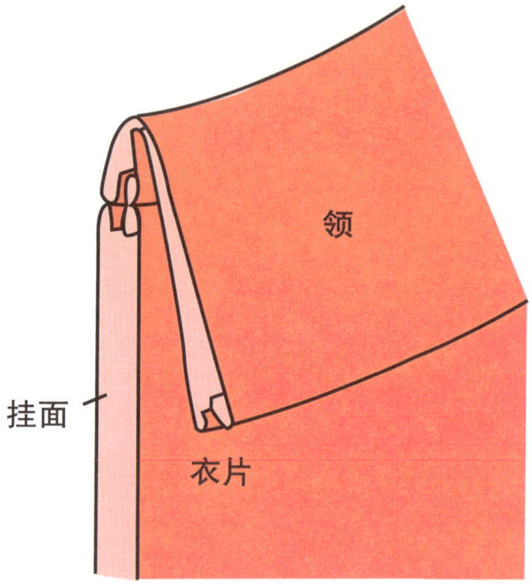

4 用斜丝带子处理的方法

适合于装领线弧度较大的领子。如关门翻领、平摊领、敞开式翻领、西装领等。

★ 平摊领、西装领的挂面要连到肩部。

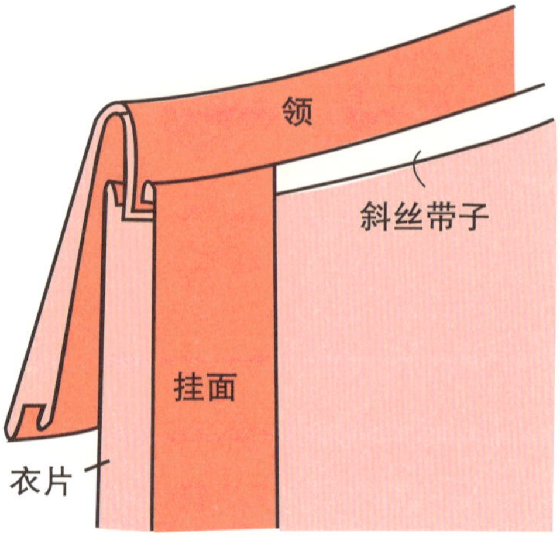

关门翻领

有领腰的、翻折的领子的名称。与平坦领形成对比。有各种各样的装领方法。领面与领里放相同缝头的情况（A）和领面与领里缝头有差异的情况（B），下面来说明这两种装领的方法。

A 领面与领里放相同缝头的情况

1 裁领子

1-1 领面与领里都放 1 cm 缝头。

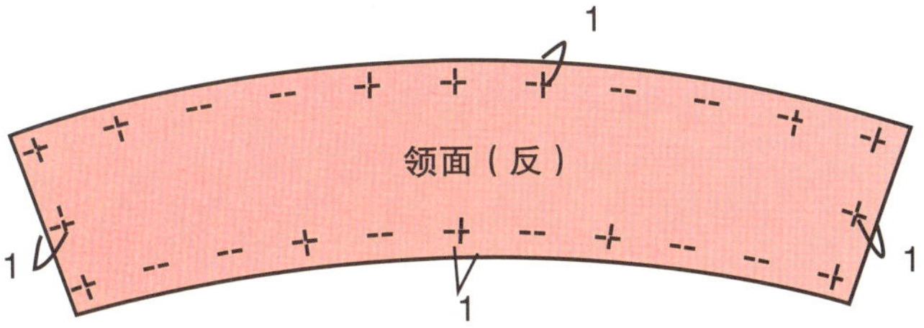

1-2 领里烫黏合衬、做记印。黏合衬的丝缕与领里相同。

★ 根据款式和面料既有领面烫黏合衬的，也有黏合衬只烫在净缝线以内的。

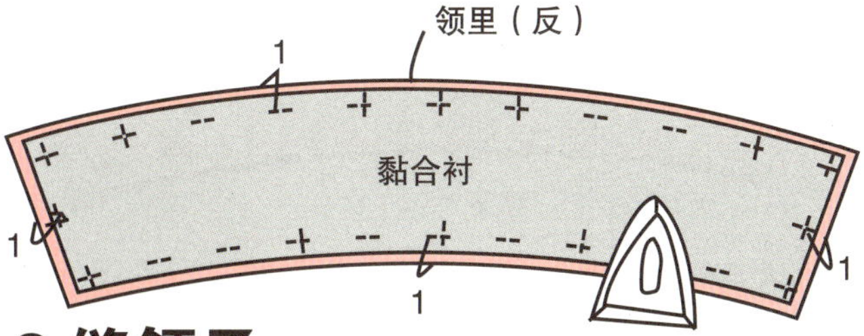

2 缝领子

2-1 领面与领里正面相对，对准对位记号，领面比记印出 0.1 cm、领里比记印进 0.1 cm 对准后用针固定。根据面料这个量可以适当增减。

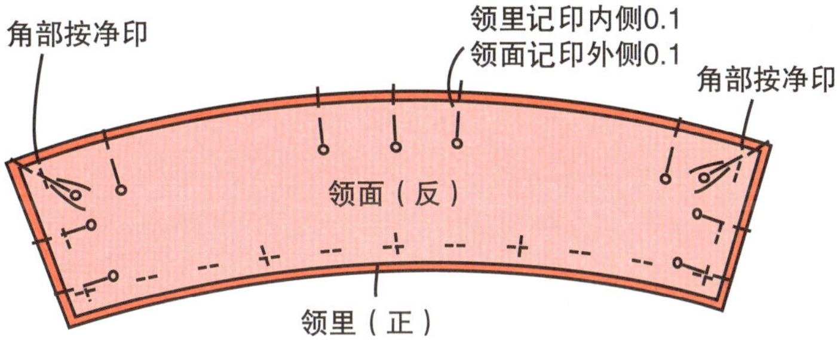

2-2 扎针的位置用疏缝。

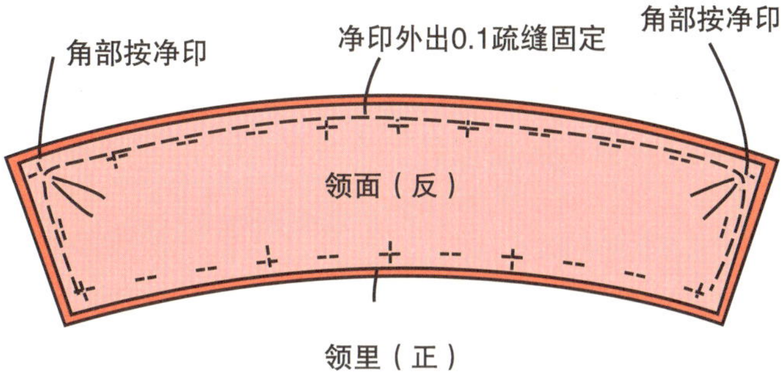

2-3 疏缝的外侧边缝合。

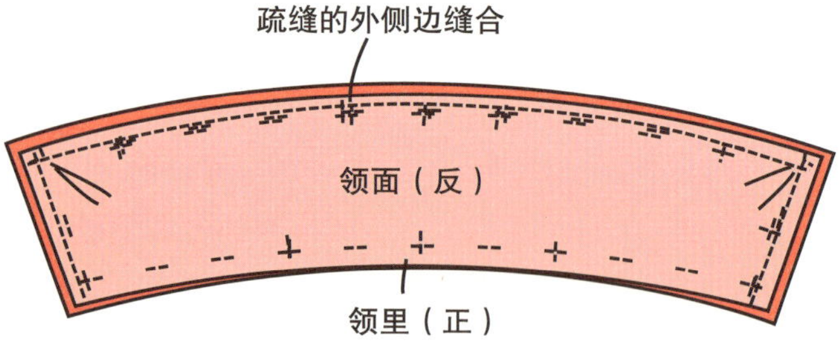

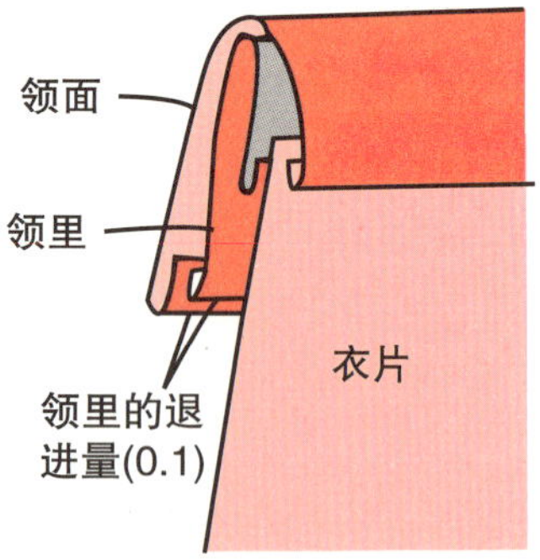

3-2 用熨斗分烫缝头（在缝头重叠处，也有缝头宽度有差异的情况）。

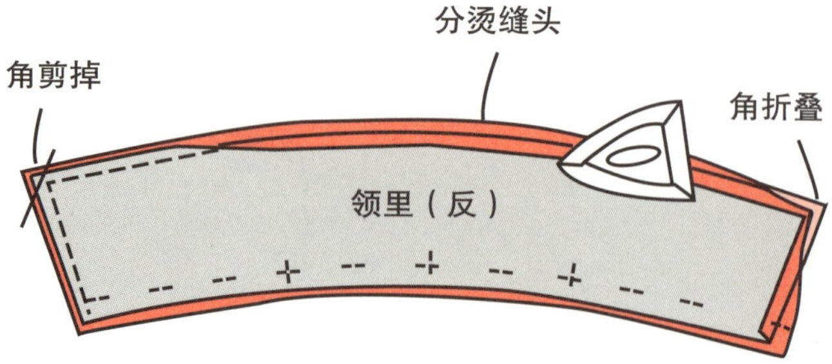

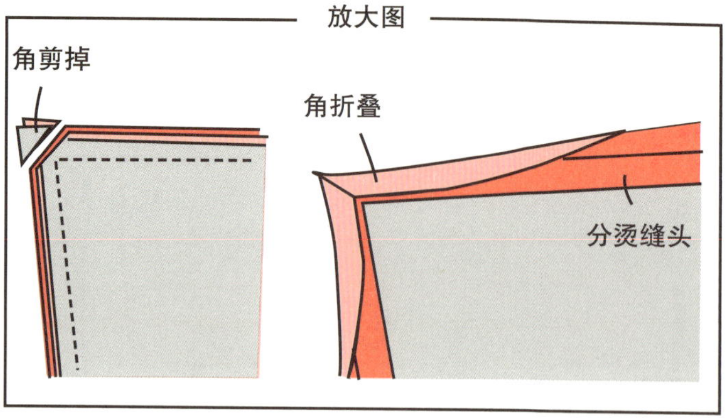

3 整理领子的缝头

3-1 把外围的缝头剪小。

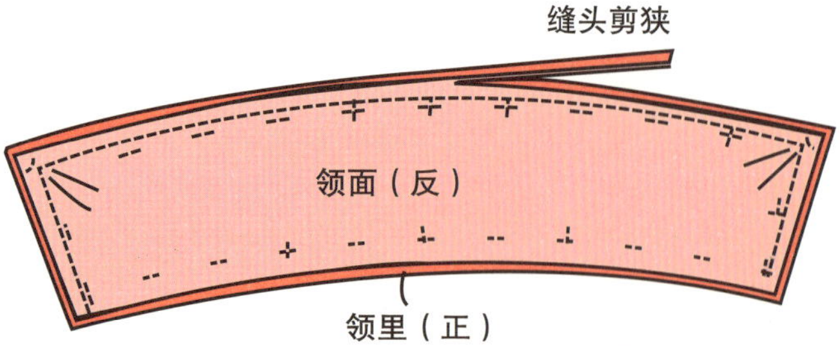

4 领子翻到正面

4-1 领子翻到正面。领里退进一点并用熨斗整烫。

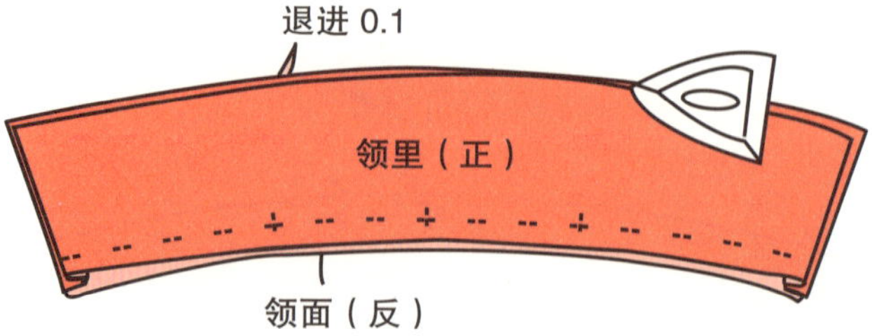

B 领面与领里缝头有差异的情况

1 领的裁剪

1-1 领面放 1 cm、领里放 0.8 cm（装领线放 1 cm）缝头裁剪。

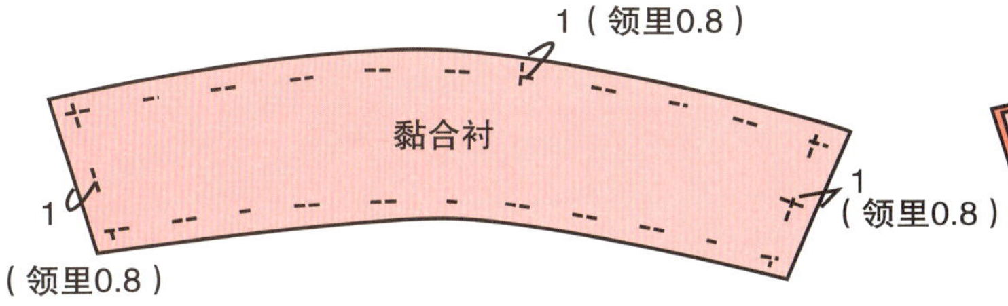

1-2 领里烫黏合衬、做记印。黏合衬的丝缕与领里相同。

★ 根据款式和面料既有领面烫黏合衬的，也有黏合衬只烫净缝线以内的。

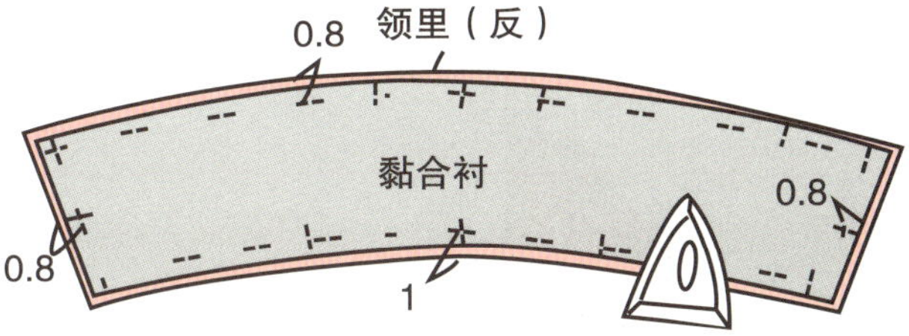

2 缝领子

2-1 领面与领里正面相对，对位记号的位置及裁剪线对准，按领面记印疏缝固定。

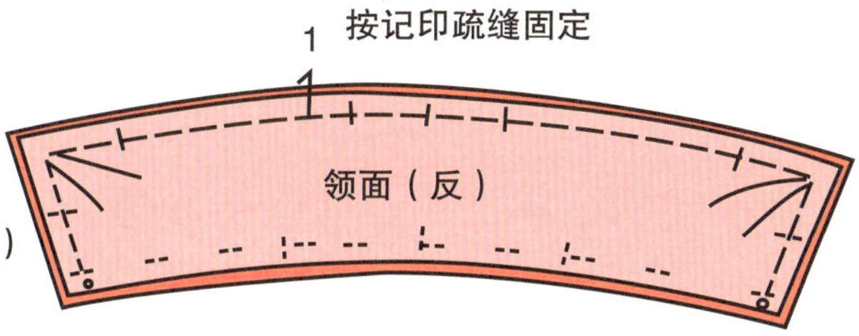

2-2 疏缝线外出 0.1 cm 缝合。根据面料退进量可以有所增减。

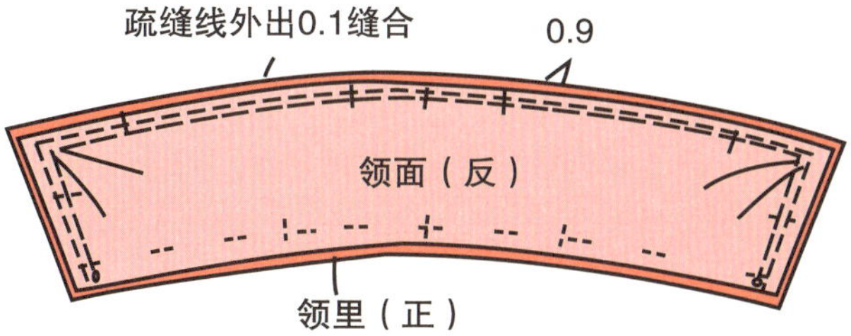

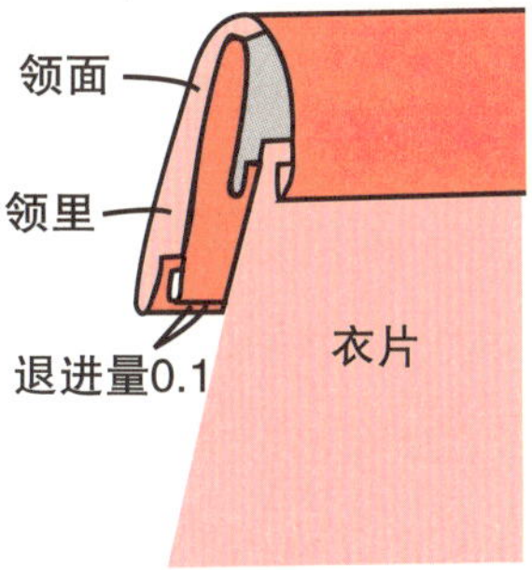

3 整理领子的缝头

3-1 把外围的缝头剪窄，用熨斗分烫缝头。也有缝头宽度有差异的情况。

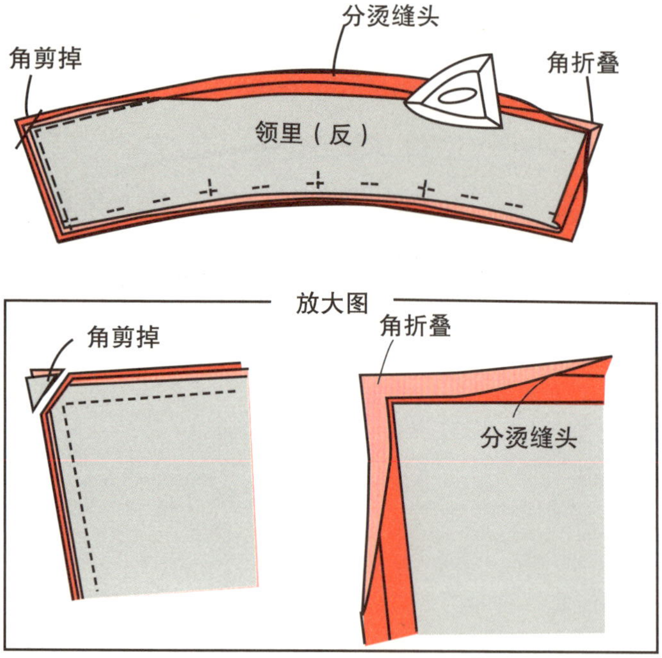

4 领子翻到正面

4-1 领子翻到正面。在领里一面退进一点，并用熨斗整烫。

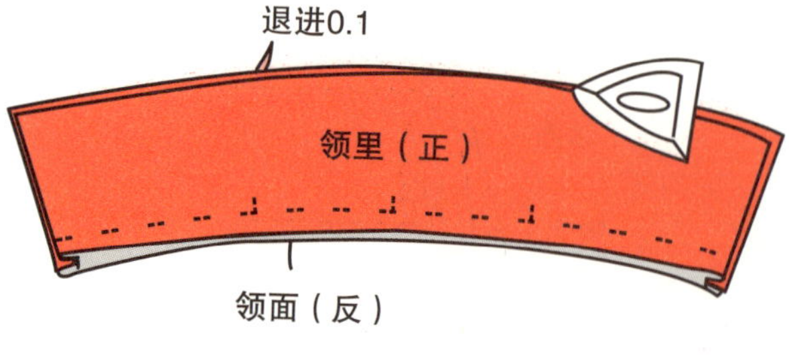

5 衣身上装领子（A、B 通用）

5-1 衣身与挂面正面相对折转，从装领止点开始至叠门前端缝合。

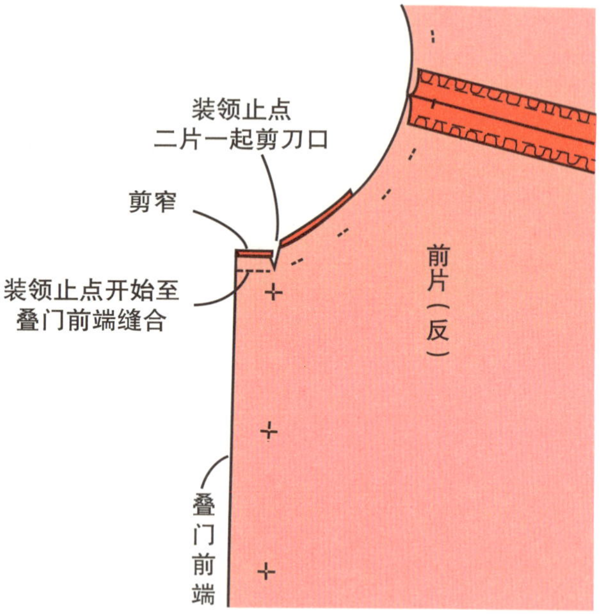

5-2 挂面翻到衣身的反面，领圈的缝头与衣身疏缝固定。

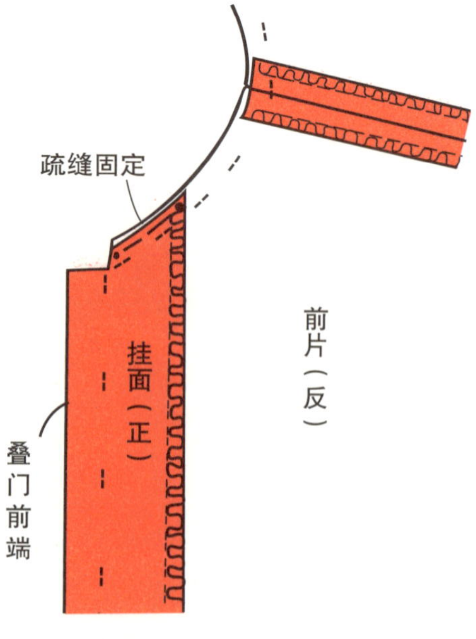

5-3 领面朝上重叠在衣片的正面，领里与衣片的装领线疏缝固定。

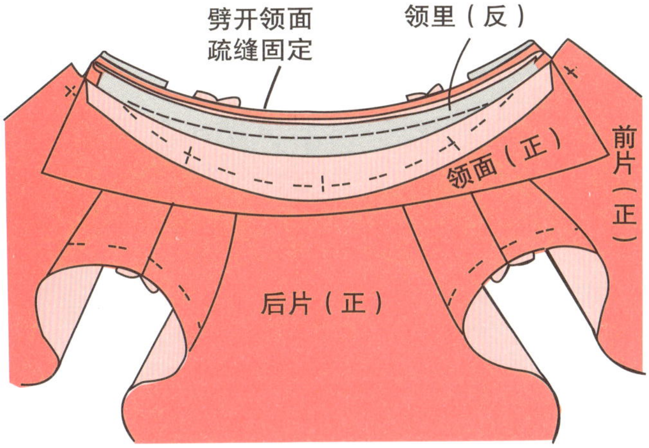

5-4 左右的装领止点间缝合。

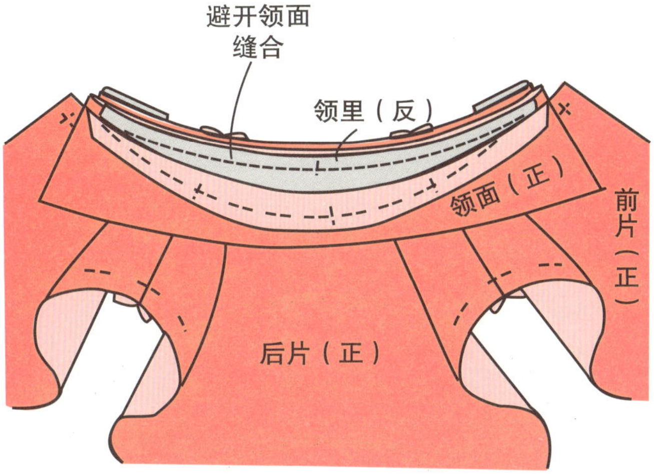

5-5 装领线缝头剪窄、剪刀口。

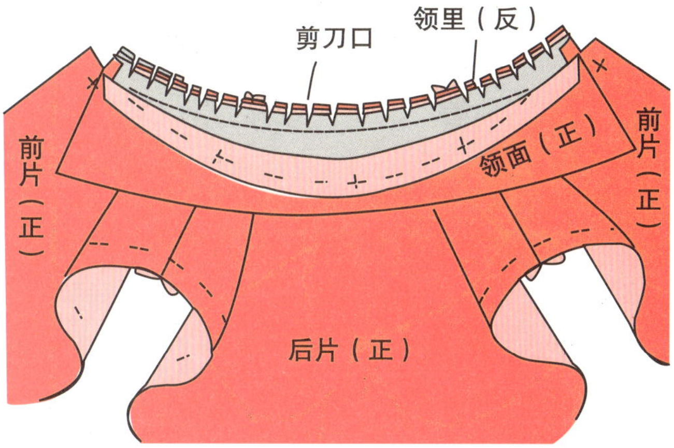

5-6 领面遮住装领线，注意衣身的正面不起皱并缲缝。（根据领子的翻折情况来折转领面的装领线）

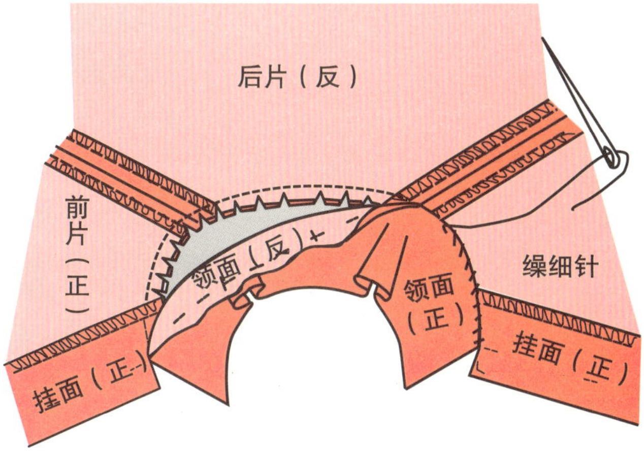

平翻领

领座底，沿着领圈翻折的领子的总称。它包括女式的小平圆领，披肩式的大圆领。这里选用斜丝带子滚领的装领方法来作说明。

1 裁剪领子

1-1 领面放 1 cm 缝头、领里放 0.8 cm 缝头。

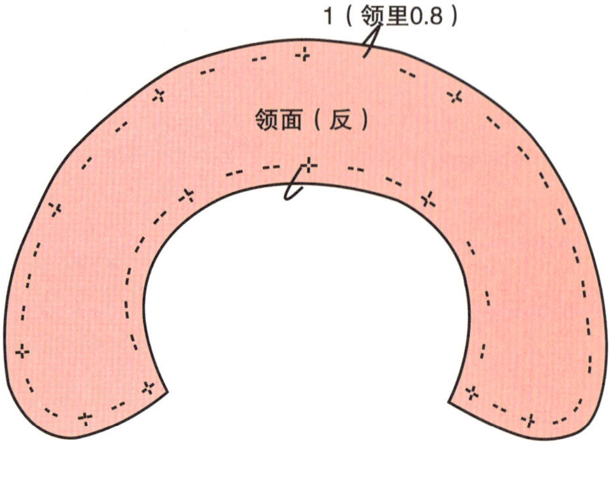

1-2 领面反面烫黏合衬、做记印。黏合衬的丝缕与领面相同。大的领子烫黏合衬时先烫中央，再烫左右。

★ 根据款式和面料，既有领里烫黏合衬的，也有在净缝线以内烫黏合衬的。

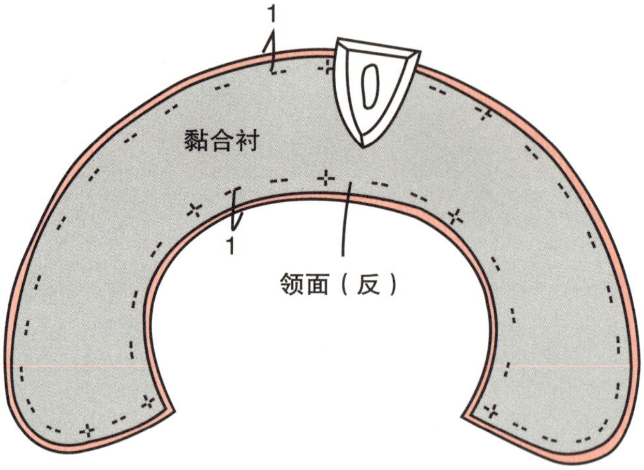

2 缝领子

2-1 领里与领里正面相对，对位记号位置及裁剪线对准，在领面记印旁用疏缝固定。

2-2 疏缝线外出 0.1 cm 处缝合。

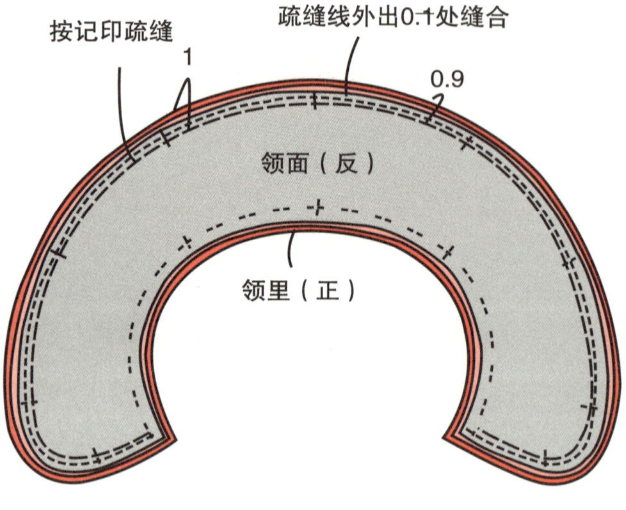

3 整理领子的缝头

3-1 外围的缝头剪窄，缝线开始往领里侧折。也有缝头宽度有差异的。

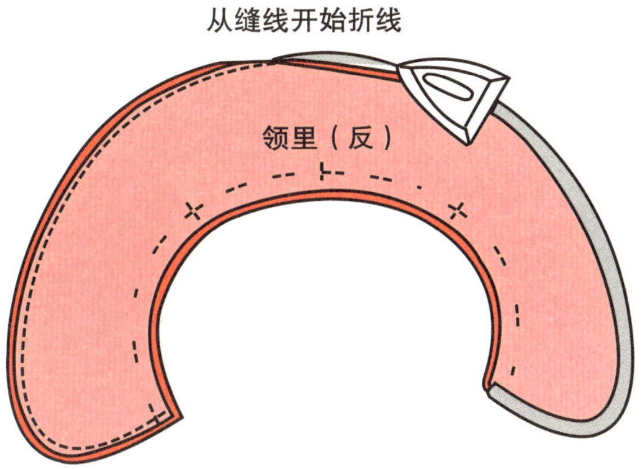

圆弧部分的处理方法

4 领子翻到正面

4-1 领子翻到正面。在领里退进一点，并用熨斗整烫。

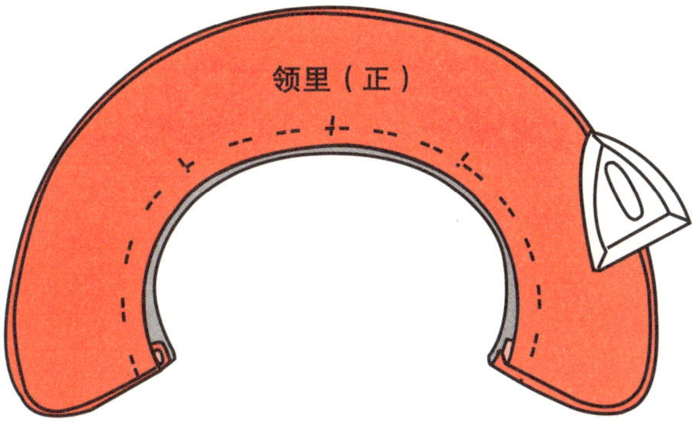

4-2 翻转领子后观察两个圆头是否相同。装领线用疏缝固定。

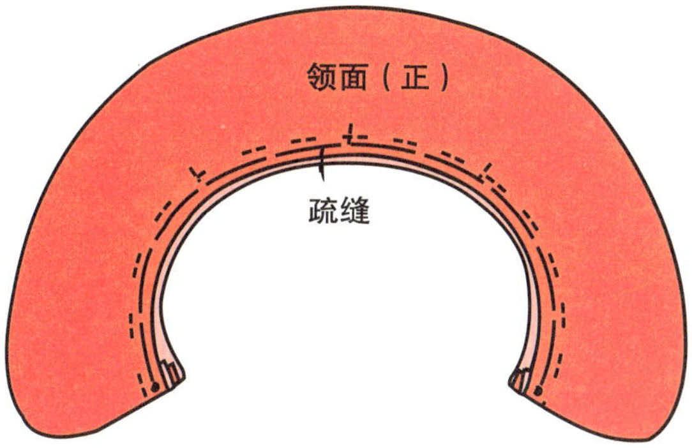

5 衣身上装领子

5-1 领面朝上重叠在衣身的正面，用针固定。

5-2 前片与挂面正面相对，用疏缝固定。

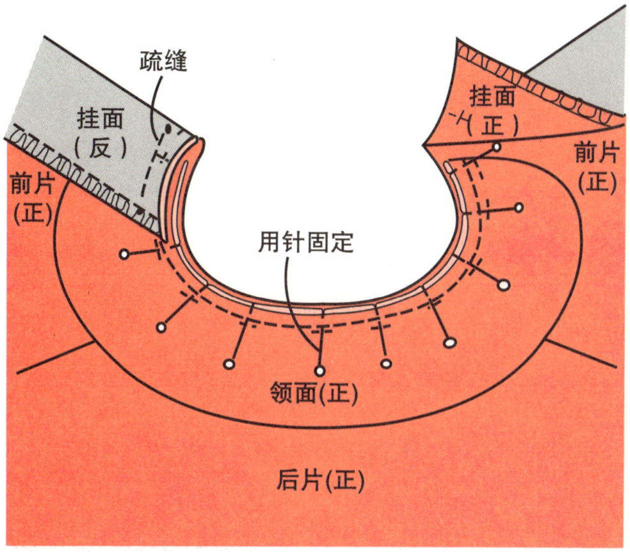

5–3 用熨斗把斜丝带子整烫成与领圈相同的形状。斜丝带子在装领尺寸的基础上放出缝头。

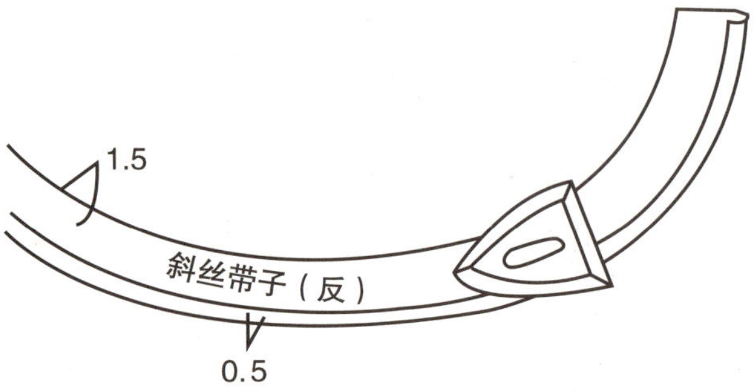

5–4 整烫后的斜丝带子重叠在领子上，疏缝固定。按记印缝合。斜丝带子与挂面重叠 1 cm。

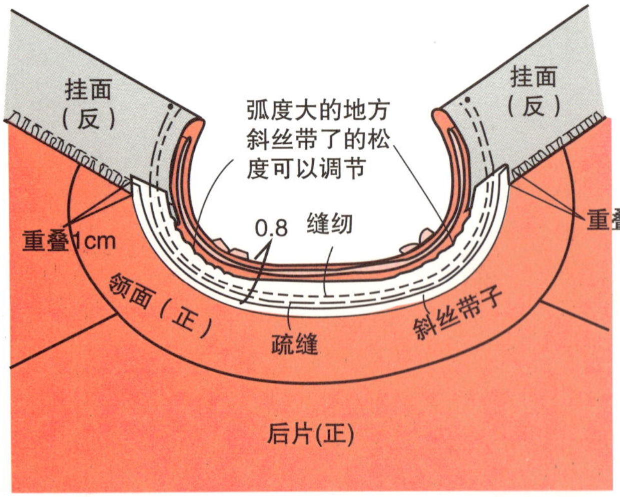

5–5 装领线的缝头剪窄，再剪刀口。如果缝头厚，领子的缝头要剪得更窄，劈开斜丝带子。也有只在衣片剪刀口的情况。

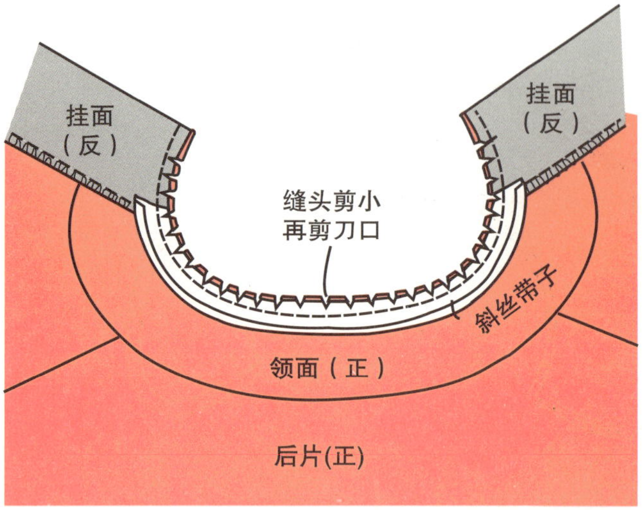

5–6 挂面翻到衣身反面。斜丝带子折成 0.8 cm 后缲缝。

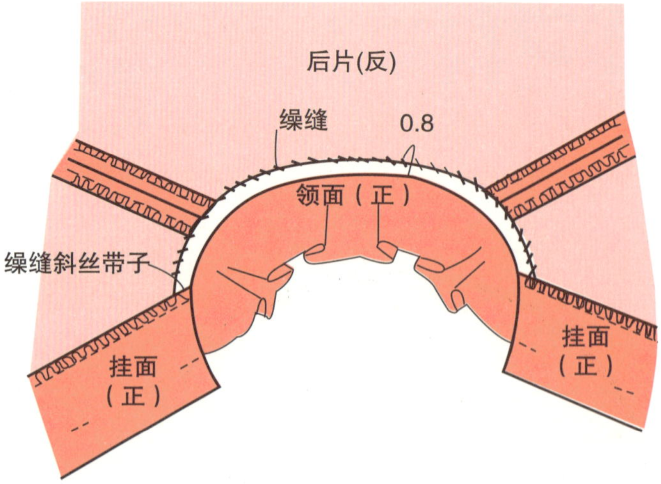

水兵领

因为是海军水兵服上的领型所以又称海军领。它是属于平坦领。这里介绍四层一起缝的方法。

1 领的裁剪

1-1 领面放 1 cm、领里放 0.8 cm（装领线放 1 cm）缝头裁剪。

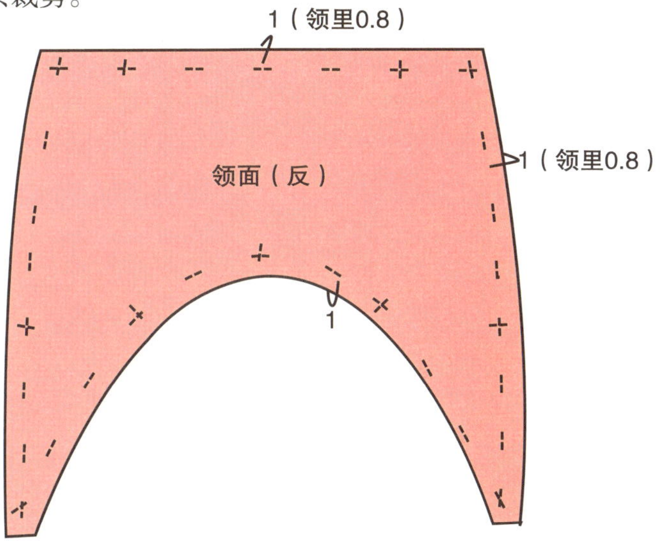

1-2 领里烫黏合衬，做记印。黏合衬的丝缕与领里相同。大的领子烫黏合衬时，先烫中央，再烫左右。

★ 根据款式和面料，有领面烫黏合衬的，也有黏合衬只烫在净缝线以内的。

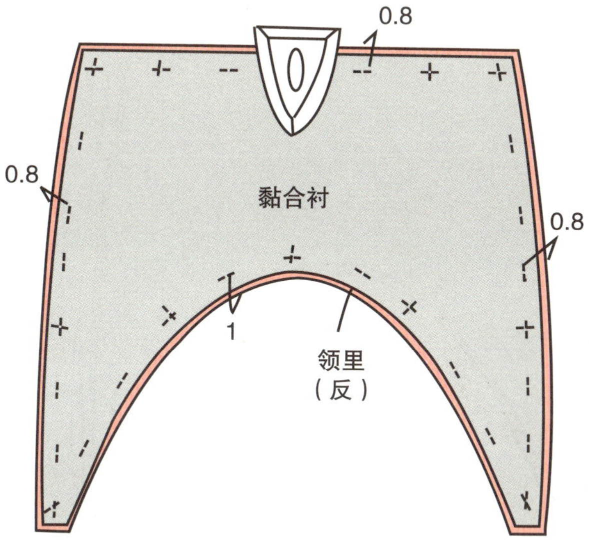

2 缝领子

2-1 领面与领里正面相对，裁剪线对准、对位记号的位置对准。按领面的记印疏缝固定。

2-2 疏缝外出 0.1 cm 处缝合。

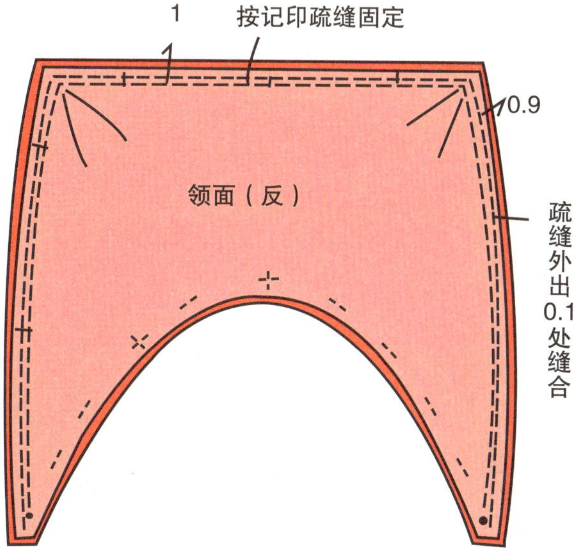

3 整烫领子的缝头

3–1 把外围的缝窄、缝线开始往领里侧折转。也有缝头宽度有差异的。

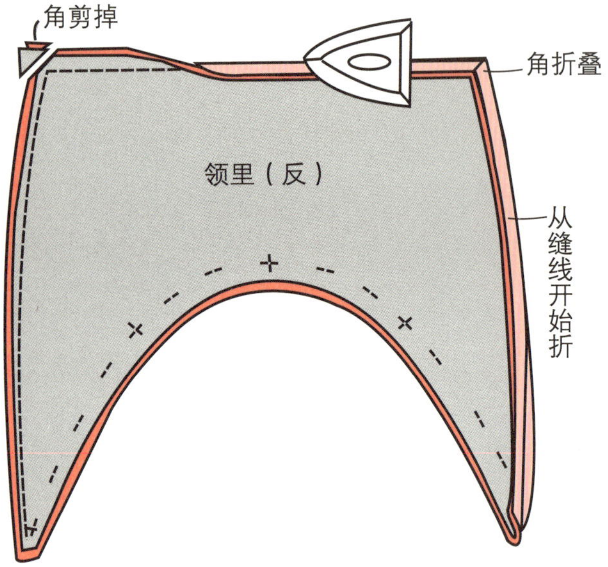

4–2 领子翻到正面的形状确认后，装领线内侧疏缝固定。

4–3 领子的外围缉线。压缉缝时也有不缉线的。

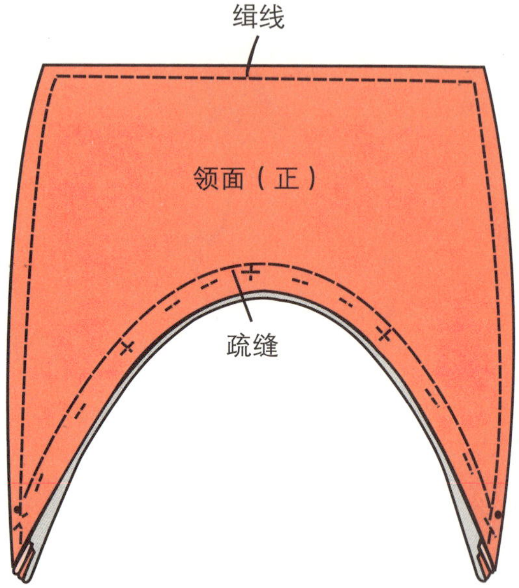

4 领子翻到正面

4–1 领里退进一点，并用熨斗整烫。

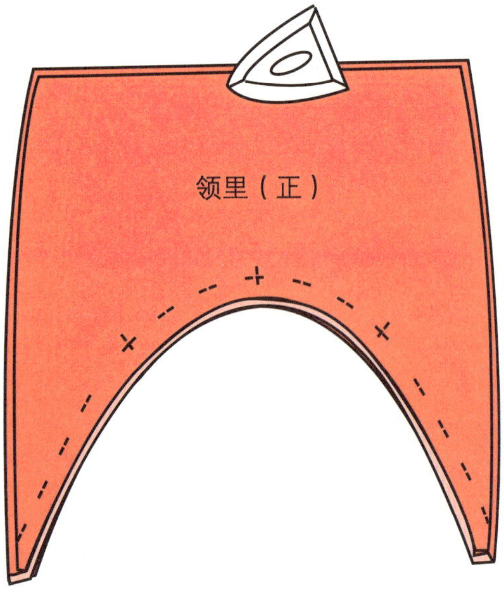

5 前衣片、贴边烫黏合衬

5–1 前衣片开口止点烫黏合衬。

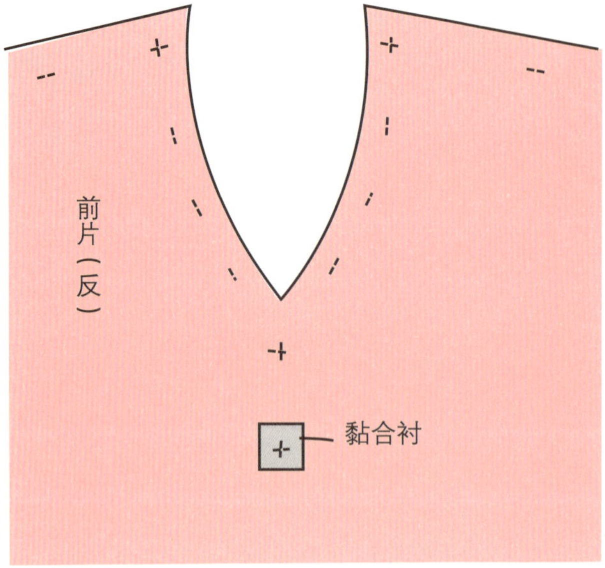

5-2 挂面烫黏合衬、做记印。

5-3 缝肩缝、分烫缝头。

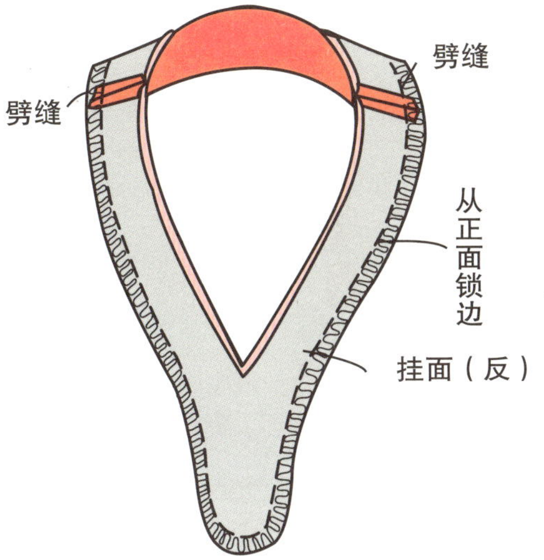

6-2 领面与挂面正面相对疏缝固定，按记印缝合。

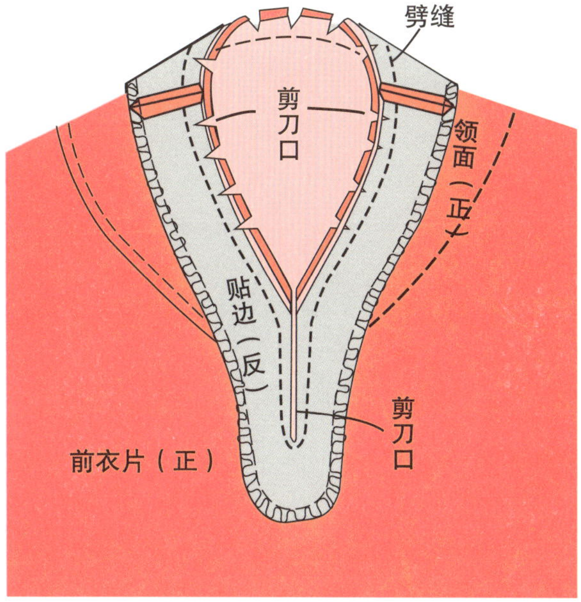

6 衣身上装领子

6-1 衣身的正面重叠放上领子，疏缝固定。

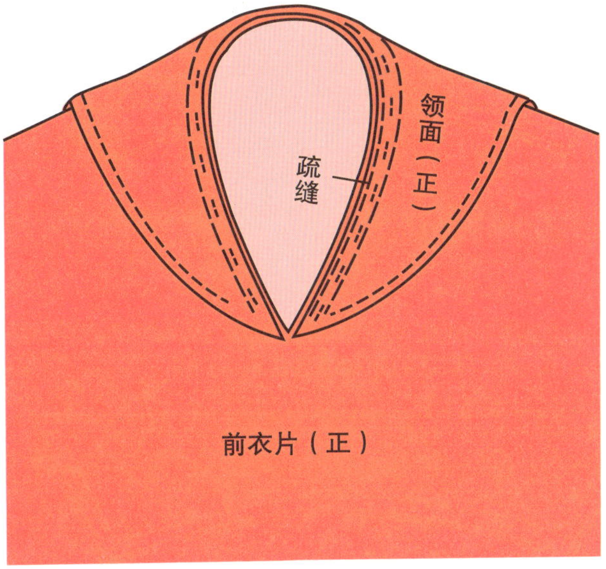

7 贴边翻到衣身的反面

7-1 装领线处用专用缝纫机缝或用星针固定，这样贴边不容易动。

7-2 开口部分缉线或压缉缝。缉线与领外围有一种统一感。

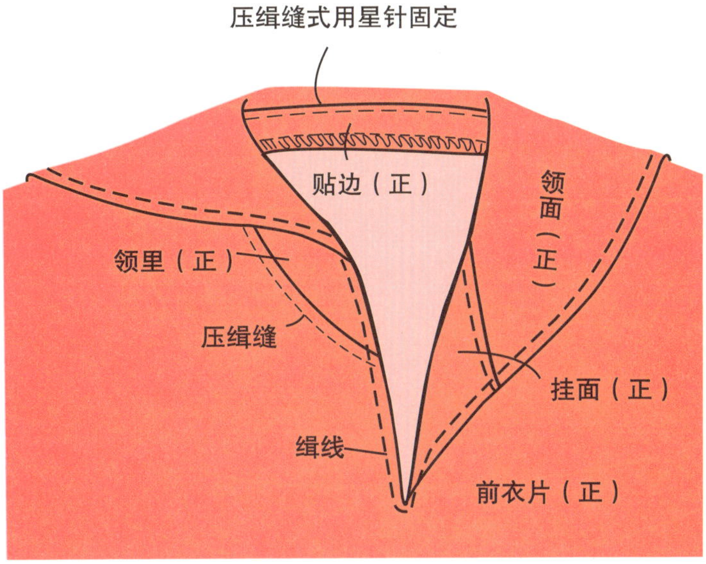

有领座衬衫领

衬衫领是装在衬衫上的领子的总称。男式衬衫上装的领子分领座与上领两个部分。这里介绍的是上领与领座裁开的领子的制作方法。

1　领的裁剪

1–1　上领的领面与领里、领座的领面与领里都放 1 cm 缝头。

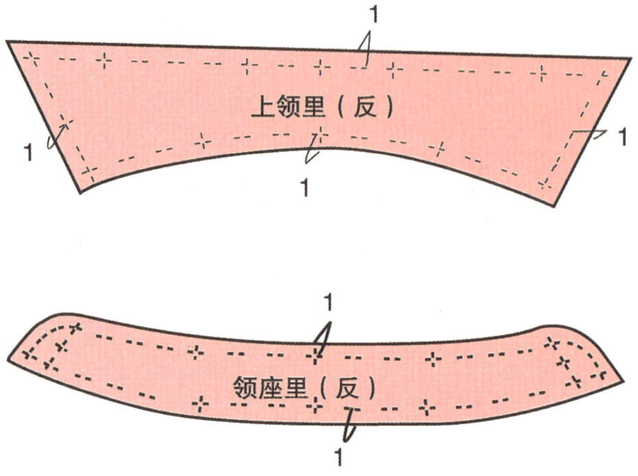

1–2　上领的领面、领座的领面按净缝线烫黏合衬。黏合衬的丝缕与领面相同。

★　黏合衬根据设计与面料品种的不同，有放缝头的，也有上领与领座正反两层领子都烫黏合衬的。

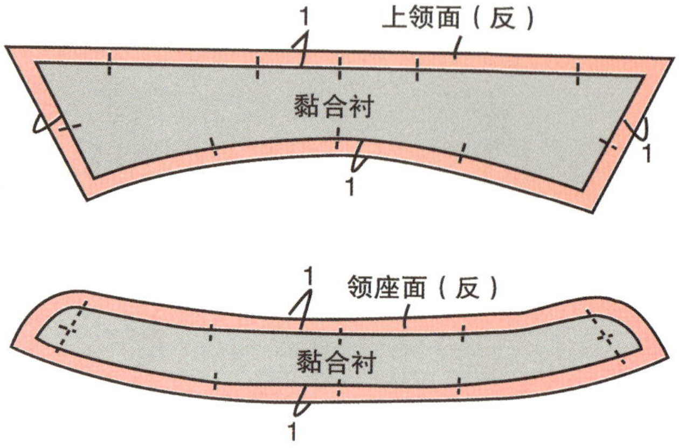

2　缝上领

2–1　上领的领面与领里正面相对，对准对位记号，按领面的记印疏缝固定。

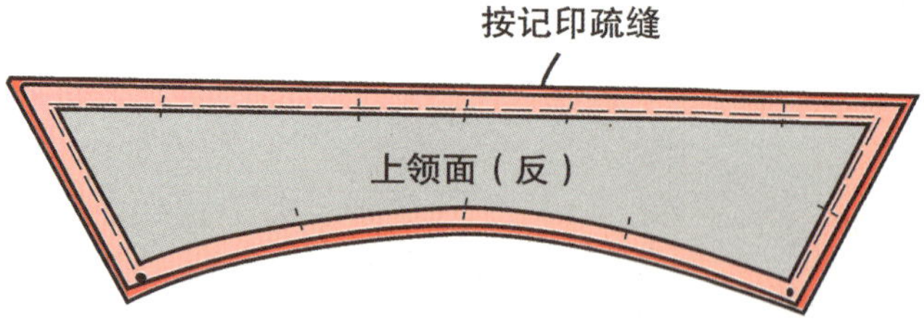

2–2　疏缝的外侧边缝合。

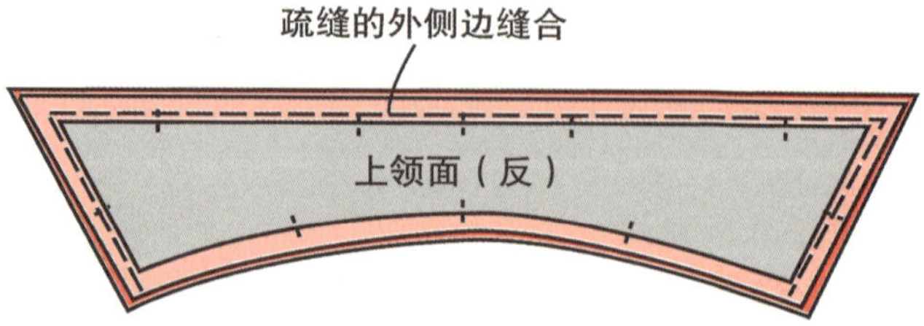

3 整理领子的缝头

3-1 剪窄外围的缝头，用熨斗把缝头朝领面侧烫转（也有缝头朝领里侧烫转的）。

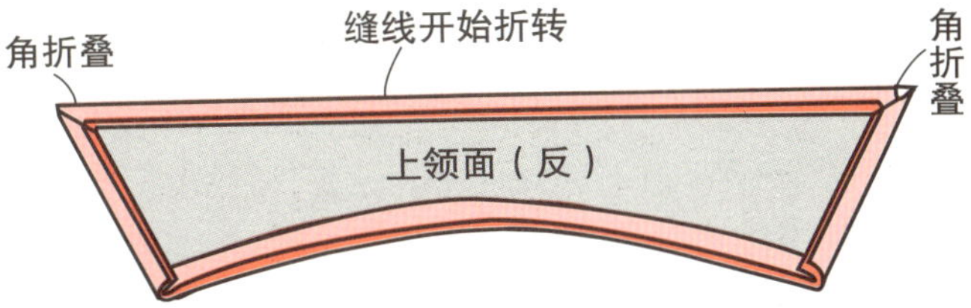

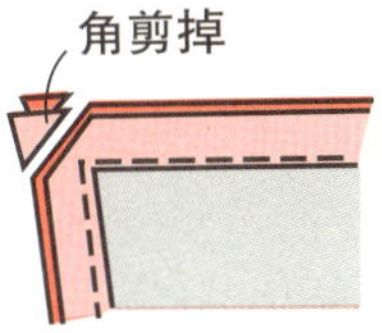

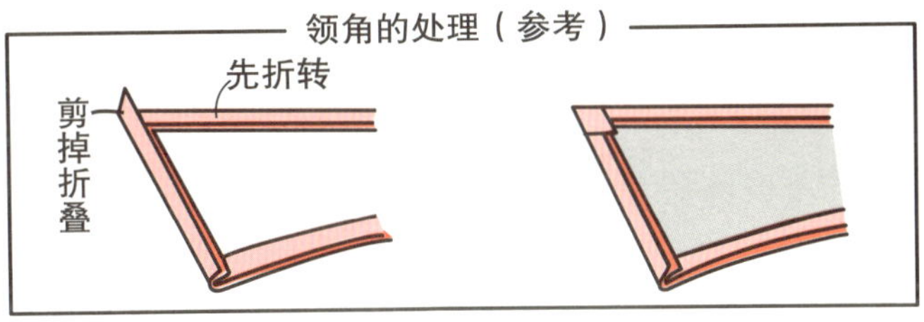

4 上领翻到正面

4-1 上领面与上领里缝合的缝道整里好后，在上领里的正面用熨斗整烫。

4-2 上领面的正面外围压缉线。

5 上领与领座缝合

5-1 领座的领里装领线用熨斗按净缝线烫转。

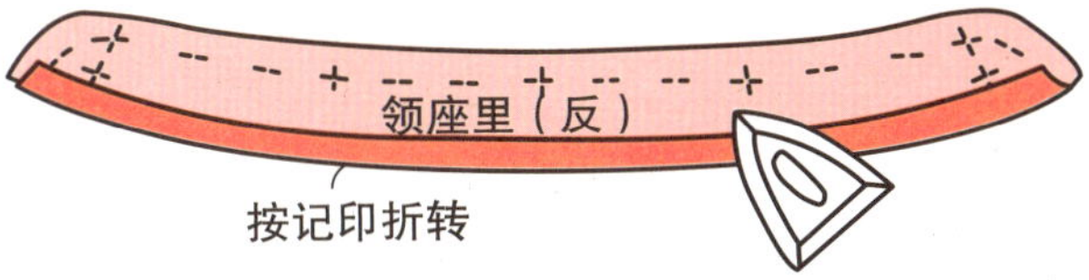

5-2 上领面朝上重叠放在领座领面的正面疏缝固定。

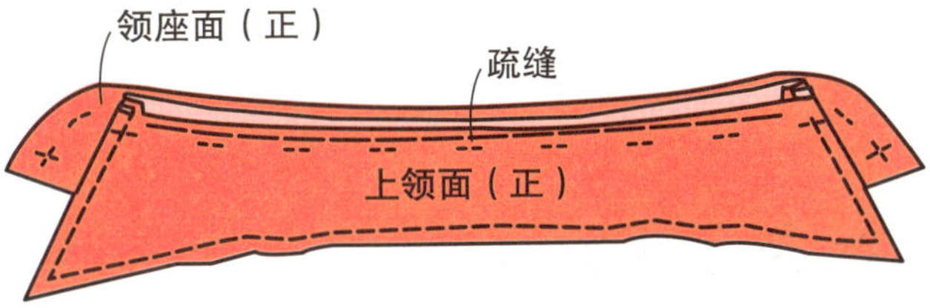

5-3 上领面与领座里正面相对，按记印疏缝固定。在疏缝线的外侧缝合。

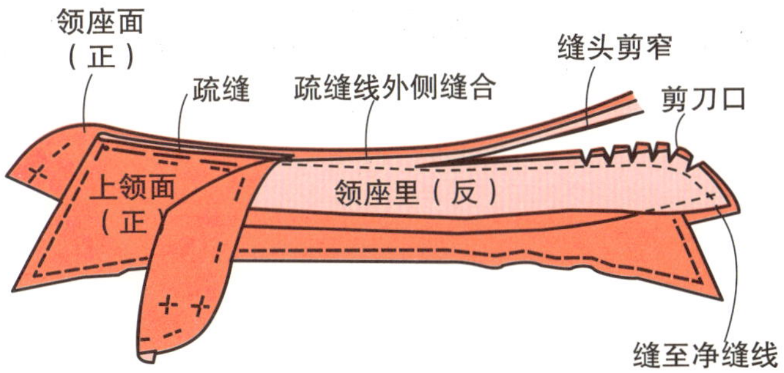

5-4 把领座翻到正面，用熨斗把领座烫挺，不要有折皱。

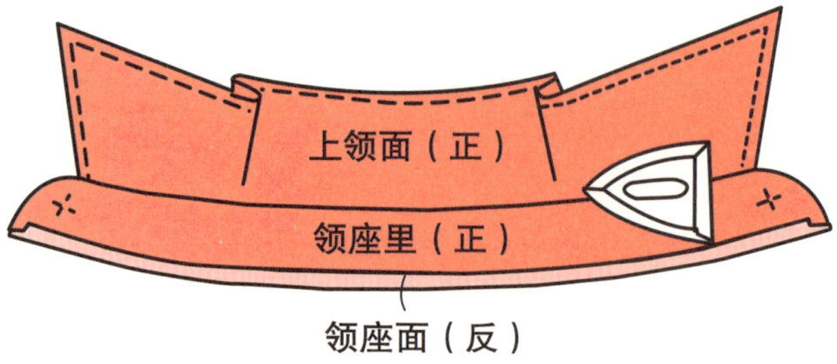

6-2 领座里要刚好遮住装领线，疏缝固定。

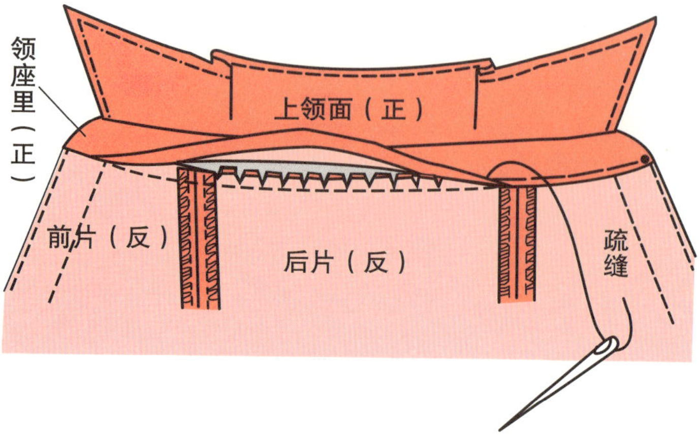

6 衣身上装领子

6-1 衣身与领面座正面相对，疏缝固定、缝合。缝头剪窄、剪刀口。

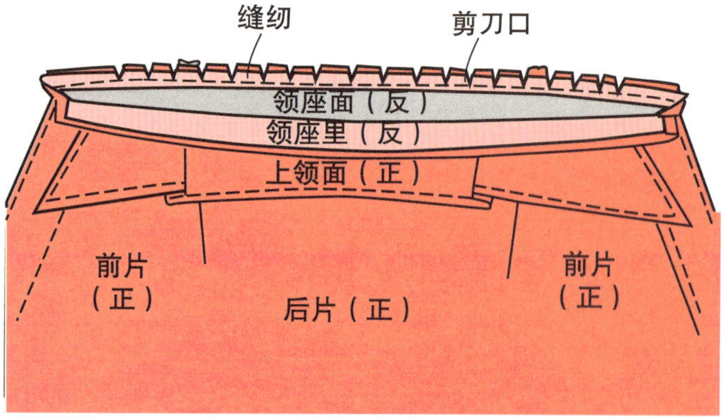

6-3 领座面侧用专用缝纫机缝合。

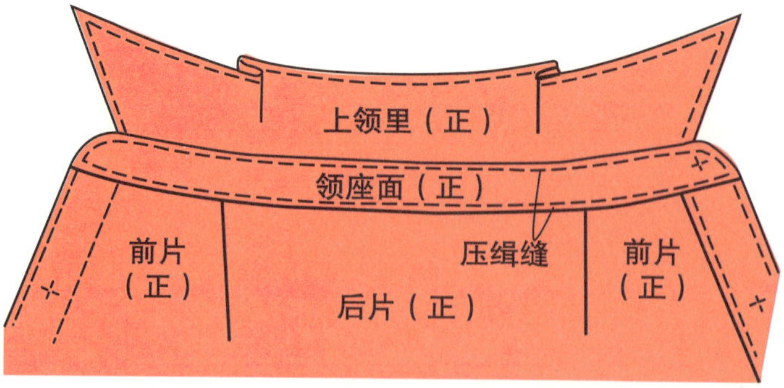

敞开式翻领

又称开领，常见于休闲衬衫和女外衣。这里介绍的是四层缝头一起缝合的装领方法。

1 领的裁剪

1–1 领面放 1 cm、领里放 0.8 cm（装领线放 1 cm）缝头裁剪。

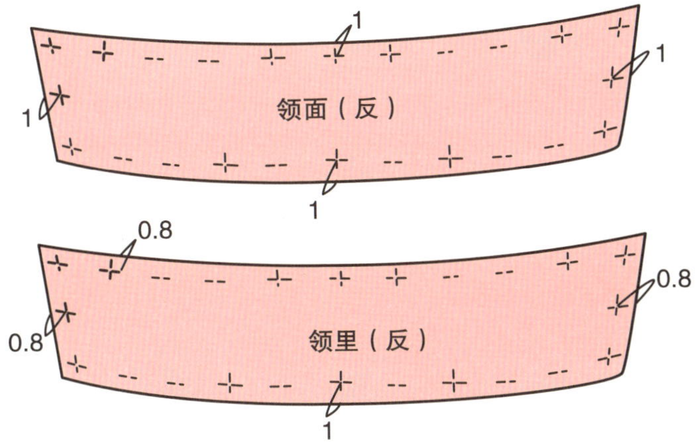

1–2 领面烫黏合衬、做记印。黏合衬的丝缕与领面相同。

★ 根据款式和面料有领里烫黏合衬的，也有黏合衬只烫在净缝线以内的。

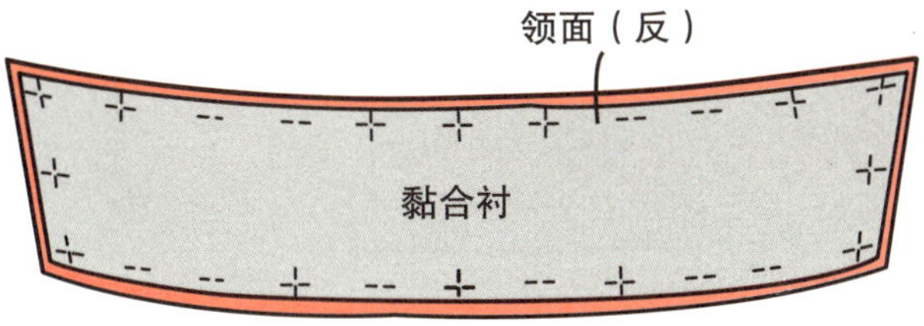

2 缝领子

2–1 领面与领里正面相对，对位记号的位置及裁剪线对准，按领面的记印疏缝固定。

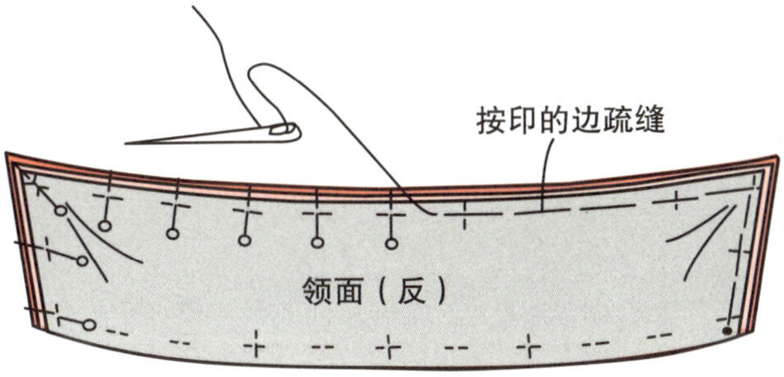

2–2 疏缝线外出 0.1 cm 缝合。根据面料这退进量可以有所增减。

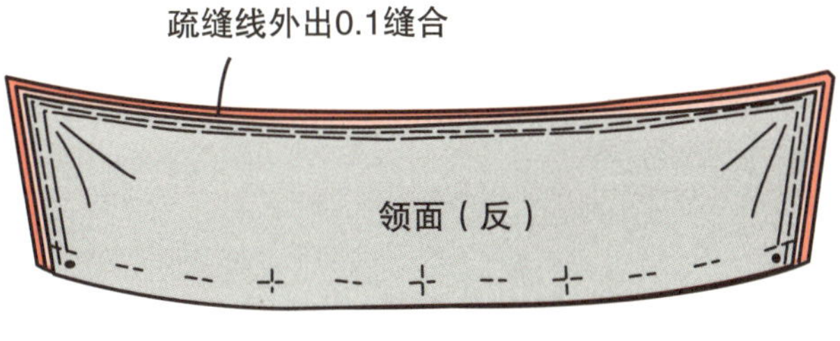

2-3 外围的缝头剪窄，用熨斗把缝头烫向领里一侧。也有缝头宽度有差异的情况。

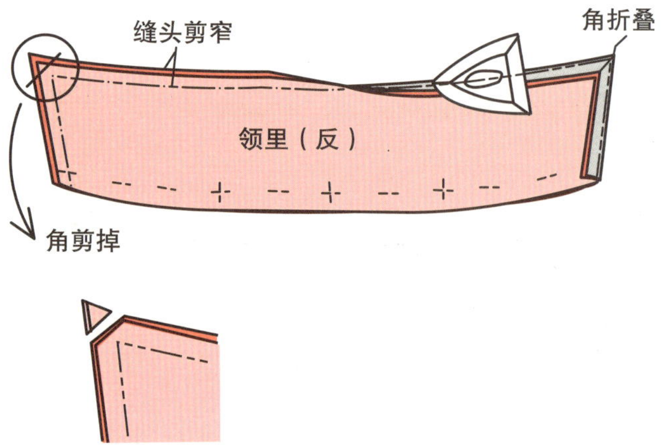

3 领子翻到正面

3-1 领里退进一点，并用熨斗整烫。

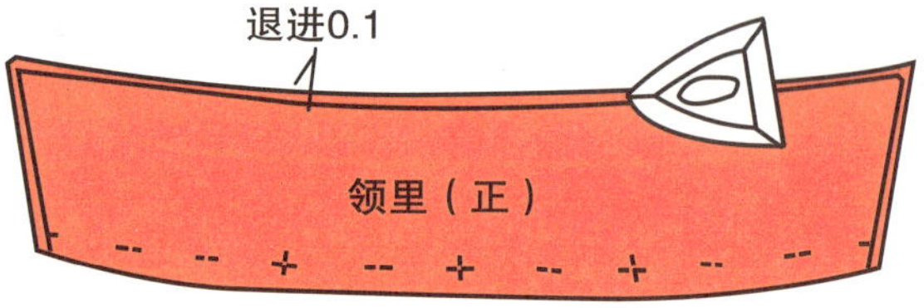

3-2 领子按制成状态翻折好，观察翻折效果，再来修正一下领面装领线的记印。

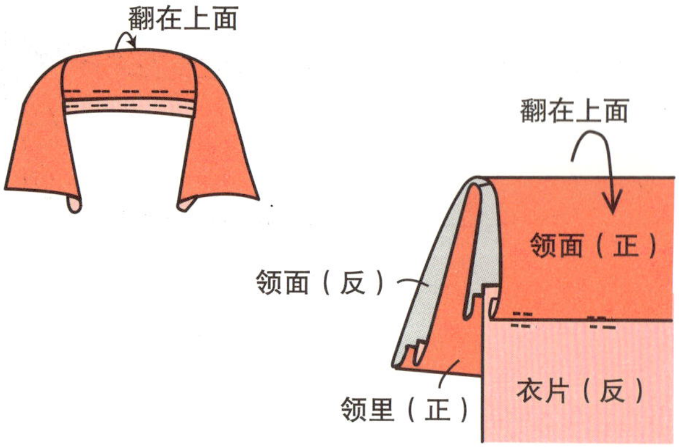

3-3 如图，领面装领线的缝头往里折转。

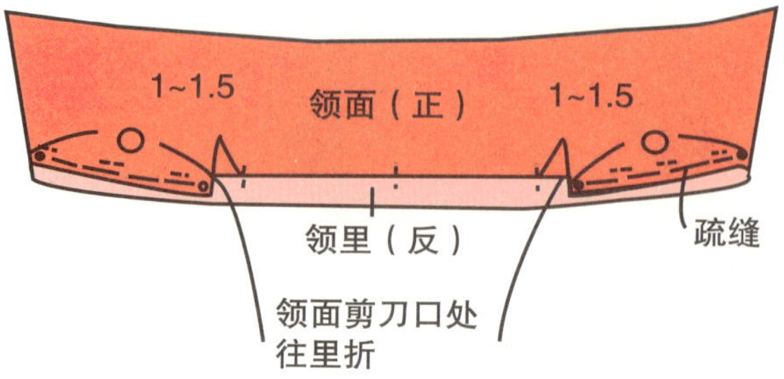

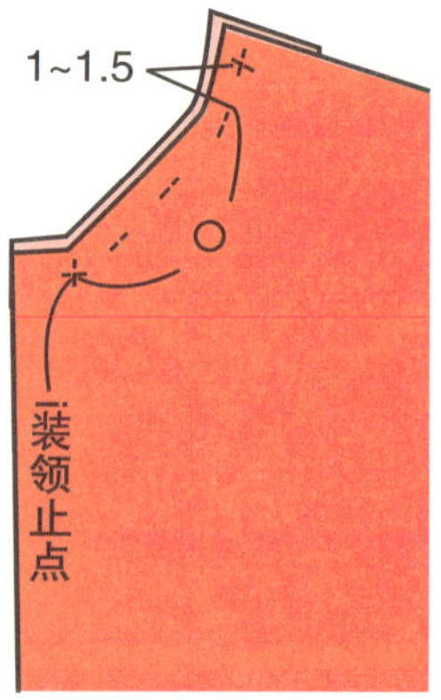

4 衣身上装领子

4-1 如图，在衣身的正面放上领子（领面朝上），从装领止点开始到另一装领止点为止，并用疏缝固定，避开领面折进处，将领里和衣身缝合。

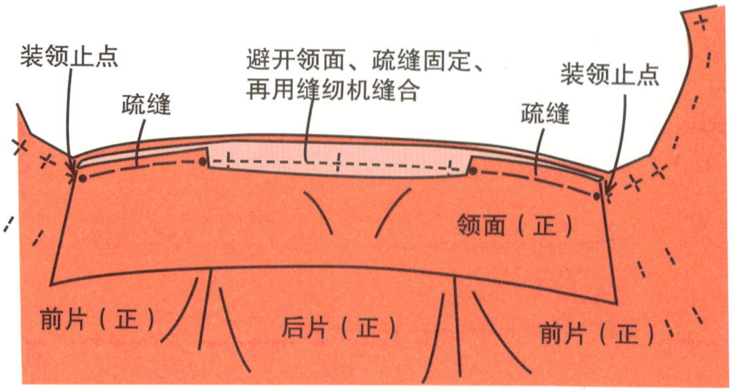

4-2 从叠门的前中心开始如图折转挂面。到领面刀口处疏缝固定，再用缝纫机缝合。

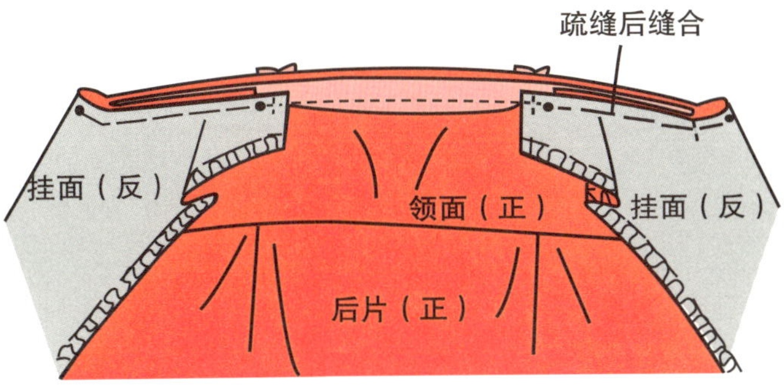

4-4 把挂面翻到正面，肩部的缝头折光后缲缝。

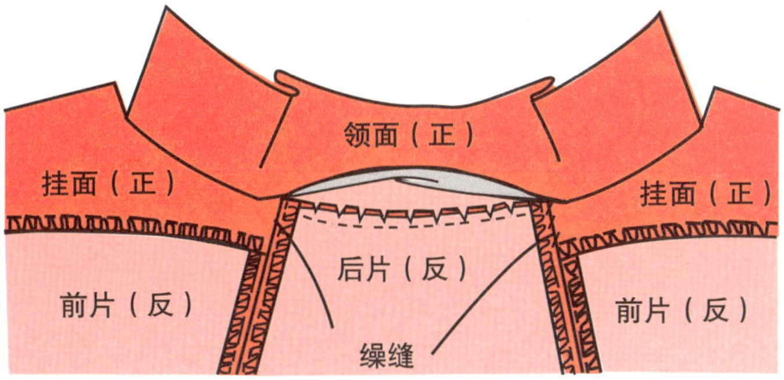

4-3 缝头剪窄，装领止点处剪刀口，注意不要剪到领子。弧度大的地方也要剪刀口。

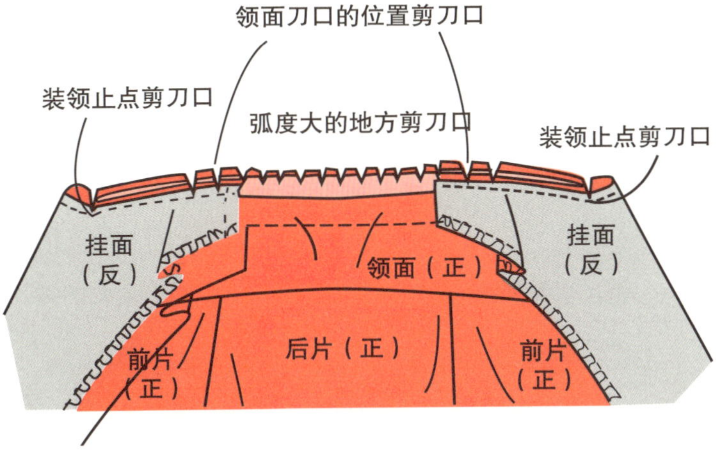

4-5 领面遮住装领线、用针缲缝，缲缝时注意衣身的正面不要起皱，再压缉缝。

4-6 领子的外围缉 0.5 cm 宽的缉线。根据设计与面料也有不缉线的。

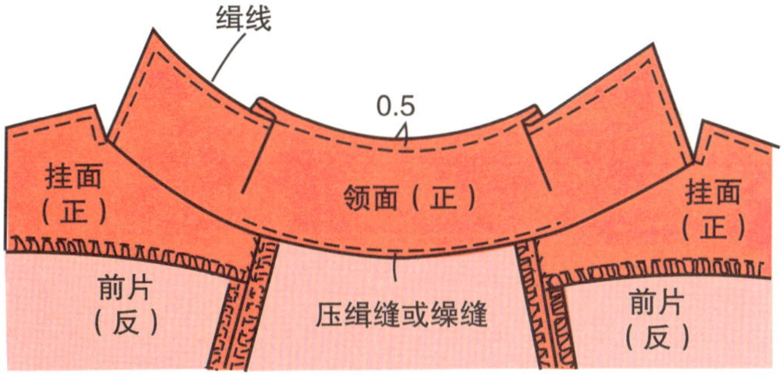

立领

立领是围着颈部竖立没有翻折线的领子总称。这里用夹装的方法来作说明

1 领的裁剪

1–1 领面放 1 cm 缝头、领里放 0.8 cm 缝头（装领线放 1 cm）

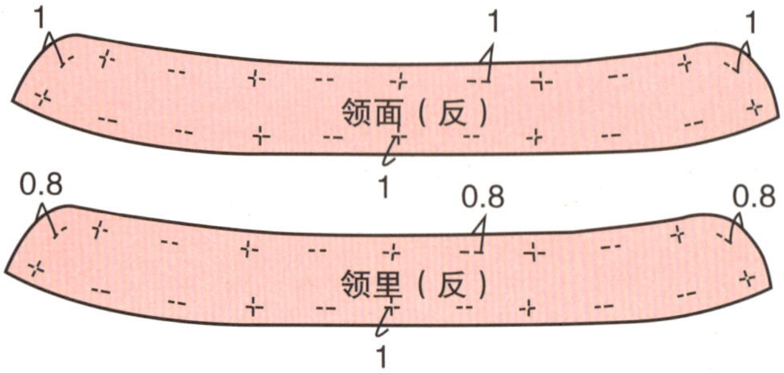

1–2 领面烫黏衬、做记印，黏合衬的丝缕与领面相同。

★ 根据款式与面料、有领里烫黏合衬的，也有在净缝内烫黏合衬的。

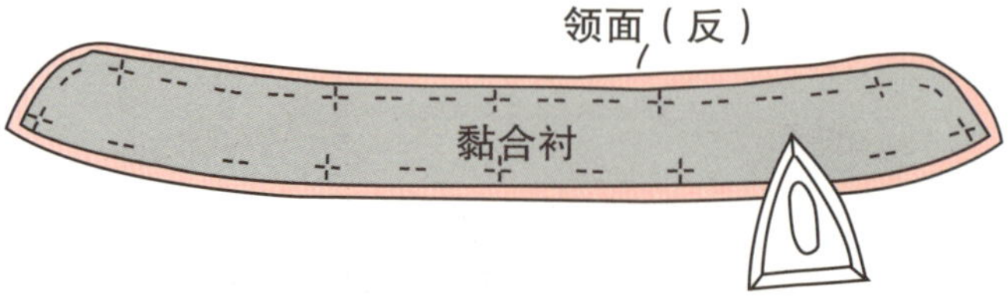

2 缝领子

2–1 领面与领里正面相对，对位记号位置对准，裁剪线对准，按领面的记印疏缝。

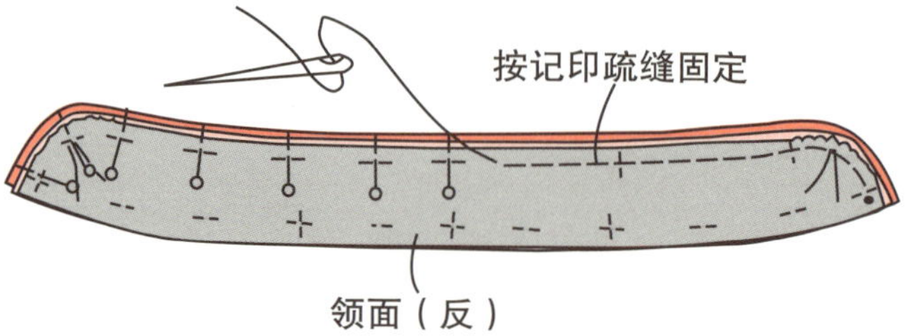

2–2 在疏缝线外侧 0.1 cm 处缝合。可根据面料的量可适当调正。

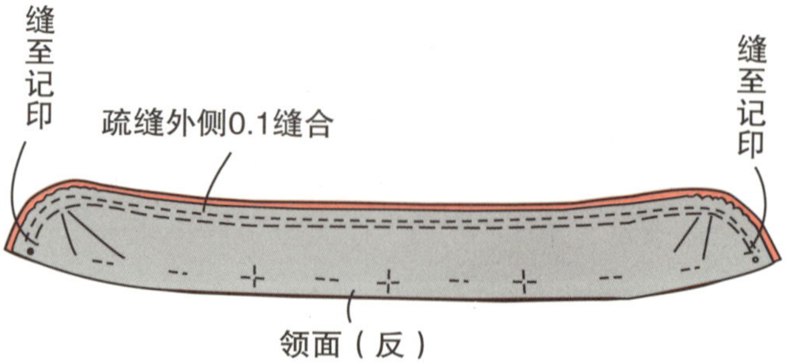

2-3 外围的缝头剪窄（领面装领的缝头除外）用熨斗把缝头烫向领里侧。在缝头重叠处缝头宽度也有差异的情况。

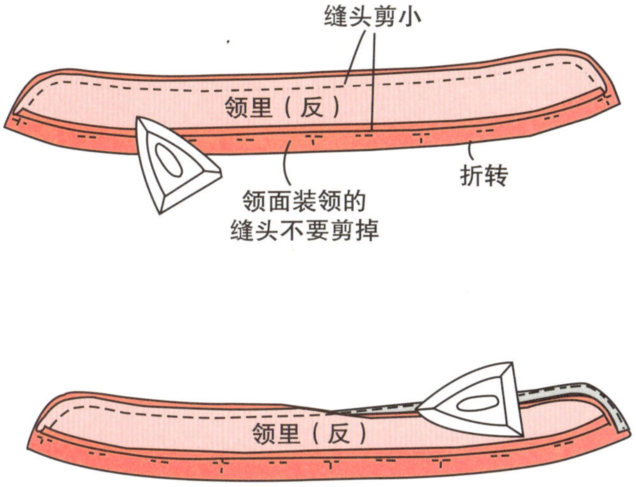

3 领子翻到正面

3-1 领里退进一点，并用熨斗整烫。

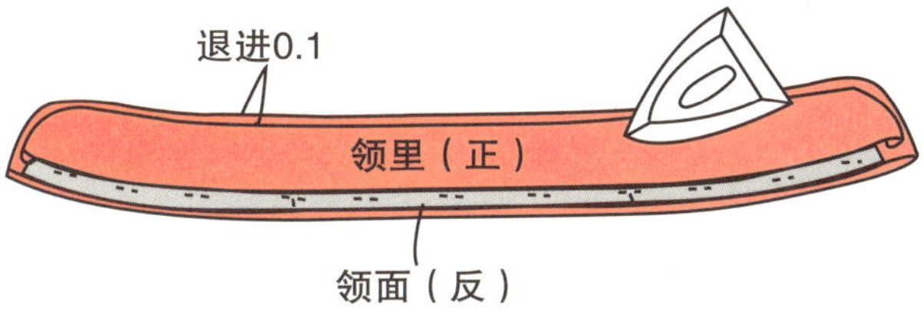

4 衣身上装领子

4-1 领面与衣身正面相对，对位记号对准，左右装领止点间先疏缝后再缝合。

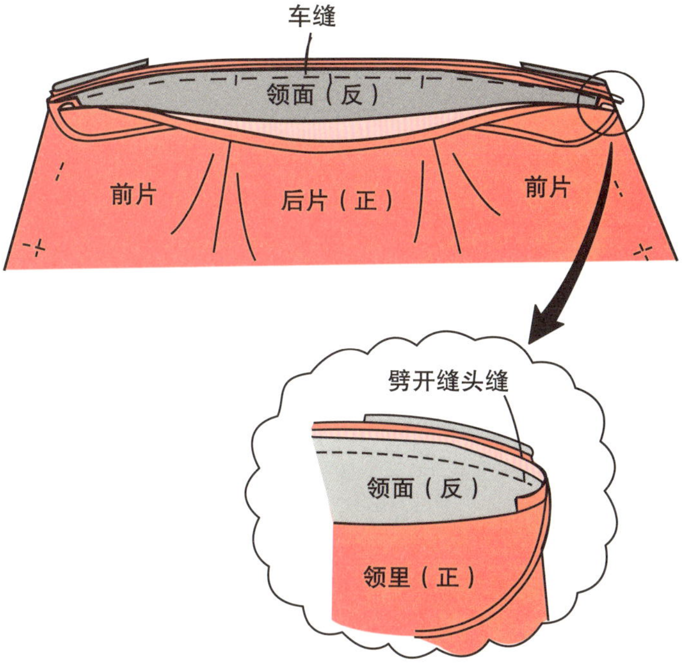

4-2 装领线的缝头剪窄，弧度大的地方剪刀口，也有缝头宽度有差异的情况。

4-3 领里与装领线叠合，用手针缲缝，注意正面不要起皱。

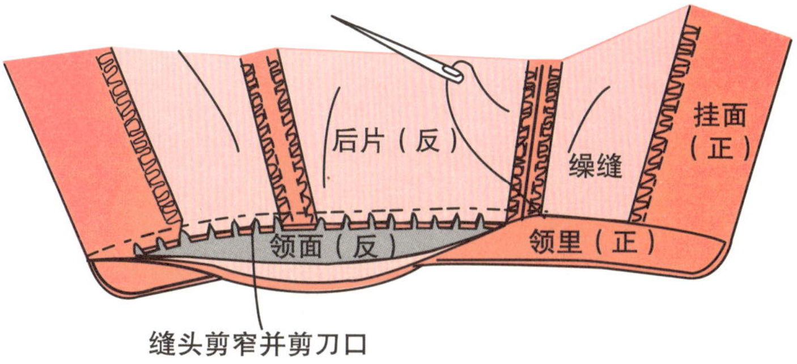

翼领

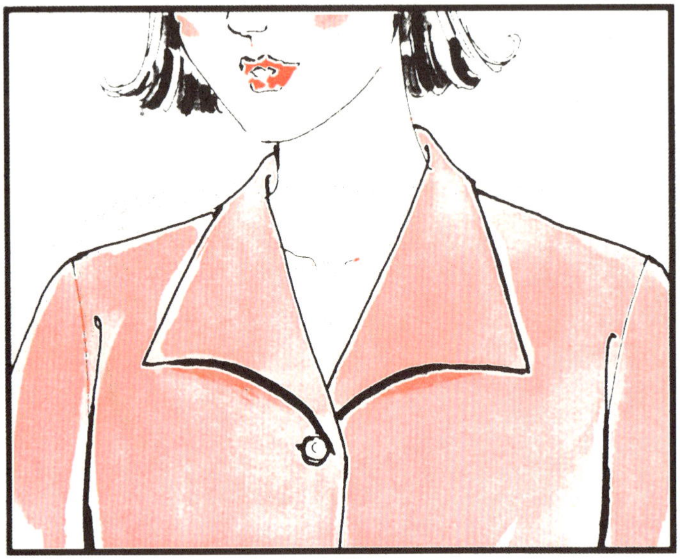

前领翻折的部分像鸟展翅时的感觉，后面沿着颈部连挂面裁的领子。这里介绍的是挂面拼接时的装领办法。

1 领的裁剪

1–1 连着挂面的领面与领里如图一样放缝。

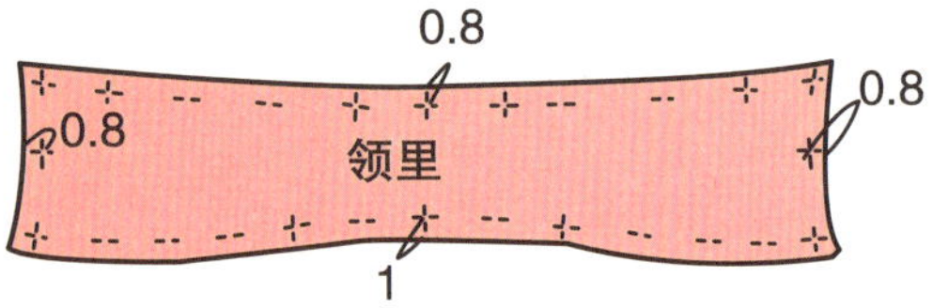

<参考>挂面装至肩部的情况

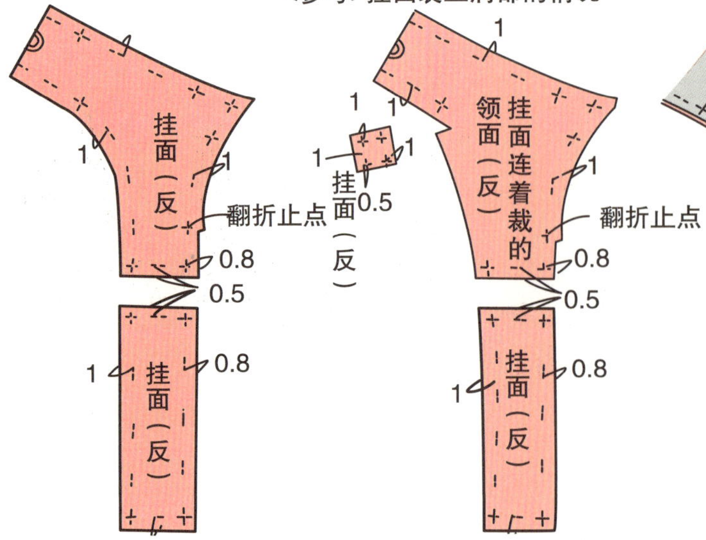

1–2 连着挂面的领面烫黏合衬、做记印。黏合衬的丝缕与领面相同。

★ 根据款式与面料，有领里烫黏合衬的情况，也有按净缝线烫黏合衬的情况。

★ 连着挂面的领面后中心不裁断的话、挂面变成斜丝，影响整个造型，所以翻折点以下的挂面要拼接（拼接的位置如图所示）。

<参考>挂面装至肩部的情况

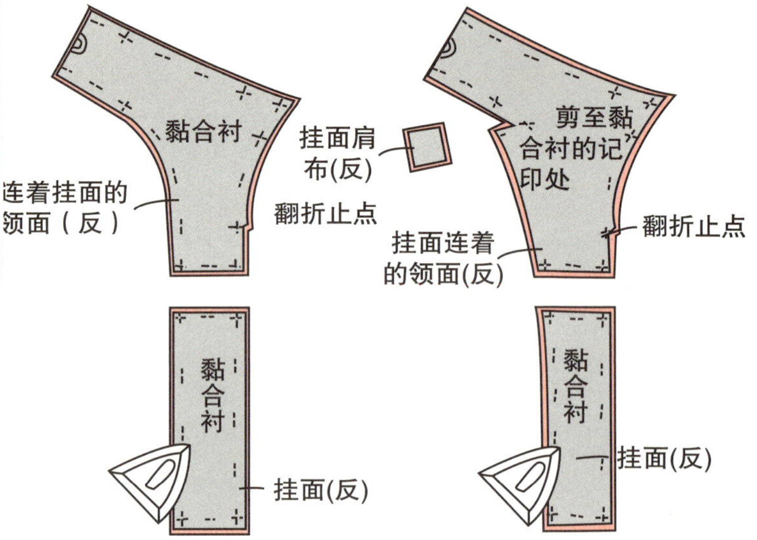

2 做挂面

2–1 连着挂面的领面与挂面正面相对、疏缝、缝合、分烫缝头。

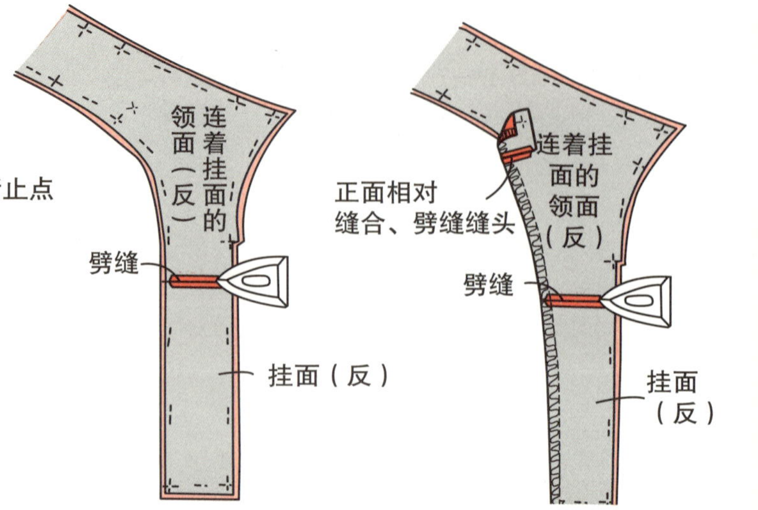

3 缝合衣身与领里

3-1 衣身与领里正面相对后疏缝、缝合。

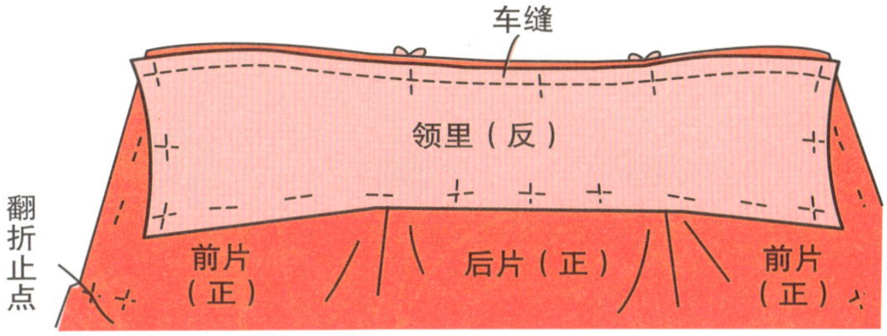

3-2 缝头剪窄，如图所示处理。缝头重叠部分也有缝头宽度有差异的情况。

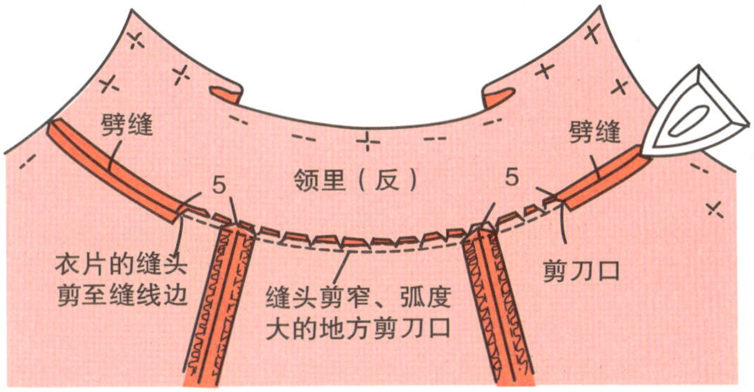

4 装领面

4-1 领面与领里正面相对，对位记号位置对准、裁剪线对准、按领面的记印疏缝固定（翻折止点对准）。

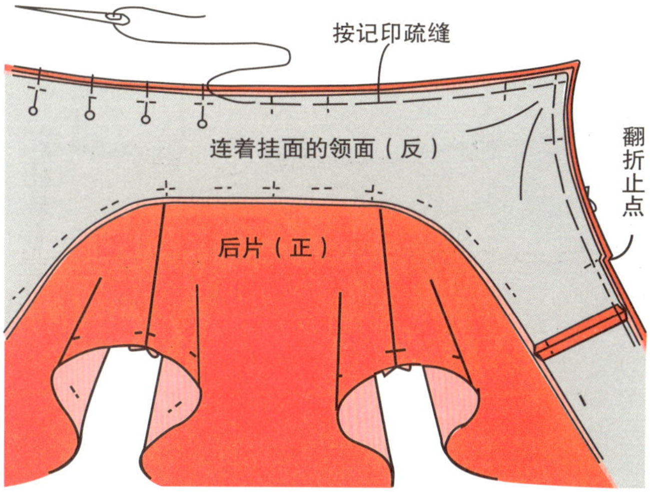

4-2 翻折止点对准、翻折止点以上在疏缝线外侧 0.1 cm 处缝合，翻折止点以下在疏缝线以内 0.1 cm 处缝合。根据面料也可以调正。

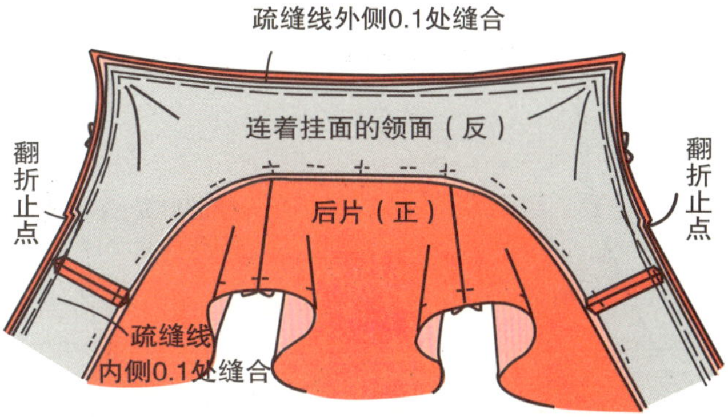

4-3 外围的缝头剪窄，弧度大的地方剪刀口，用熨斗把缝头往领里侧烫转。缝头的宽度在缝头重叠处根据面料也有差异的情况。

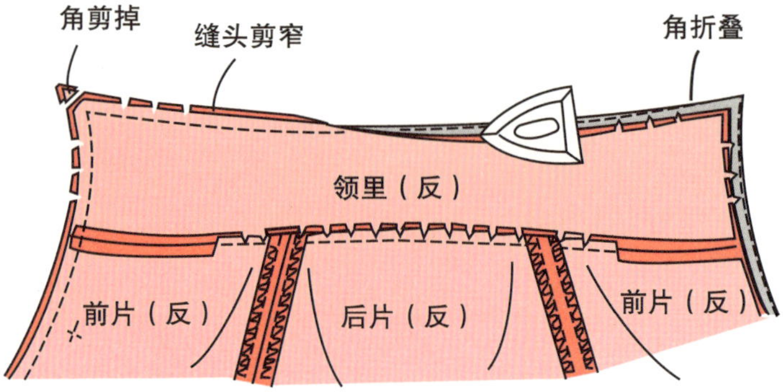

5 领子翻到正面

5-1 整理好翻折止点的缝头，控制好领里与挂面，用熨斗整烫。

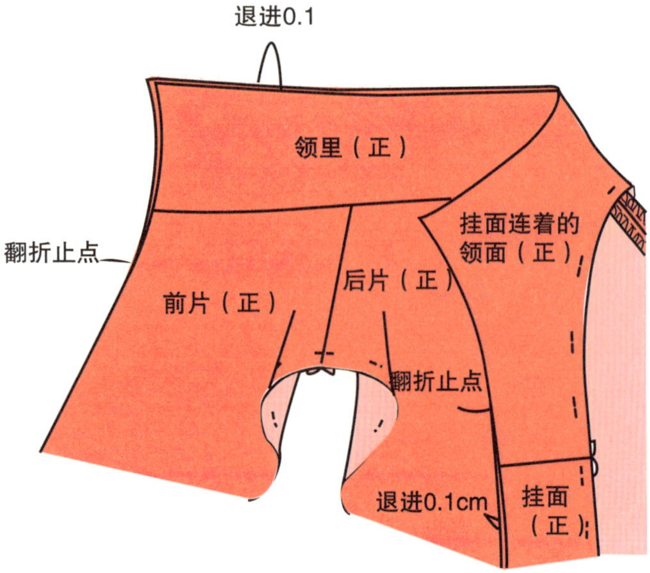

5-2 从领面的装领线到挂面的底部缝头往领里方向折转，挂面连着的领面用压缉缝。注意领面与领面要均衡。

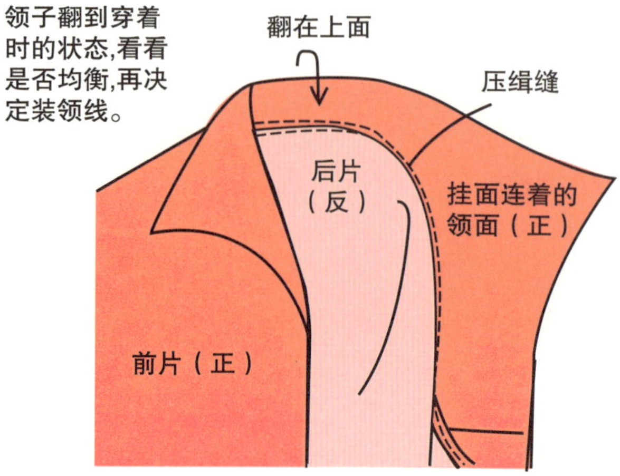

5-3 领面与装领线叠合，缲缝时注意领面不要起皱。从颈侧点开始往前片方向缲缝 5 cm。

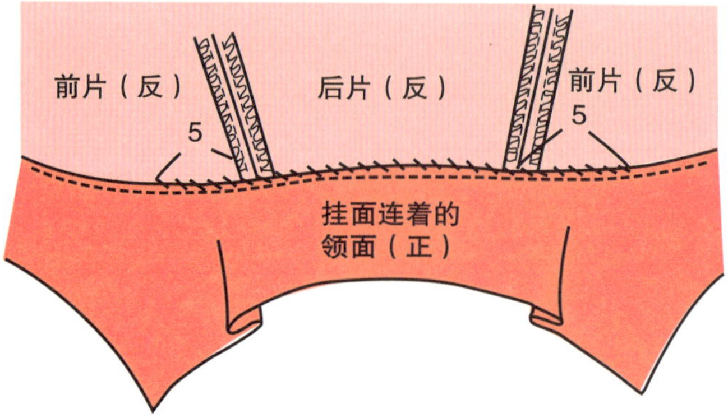

<参考>挂面装至肩部的情况

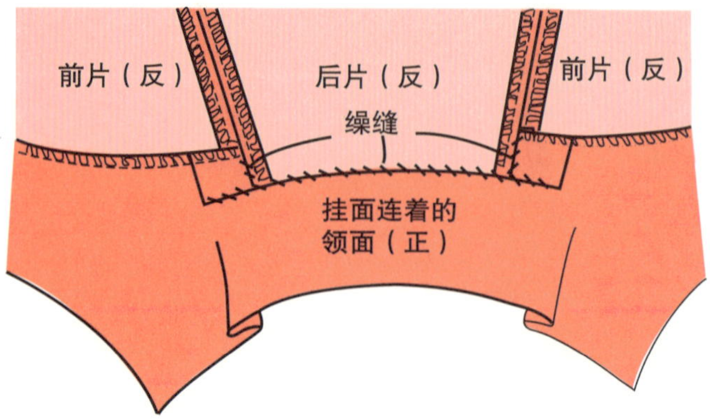

西装领

西装领是男士西服的领子，男士西服上经常看到的领子的总称。这里介绍外衣的两层领子分开装的装领方法。

1 领的裁剪

1-1 领面放 1 cm、领里放 0.8 cm（装领线放 1 cm）缝头后裁剪。

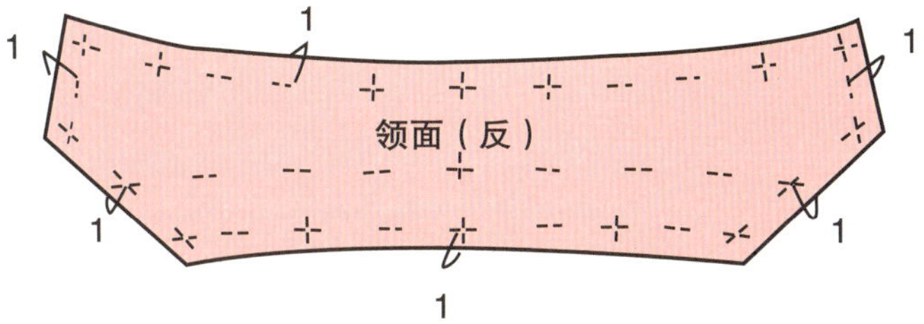

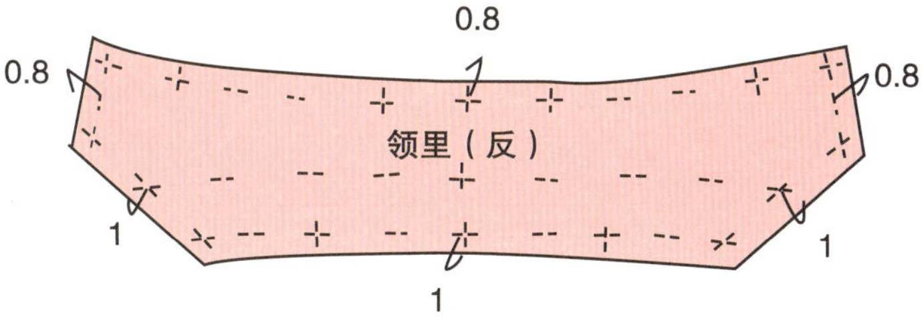

1-2 挂面如图一样放缝后，烫黏合衬。

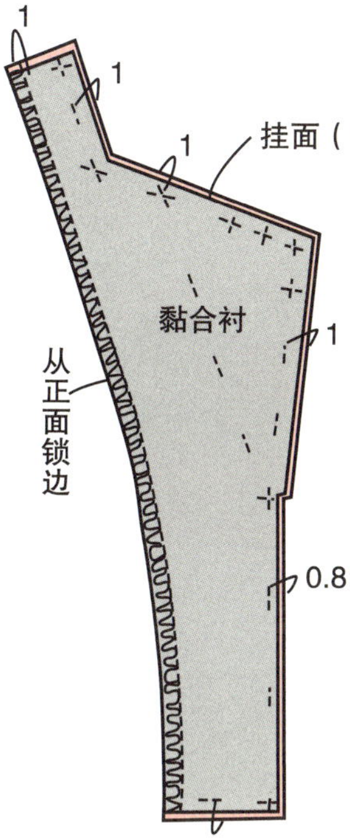

1-3 领面、挂面烫黏合衬、做记印。黏合衬的丝缕与领面相同。

★ 根据款式与面料有领里烫黏合衬的，也有在净缝内烫黏合衬的。

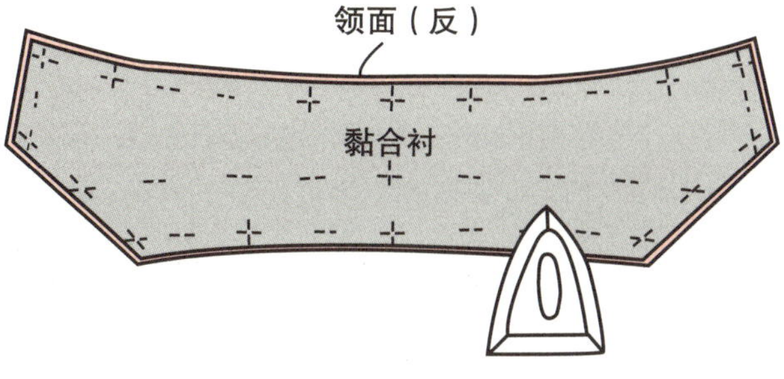

2 缝合领面与挂面

2-1 挂面与领面正面相对，挂面的角部剪刀口，装领止点开始到颈侧点疏缝后再缝合。

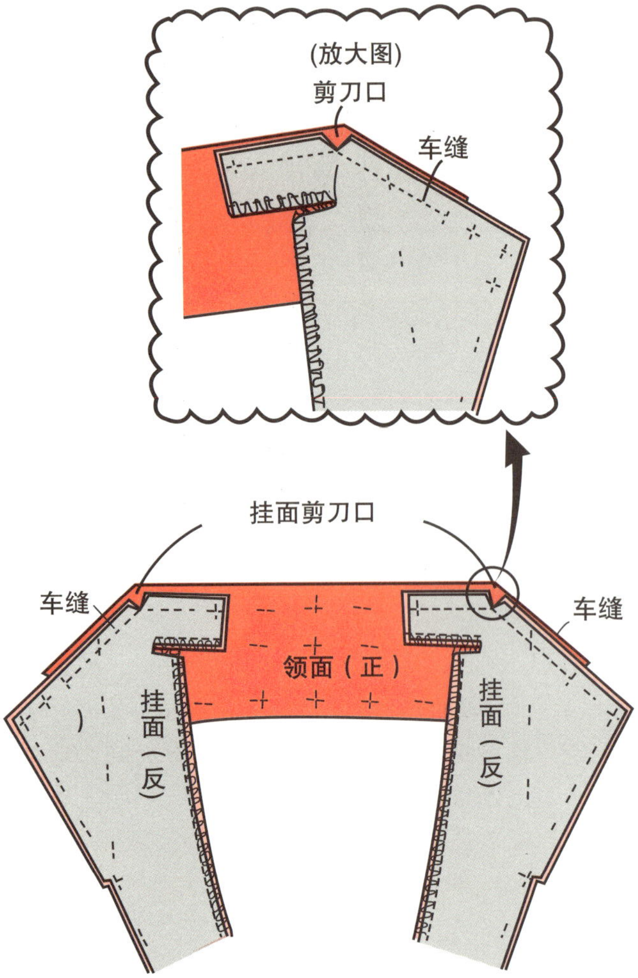

2-2 缝合的缝头剪窄、分烫。

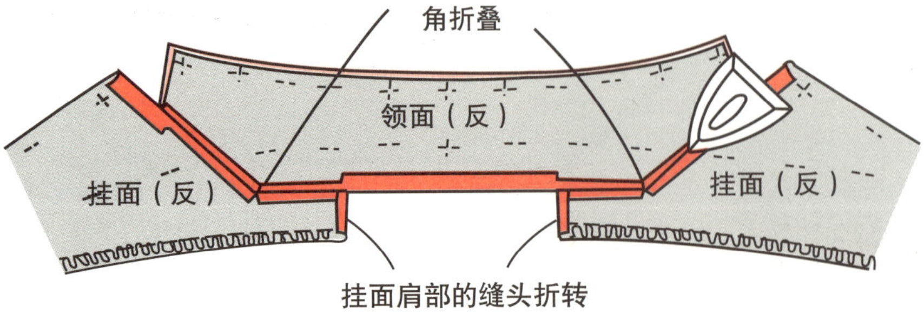

3 缝合衣身与领里

3-1 衣身与领里正面相对，衣身的角部剪刀口。（根据面料也有为了防止散开而烫黏合衬的情况）左右的装领止点之间疏缝后缝合。

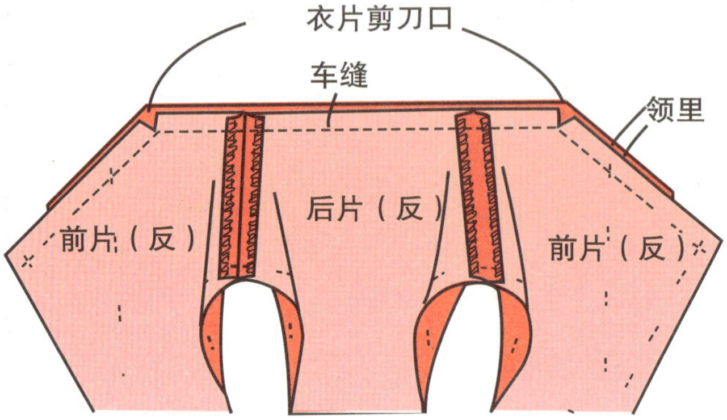

3-2 缝合的部分缝头剪窄，如图一样处理。缝头绷紧处剪刀口。（缝头重叠的部分，也有缝头宽度有差异的情况）

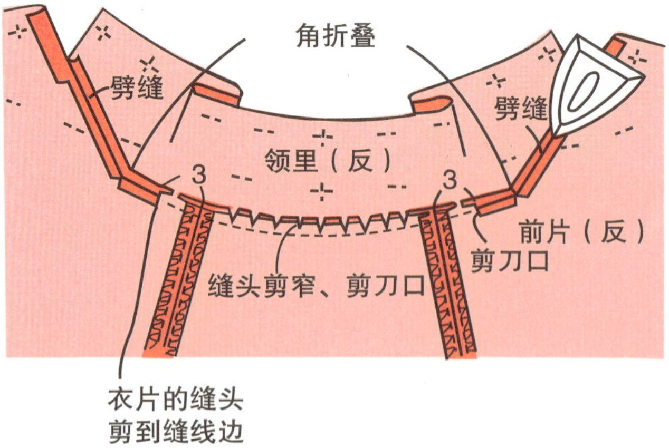

4 缝合领子与衣片外围

4–1 领面与领里正面相对，装领止点的四个点固定。

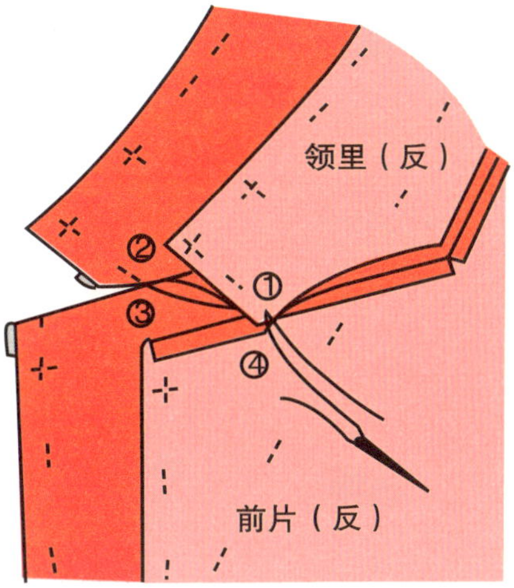

4–2 对位记号对准、裁剪线对准，按领面、挂面的记印疏缝。翻折止点对准，分别将装领止点处的领面与领里、衣身与挂面的缝头掀起疏缝固定。

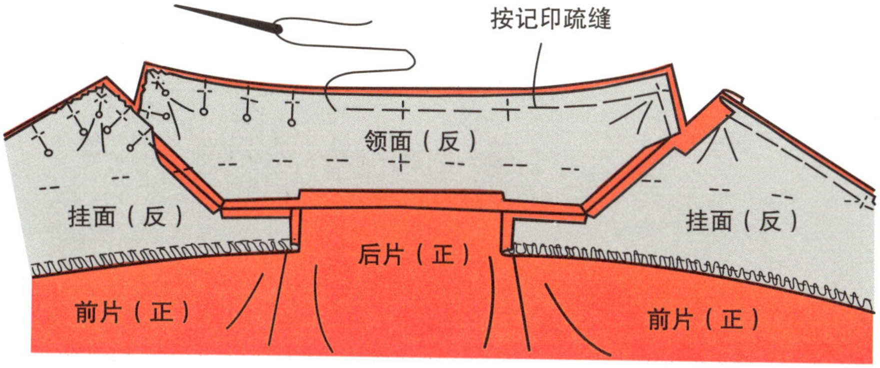

* 四点固定

装领止点的位置不紧绷如图一样的顺序用 0.1 cm 小针码将布捞缝。缝线抽出后打结要结实不摇动。（根据面料也有用两根线的）

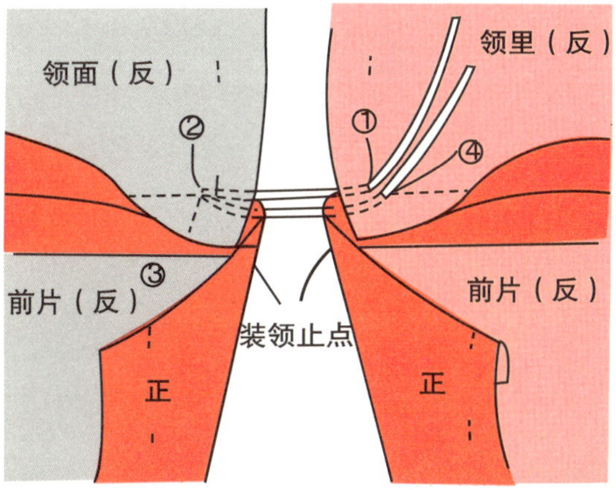

4–3 翻折止点与装领止点各自对准，领子与翻折止点以上的驳头在疏缝线外侧 0.1 cm 处、翻折止点以下的挂面在疏缝线内侧 0.1 cm 处缝合。根据面料这个量可进行增减。与疏缝时相同，装领止点的地方分别掀开再进行缝合。

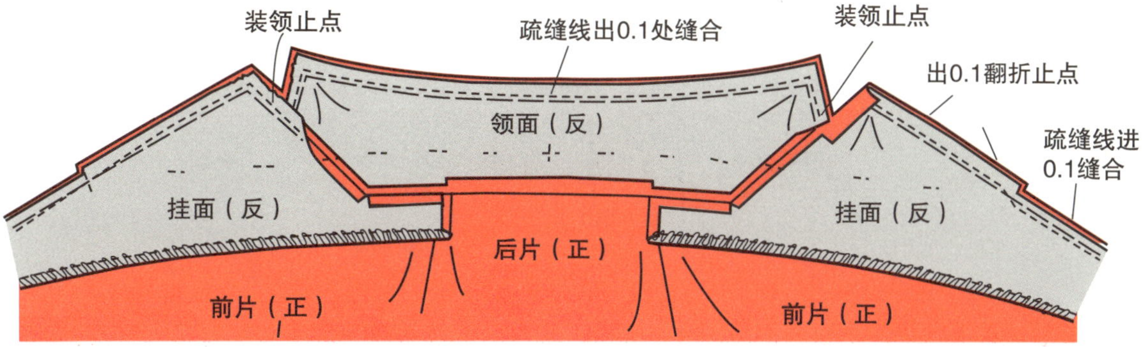

4-4 外围的缝头剪窄，紧绷处剪刀口。用熨斗分烫缝头。

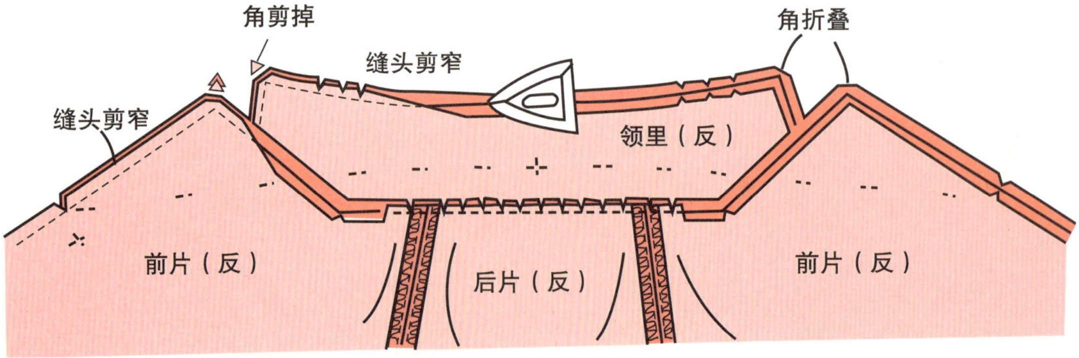

5 领子与挂面翻到正面

5-1 翻折止点对准，领里与翻折止点以下的挂面退进一点烫进。

5-2 前领装领线（领圈线）中间固定。

5-3 注意领面与领里翻折后的领里外型，领面装领线的缝头要往里折进，与装领线缝道叠合缲缝。注意正面不起皱也可以压缉缝。挂面肩部的缝头折进、用同样的方法处理，中间固定。

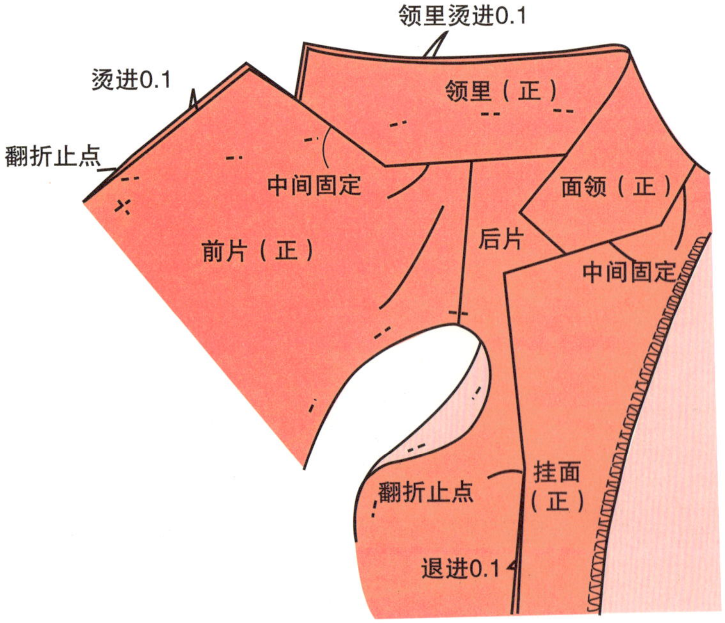

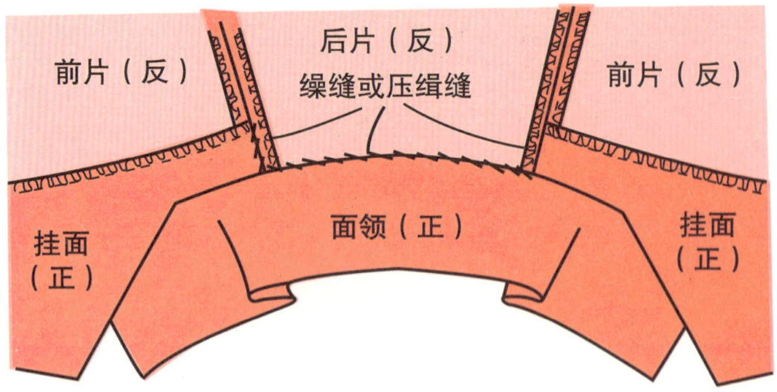

连立领

连着衣片裁出来、沿着颈部的立领。

1 裁挂面

1-1 前挂面、后贴边如图一样放缝裁剪。

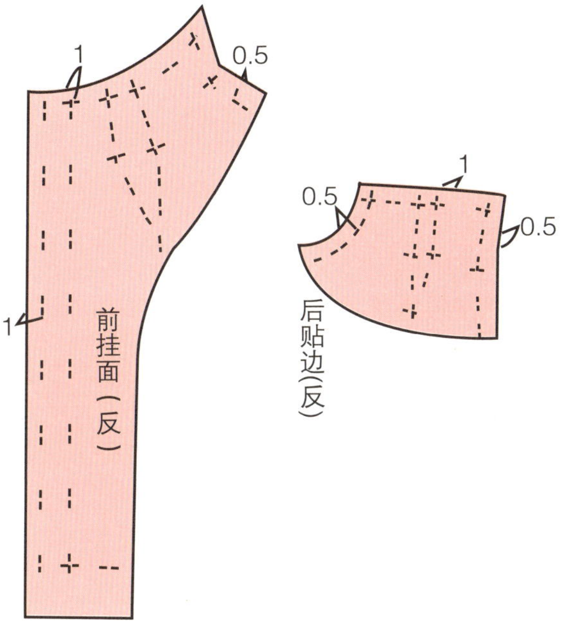

1-2 前挂面后贴边各自烫黏合衬、做记印。面料厚的情况下，打褶处可以不贴。

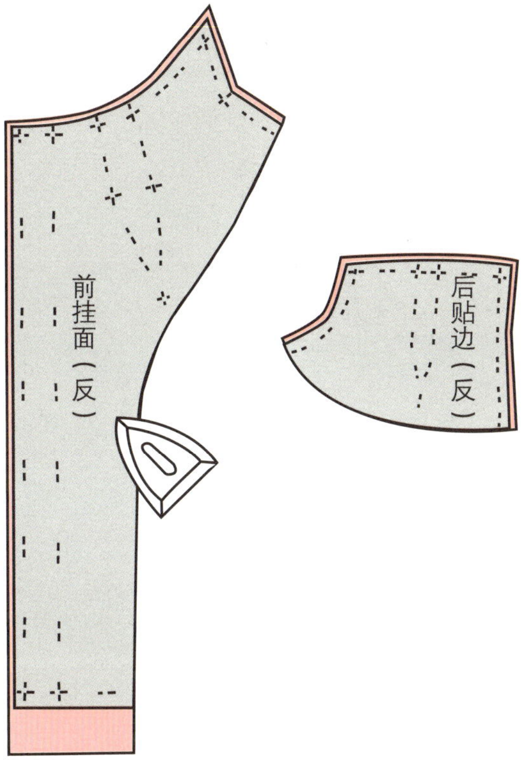

1-3 为了使衣身的肩线与颈部服帖，用熨斗如图所示拉伸。挂面的肩线同样拉伸。

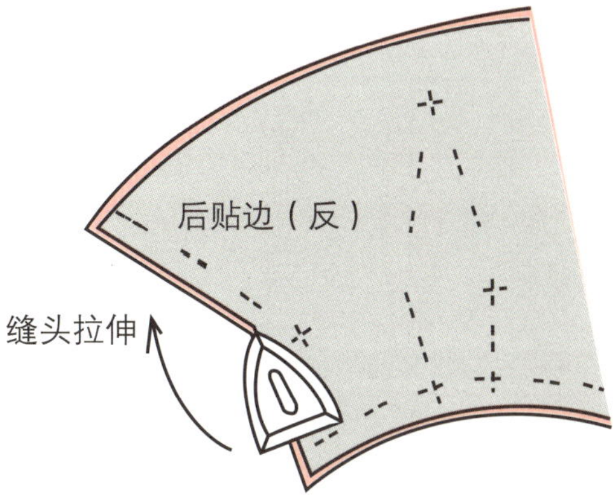

2 缝挂面与贴边的省道

2-1 前挂、面后贴边各自缝省道。

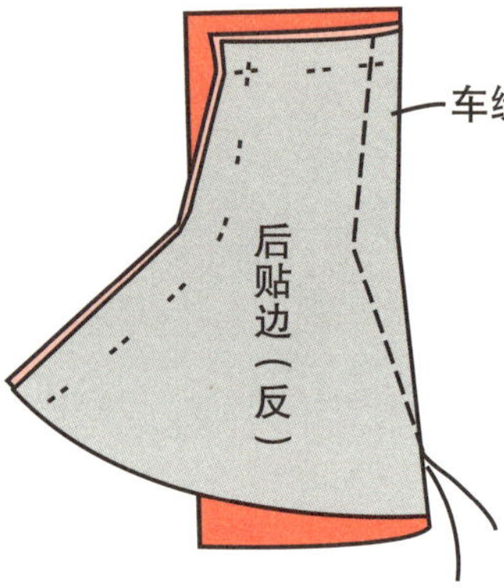

2-2 在省道的中间剪开，分烫缝头。前片的挂面也同样处理。

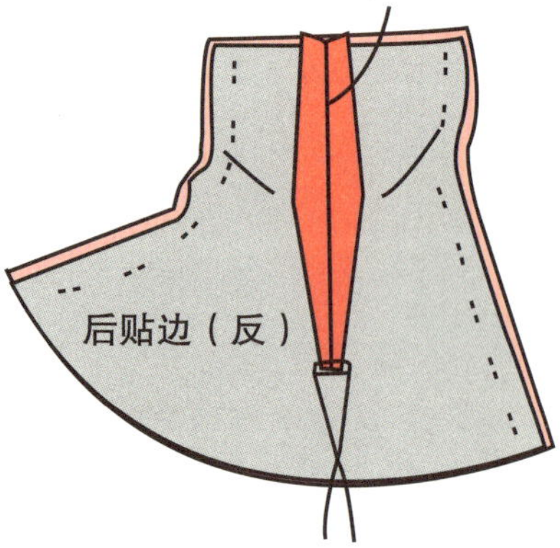

3 缝合后贴边

3-1 后贴边的中缝缝合、分烫缝头。

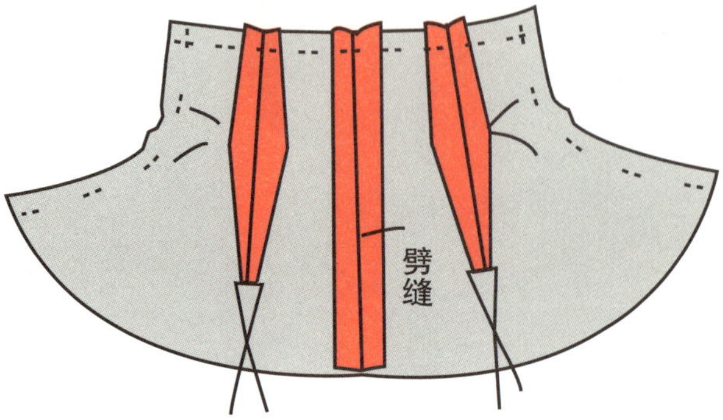

4 缝合前挂面与后贴边的肩线

4-1 前挂面、后贴边正面相对，缝合肩缝。

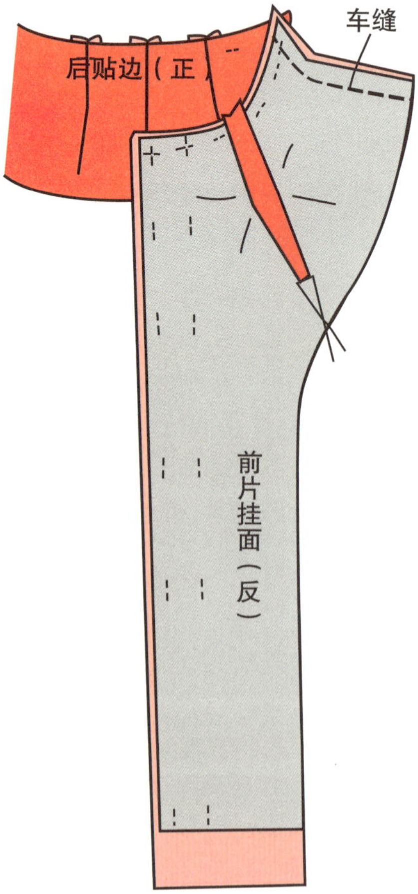

4-2 缝头剪刀口、分烫。

4-3 挂面的边缘锁边。

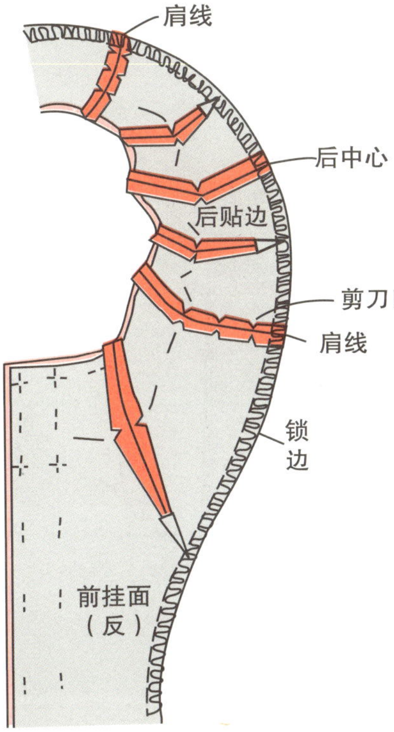

5 缝合衣身与挂面

5-1 缝合肩线后的衣身与挂面正面相对，衣身的记印出 0.1cm、挂面的记印进 0.1cm 对准后用针固定，疏缝、疏缝线外侧边如图缝合右前片、领圈、左前片。

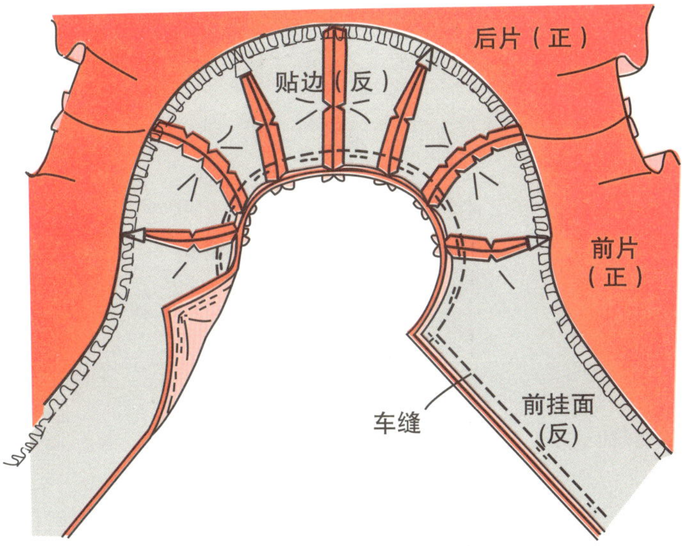

6 挂面翻到正面

6-1 用熨斗把缝线烫平，缝头剪窄，弧度大的地方剪间隔小的刀口。

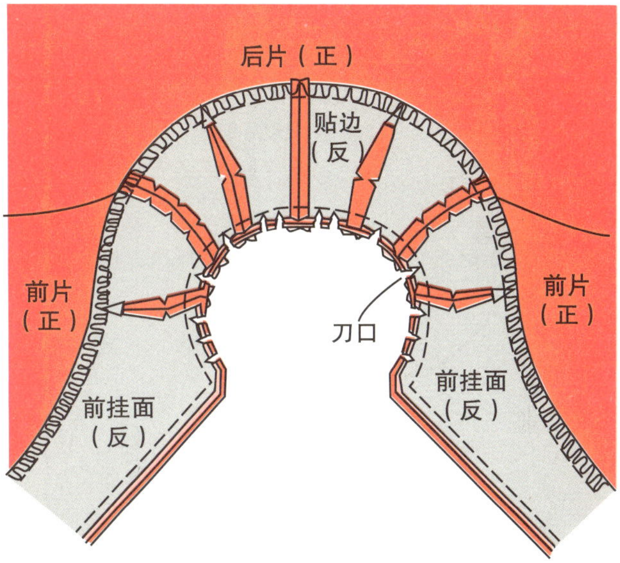

6-2 翻到正面，为了看不到挂面用熨斗将挂面烫进 0.1 cm。

6-3 叠门边、领圈，在挂面侧用星针固定，或作为款式可以缉线。

6-4 挂面边与缝头用三角针固定。

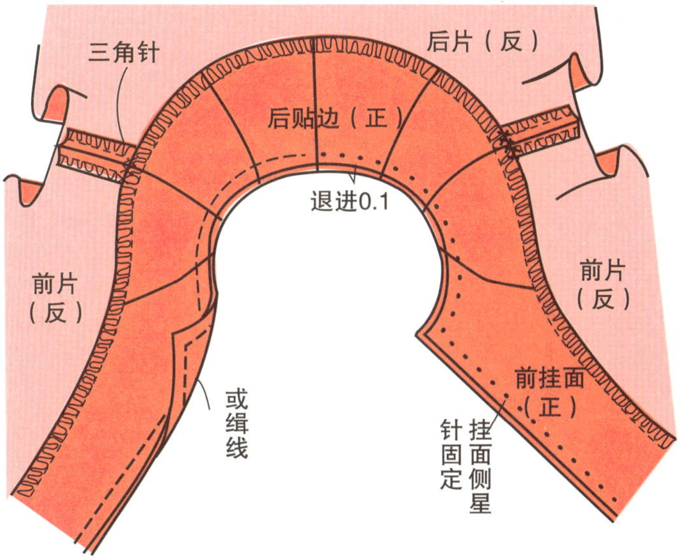

圆领圈

各种圆的领圈的总称，前开门的情况有挂面与衣片连着裁的。这里介绍的是分开裁的。

1 裁挂面烫黏合衬

1-1 领圈及挂面前中心线的缝头比衣片的缝头窄0.2 cm，放0.8 cm，烫黏合衬、做记印。

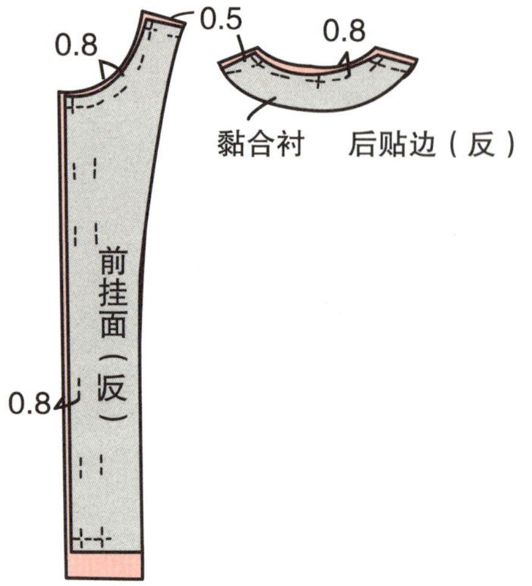

2 缝合前挂面与后贴边的肩线

2-1 前挂面、后贴边正面相对，缝合肩缝。

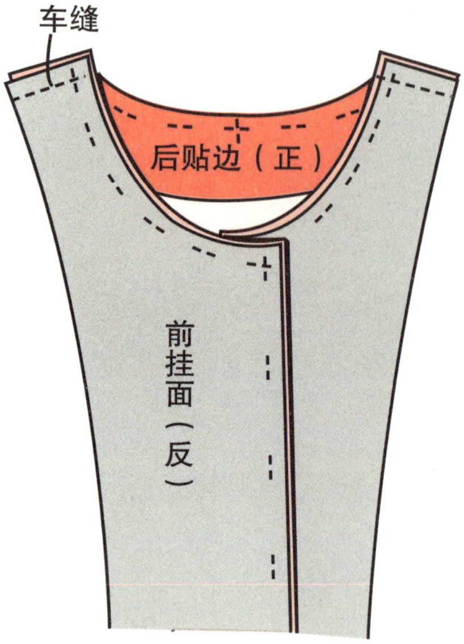

2-2 缝头剪窄，用熨斗分烫缝头，挂面的边锁边。

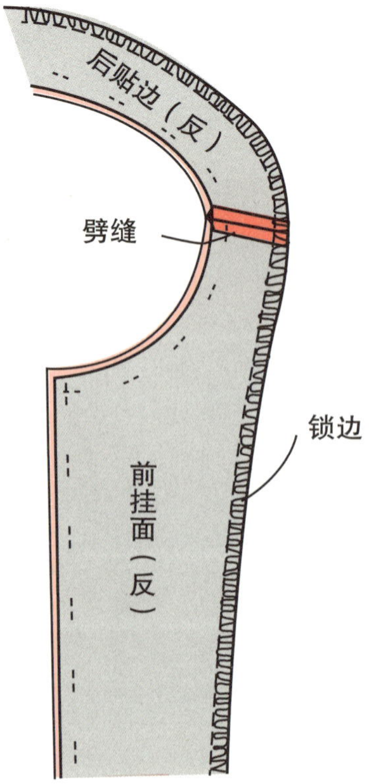

3 缝合衣身与挂面

3-1 缝合肩线后的衣片与挂面正面相对，裁剪线对齐、对位记号对准后疏缝。

3-2 如图在疏缝线的外侧缝合右衣片、领圈、左衣片。

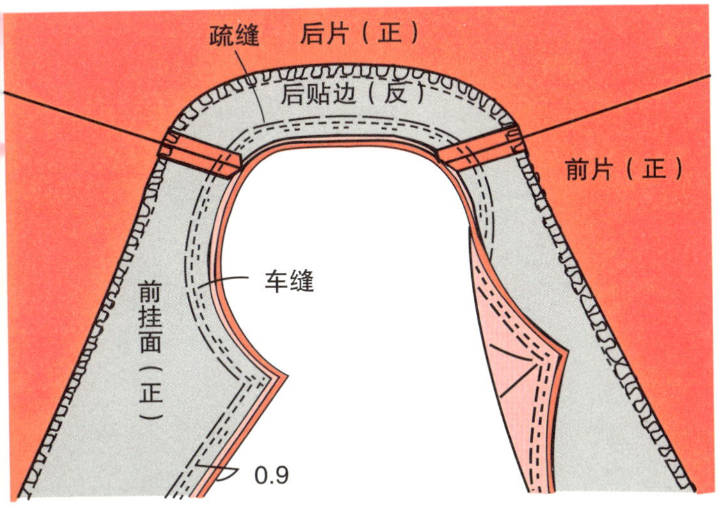

4 把挂面翻到正面

4-1 用熨斗把缝合挂面的缝头烫平。

4-2 缝头放入差档后剪窄，弧度大的地方剪间隔小的刀口。

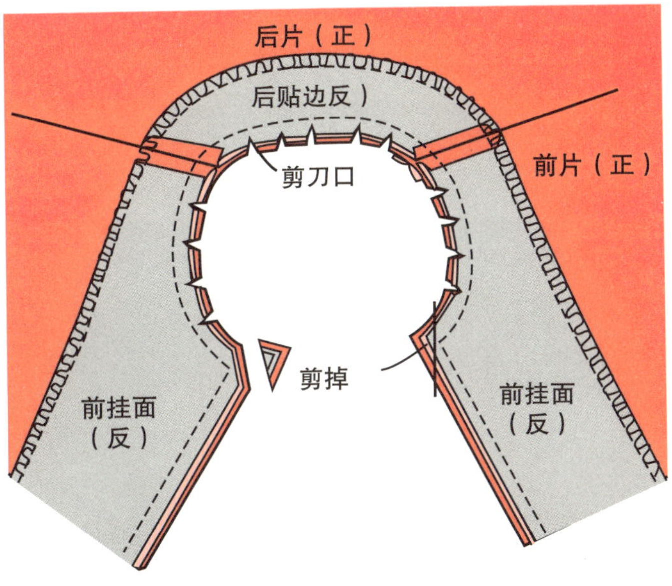

4-3 用熨斗分烫缝头，翻到正面。

4-4 为了从正面看不到挂面，用熨斗把挂面烫进0.1 cm。

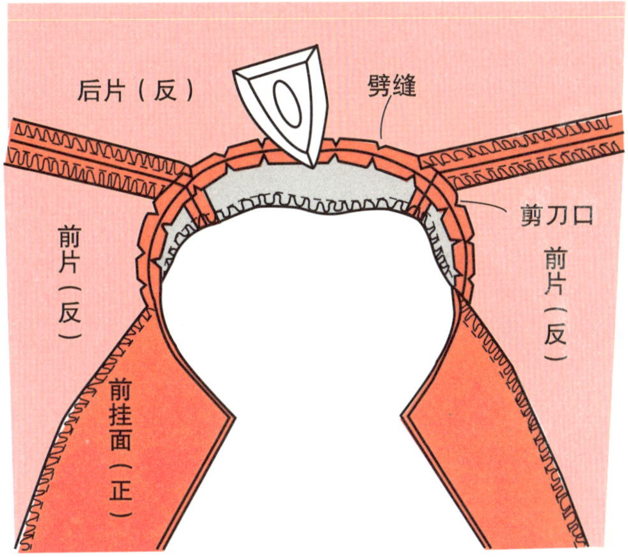

5 把挂面的边固定

5-1 挂面与衣身肩缝的缝头用三角针固定。

5-2 挂面的前端与领圈在挂面的一侧用星针固定。或根据款式可做缉线。

5-3 挂面的边与衣身的缝头用三角针固定。

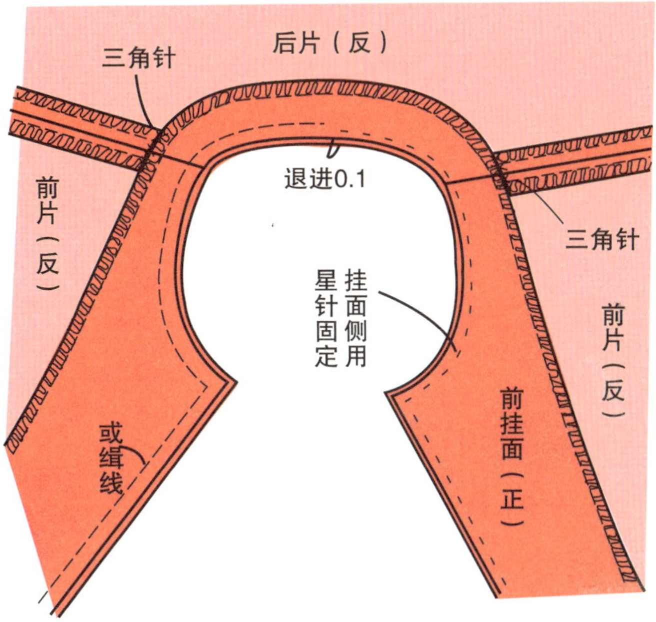

无领（装贴边布）

用贴边处理的方法

领圈用贴边处理的方法。

1 裁贴边烫黏合衬

1-1 贴边如图放缝后裁剪，烫黏合衬、做记印。

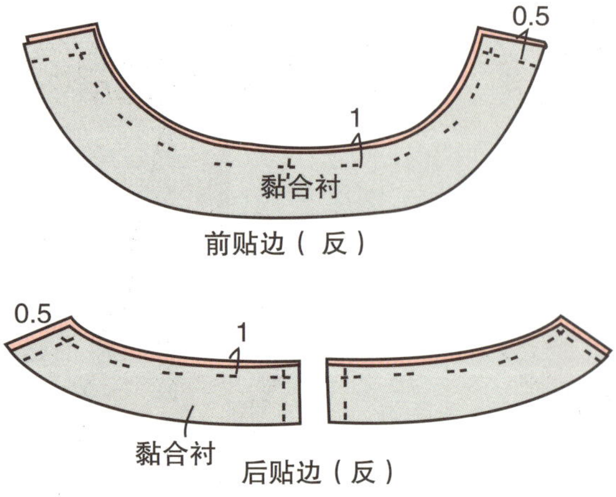

2 缝合贴边的肩缝

2-1 前后贴边正面相对，缝合肩缝。分烫缝头，外围锁边。

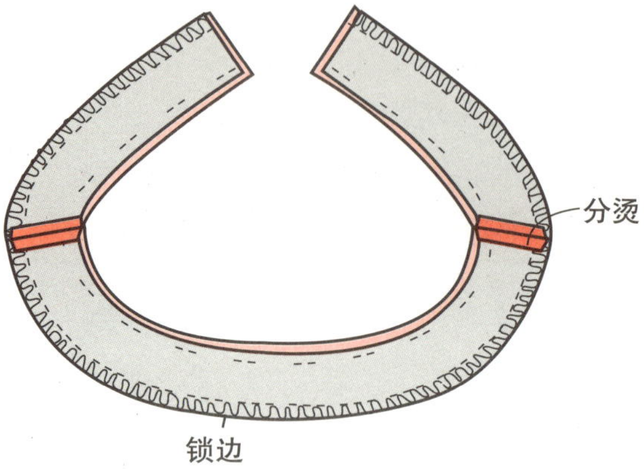

3 缝合衣身与贴边

3-1 缝合了肩缝的衣身与贴边正面相对，衣身记印外 0.1 cm、贴边进 0.1 cm 对准后用针固定、疏缝，再车缝至后中心记印处。

3-2 缝头剪窄、弧度大的地方剪刀口。

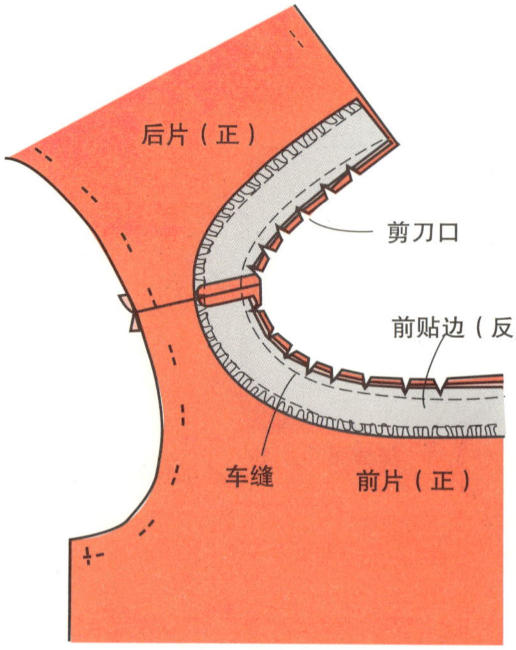

4 贴边翻到正面

4–1 缝贴边的缝线用熨斗烫平。

4–2 分烫缝头、贴边翻到正面。这样看起来会非常的漂亮。

4–3 为了使正面看不到贴边，贴边烫进 0.1 cm。

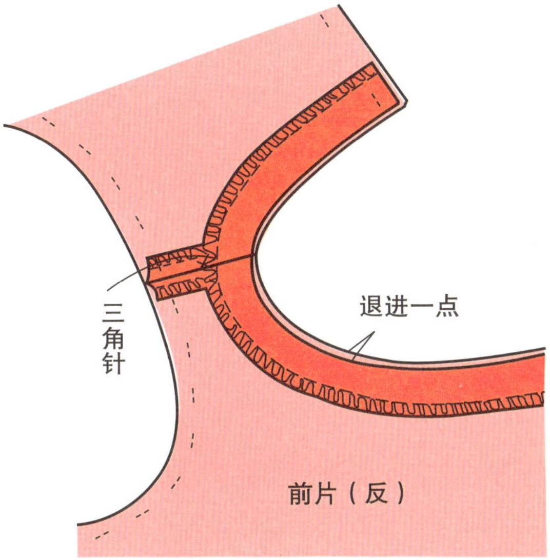

用压缉缝的情况

★ 用压缉缝的情况要处理好缝道，止口不外吐。

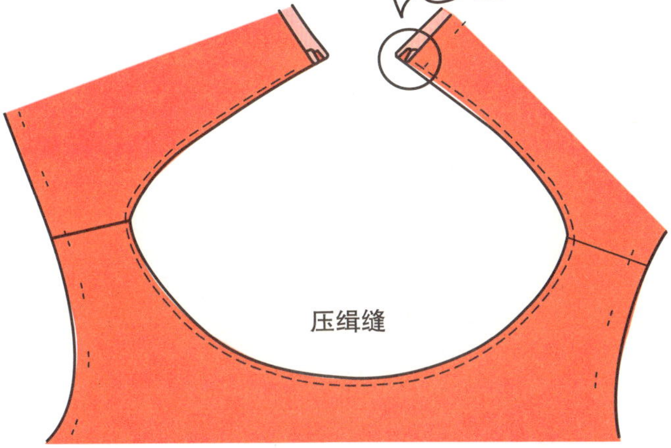

4–4 贴边与衣身肩缝的缝头用三角针固定。

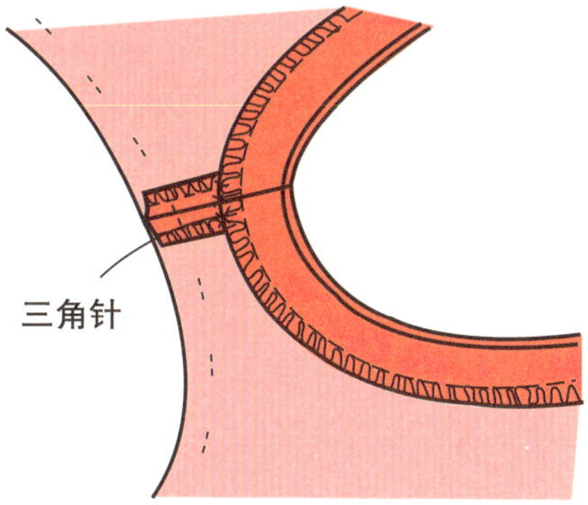

*V 型领的情况

1　V 型领的情况斜丝部分比较多，为了不拉伸衣片的领圈烫黏合衬。

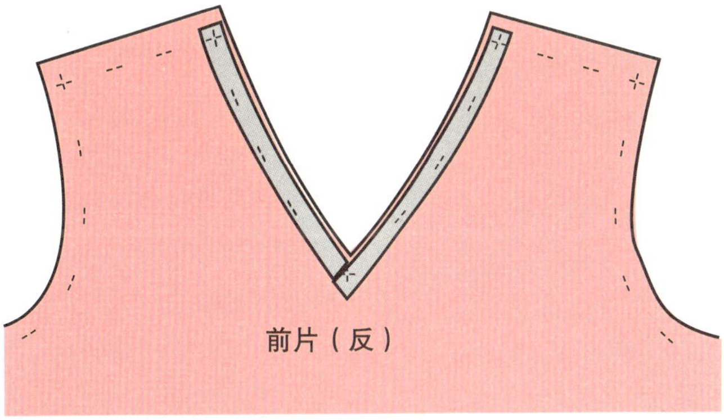

2　V 型领的尖角处剪刀口，为防止散开，如图一样，要用细针码缝。

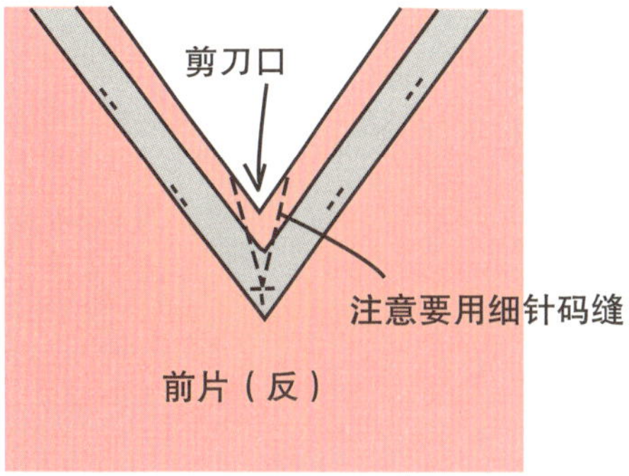

无领（装斜丝带）

用斜丝带子处理的方法

用斜丝带处理领圈的方法。

1 做斜丝带

1–1 斜丝带用熨斗烫成与衣身领圈弧度相同的形状后缝制。注意拉得太强，斜丝带会变细。

★ 斜丝带用与衣身同样的面料做，也有从市场上买来的带子。

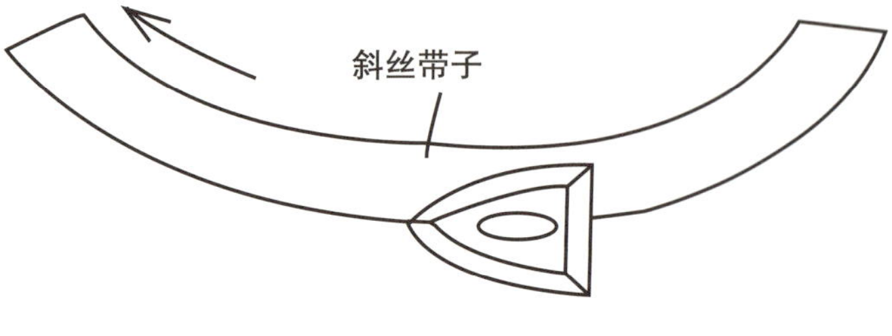

2 装斜丝带

2–1 缝合了肩缝的领圈与斜丝带正面相对。斜丝带平放在领圈上，弧度大的地方缝斜丝带可加入一些缝缩量。斜丝带 0.5 cm 缝头与衣身领圈记印出 0.1 cm 处对准、疏缝，再缝合。

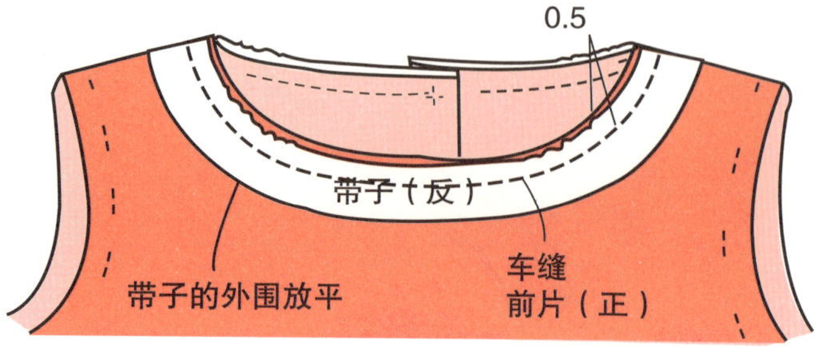

2–2 缝头剪窄，剪刀口。弧度大的地方剪刀口的间隔小一点。

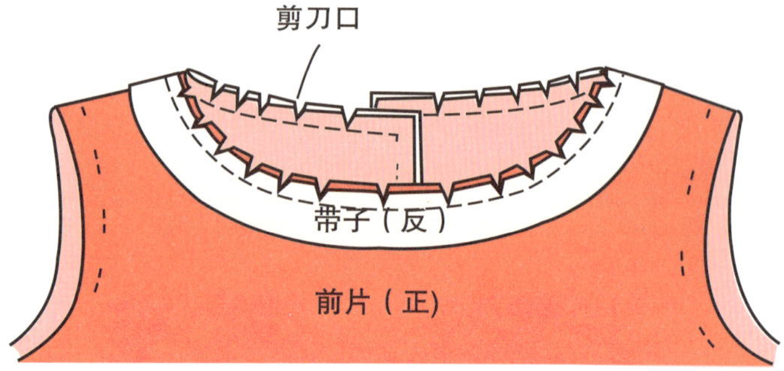

2–3 斜丝带翻到衣身的反面，为了从正面看不到斜丝带，用熨斗把斜丝带往里烫进。斜丝带按所需的宽度折转，根据款式可用缝纫机缉线或者不缉线用手针缲缝。

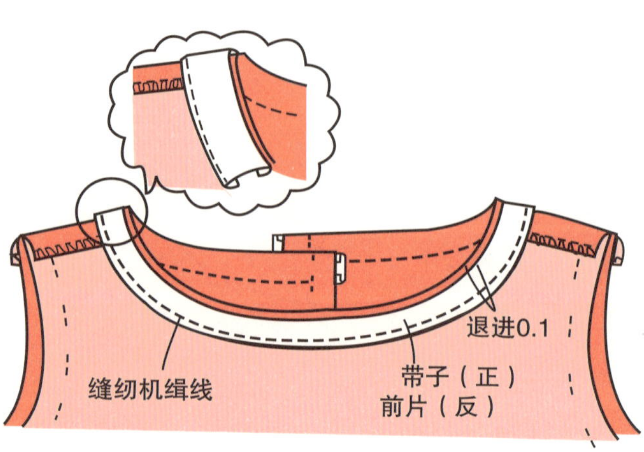

无领、无袖 A

领圈与袖窿贴边连着裁的处理方法。要注意前后哪一面都不开门的话就无法翻到正面。

1 裁贴边及烫黏衬

1-1 领圈与袖窿贴边连着裁，如图放缝、烫黏合衬做记印。贴边的领圈与袖窿的缝头比衣片狭 0.2 cm、放 0.8 cm。

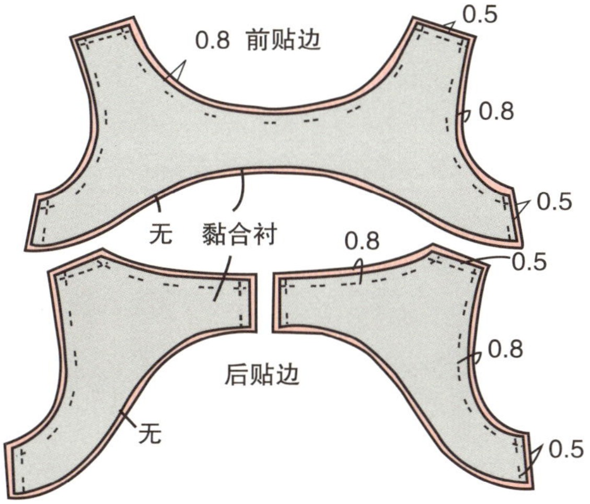

2 缝合贴边的肩缝

2-1 前后贴边正面相对、缝合肩缝。

2-2 用熨斗分烫缝头、贴边锁边。

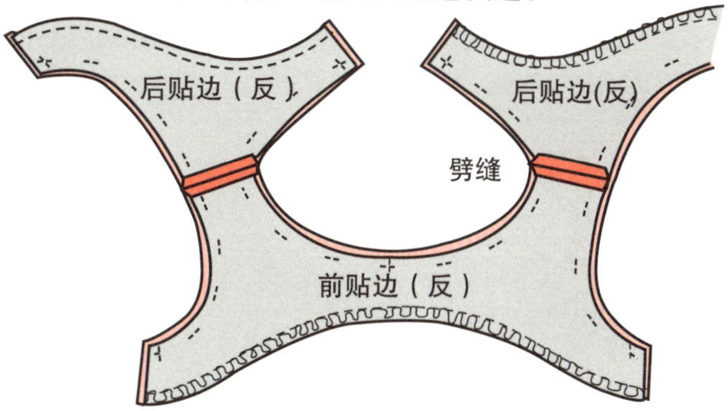

3 缝合衣身与贴边

3-1 将缝合肩缝后的衣身与贴边裁剪线对齐正面相对，领圈、袖窿与衣身的对位记印对准、疏缝。

3-2 疏缝线外侧缝合。

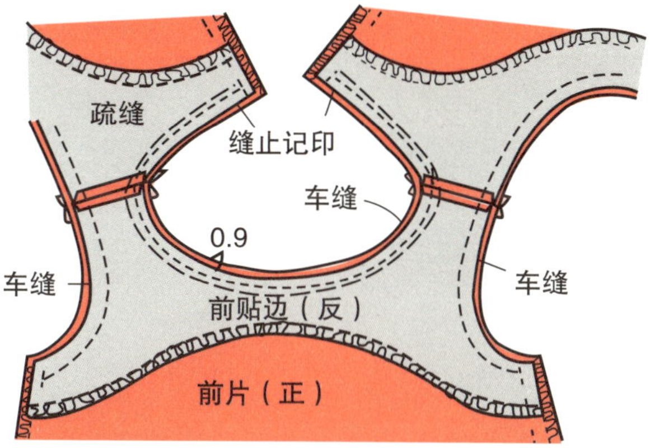

4 整理缝头

4-1 缝头剪窄、剪刀口。弧度大的地方剪间隔小的刀口。

4-2 沿着缝纫线用熨斗把缝头朝贴边侧烫转。

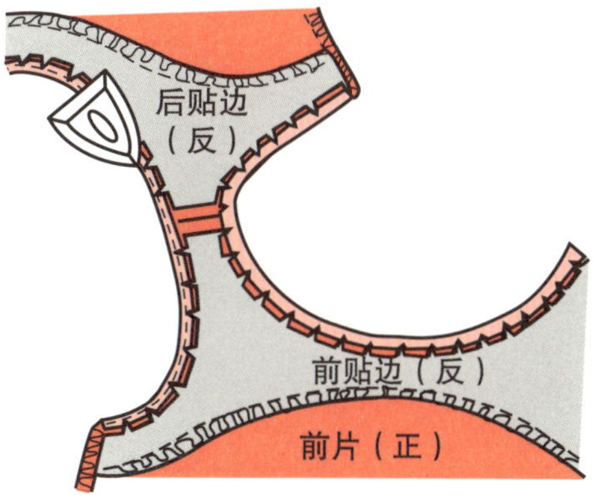

5 翻到正面

5-1 将后衣身如图从肩缝处翻出，贴边翻到正面。

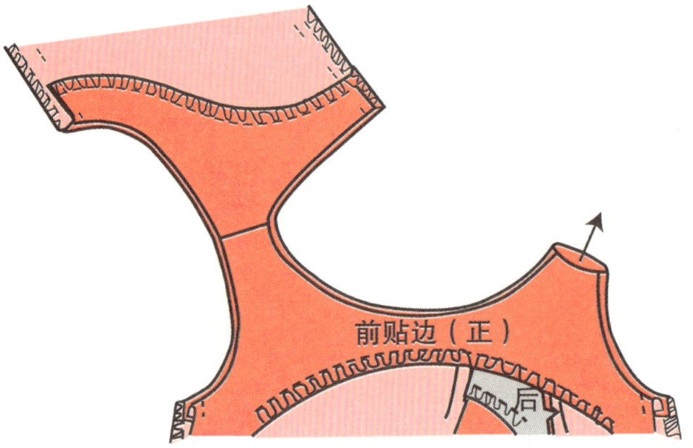

5-2 用熨斗整烫领圈与袖窿，为了在正面看不到贴边，贴边烫进 0.1 cm。

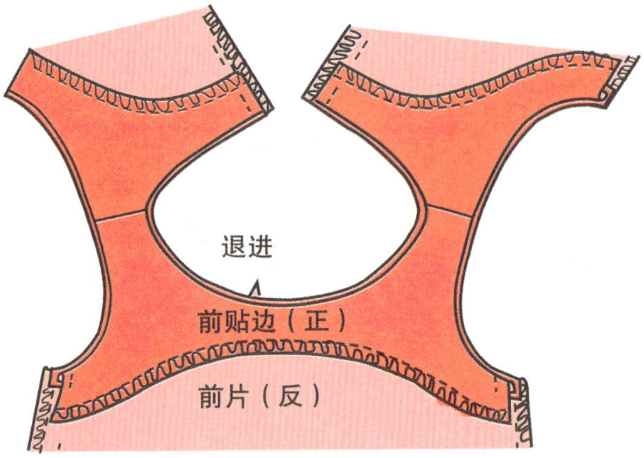

6 缝侧缝

6-1 前后衣片及前后贴边正面相对，连着缝合侧缝。

6-2 分烫缝头。

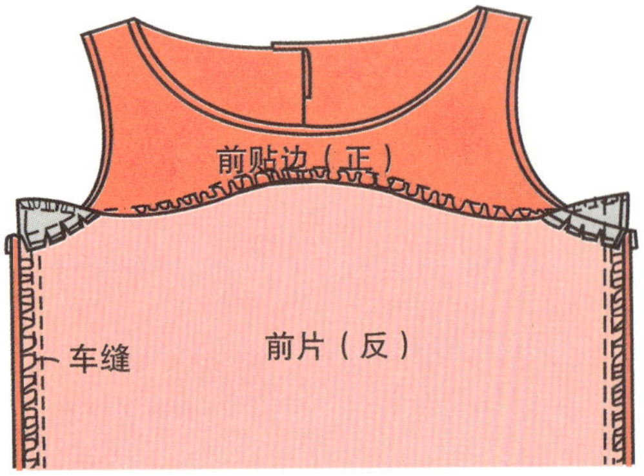

6-3 侧缝的缝头与贴边用三角针固定。

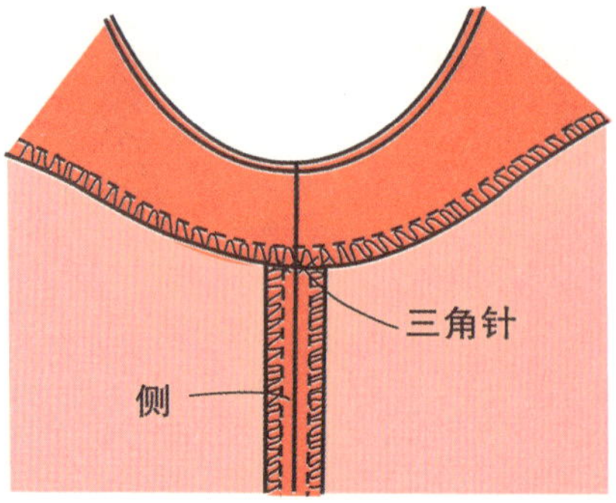

* 好的袖底处理方法

1　贴边缝合时，领圈缝至后中心记印处，袖窿缝至侧缝线前 2 cm。

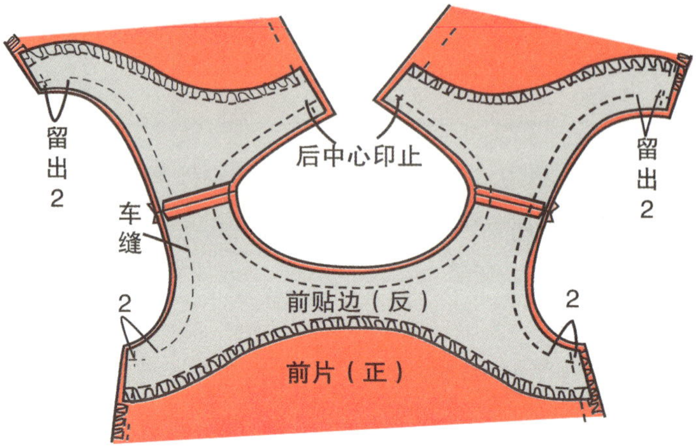

2　整理缝头，翻到正面，缝侧缝。衣身的侧缝、贴边的侧缝各自正面相对分开缝合。

3　分烫侧缝，1 留下的开口部分正面相对缝合。袖下的连接就完成得非常漂亮。

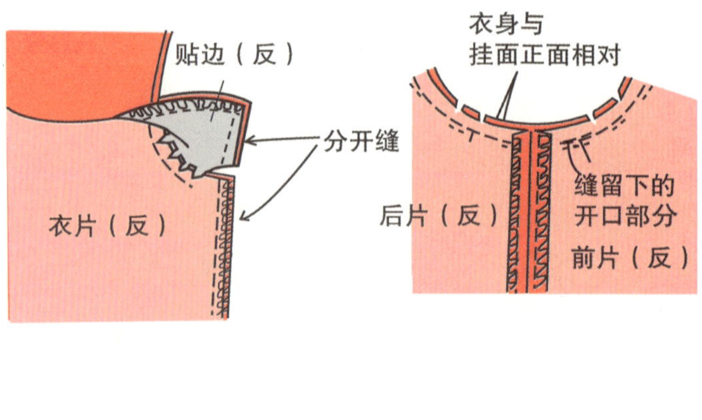

无领、无袖 B

与“无领、无袖 A”相同，只是衣身没有开门处理的一种方法。如面料厚与肩窄的话，缝合后不能翻至正面，这点要注意。

1 裁贴边及烫黏衬

1-1 领圈与袖窿贴边连着裁，烫黏合衬、做记印。贴边的领圈与袖窿的缝头比衣片窄 0.2 cm，放 0.8 cm。

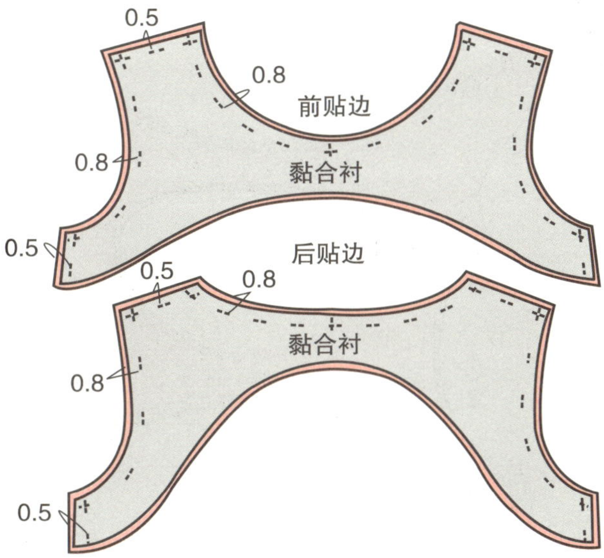

2 缝合贴边的肩缝

2-1 前后贴边正面相对、缝合肩缝。

2-2 用熨斗分烫缝头、贴边锁边处理。

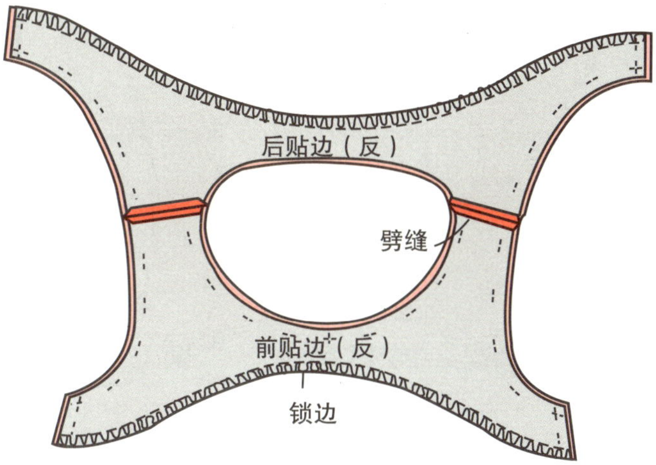

3 缝合衣身与贴边

3-1 缝合肩缝后的衣身与贴边正面相对，领圈裁剪线对准、对位记号对准后疏缝。

3-2 疏缝线外侧缝合。

3-3 缝头剪窄，剪刀口弧度大的地方剪间隔小的刀口。

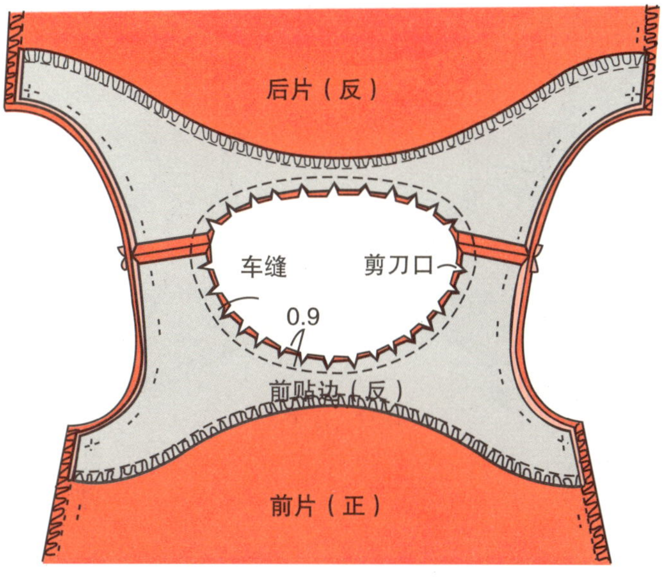

4 贴边翻到正面

4-1 从领圈把贴边翻到衣身的反面。

4-2 用熨斗把贴边烫进 0.1 cm。

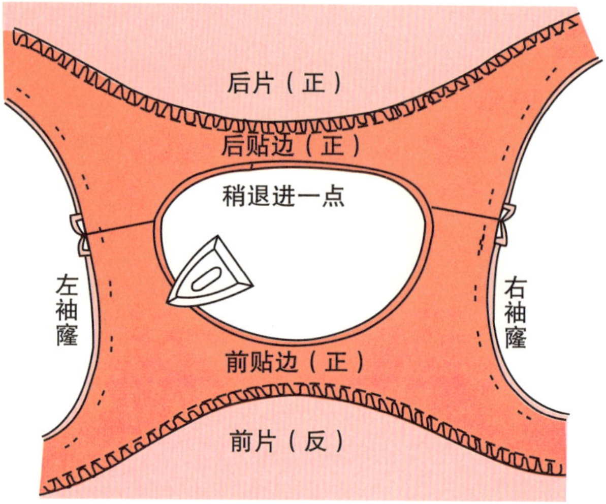

5 缝左侧的袖窿

5-1 左侧袖窿的贴边与衣身、贴边与衣片都按箭头方向翻至右侧袖窿，两片正面相对。

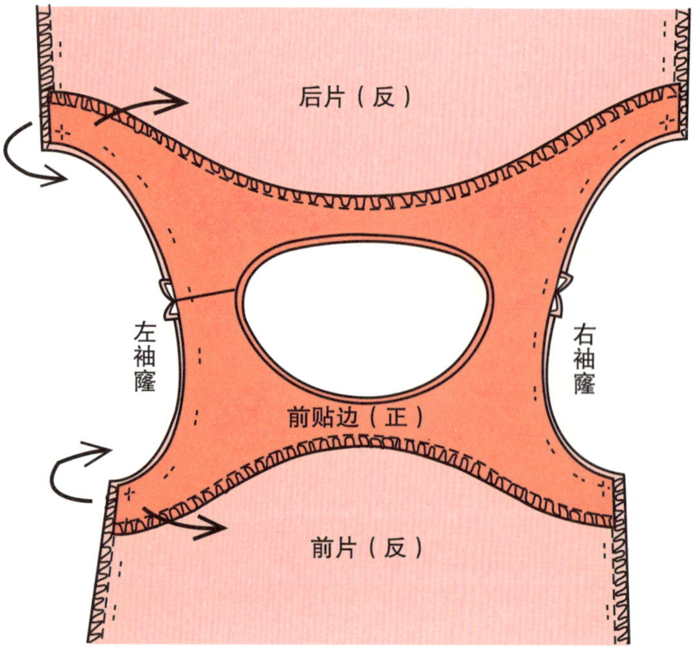

5-2 缝合 5-1 对准的袖窿，这时要注意不要缝住右侧的衣片与贴边。

5-3 缝头剪刀口，弧度大的地方剪间隔小的刀口。

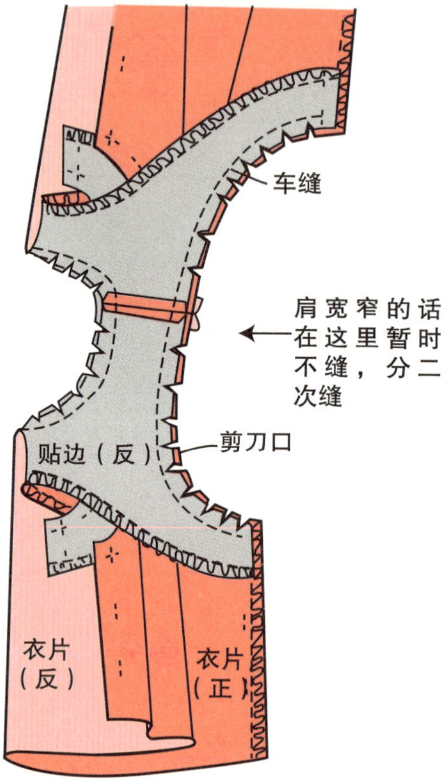

6 贴边翻到正面

6-1 前或后的衣片从肩宽中穿过翻转。

6-2 翻到正面后，左侧的袖窿贴边退进一点用熨斗整烫。

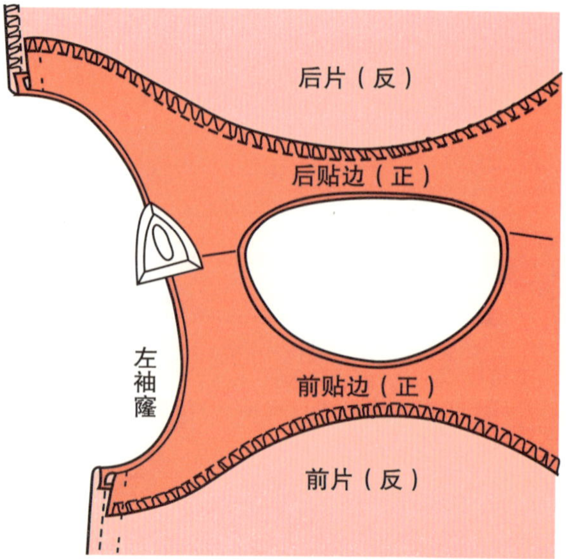

7 缝右侧的袖窿

7-1 与5方法相反，右侧袖窿的贴边与衣片正面相对，把缝好的左侧用布包住。

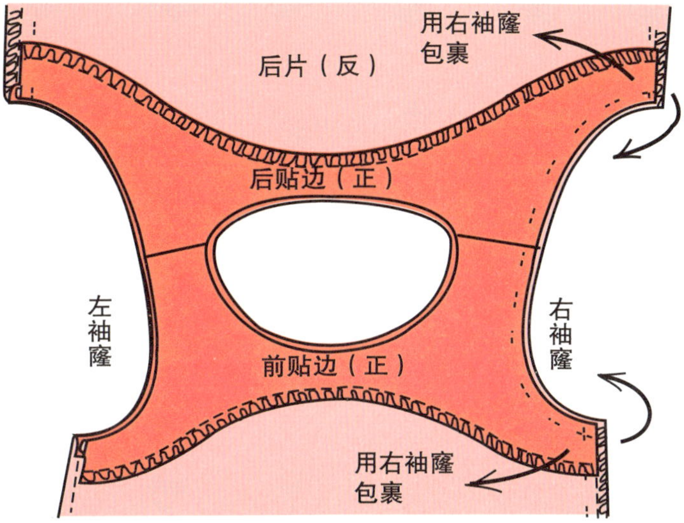

7-2 缝合7-1对准的袖窿。缝头同样剪刀口，翻到正面。

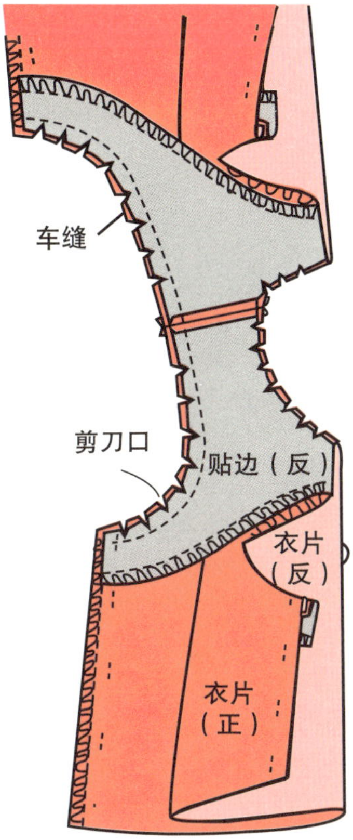

8 贴边翻到正面

8-1 与左边相同，衣身从肩宽处翻出，翻到正面贴边退进一点用熨斗整烫。

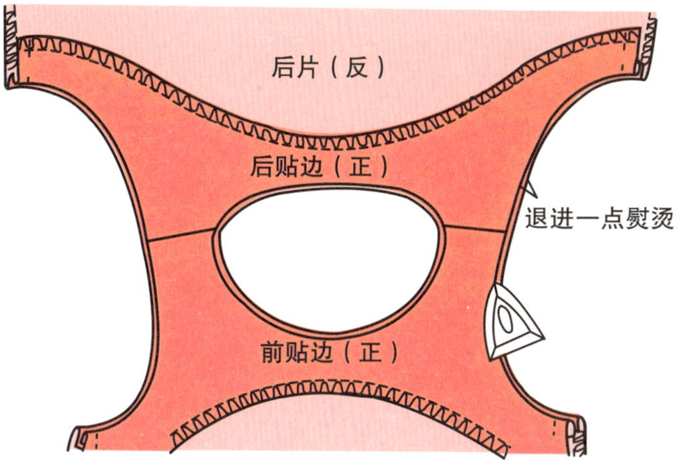

9 缝侧缝

9-1 前后衣片正面相对、缝侧缝。

9-2 用熨斗分烫缝头。

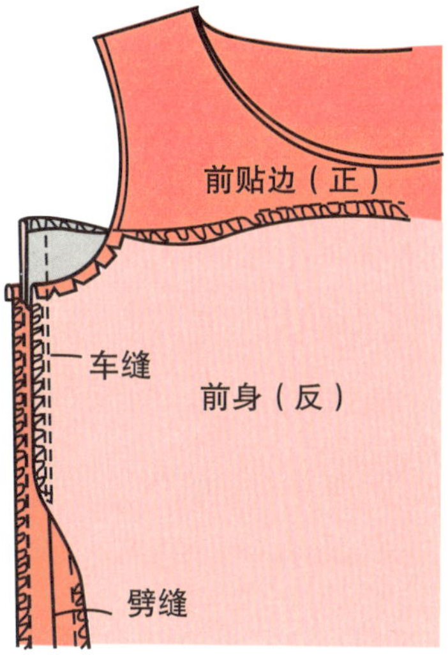

9-3 贴边与衣身的缝头用三角针固定。

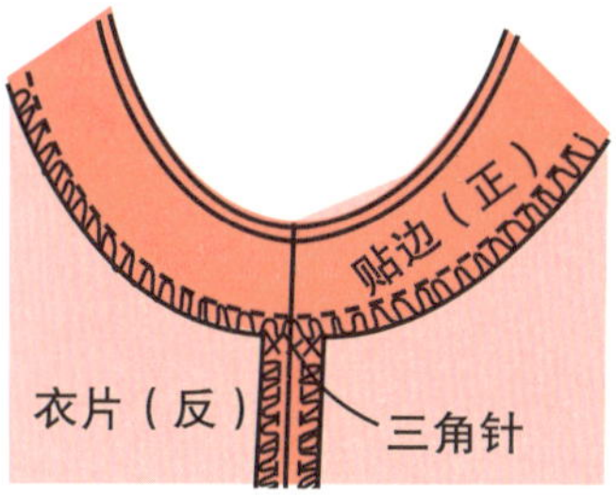

无领、无袖 C

与无领、无袖 A 相同，采用领圈贴边与袖窿贴边连着裁的方法来处理。即使没有开口也可以。

1 贴边烫黏衬

1-1 领圈与袖窿连着裁的贴边烫黏合衬、做记印。贴边的领圈与袖窿缝头比衣片少放 0.2 cm，放成 0.8 cm。

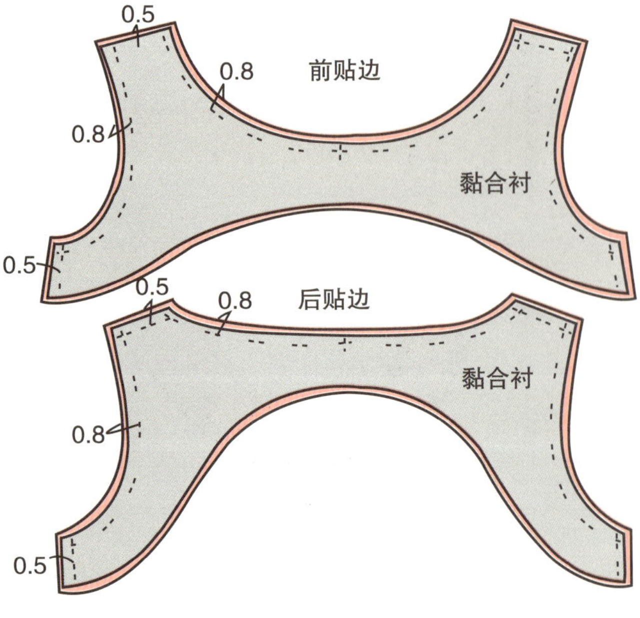

2 缝合贴边的侧缝

2-1 前后贴边正面相对缝合侧缝。

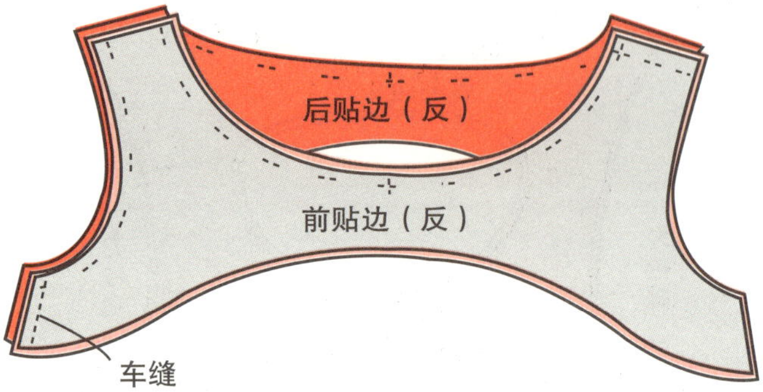

2-2 用熨斗分烫缝头，贴边的边锁边处理。

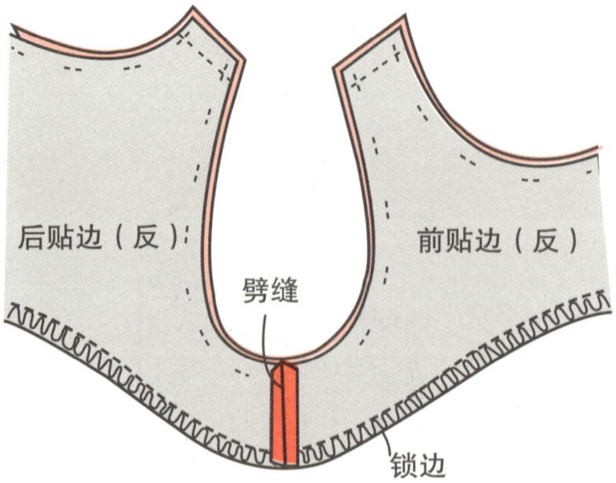

3 缝合衣身与贴边

3-1 缝合衣身的侧缝，用熨斗分烫缝头。衣身与贴边正面相对、裁剪线对齐、对准记印后疏缝。

3-2 疏缝线外侧边缝合，肩线开始留出 5 cm 不缝。

3-3 领圈与袖窿的缝头剪窄，弧度大的地方剪间隔小的刀口。

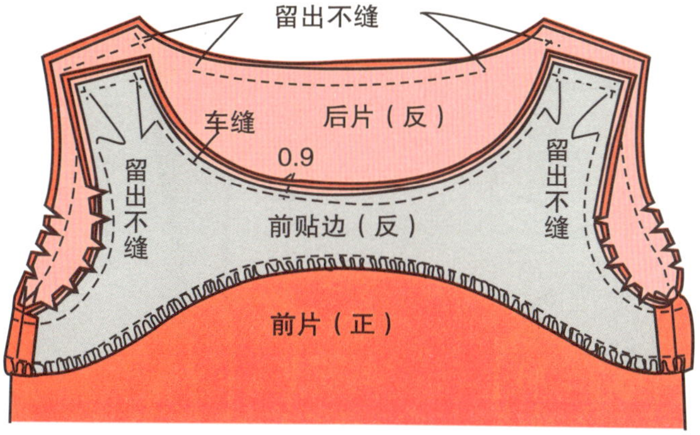

4 贴边翻到正面

4-1 贴边翻到正面，退进一点并用熨斗整烫整形。

4-2 留下不缝的贴边缝头按净缝线折转。

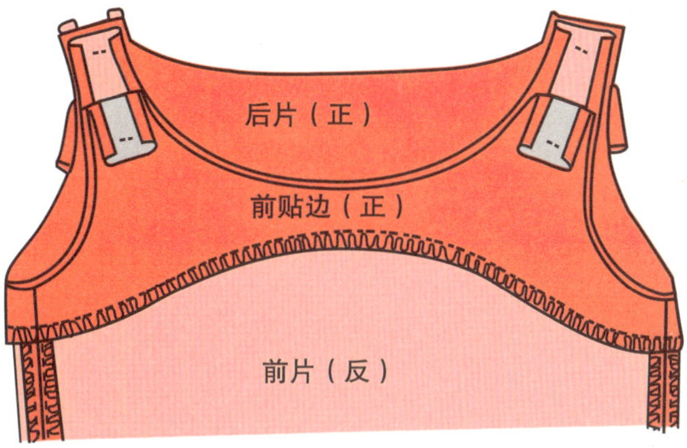

5 缝合衣身的肩缝

5-1 前后衣片的肩线正面相对、缝合。

5-2 用熨斗分烫缝头，领圈与袖窿的缝头按净缝线折转。

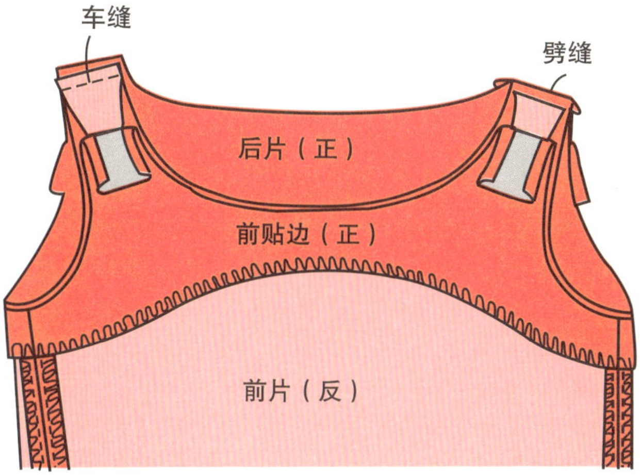

6 缲缝贴边的肩缝

6-1 贴边的肩线折好缲缝。

6-2 领圈与袖窿留下的部分用细针缲缝。

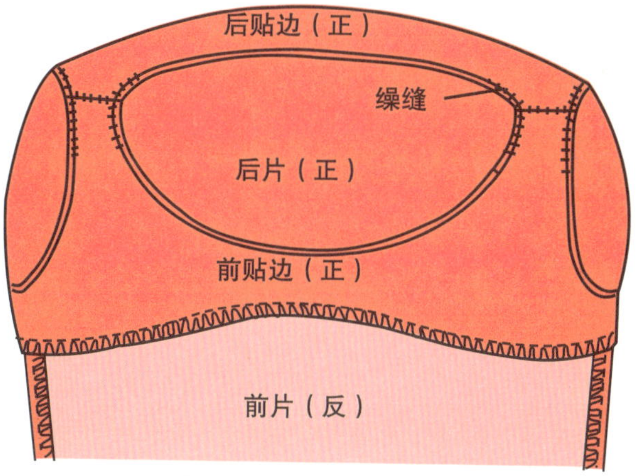

基础知识

量体方法

尺寸的测量方法

量体是原型制作的基础，必须正确测量。春夏秋冬都要求穿着内衣、保持非常自然的姿势进行测量。

准备工作，在胴体最细的部位，系上细带，作为腰围。

其次，在两手臂臂根，用 0.5 cm 宽的橡胶带不紧不松系上。以作为测量肩宽、胸宽、背宽等的依据，同时也清晰了全身的关系，便于尺寸的测量。

准备工作结束后，用皮尺按顺序测量尺寸，但被测的人站立必须保持非常自然姿势。测量的人一边测量，一边参考标准尺寸，这样，就是初学者，也不会有大的差错。特别是还不熟练、不了解技巧的时候，一边测量，一边一个一个地对照标准尺寸，这样比较好。

下面按照标准尺寸的顺序测量的方法进行说明。

1　颈围
测量颈根部的围长。后面要通过背骨最上面一点，前面要通过锁骨内侧。

2　肩宽
从颈根到臂根橡胶带为止，在肩部正上方稍偏后处进行测量。

3　背长
测量背中央从颈根到腰围线长度，但要包含肩甲骨高度的量。

4　背总长
测量背长时的皮尺在腰围线处按住、并延续到地面为止的长度。

5　背宽
通过肩甲骨上方两臂根橡胶带之间的长度。

6　胸宽
从颈根下量 6~7 cm 处两臂根之间距离。

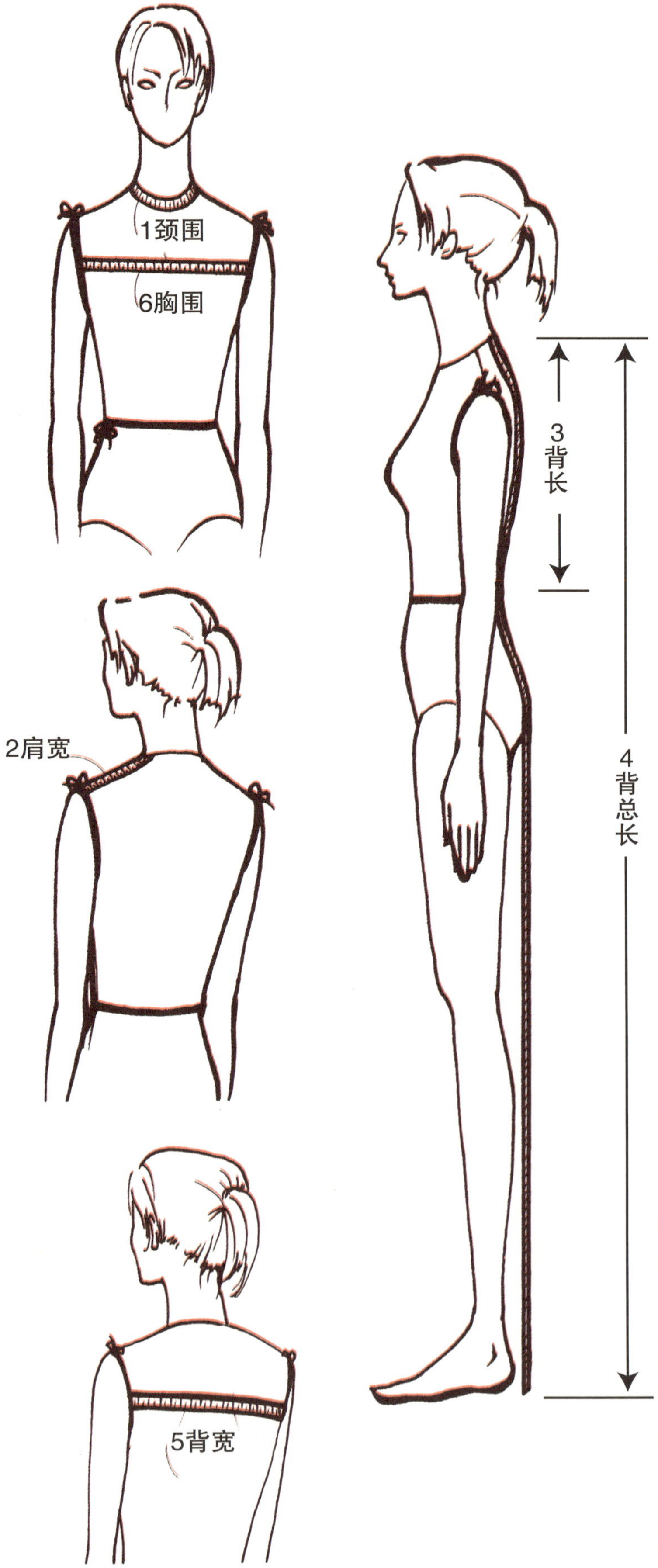

7　胸围
通过胸部最高点，即胸高点的水平一周长度。

8　胸高和乳间距
胸高是前中央颈根到乳头处的垂直距离。乳间距是左右两胸高点的距离。

9　腰围
胴体最细处（最初系带子的位置）不紧不松状态下的围长。

10　臀围
腰部最粗处的水平围度。

11　臀高
后中央稍偏腋下，从腰围线到臀围线之间距离。

12　袖长
手臂微曲，从肩端点（橡胶带处），通过手肘到手掌最细处的距离。

13　臂围
腋下夹住皮尺，手臂自然下垂臂根最粗处的水平宽松的围度。

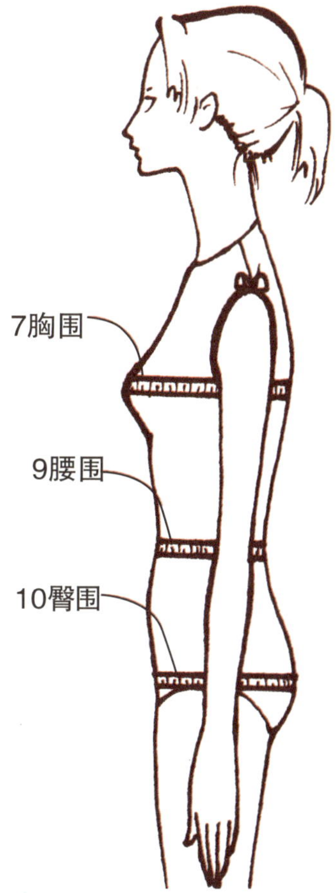

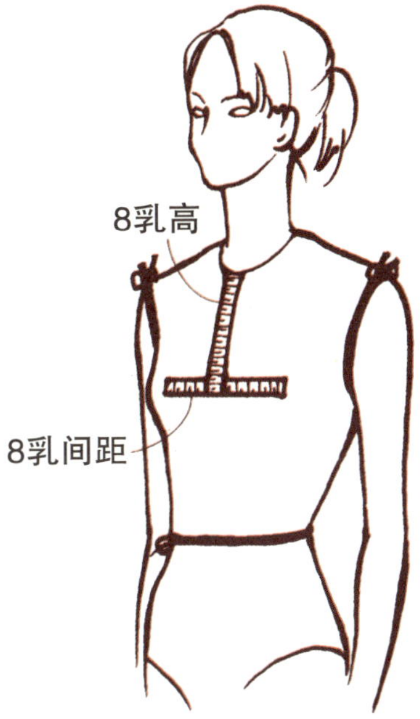

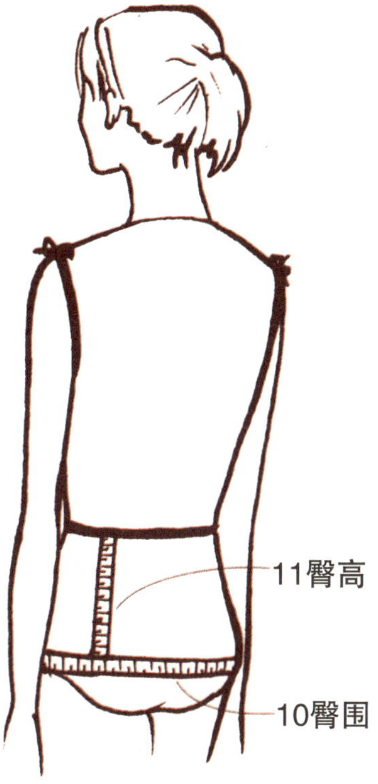

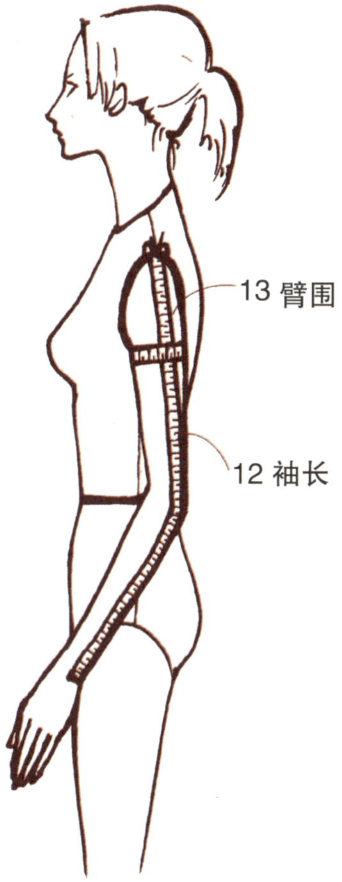

14　肘围
弯曲肘部，宽松地测量它的周围。

15　腕围
测量手腕围度

16　手掌围
大拇指稍弯向内侧，测量大拇指根部位置的周围。

17　直裆
坐在凳子上，从腰围到凳面的距离。

18　裙长和裤长
长度根据流行、爱好、体型等而异，由前中央偏腋下线位置，从腰围线开始量起。

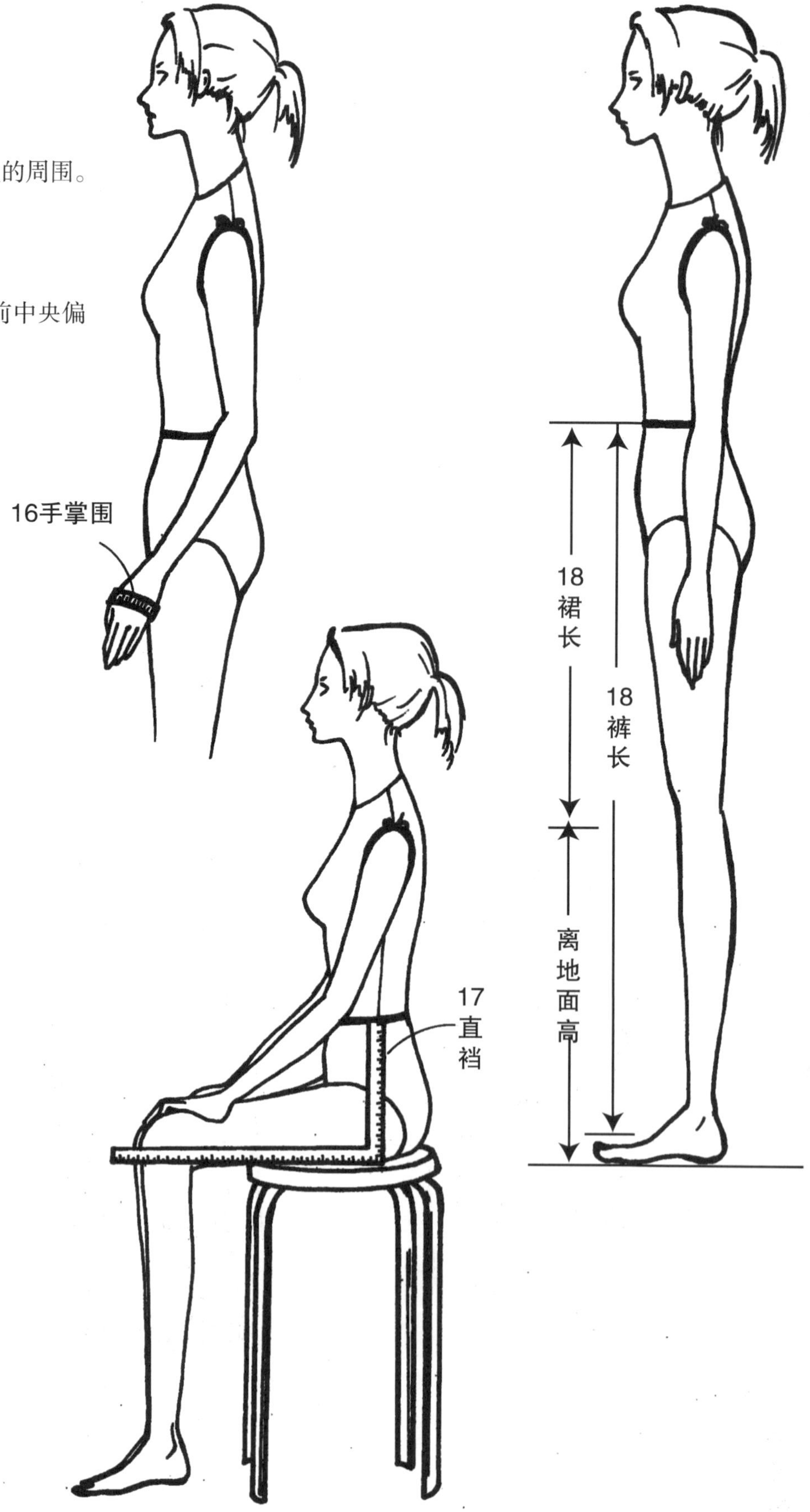

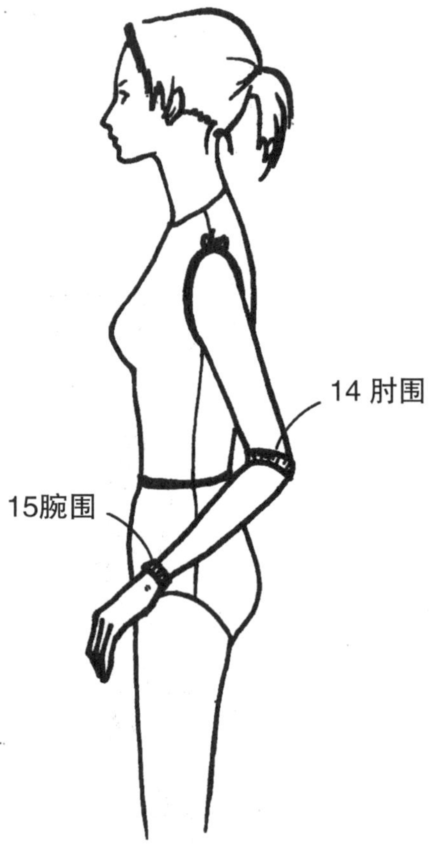

标准尺寸

这个标准尺寸是以年轻女子为对象的登丽美式尺寸。这个尺寸也随时代的变化而变化。

这个尺寸，对于初学者来说已足够，但也可能涉及到更细节的部分。

原型是从内衣到外套所有服装的基础，所以必须正确地做好。自己制作服装的时候，是用正确测量出的自己的尺寸来做的，但是先感觉一下根据标准尺寸原型做好的形状、了解一下各线条的计算方法、画线的顺序、规定尺寸等等，这是非常重要的。

美丽美式女装标准尺寸表（单位/cm）

	区分		
	小	中	大
领围	35	16.5	38
肩宽	12	12.5	13
背长	37	38	40
背宽	33	35	37
胸宽	32	33	34
胸围	80	82	86
胸高	16.5	17	18
乳间距		18	
腰围	60	62	66
臀围	88	90	94
臀高		20	
袖长	51	53	56
臂围	26	28	30
肘围		28	
腕围		16	
手掌围	19	20	21
直裆		28	

原型的画法

原型的部分名称

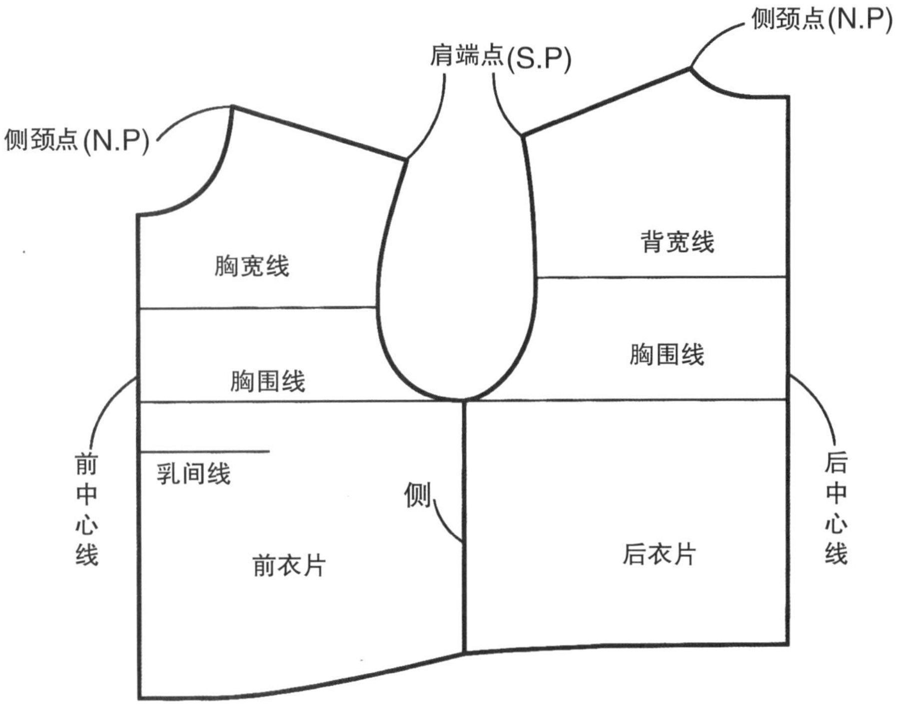

后衣片

① 右上角，画直角线，纵线为后中心线，横线为肩线的基本线。

② 从直角纵线上 2 cm 处、横线上 6.8 cm 处分别打上记号，如图画弧线，画出领围线。6.8 cm 是颈围尺寸的$\frac{1}{6}$ + 0.7 的尺寸。打上 × 记号的尺寸是登丽美式的规定尺寸，大多数人都能适用的尺寸。

③ 从侧颈点，横线上 12.5 cm 处打上记号，再直角下引 5 cm，将这点与侧颈点用直线连接，然后从侧颈点开始量取肩宽，并打上记号（为肩端点）

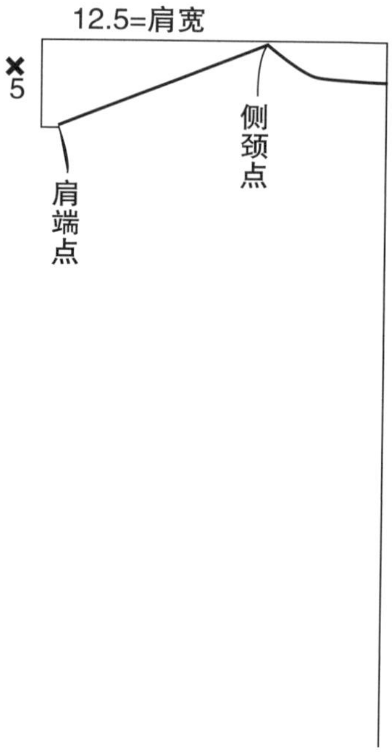

④ 在后中心线上，从领围线开始量取背长 38 cm。

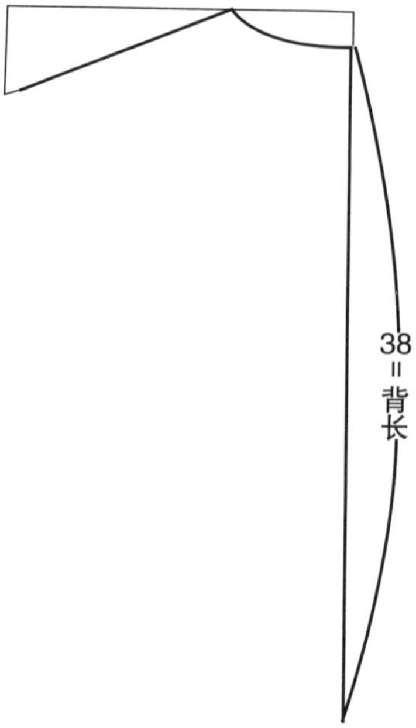

⑤ 同样，在后中心线上，从领围线开始量取与肩宽相同的 12.5 cm 处作为肩宽线位置，量取背长的 $\frac{1}{2}$+2 cm 即 21 cm 处作为胸围线的位置。分别打上记号。

背宽线，由中心线直角地画直线并量取背宽的$\frac{1}{2}$，即 17.5 cm。胸围线，同样地与中心线直角地画线，并取后胸围线尺寸 22.5 cm，打上记号。22.5 cm 是胸围尺寸 + 基础宽松量 8 cm，再 4 等分的尺寸。胸围线并不是量取胸围尺寸的位置，而是决定袖窿位置的基准线。

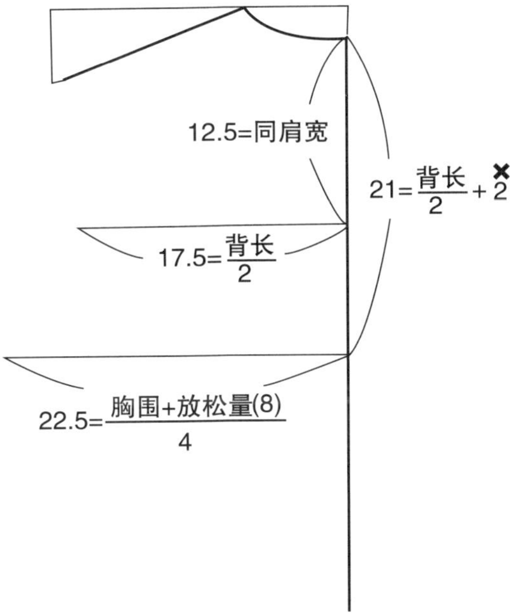

⑥ 后中心线上的背长的位置直角地画胸围线。侧缝线是由胸围线端点垂直向下画到腰围线，再从交差点延长 0.5 cm 而成。从腰围线的腋下端的$\frac{1}{3}$附近处和延长线 0.5 cm 处用弧线连接起来。

⑦ 袖窿线是从刚才画的肩端点画到背宽线，再从那里如图那样稍为带有较深圆弧画到胸围线。后侧缝线长为胸围线到腰围线下 0.5 cm 处为止。

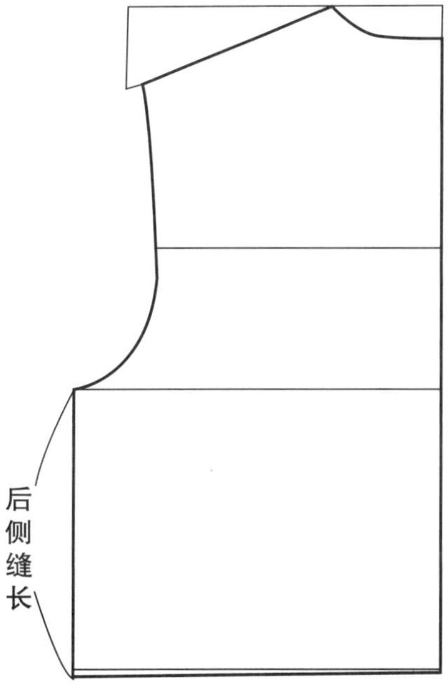

前衣片

① 后衣片相反，在左上角画直角，纵线为前中心线，横线为肩线的基本线。

② 从直角角尖起，在纵线上取 7.5 cm 并打上记号，在横线上取后领围线 –0.2 cm，即 6.6 cm，并打上记号，如图，划出圆顺并对前中心线成直角的圆弧线。

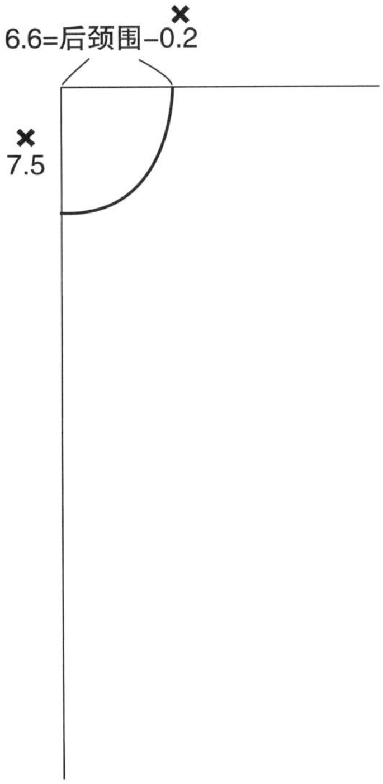

③ 与后衣片一样，从侧颈点横线上取肩宽 12.5 cm，打上记号，并垂直向下 4 cm 处与侧颈点相连接，并量取肩宽长，打上肩端点记号。

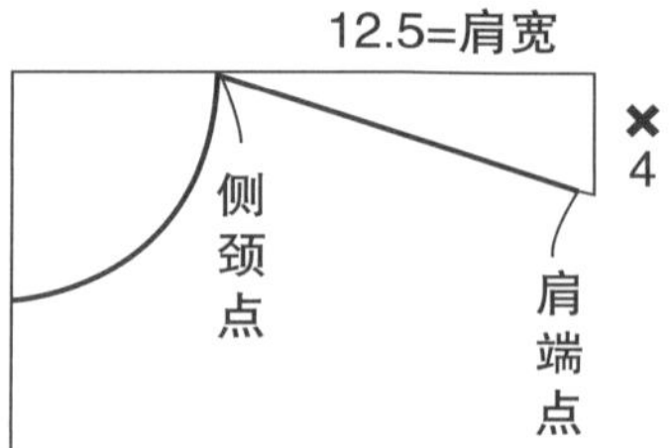

④ 在前中心线上，离直角的角 20.5 cm 处，打上胸围线位置的记号，从领围线到胸围线之间 2 等分，打上记号，作为胸宽线位置，并从那里引直角线，取胸宽的 ，即 16.5 cm，打上记号。从胸围线位置引中心线的垂直线，并量取前胸围尺寸 22.5 cm，作为胸围线。

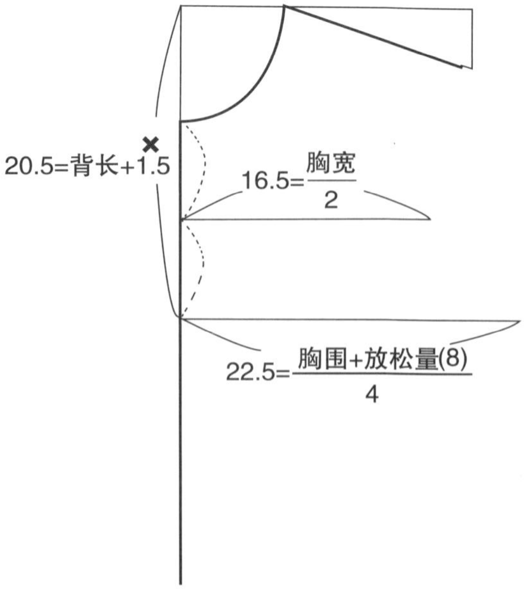

⑤ 侧缝线，是从胸围线一端垂直向下，并取后片侧缝线等长即是。

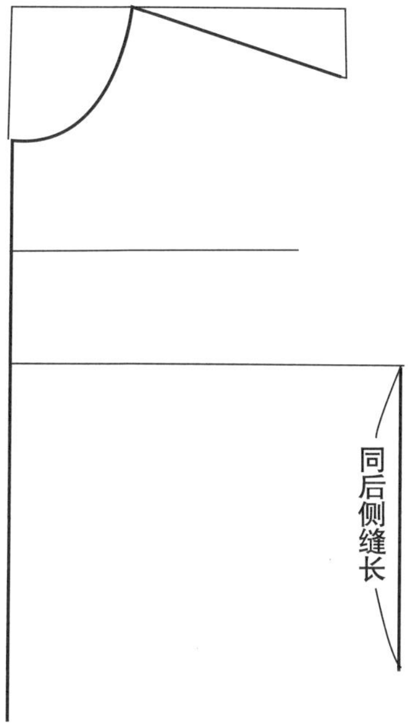

⑥ 从腋下线下端向前中心线引垂直线，并从交叉点下延 3 cm，打上记号，从中心线这点开始，直角地画出，接着与腋下线下端点用弧线连接，成为腰围线。

⑦ 袖窿线，从肩端点开始到胸宽线为止画弧线，要比后袖窿线更深一点，特别是从胸宽线到胸围线更要深一点。

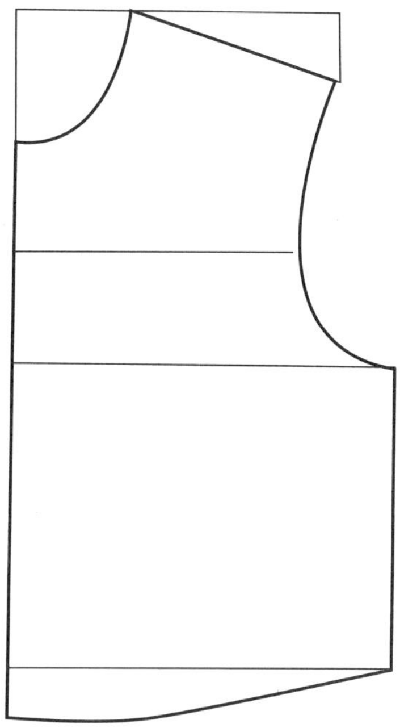

⑧ 在中心线上，从领围线向下量取胸高距离，从这点引垂直线并取乳间距的$\frac{1}{2}$，即 9 cm，作为胸高点，打上记号。原型的袖窿线前后加起来约 40 cm 左右。

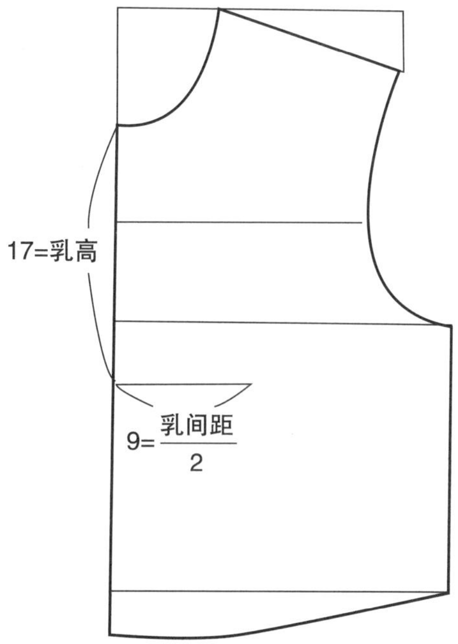

前后片原型线的调整方法

原型绘制完毕后，前后侧缝线合在一起，将袖窿线和腰围线如图所示进行圆顺修正。

再将肩线对齐，看一下领围线和袖窿线的连接状况，作点修正。

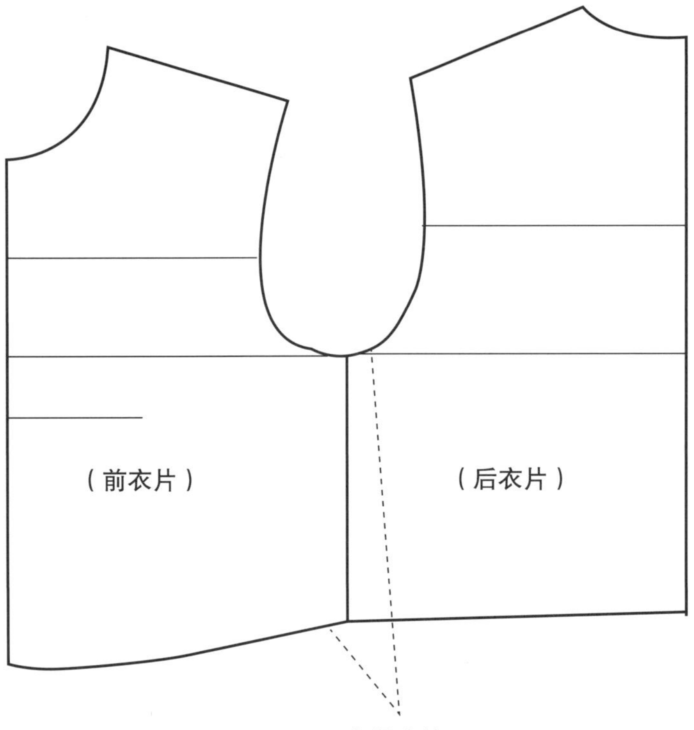

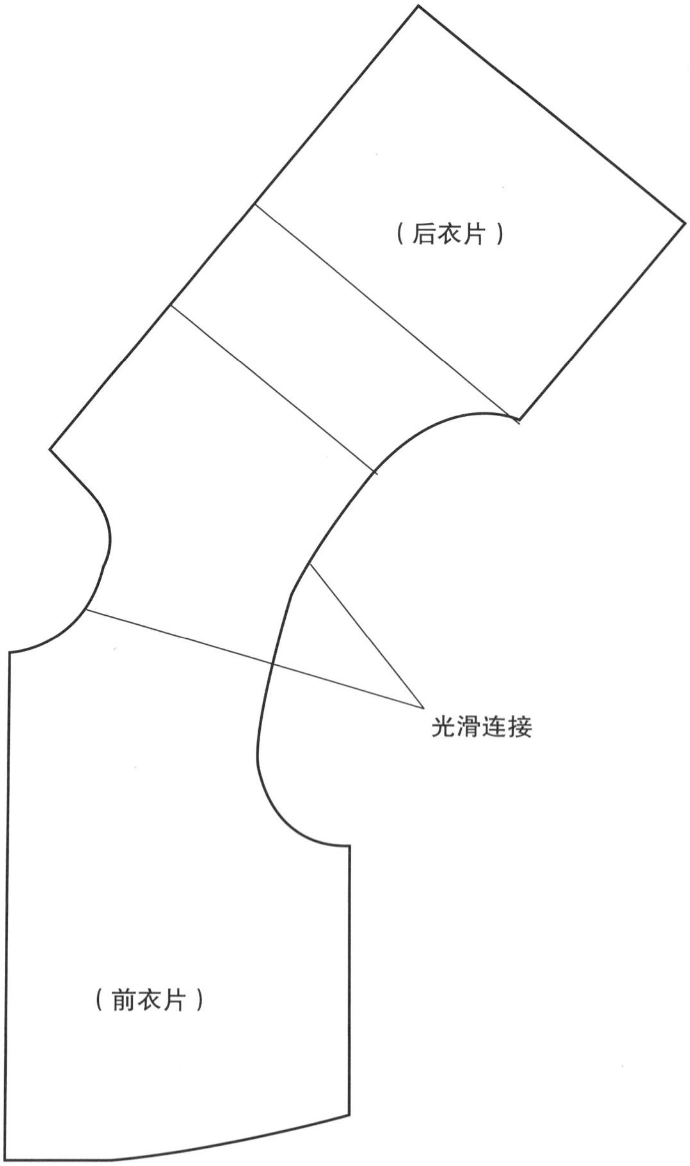

***注意**

用各自的尺寸绘制原型时，往往会肩宽、背宽、胸宽的线条不相配、袖窿线也不圆顺，此时可以如下作些调整。

相对于胸宽、背宽，肩宽非常窄的时候，为使与胸宽、背宽、胸围取得平衡，将肩宽加宽。相反，相对于肩宽，胸宽过窄的时候，为使与肩宽、胸围取得平衡，加宽胸围。各条线的连接修正后，把原型剪下来。以这个原型为基础可绘制女衬衣、连衣裙、上衣、大衣等等。

袖子的原型

说一下袖子的基本的原型。
袖子形状不同，制图的顺序也不同。

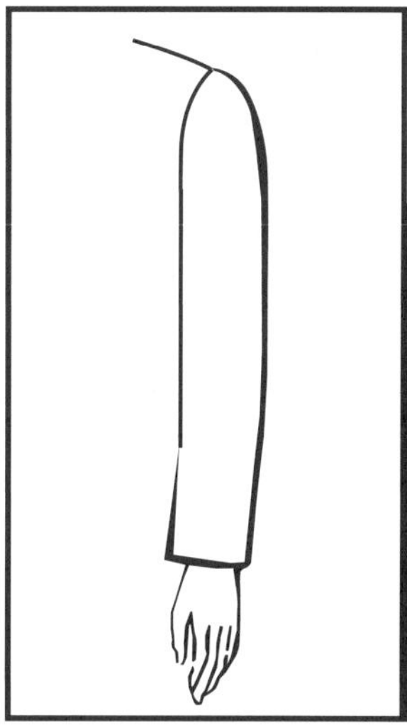

一片袖

它是由一片布料裁成的袖子，广泛使用于女衬衣、连衣裙、大衣类等服装。
这里，以胸围放松量为 16 cm 的女衬衣的袖子为基础。

① 划横线 53 cm 为袖长，左端为袖山，右端为袖口。

② 从左端取袖山高 13 cm，垂直画 17.5 cm 的袖宽线。
[17.5=(手臂围度 28 + 放松量 7) ÷ 2]

③ 连接袖山和袖宽线（a 线）

④ 把袖宽线 3 等分，朝袖山侧引垂直线。（b 线、c 线）

⑤ 从 b 线和 a 线交叉点延伸 2 cm 处打记号，在 c 线上从 a 线向内侧 2 cm 处打记号，a 线的中心处也打记号。

⑥ 从袖山线端点开始直角地画出，并通过这 3 点，如图画到袖宽线一端，为前袖窿线。

⑦ 后袖窿线，在 b 线上从前袖笼线再伸出 0.5 cm 处打记号，c 线上与 a 线交叉点打记号。从袖山线的一端直角地画出，并通过这 2 点，从交叉点开始向 a 线内侧弯进 0.5 ~ 0.6 cm，如图画到袖宽线下端。

⑧ 在袖山线的右端画 15 cm 的袖口线。
[15=(掌围长 20 + 放松量 10) ÷ 2]

⑨ 袖宽线和袖口线的下端用浅浅的弧线连接，为袖下线。

* 没有弧线尺时，把袖宽线和袖口线的下端用直线连接，并在肘线处凹进 0.7 ~ 0.8 cm 进行连接。

⑩ 从袖山开始量取肘长 29 cm，并引垂直线到袖下线。
[29=(袖长 53 ÷ 2) + 2.5]

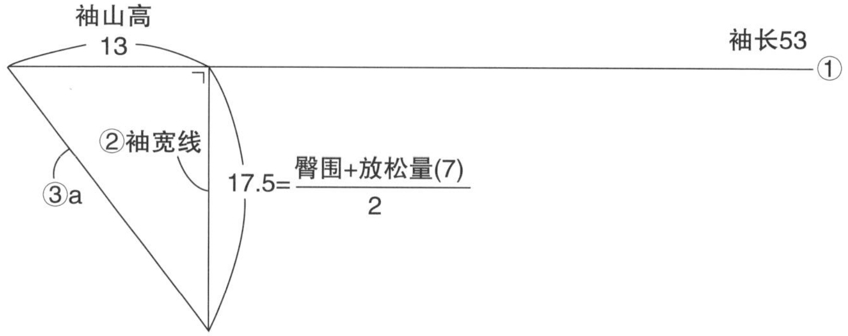

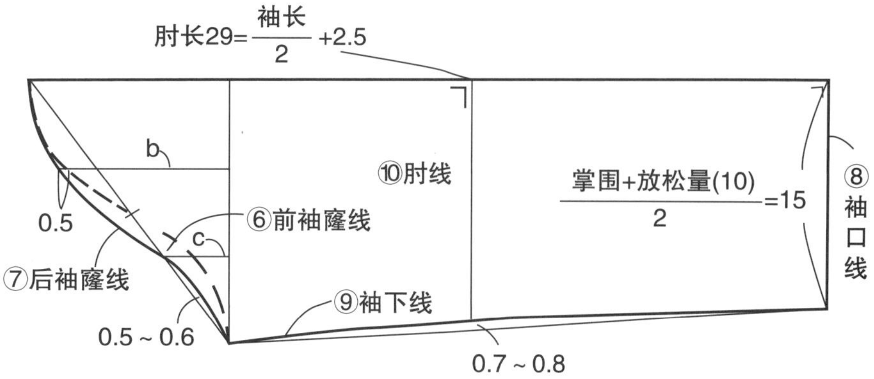

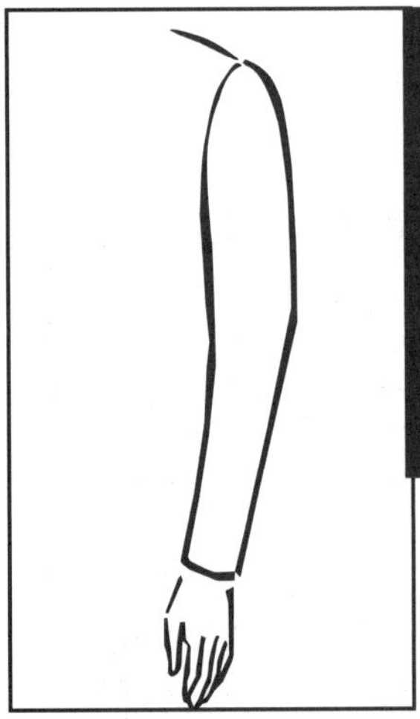

一片紧身袖

它是一片袖的应用，比普通一片袖放松量少，从肘开始到袖口，贴合手臂形状的袖子。常用于连衣裙、衬衣，还有柔软感的上衣等等。紧式袖，常用的一般式样在肘部也是比较容易伸出的。更紧的话，肘部分开量要多。这种袖因为与手腕贴合，在袖下线缝线处要做 7 ~ 8 cm 的开口。

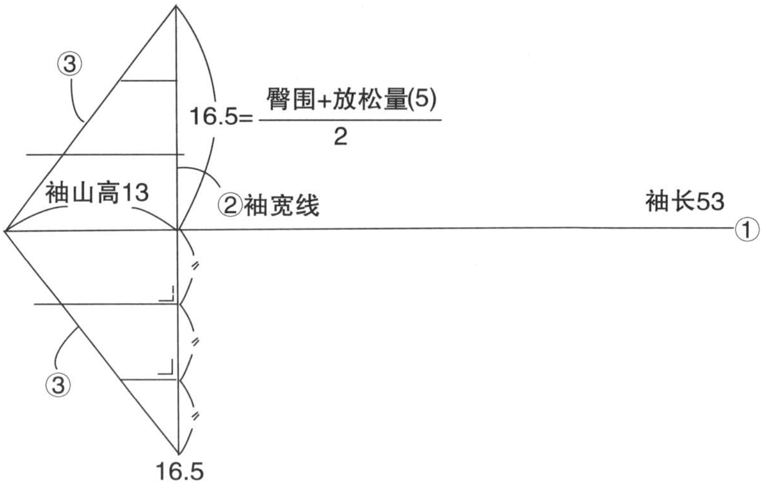

① 画横线 53 cm 作为袖长，左端为袖山，右端为袖口。

② 从左端画 13 cm 线为袖山高，并画垂直线，上下分别取 16.5 cm 为袖宽线 .
[16.5=(手臂围度 28+ 放松量 5) ÷ 2]

③ 连接袖山和袖宽线。

④ 将袖宽线 3 等分，并在向袖山侧引垂直线。

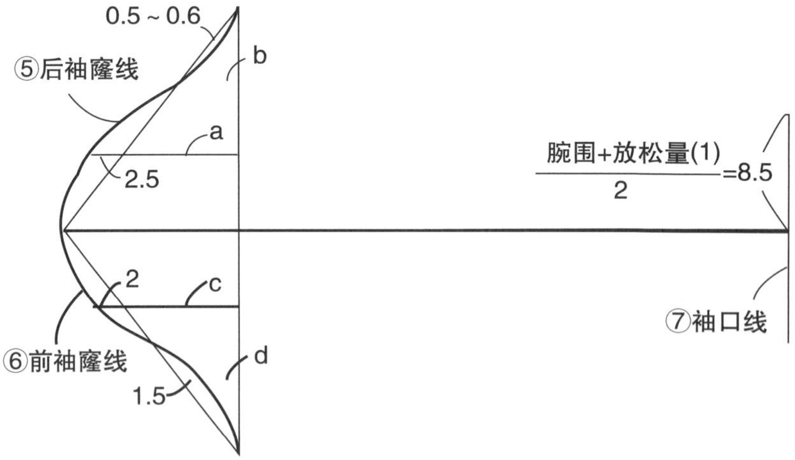

⑤ 后袖窿线，在 a 线上，从斜线处朝袖山侧伸出 2.5 cm 处，通过 b 线与斜线上的交叉点，如图连接起来。

⑥ 前袖笼线，图的 c 线上，从斜线处向袖山侧伸出 2 cm 处，在 d 线上从斜线向内侧深 1.5 cm 处，如图画线。

⑦ 在① 线的右端画垂直线，上下各取 8.5 cm 画袖口线。
[8.5 cm=(手腕围长 16+ 放松量 1) ÷ 2]

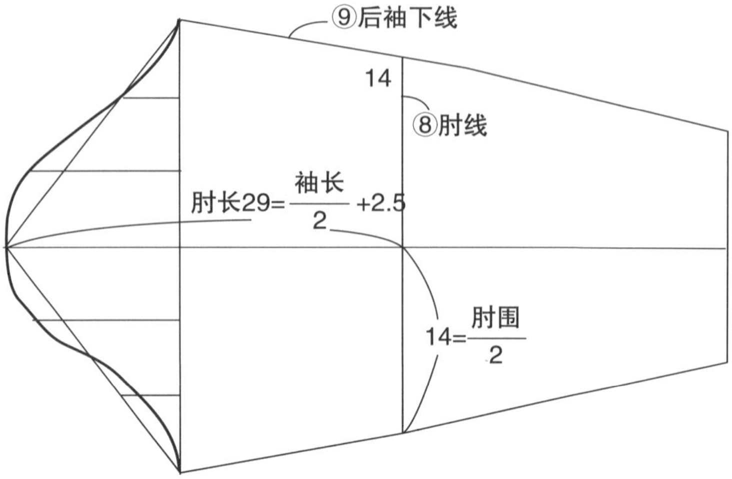

⑧ 从袖山量取 29 cm 为肘长，并画垂直线，上下各取 14 cm 为肘线。
[肘长 29=（袖子 53 ÷ 2）+2.5]
[14= 肘部围度 28 ÷ 2]

* 肘部围度 28 cm，是肘部稍弯曲时所测的尺寸，也可以不加放松量。标准状况下，与手臂围度大致相当。

⑨ 袖下线，是袖宽线、肘线、袖口线的端点的连线。

⑩ 在肘线的后袖侧处切开 2 cm（假定尺寸），在前袖侧画直线，在此线上量取肘线长 a+b。

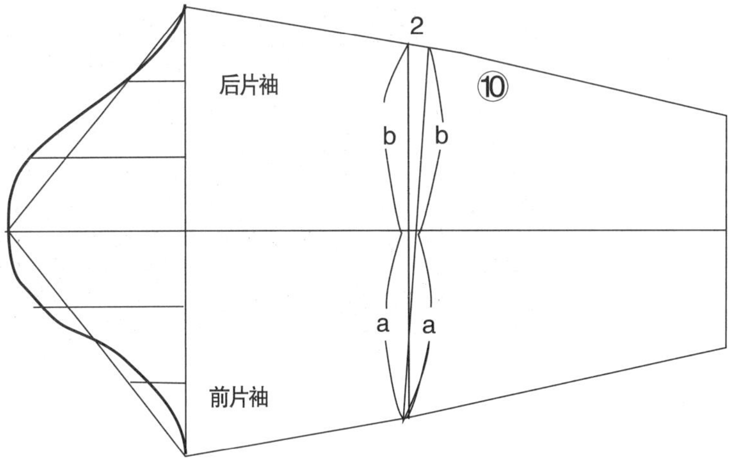

⑪ 在重画的肘线的前袖侧量取 a 的尺寸，并从那点朝袖口方向引垂线。

⑫ 在这垂直线上，从肘线到袖口线为 c，并垂直地画袖口线 d、e。

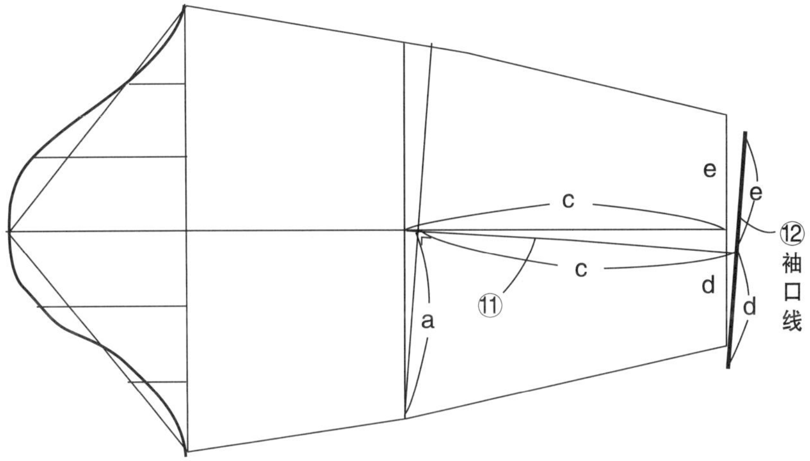

⑬ 前袖侧的袖下线处，从袖口线到肘线用缓和弧线连接起来。后袖侧的袖下线，从袖口线、通过肘线、到袖宽线用弧线连接起来。

★ 因为在肘处切开的关系，前后袖下线尺寸不一样，这个差异可作成省道、归拢、伸拔处理（或展开成袖省）。

★ 肘的倾倒，可以照上述的方法画，也可以肘线处剪开，在图纸的肘线上分开 2 cm，这些方法是一样的。

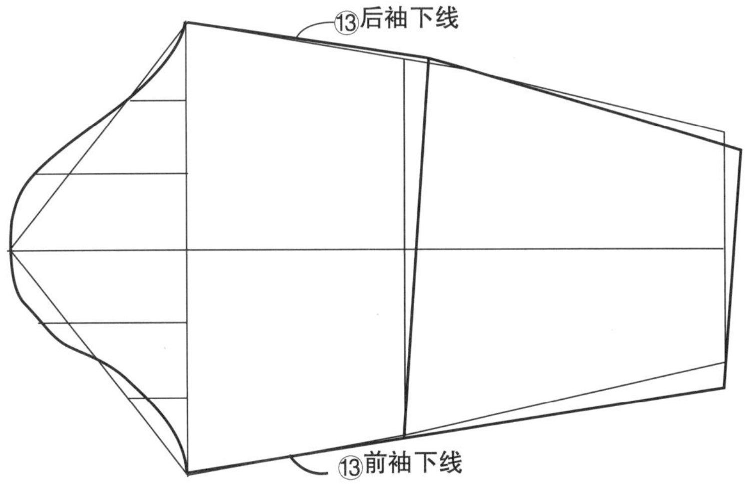

两片袖

它是分成内袖、外袖两片的袖子。
多用于上衣、大衣等。

① 画袖长 53 cm、袖宽线 23 cm 的长方形，右边为袖山，左边为袖口。

[袖宽线 23=（手臂围 28+ 放松量 7）÷2+ 规定尺寸 5.5]

※ 规定尺寸 5.5cm 是外袖宽和内袖宽差的尺寸。

②从长方形右上角向左侧量取 29 cm，引垂直线为肘线。

[肘长 29= 袖长 53 ÷ 2+2.5]

③ 从长方形右上角向左侧量取 7.3 cm(a 点) 引垂直线。

[7.3= 袖宽 23 ÷ 4 ＋规定尺寸 1.5]

④ 将右端的袖宽线 2 等分并打上记号，再上移 1 cm 为袖山位置，然后将袖山位置与 a 点连接起来。

⑤ 从长方形的右下角向左处量 13 cm(b 点)，并与袖山连接。

[13= 袖宽 23 ÷ 2+ 规定尺寸 1.5]

⑥ 在④的线 2 等分的位置垂直引出 1.7 cm。

⑦ 将袖山到⑤线与③线交叉点的距离 2 等分，并从这点垂直引出 2.5 cm。在③的线上与⑤线的交叉点向下取 2 cm，并打上记号，如图用弧线画出外袖的袖窿线。

* 袖窿线，首先以袖山的位置为中心，上下圆顺地画出，再在 2 cm 的记号处开始，如图用弧线连接。

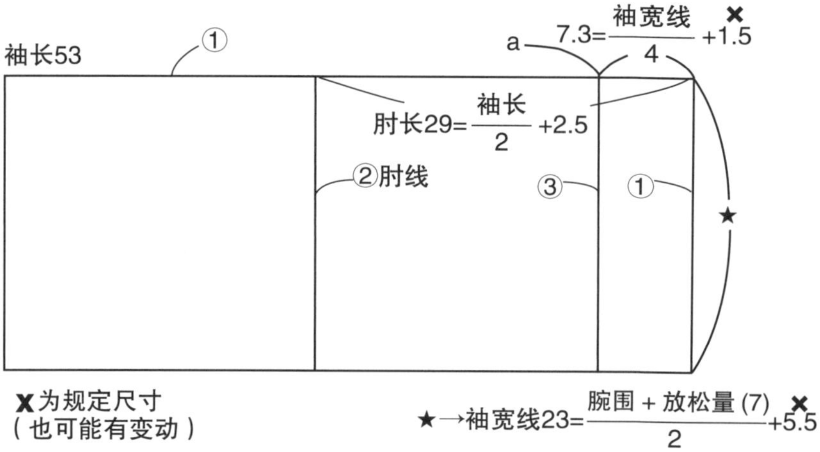

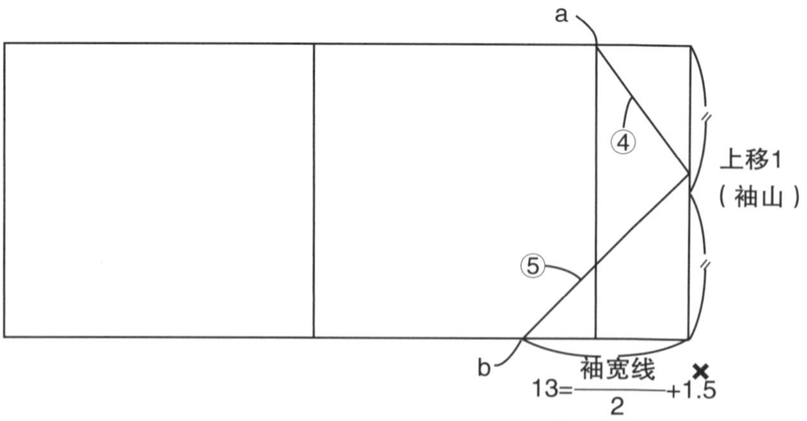

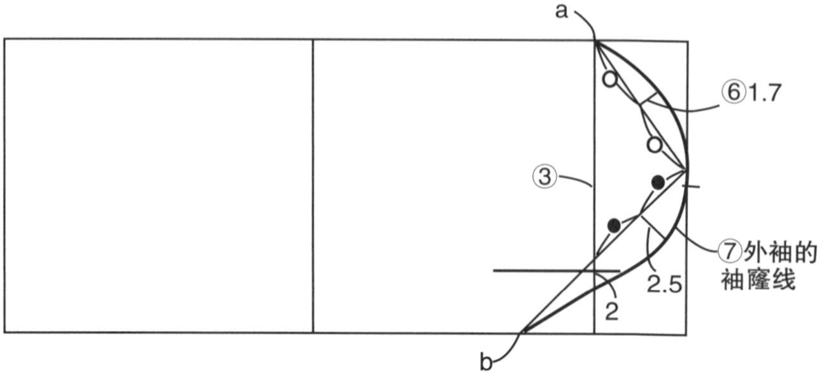

⑧ 从长方形左下角向右取 2 cm 为（c 点），从 c 点取 14 cm 与长方形左边纵线相交，画直线，为袖口线。

[14=(手掌围度 20+ 放松量 4) ÷ 2 + 规定尺寸 2]

* 规定尺寸 2 cm 是内袖与外袖差的 $\frac{1}{2}$。

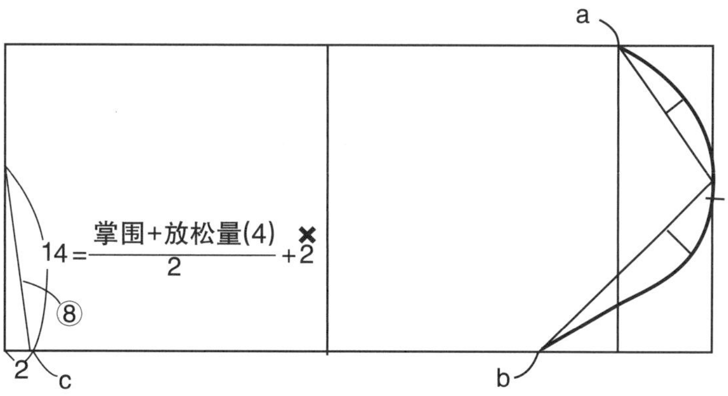

⑨ 在肘线上，从上端向下取 2 cm 为 d 点，从下端向上取 2 cm 为 e 点，将袖口线的上端点、d 点、a 点以肘线为中心用弧线连接起来，画成外袖与内袖的连接线。

⑩ 再在袖口处延长 1 cm 为 f 点，重画袖口线。

⑪ 将 c 点、e 点、b 点，以肘线为中心如图用弧线连接，画出外袖与内袖连接线。

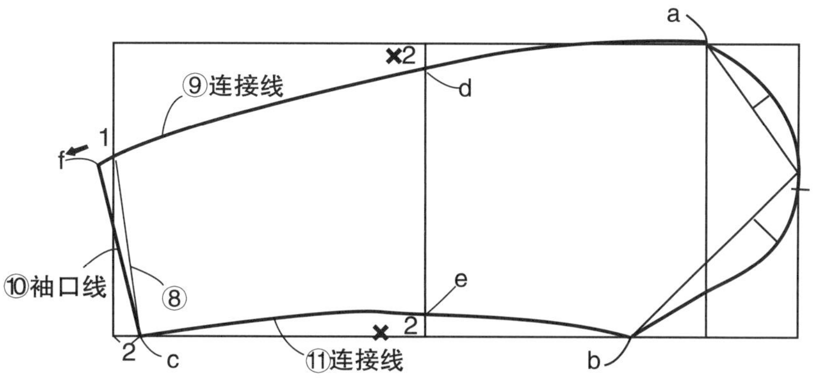

⑫ 外袖的 a 点向下取 6 cm（为 g 点），d 点向下取 3 cm，将这 2 点与 f 点如图用弧线连接起来。

⑬ 从 b 点引垂直线取 5 cm、袖口线上从 c 点向上取 4 cm、从 e 点向上取 4.5 cm，分别打上记号，如图用弧线连接，画出外袖与内袖的连接线，再向袖窿线延长 0.6 cm(为 h 点)。

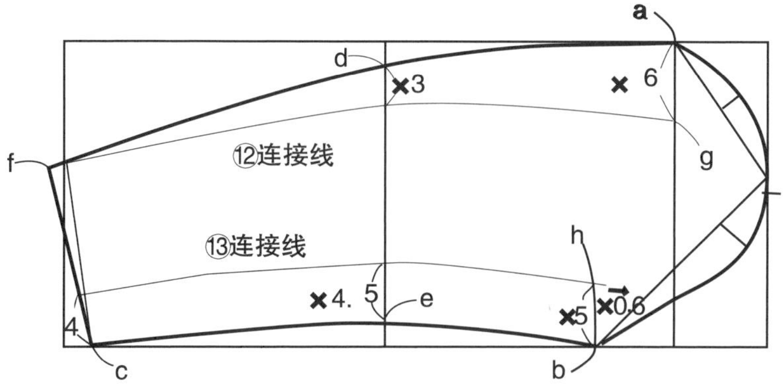

⑭ 连接 g 点和 h 点，从它的中点再向下移 1 cm，再从这点向内凹进 3 cm，画出内袖的袖窿线。

* 将内袖与外袖线合并一下，就会发现，肘侧处的线外袖稍长一点，袖下处的内袖长一点。缝合时，为使外袖与内袖长度一致，外袖的肘侧归拢一些，袖下侧伸拔一些，进行缝合。

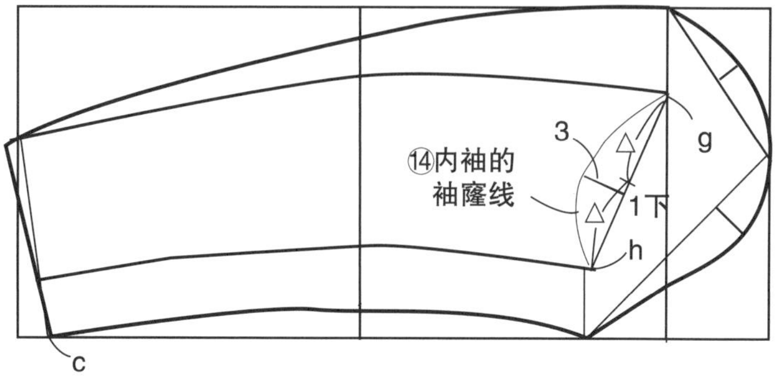

原型的倾倒方法

倾倒方法

1　画一条纵线（前中心线）作为基准线，按住胸高位置，将原型倾倒，使胸高位置以上的外轮廓线移至使袖窿到B点为止，并画上胸宽线和胸围线。

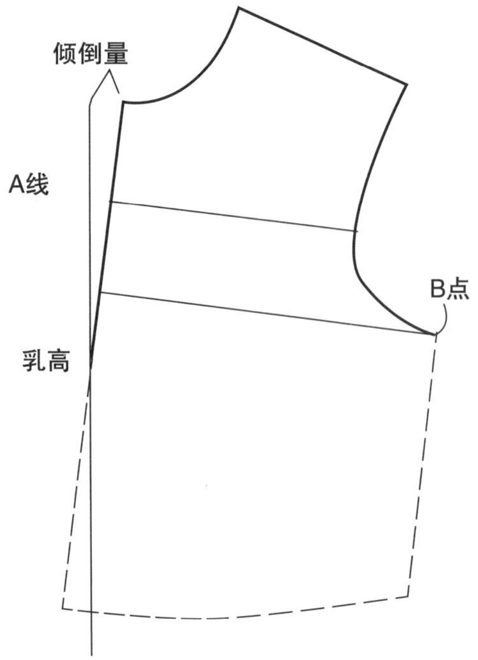

< 注意 >
倾倒量和前下移量不是一个规定尺寸，所以可根据体型、服装种类、款式等不同而有所增减。

2　按住B点，将原型扶直与A线平行，画侧缝线，然后从侧缝线画A线（前中心线）的垂直线（C线）。

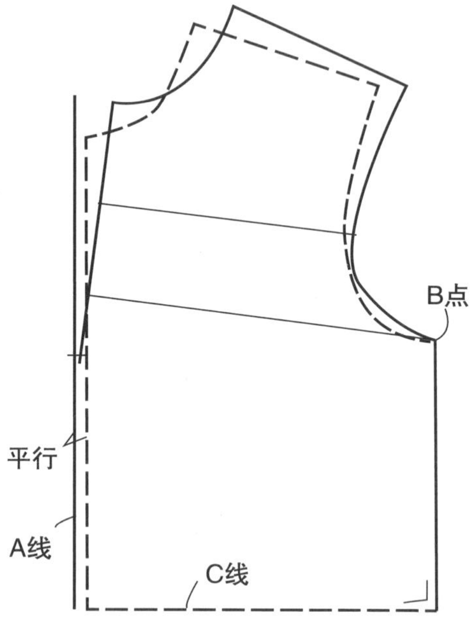

3　在前中心线上量出前下移量，如图画腰围弧线。并画与A线垂直的胸高线。

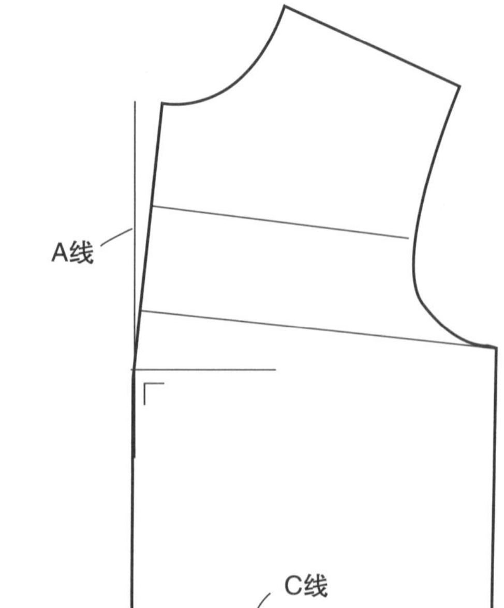